K. H. FASOL / P. VINGRON

SYNTHESE INDUSTRIELLER STEUERUNGEN

Synthese industrieller Steuerungen

Kombinatorische Schaltungen, Speicherschaltungen, Asynchrone sequentielle Schaltungen

von

Karl Heinz Fasol und Peter Vingron

Mit 174 Abbildungen und 29 Tabellen

AKADEMIE-VERLAG · BERLIN
1975

Erschienen im Akademie-Verlag, 108 Berlin, Leipziger Straße 3–4
Von R. Oldenbourg Verlag GmbH, München, genehmigte Lizenzausgabe.

Lizenznummer: 202 · 100/416/75
Gesamtherstellung: VEB Druckerei „Thomas Müntzer“, 582 Bad Langensalza
Bestellnummer: 762 051 4 (6236) · LSV 1085/3055/3515
Printed in GDR
EVP 54,–

Vorwort

Die Schaltungen der industriellen Steuerungstechnik und jene der digitalen Signalverarbeitung werden in zwei Gruppen eingeteilt: in kombinatorische und sequentielle Schaltungen. Sequentielle Schaltungen bestehen ihrerseits sowohl aus kombinatorischen Systemen als auch aus Speicherschaltungen, wobei letztere wiederum weitgehend aus kombinatorischen Bauelementen aufgebaut werden können. Wegen dieser Bedeutung der Kombinatorik ist es verständlich, daß ihre mathematischen Grundlagen heute wohl fundiert und ausgereift sind und in vielen Büchern über Schaltalgebra den größten Raum einnehmen. Bis vor kurzem wurde die Schaltalgebra sehr oft sogar ausschließlich als Kombinatorik aufgefaßt. Sie sollte aber, und dies ist immer mehr der Fall, auch als die Algebra der sequentiellen Schaltungen verstanden werden.

Der Wissenszweig der Schaltalgebra ist erst in unserem Jahrhundert entstanden, wobei es bemerkenswert ist, daß frühe russische Arbeiten (z. B. Erenfest, 1910, über die Algebra der Logik und Kutti, 1928, über sequentielle Schaltungen und den Begriff der inneren Speicher) in Amerika und Westeuropa praktisch unbekannt und deshalb hier ohne Einfluß auf eigenständige Entwicklungen geblieben sind. Im wesentlichen löste hier erst die 1938 erschienene Arbeit von C. E. Shannon [142] allgemeines Interesse aus und brachte weitgehende Anregungen. Gleich zu Beginn ihrer Entwicklung hat sich die Schaltalgebra in einen theoretischen und in einen ingenieurmäßigen Zweig aufgespalten. Ihr theoretischer Zweig wird heute vorwiegend als Automatentheorie bezeichnet, die sich für den Ingenieur meist recht abstrakt darstellt. Der ingenieurmäßige Zweig der Schaltalgebra hingegen soll dem Anwender von elektromagnetischen, elektronischen oder fluidischen Schaltelementen helfen, die Vorrichtungen, Maschinen und Anlagen des Maschinenbaues und der Verfahrenstechnik sowie vieler anderer Gebiete sinnvoll zu automatisieren. Hier stehen zahlreiche Ingenieure verschiedenster Fachgebiete vor der Aufgabe, einzelne Schaltelemente zu komplizierten Schaltungen zu verknüpfen. Dazu werden außer gerätetechnischen Kenntnissen auch solche über Schaltalgebra benötigt. Dem rein intuitiven Schaltungsentwurf, obwohl in Einzelfällen immer noch mit großem Geschick gehandhabt, sind enge Grenzen gesetzt. Das vorliegende Buch versucht, eine vor allem dem Ingenieur verständliche Darstellung der Schaltalgebra zu geben, und will in erster Linie mit Methoden vertraut machen, die unmittelbar für den Entwurf von Schaltungen zur Verfügung stehen. Es wurde dabei keineswegs an eine enzyklopädische Darstellung gedacht. Vielmehr sollte durch subjektive Auswahl der Methoden und des Stoffes leichte Lesbarkeit bei kurzem Umfang und einheitlicher Darstellung gewährleistet werden.

Für die Lektüre des Buches werden keinerlei Voraussetzungen gemacht. Die wenigen notwendigen Grundbegriffe der Aussagenlogik und der Mengenlehre sowie die Grundlagen der Schaltalgebra werden im zweiten und dritten Abschnitt zusammengestellt. Den kombinatorischen Schaltungen wird in den Abschnitten 4 und 5 eine kompakte, aber genügend ausführliche Darstellung gewidmet. Hier werden jene Begriffe angegeben bzw. zum Teil neu entwickelt, die später eine algebraische Behandlung der Speicherfunktionen und der sequentiellen Schaltungen ermöglichen. Vor allem wird auf die Ableitung des Fundamentalsatzes kombinatorischer Schaltungen großer Wert gelegt. Der Fundamentalsatz nämlich ist der Leitfaden für die im Abschnitt 10 vorgenommene Algebraisierung der Synthese sequentieller Schaltungen. Der kombinatorische Teil des Buches wird im Abschnitt 6 mit einer Besprechung der Schaltelemente abgeschlossen, wobei besonders auf deren algebraische Eigenschaften Wert gelegt wird. In Abschnitt 7 werden sodann die Speicherfunktionen ausführlich untersucht und zur Veranschaulichung dieser algebraischen Behandlung werden anschließend die technischen (Ein bit-) Speicher besprochen. Die beiden Abschnitte über die „hardware“ sollen lediglich im Überblick die gerätemäßigen Realisierungsmöglichkeiten veranschaulichen. Eine Besprechung betrieblicher Probleme oder Darstellungen ausgeführter Anlagen wären mit der thematischen Abgrenzung des Buches unvereinbar gewesen.

Der Begriff der sequentiellen Schaltung wird in Abschnitt 9 eingeführt. Von prinzipiellem Interesse ist dabei die Unterscheidung in synchrone und asynchrone Schaltungen. Gerade in der industriellen Steuerungstechnik kommen fast ausschließlich die mathematisch schwierig zu behandelnden asynchronen Schaltungen vor. Dem Ziel des Buches entsprechend sind dieser Schaltungsart die beiden letzten umfangreichen Abschnitte gewidmet. Hier ist es unser wesentliches Anliegen, den Leser mit dem neu vorgeschlagenen Transduktions-Verfahren zur Beschreibung und algebraischen Synthese asynchroner sequentieller Schaltungen bekannt zu machen. Die Beschreibung erfolgt mittels einer sogenannten T-Tabelle, die das Übertragungsverhalten der Schaltung wiedergibt. Die Werte dieser T-Tabelle werden in eine Formel, dem Theorem sequentieller Schaltungen, eingesetzt und liefern unmittelbar einen algebraischen Ausdruck der sequentiellen Schaltung. Durch dieses Theorem ist es möglich, sequentielle Schaltungen algebraisch ebenso geschlossen und vollständig zu beschreiben, wie es bisher nur für kombinatorische Schaltungen mittels des Fundamentalsatzes möglich war.

Dieses Buch entstand im Zusammenhang mit Arbeiten am Lehrstuhl für Meß- und Regelungstechnik der Ruhr-Universität Bochum, aus unseren Vorlesungen und verschiedenen Vorträgen und aus unserer langjährigen engen Zusammenarbeit sowie vor allem auch aus der Dissertation von P. Vingron

[184]. Wesentliche Teile des vierten Abschnittes stammen von dort und die Abschnitte 7, 9 und 10 stellen erweiterte und umgearbeitete Teile dieser Arbeit dar. Die Reihenfolge, in der unsere Namen angegeben sind, ist lediglich durch das Alphabet bedingt.

Es ist uns eine angenehme Verpflichtung, unseren Mitarbeitern und Kollegen Herrn Dipl.-Ing. W. Hübl für seine Hilfe bei der Ausarbeitung des Abschnitts 8 sowie für zahlreiche wertvolle Gespräche und Anregungen und Herrn Dr.-Ing. D. Tesmer für die Bearbeitung des Abschnittes 6.3 aufrichtig zu danken. Sehr herzlicher Dank gebührt auch den Damen: Frau G. Fischer für das mühevolle und präzise Zeichnen der zahlreichen Bilder, Frau J. Stahlschmidt für das zeitraubende Schreiben des Manuskriptes und Frl. U. Schneider für die dabei erwiesene Hilfe. Schließlich möchten wir auch noch dem Verlag für die Herausgabe des Buches, für die erwiesene Geduld und die angenehme Zusammenarbeit unseren besten Dank aussprechen.

Bochum und Wien,
im Frühjahr 1973

Karl Heinz Fasol
und
Peter Vingron

Inhaltsverzeichnis

1. Einführung

Steuerungen arbeiten entweder mit Druckluft oder mit einer elektrischen Spannung als sog. „Hilfsenergie". Die physikalischen Größen Luftdruck bzw. Spannung sind dann die Träger der Signale für den signalverarbeitenden Teil der Steuerung („Signalträger"). Als Signale werden in diesem Fall die zeitlichen Verläufe der Parameter Druck bzw. Spannung bezeichnet und der jeweilige Wert dieser Parameter stellt die zu übertragende Information dar. Es ist daher naheliegend, die Bezeichnung „Informationsparameter" zu verwenden. Ist der Informationsparameter diskret veränderbar und kann er nur Werte annehmen, die den Worten eines vereinbarten Alphabets entsprechen, dann handelt es sich um ein digitales Signal. Die möglichen Werte des Informationsparameters bilden eine Menge, die als Wertevorrat oder als Wertebereich bezeichnet wird. Enthält im besonderen Fall der Wertevorrat nur zwei Werte, dann stellt der Informationsparameter eine zweiwertige, oder binäre, oder eine Boole'sche Variable dar. Im technischen Sprachgebrauch wird dann von einem binären Signal oder im mathematischen Sinne von einer binären Variablen gesprochen.

Die durch ein binäres Signal übermittelte Information kann sich nur auf zwei Zustände bzw. zwei verschiedene Werte beziehen. Im Falle z. B. der Algebra der Aussagen sind diese beiden Werte die Aussagen „wahr" und „falsch". Im Falle der technischen Schaltalgebra repräsentieren diese beiden möglichen Werte des Informationsparameters die für die betreffende Schaltung oder für einen Teil dieser Schaltung wesentlichen Werte von physikalischen oder technischen Größen. In diesem Fall wird die binäre (Boolesche) Variable als Schaltvariable bezeichnet. Meist für den niedrigen Wert des Informationsparameters wird das Symbol $\sigma = 0$ festgelegt, das dann z. B. eine der Informationen „drucklos, spannungslos, bzw. Druck oder Spannung unter einem bestimmten Schwellwert, Schalter aus (Leitwert null), Stellkolben eingefahren, usw." übermittelt. Für den höheren Wert des Informationsparameters wird das Symbol $\sigma = 1$ (manchmal auch $\sigma = L$) vereinbart, was dann z. B. „unter Druck, unter Spannung, Schalter ein, usw." bedeutet. Der Index σ wird als „Belegungsindex" oder als „Wert" oder als „Belegung" der betreffenden Schaltvariablen bezeichnet.

Zur Veranschaulichung des binären Signals bzw. des Schaltwertes soll hier auf ein Beispiel, nämlich auf den im Bild 1.1 dargestellten pneumatischen Schwellwertschalter hingewiesen werden. Dieser Schalter formt ein analoges in ein binäres Drucksignal um. Durch die Wirkung des Eingangsdruckes p_e auf die Stellmembrane entsteht eine Kraft, die der Wirkung des Sollwert-

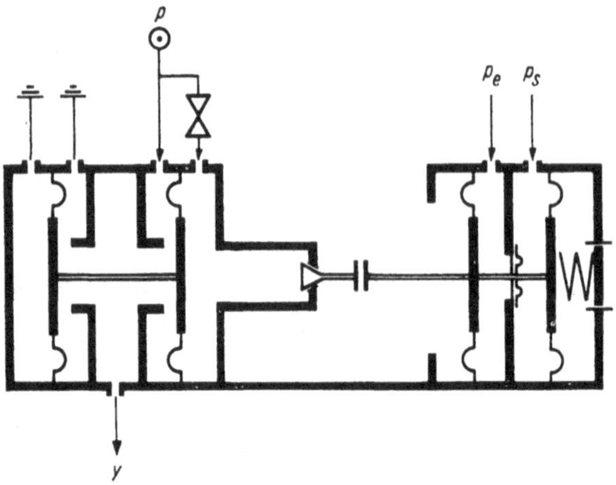

Bild 1.1: Prinzip des pneumatischen Schwellwertschalters von DRELOBA/ELLIOTT

druckes p_s entgegengerichtet ist. Wird der Eingangsdruck größer als der jeweilige Sollwertdruck, dann drückt der Betätigungsstößel gegen das Kegelsitzventil. Dadurch bricht wegen der vorgeschalteten Drossel der Druck in der rechten Relaiskammer zusammen und das pneumatische Relais schaltet schlagartig den bis dahin drucklosen Ausgang y auf den Versorgungsdruck p um. Ordnet man diesem Druck p den Belegungsindex $\sigma = 1$ zu, dann wird durch die Belegung $\sigma = 1$ des Ausgangssignals y die Information $p_e > p_s$ und durch $\sigma = 0$ die Information $p_e < p_s$ übertragen (Bild 1.2).

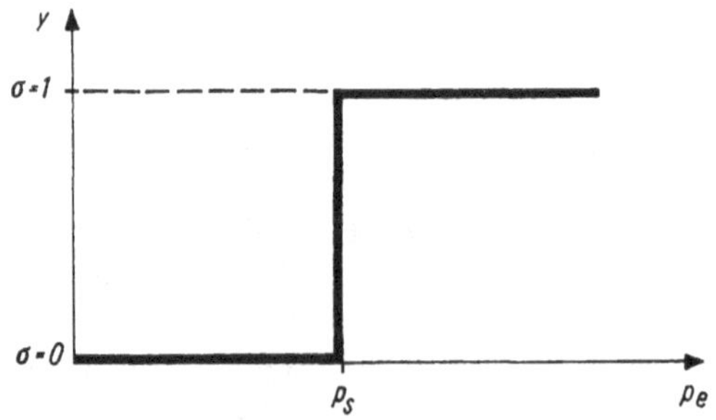

Bild 1.2: Kennlinie eines Schwellwertschalters

Die Verarbeitung der binären Signale bzw. der Schaltvariablen erfolgt in Schaltsystemen, kurz „Schaltungen" genannt. Eine binäre Schaltung ist ein Übertragungssystem mit mehreren binären Eingangssignalen und mehreren binären Ausgangssignalen, bei dem sich die Ausgangssignale nur infolge einer Änderung der Eingangssignale ändern können. Ein solches System ist zeitunabhängig und bedarf daher zu seiner mathematischen Beschreibung nicht der Zeit als Parameter.

Die unabhängigen Eingangsvariablen einer binären Schaltung werden durch die Symbole x_i bezeichnet und sie bilden die Menge

$$X = \{x_1, x_2, \ldots, x_i, \ldots, x_n\} .$$

Für die Belegung aller einzelnen Eingangsvariablen x_i jeweils entweder mit 0 oder 1 ($\sigma_i = 0, 1$), wollen wir den Begriff der Belegung der Eingangsvariablen oder kurz „Eingangsbelegung" verwenden und dafür das Symbol j einführen. Dieser Begriff wird später im Abschnitt 4.1 noch sehr ausführlich besprochen werden. Es sei diesem Abschnitt vorweggenommen, daß bei n verschiedenen Eingangsvariablen insgesamt 2^n verschiedene Eingangsbelegungen möglich sind. Im weiteren Verlauf werden wir eine binäre oder Boolesche Variable bzw. eine Schaltvariable stets kurz als „Variable" bezeichnen. Soweit es sich um Eingangsvariable handelt, werden wir diese entweder so oder noch kürzer „Eingänge" nennen. Die Ausgangsvariablen werden wir kurz als „Ausgänge" bezeichnen.

In diesem Buch wird vorwiegend der wichtigste und zugleich einfachste Fall einer binären Schaltung behandelt, der zwar n Eingänge ($x_1, \ldots, x_n$), jedoch nur einen einzigen mit dem Symbol y bezeichneten Ausgang besitzt. Es wird, abgesehen von den Abschnitten 6 und 8 über die „hardware", der wesentliche Zweck des Buches sein, eine Auswahl jener mathematischen Methoden vorzuführen, die zur systematischen rechnerischen Behandlung derartiger Schaltungen notwendig sind. Die Grundlage dieser Methoden ist die Schaltalgebra. Unter Anwendung dieser Algebra kann ein viel tieferes Verständnis der Schaltungen erreicht werden als es bei rein phänomenologischer Betrachtungsweise möglich wäre. Die Schaltalgebra ist ein Spezialfall der Booleschen Algebra, die ihrerseits Bestandteil der Mengenlehre ist. Daher spielen mengentheoretische Bezeichnungen und Veranschaulichungen in der Schaltalgebra eine wichtige Rolle. Der Booleschen Algebra kann aber auch die Aussagenlogik als Modell dienen, wobei Aussagenlogik und Mengenlehre eng zusammenhängen. Es soll daher aus Gründen der Systematik, wohl aber auch zur Erzielung eines besseren Verständnisses zunächst auf nur wenigen Seiten eine kurze Zusammenstellung der wichtigsten Grundlagen von Aussagenlogik und Mengenlehre erfolgen.

2. Einige mathematische Grundlagen

2.1. Einige Grundbegriffe der Aussagenlogik

Die Aussagenlogik versucht die Gesetze unseres Denkens in mathematischer Form nachzubilden, und ist in diesem Sinne ein Teil der sogenannten mathematischen oder theoretischen Logik [u. a. 5, 37, 64, 158]. Der zentrale Begriff der Aussagenlogik ist die Aussage. Unter einer Aussage ist jeder Satz zu verstehen, von dem die Behauptung sinnvoll ist, daß sein Inhalt richtig oder falsch sei. Beispiele für Aussagen sind etwa „Die Donau ist länger als der Rhein", oder „George Boole war der Begründer der modernen Aussagenlogik". Für die Aussagenlogik ist nun nicht der eigentliche Inhalt einer Aussage wesentlich, sondern vielmehr die Frage, ob eine Aussage tatsächlich richtig oder falsch ist. Durch die Verknüpfung verschiedener Aussagen entsteht eine neue Aussage, von der wiederum nur interessiert, ob sie richtig (wahr) oder falsch ist. Die Aufgabe der Aussagenlogik besteht darin, Regeln anzugeben, die eine Entscheidung darüber ermöglichen, wann diese neue Aussage wahr bzw. falsch ist. Vorerst müssen nun die verschiedenen Möglichkeiten der Aussagen-Verknüpfung besprochen werden.

2.1.1. Die logischen Grundverknüpfungen (Junktoren)

Für die Mathematisierung der Aussagen-Verknüpfung ist es notwendig, jede Aussage etwa durch einen Großbuchstaben zu ersetzen, was im folgenden auch geschehen soll. In der Umgangssprache werden nun zwei verschiedene Aussagen A, B durch die Worte „und", „oder", „nicht", „wenn — dann", „genau dann — wenn" miteinander verknüpft. Allerdings ist die Bedeutung dieser Worte nicht in jedem Fall gleich, wie am Beispiel des Wortes „oder" gezeigt werden soll: Auf Grund der Aussage „Vom Standpunkt der Axiomatik können Aussagenlogik *oder* Mengenlehre als Modelle der Booleschen Algebra aufgefaßt werden" können sowohl Aussagenlogik bzw. Mengenlehre für sich allein, als auch beide zusammen als Modelle der Booleschen Algebra angeführt werden. Das Wort „oder" wird aber nicht immer in dieser (einschließenden) Bedeutung verwendet, wo beide Möglichkeiten gleichzeitig zutreffen bzw. wahr sind. In der Aussage „Ich komme, oder ich komme nicht" hat das Wort „oder" eine ausschließende Bedeutung. Im Zuge einer Mathematisierung der Gesetze unseres Denkens ist es aber nicht zulässig, daß die Verknüpfung zweier Aussagen je nach dem jeweiligen Inhalt dieser Aussagen verschiedene neue Aussagen (Aussagenverknüpfungen) liefern sollen. Die Bedeutung der Verknüpfungen muß also präzisiert werden. Dies soll im folgenden geschehen. Wir beginnen damit, daß jede der eingangs erwähnten (sprachlichen) Verknüpfungen („nicht“, „und“, ...) durch ein (Verknüpfungs-) Symbol, einen sogenannten Junktor, ersetzt wird:

nicht	$\neg$, $-$
und	$\wedge$
oder	$\vee$
wenn – dann	$\rightarrow$
genau dann – wenn	$\leftrightarrow$

Um sprachliche Unklarheiten zu vermeiden, muß die Bedeutung der Junktoren einzeln erklärt werden.

2.1.1.1. Negation (Verneinung)

Die einfachste Verknüpfung ist die Verneinung. So lautet die mit A bezeichnete Aussage „2 ist kleiner als 3“ in ihrer verneinten Form: „2 ist *nicht* kleiner als 3“. Wir schreiben für die zu A negierte (verneinte) Aussage: $\bar{A}$[1]). Wir wollen die sprachliche Selbstverständlichkeit, daß die Verneinung einer wahren Aussage eine falsche Aussage ergibt und umgekehrt, zur Erklärung des Junktors – verwenden und ihn durch Tab. 2.1a definieren. Wird als

Tabelle 2.1
Definition der Negation

A	$\bar{A}$
falsch	wahr
wahr	falsch

a)

A	$\bar{A}$
0	1
1	0

b)

willkürliche Abkürzung für die Bezeichnung „falsch“ das Symbol 0 und für „wahr“ (ebenso willkürlich) das Symbol 1 verwendet, dann läßt sich Tab. 2.1a durch Tab. 2.1b ersetzen. Derartige Tabellen werden Wahrheitstabellen genannt. Für einen gegebenen Wahrheitswert (entweder Null oder Eins) einer Aussage A, läßt sich aus Tab. 2.1 der zugehörige Wahrheitswert der negierten Aussage $\bar{A}$ ablesen. Da der Junktor „Negation“ sich auf nur eine einzige Aussage A bezieht, spricht man auch von einem einstelligen Junktor, bzw. von einer einstelligen Verknüpfung. Die Negation ist der einzige einstellige Junktor. Die von nun an zu behandelnden Junktoren sind im Gegensatz dazu zweistellig, d. h. sie verknüpfen zwei Aussagen A, B miteinander, wodurch eine neue Aussage C entsteht.

2.1.1.2. Konjunktion

In erfreulicher Übereinstimmung mit der sprachlichen Bedeutung des Wortes „und“ soll die Verknüpfung $A \wedge B$ (gelesen: A und B) dann und nur dann

[1]) In den meisten Büchern der mathematischen Logik wird $\neg A$ statt $\bar{A}$ geschrieben. Die Schreibweise $\bar{A}$ wurde hier aber in Anlehnung an die in der Mengenlehre und in der Schaltalgebra übliche Schreibweise gewählt.

Tabelle 2.2
Definition der Konjunktion

A	B	$A \wedge B$
0	0	0
0	1	0
1	0	0
1	1	1

wahr sein, wenn sowohl A als auch B wahr sind. Der Junktor $\wedge$ wird also durch Tab. 2.2 erklärt und diese Verknüpfung wird als Konjunktion bezeichnet. Selbstverständlich können mehrere Aussagen $A_1, A_2, A_3, \ldots, A_n$ miteinander konjunktiv verknüpft werden. Man spricht dann von einer Mehrfach-Konjunktion und schreibt

$$\bigwedge_{i=1}^{n} A_i := A_1 \wedge A_2 \wedge A_3 \wedge \cdots \wedge A_n . \tag{2.1}$$

2.1.1.3. Disjunktion

Wegen der sprachlichen Doppelbedeutung des Wortes „oder" ist die präzise Definition des Junktors $\vee$, der dem Wort „oder" entsprechen soll, von besonderer Wichtigkeit: Wir legen für den Junktor $\vee$ die einschließliche Bedeutung des Wortes „oder" fest, was durch die Tab. 2.3 zum Ausdruck

Tabelle 2.3
Definition der Disjunktion

A	B	$A \vee B$
0	0	0
0	1	1
1	0	1
1	1	1

kommt. Die durch den Junktor $\vee$ definierte Verknüpfung wird als Disjunktion bezeichnet. Allerdings ist die Verwendung der Bezeichnung Disjunktion im Grunde genommen falsch, weil diesem Wort die ausschließende Bedeutung von „oder" zukommt. In der modernen Literatur der mathematischen Logik wird daher die Bezeichnung Adjunktion an Stelle der Bezeichnung Disjunktion verwendet. Da aber in der Schaltalgebra sich die Disjunktion für den Junktor $\vee$ eingebürgert hat, wird dieser Gepflogenheit (ungerne aber doch) Rechnung getragen. Ähnlich wie die Mehrfachkonjunktion kann auch die Disjunktion mehrerer Aussagen $A_1, A_2, \ldots, A_n$ gebildet werden. Sie wird dann Mehrfach-Disjunktion genannt und es wird geschrieben:

$$\bigvee_{i=1}^{n} A_i = A_1 \vee A_2 \vee A_3 \vee \cdots \vee A_n . \tag{2.2}$$

2.1.1.4. Implikation

Die bisher angeführten Junktoren erweisen sich bereits als hinreichend, um alle logischen Entscheidungen zu treffen. Dies wird sich daran zeigen, daß alle übrigen (denkbaren) Verknüpfungsvorschriften auf die oben behandelten drei Junktoren zurückgeführt werden können.

Wird nun ein neuer Junktor, der mit einem Pfeil $\rightarrow$ bezeichnet werden soll, durch Tab. 2.4 definiert, so kann nach einem Vergleich mit den Tab. 2.1 und 2.3 die Verknüpfung $A \rightarrow B$ auch als

$$A \rightarrow B = \bar{A} \vee B \tag{2.3}$$

Tabelle 2.4
Definition der Implikation

A	B	$A \rightarrow B$
0	0	1
0	1	1
1	0	0
1	1	1

geschrieben werden. Tab. 2.4 gibt bis zu einem gewissen Grad jene Gesetze des Schließens an, nach denen von einer Aussage A auf eine andere Aussage B in der Form „wenn A, dann B“ gefolgert wird. Diese Art des Schließens wird auch Implizieren genannt, so daß man an Stelle des Satzes „Wenn A, dann B“ bzw. „Aus A folgt B“ auch „A impliziert B“ sagt. Demnach soll der Junktor $\rightarrow$ (und ebenso die Aussage $A \rightarrow B$) als Implikation bezeichnet werden.

Wegen der großen Bedeutung, die dem Ziehen von Schlüssen zukommt, müssen wir uns noch etwas eingehender mit der Deutung von Tab. 2.4 befassen. Wie schon gesagt, entspricht diese Tabelle weitgehend unserem sprachlichen Empfinden für „wenn, dann“. Als Beispiel mögen die beiden Aussagen A = „es regnet“ und B = „die Straße ist naß“ dienen. Mit diesen Aussagen soll die obige Tabelle zeilenweise gedeutet werden:

1. Zeile: „Wenn es nicht regnet, dann ist die Straße nicht naß“ ist offensichtlich ein richtig gezogener Schluß, weshalb in der Spalte $A \rightarrow B$ eine Eins eingeschrieben ist.
2. Zeile: „Wenn es nicht regnet, dann ist die Straße naß“. Ist diese Implikation als richtig oder falsch zu bezeichnen? Bedenkt man, daß die Straße nicht nur durch den Regen, sondern auch etwa durch einen Sprengwagen naß werden kann, dann muß die obige Implikation als wahr bezeichnet werden. Gerade Beispiele dieser Art haben zu der *Vereinbarung* geführt, die Implikation der zweiten Zeile stets als wahr zu deklarieren.
3. Zeile: „Wenn es regnet, dann ist die Straße nicht naß“ ist offensichtlich unrichtig.
4. Zeile: „Wenn es regnet, dann ist die Straße naß“ ist wieder richtig.

In der Aussagenlogik befaßt man sich aber nicht mit dem Inhalt von Aussagen, sondern nur mit ihrem Wahrheitswert. Demnach ist es durchaus möglich, zwei Aussagen miteinander implikatorisch zu verknüpfen, die inhaltlich in keiner Beziehung zueinander stehen; so etwa die wahre Aussage A „Eisen ist ein Metall" und die falsche Aussage B „die Sonne ist ein Planet".

Die Implikation ist Grundlage des aussagenlogischen Schließens. Jene Aussage, die vor dem Pfeil steht, heißt Prämisse; jene, die nach dem Pfeil steht, nennt man Konklusion (in der Schreibweise $A \rightarrow B$ ist also A die Prämisse und B die Konklusion). Prämisse und Konklusion bilden gemeinsam den Schluß (bzw. die Implikation). Naturgemäß soll ein gezogener Schluß richtig sein. Demnach ist es üblich, Beziehungen zwischen der Prämisse und der Konklusion eben für diesen Fall anzugeben, was zu folgender Vereinbarung führt: *Es darf nur dann von der Prämisse A auf die Konklusion B geschlossen werden, wenn die Implikation (der Schluß) $A \rightarrow B$ wahr ist.* Aus den ersten beiden Zeilen von Tab. 2.4 geht nun hervor, daß jeder Schluß ($A \rightarrow B$) wahr ist, dessen Prämisse A falsch ist. Daraus folgt, daß auf Grund einer falschen Prämisse A nichts über den Wahrheitswert der Konklusion B ausgesagt werden kann: sie kann falsch oder wahr sein, ohne daß der Schluß als Ganzes falsch wird. Ist andererseits die Prämisse A wahr, so folgt daraus die Richtigkeit der Konklusion B.

2.1.1.5. Faktische Äquivalenz

Als letzten Junktor, der in diesem Abriß der Aussagenlogik behandelt werden soll, führen wir die Äquivalenz $\leftrightarrow$ ein und definieren sie durch die Wahrheitstabelle Tab. 2.5. Der als Doppelpfeil geschriebene Junktor soll gewollt an die gleichzeitige Gültigkeit der beiden Implikationen $A \rightarrow B$ und $A \leftarrow B$ erinnern. Die Äquivalenz ist genau dann wahr, wenn beide Aussagen den gleichen Wahrheitswert haben, also wenn beide falsch oder beide wahr sind. Demnach wird der Junktor $\leftrightarrow$ sprachlich durch „genau dann, wenn" wiedergegeben.

Tabelle 2.5
Definition der Äquivalenz

A	B	$A \leftrightarrow B$
0	0	1
0	1	0
1	0	0
1	1	1

Aus der gleichzeitigen Gültigkeit der beiden Implikationen „aus A folgt B" *und* „aus B folgt A" läßt sich die Äquivalenz auch durch

$$(A \rightarrow B) \wedge (B \rightarrow A) = A \leftrightarrow B \tag{2.4}$$

erklären. Unter Verwendung der mit den Wahrheitstabellen Tab. 2.2 und Tab. 2.4 gegebenen Definitionen kann diese Gleichung durch Tab. 2.6 veranschaulicht werden. Aus dieser Tabelle geht aber, ebenso wie schon aus Tab. 2.5, wiederum hervor, daß unter Anwendung der Negation, der Konjunktion und der Disjunktion die äquivalente Verknüpfung auch als

$$A \leftrightarrow B = (\bar{A} \wedge \bar{B}) \vee (A \wedge B) \quad (2.5)$$

geschrieben werden kann.

Tabelle 2.6
Zur Definition der Äquivalenz

A	B	$A \rightarrow B$	$B \rightarrow A$	$(A \rightarrow B) \vee (B \rightarrow A)$
0	0	1	1	1
0	1	1	0	0
1	0	0	1	0
1	1	1	1	1

2.1.2. Tautologie und Kontradiktion

Mit den oben besprochenen Junktoren wurden einzelne Aussagen zu neuen Aussagen, sogenannten zusammengesetzten Aussagen, zusammengefaßt. Dafür sind zwei Fälle von besonderer Bedeutung. Einerseits der Fall, daß eine zusammengesetzte Aussage *immer wahr* ist: Man nennt sie dann eine Tautologie. Andererseits der Fall, daß die zusammengesetzte Aussage *immer falsch* ist: Sie heißt dann eine Kontradiktion.

Ob eine zusammengesetzte Aussage tautologisch oder kontradiktorisch ist, wird an Hand der Wahrheitstabelle für diese Aussagenform bestimmt, und zwar durch Einsetzen aller möglichen Wahrheitswerte der einzelnen Aussagen. Diese soll in Tab. 2.7 an Hand der zusammengesetzten tautologischen Aussage $(A \wedge B) \rightarrow (\bar{A} \rightarrow B)$ gezeigt werden. Jeder beliebige Wahrheitswert der Aussagen A und B läßt, wie die obige Tabelle zeigt, die zusammengesetzte Aussage stets wahr werden.

Tabelle 2.7
Beweis einer Tautologie

A	B	$A \wedge B$	$\bar{A}$	$\bar{A} \rightarrow B$	$(A \wedge B) \rightarrow (\bar{A} \rightarrow B)$
0	0	0	1	0	1
0	1	0	1	1	1
1	0	0	0	1	1
1	1	1	0	1	1

Das Negieren einer Tautologie läßt stets eine Kontradiktion entstehen und umgekehrt. Auch eine Kontradiktion wird durch eine Wahrheitstabelle bewiesen. In der Spalte der zusammengesetzten Aussage müssen dann lauter Nullen stehen.

2.1.3. Logische Äquivalenz

Eine überaus wichtige Frage ist die nach der sogenannten „Gleichheit" zweier zusammengesetzter Aussagen. Zwei zusammengesetzte Aussagen sollen dann „gleich" bzw. „logisch äquivalent" sein, wenn beide stets denselben Wahrheitswert annehmen, sobald für ihre einzelnen Aussagen A, B, C, ... dieselben Wahrheitswerte eingesetzt werden. Für die Gleichheit bzw. logische Äquivalenz wird das Symbol $=$, vielfach auch $\Leftrightarrow$ oder „äq." geschrieben. Betrachten wir etwa die beiden zusammengesetzten Aussagen $A \to (B \to C)$ und $(A \wedge B) \to C$: Es soll wieder an Hand einer Wahrheitstabelle Tab. 2.8 gezeigt werden, daß diese zusammengesetzten Aussagen gleich bzw. einander logisch äquivalent sind. Wendet man auf jede Zeile der letzten beiden Spalten dieser Tabelle die Äquivalenzbeziehung gemäß Tab. 2.5 an, so ergibt sich für jede Zeile der Wahrheitswert 1. Dies führt zur Formulierung: Zwei zusammengesetzte Aussagen heißen dann gleich, wenn die Äquivalenzbeziehung zwischen ihnen tautologisch ist.

Tabelle 2.8
Beweis einer logischen Äquivalenz (Gleichheit)

A	B	C	$B \to C$	$A \wedge B$	$A \to (B \to C)$	$(A \wedge B) \to C$
0	0	0	1	0	1	1
0	0	1	1	0	1	1
0	1	0	0	0	1	1
0	1	1	1	0	1	1
1	0	0	1	0	1	1
1	0	1	1	0	1	1
1	1	0	0	1	0	0
1	1	1	1	1	1	1

2.1.4. Rechengesetze der Aussagenlogik

Alle Verknüpfungen der Aussagenlogik können (und dies soll hier ohne Beweis angeführt werden) auf die Verknüpfungen mit den Junktoren $-$, $\vee$, $\wedge$ zurückgeführt werden. Diese Junktoren wurden über die Tabellen 2.1, 2.2 und 2.3 definiert, so daß von diesen Tabellen ausgegangen wird, wenn einzelne Beziehungen zu beweisen sind.

So können ohne Schwierigkeiten die beiden kommutativen Gesetze

$$A \wedge B = B \wedge A\,, \tag{2.6a}$$

$$A \vee B = B \vee A \tag{2.6b}$$

bewiesen werden, was fur Gl. (2.6a) in Tab. 2.9 erfolgt. Aus der zeilenweisen Gleichheit der Wahrheitswerte in den Spalten für $A \wedge B$ und $B \wedge A$ folgt die Gleichheit (logische Äquivalenz) dieser beiden Ausdrücke, womit Gl. (2.6a) bewiesen ist. Ebenso können die beiden assoziativen Gesetze

$$A \wedge (B \wedge C) = (A \wedge B) \wedge C\,, \tag{2.7a}$$

$$A \vee (B \vee C) = (A \vee B) \vee C \tag{2.7b}$$

Tabelle 2.9
Beweis des kommutativen Gesetzes der Konjunktion

A	B	$A \wedge B$	$B \wedge A$
0	0	0	0
0	1	0	0
1	0	0	0
1	1	1	1

bewiesen werden. Diesen kommutativen und assoziativen Gesetzen entsprechen in der konventionellen Algebra (in der die Verknüpfungen das Multiplikations- bzw. Additionszeichen sind) analoge Gesetze. Diese Analogie existiert aber nicht bei den hier gültigen, sogenannten Absorptionsgesetzen

$$A \wedge (A \vee B) = A \,, \tag{2.8a}$$

$$A \vee (A \wedge B) = A \,. \tag{2.8b}$$

Mittels einer Wahrheitstabelle Tab. 2.10 soll die Richtigkeit des ersten Absorptionsgesetzes bewiesen werden. Auch hier ergibt sich die Richtigkeit von Gl. (2.8a) aus der zeilenweisen Gleichheit der Wahrheitswerte der Spalte für A und der Spalte für $A \wedge (A \vee B)$. Als weitere sehr wichtige Gesetze gelten auch beide distributiven Gesetze

$$A \wedge (B \vee C) = (A \wedge B) \vee (A \wedge C) \,, \tag{2.9a}$$

$$A \vee (B \wedge C) = (A \vee B) \wedge (A \vee C) \,, \tag{2.9b}$$

Tabelle 2.10
Beweis des Absorptionsgesetzes Gl. (2.8a)

A	B	$A \vee B$	$A \wedge (A \vee B)$
0	0	0	0
0	1	1	0
1	0	1	1
1	1	1	1

sowie die beiden Gesetze

$$A \wedge \bar{A} = 0 \,, \tag{2.10a}$$

$$A \vee \bar{A} = 1 \,. \tag{2.10b}$$

Es sei erwähnt, daß die Gleichungen (2.6), (2.7) und (2.8) einen sogenannten „Verband" definieren. Dies soll bedeuten, daß eine algebraische Struktur, auf der diese Gesetze gelten, als Verband bezeichnet wird. Gelten weiterhin noch beide distributiven Gesetze von Gl. (2.9) und existiert zu jeder Aussage (Variablen) A eine komplementäre (negierte) Aussage $\bar{A}$, so daß die Gleichungen (2.10) gelten, so nennt man diesen distributiven und komplementären Verband einen *Booleschen Verband* oder eine *Boolesche Algebra*. Die Aussagenlogik ist also ein Modell einer Booleschen Algebra.

Abschließend sei noch vermerkt, daß die Aussagenlogik auch so entwickelt werden kann, daß von sogenannten Axiomen (nicht zu beweisende, einfachste postulierte Gesetze) ausgegangen werden kann. Als ein solches Axiomensystem hätten die Gleichungen (2.6) bis (2.10) dienen können. Bei der Entwicklung der Schaltalgebra im Abschnitt 3 wird dieser Weg eingeschlagen, indem von einem ähnlichen Axiomensystem ausgegangen wird. In den weiteren Kapiteln dieses Buches werden dann gleichberechtigt nebeneinander zwei Verfahren zum Beweis der logischen Äquivalenz zweier Ausdrücke verwendet werden: Erstens die bisher verwendete tabellarische Methode und zweitens die algebraische Methode, bei der auf schon bewiesene oder als Axiome postulierte Gesetze zurückgegriffen wird.

2.2. Einige Grundbegriffe der Mengenlehre

G. Cantor (1845–1918), der Begründer der Mengenlehre, erläutert den Mengenbegriff folgendermaßen: Eine Menge ist eine Zusammenfassung von bestimmten wohlunterschiedenen Objekten unserer Anschauung oder unseres Denkens (sogenannter „Elemente") zu einem Ganzen. Bezeichnet M eine solche Menge und x ein Element dieser Menge, so schreibt man unter Verwendung des stilisierten griechischen Buchstaben Epsilon:

$$x \in M ,$$

und liest „x ist ein Element der Menge M" oder kurz „x aus M". Das Symbol $\in$, das auch Elementverknüpfung genannt wird, gibt die Zugehörigkeit eines Elementes zu einer Menge M an. Die Aussage „x ist nicht Element der Menge M" wird durch die Schreibweise

$$x \notin M$$

zum Ausdruck gebracht.

Um aussagen zu können, ob ein bestimmtes Element x einer Menge M angehört, muß diese Menge natürlich definiert werden. Es geschieht dies im trivialen Fall durch Aufzählung ihrer Elemente. Diese werden dann in geschwungene Klammern gesetzt und man schreibt

$$M := \{x_1, x_2, \ldots, x_n\} ,$$

wobei das Symbol $:=$ „definitionsgemäß gleich" bedeutet. Die Reihenfolge, in der die Elemente aufgezählt werden, ist bedeutungslos und jedes Element wird stets nur einmal angeführt.

Die allgemeine Definition einer Menge besteht aber nicht in der Aufzählung ihrer Elemente, sondern sie geht von einer gemeinsamen Eigenschaft aus, welche die Elemente besitzen bzw. von einer gemeinsamen Aussage, die über die Elemente gemacht werden kann. Bezeichnet man diese gemeinsame Eigenschaft der Elemente symbolisch etwa mit $H(x)$, dann wird zur Definition der Menge M die Schreibweise

$$M := \{x \mid H(x)\} \tag{2.11}$$

benutzt, die gelesen wird „M ist die Menge aller Elemente x, denen die Eigenschaft $H(x)$ gemeinsam ist".

Um bei der Bildung von Mengen Widersprüche (sogenannte Antinomien) zu vermeiden, muß allerdings (nach ZERMELO und FRAENKEL [151]) von einer „relativen Allmenge" oder „Grundmenge" $\boldsymbol{I}$, die aus bereits gegebenen (erklärten) Mengen besteht, ausgegangen werden. Durch beliebige, zumindest aber für die Elemente von $\boldsymbol{I}$ sinnvolle Aussagen $H(x)$ werden dann aus der relativen Allmenge $\boldsymbol{I}$ Teilmengen M ausgesondert. Es läßt sich nachweisen, daß es keine sogenannte „absolute" Allmenge gibt, deren charakterisierende Eigenschaft eben darin bestünde uferlos zu sein, d. h. ohne jedwede Einschränkungen alle Objekte und deren Zusammenfassungen (also auch sich selbst) zu enthalten. Die Vorgabe einer relativen Allmenge entspricht dem Abstecken eines gewissen Definitionsbereichs.

Der Grundmenge begrifflich entgegengesetzt ist die sogenannte „leere Menge" oder „Nullmenge": Sie enthält kein Element und soll mit $\boldsymbol{o}$ symbolisiert werden.

An dieser Stelle ist es nun auch notwendig, den Begriff der „Aussage" $H(x)$ zu präzisieren: Eine Aussage bezieht sich stets auf die Gültigkeit (bzw. Nichtgültigkeit) der Elementverknüpfung und wird nur mittels der logischen Verknüpfungen (Junktoren) zusammengesetzt. Diese Junktoren wurden bereits im Abschnitt 2.1 definiert. Da in den späteren Abschnitten genügend Anwendungen des Begriffs der Aussage vorkommen, wird an dieser Stelle auf erklärende Beispiele verzichtet.

Zum Abschluß dieser Einführung sollen schließlich noch zwei weitere Symbole eingeführt werden: Der „Allquantor" $\underset{x}{\forall}$ wird gelesen: „Für alle x gilt . . ." und der „Existenzquantor" $\underset{x}{\exists}$ wird gelesen: „Es existiert (mindestens) ein x, so daß . . .".

2.2.1. Graphische Darstellung von Mengen: VENN-Diagramm bzw. EULER-Diagramm

Mengen können graphisch durch geschlossene Gebiete anschaulich dargestellt werden. Eine derartige Darstellung wird VENN-Diagramm genannt. Wird ein solches Gebiet als Kreis gezeichnet, dann spricht man von einem EULER-Kreis. Im Falle einer unendlichen Menge, also einer Menge mit unendlich vielen Elementen, wird jedem Punkt innerhalb des betrachteten Gebietes ein Element zugeordnet. In der Schaltalgebra haben wir es aber stets mit endlichen Mengen zu tun. In diesem Fall wird das betrachtete Gebiet in so viele Flächeneinheiten zerlegt gedacht, als die darzustellende Menge Elemente enthält. Jeder Flächeneinheit wird dann ein Element der Menge zugeteilt.

Im weiteren Verlauf dieses Abschnitts werden VENN- bzw. EULER-Diagramme verwendet, um Beziehungen von Mengen untereinander zu veranschaulichen. In der Schaltalgebra wird eine besondere Form des VENN-Diagramms, das KARNAUGH-Diagramm verwendet (s. Abschn. 4.4).

2.2.2. Untermenge, Gleichheit von Mengen, Potenzmenge

Ein sehr wichtiger Begriff ist die Untermenge oder Teilmenge: Eine Menge A ist Untermenge von B, ($A \subseteq B$), wenn jedes Element x von A auch Element von B ist:

$$A \subseteq B := (x \in A \rightarrow x \in B) . \tag{2.12}$$

Durch Gl. (2.12) wird keine neue Menge definiert, sondern eine Beziehung zwischen zwei Mengen erklärt. Man nennt eine solche Beziehung eine Relation.

Gilt umgekehrt auch $B \subseteq A$, so folgt hieraus und aus $A \subseteq B$, daß beide Mengen genau dieselben Elemente enthalten. Man sagt in diesem Fall, daß A und B gleich sind und schreibt

$$(A \subseteq B) \wedge (B \subseteq A) := (A = B) . \tag{2.13}$$

Im Falle $A = B$ sagt man auch A sei eine unechte Teilmenge von B (bzw. umgekehrt). Schließt man hingegen die Möglichkeit der Gleichheit der Mengen A und B aus, so spricht man bei der Gültigkeit der Beziehung $A \subset B$ von A als einer echten Untermenge von B.

Allgemein läßt sich zeigen, daß aus einer Menge mit n Elementen 2^n Untermengen gebildet werden können. So hat eine aus einem Element bestehende Menge zwei Untermengen: sich selbst und die leere Menge. Eine Menge, die aus zwei Elementen besteht, hat vier Untermengen: sich selbst, die leere Menge und zwei Mengen, die jede nur aus einem der beiden Elemente bestehen. Die Menge aller Untermengen A_i einer Menge A nennt man die Potenzmenge $P(A)$ von A:

$$P(A) := \{A_i | A_i \subseteq A\} . \tag{2.14}$$

2.2.3. Komplementäre Mengen, Durchschnitt, Vereinigung

Bei der Definition einer Menge wurde festgehalten, daß stets von einer vorgegebenen Grundmenge $\boldsymbol{I}$ auszugehen sei. Wurde eine beliebige Menge A auf der Grundmenge $\boldsymbol{I}$ definiert, so stellen alle Elemente die nicht der Menge A, aber sehr wohl der Grundmenge $\boldsymbol{I}$ angehören, die zu A komplementäre Menge $\bar{A}$ (manchmal auch $\neg A$ geschrieben) dar (s. auch Bild 2.1):

$$\bar{A} := \{x \mid x \notin A \wedge x \in \boldsymbol{I}\} . \tag{2.15}$$

Aus der Definition der komplementären Menge $\bar{A}$ geht unmittelbar hervor, daß ihr Komplement, also $\bar{\bar{A}}$, wieder die ursprüngliche Menge A ist: $\bar{\bar{A}} = A$.

Das Komplement-Zeichen stellt eine sogenannte einstellige Verknüpfung dar: Sie bezieht sich nur auf eine einzige Menge. Von großer Wichtigkeit sind darüber hinaus noch die sogenannten zweistelligen Verknüpfungen,

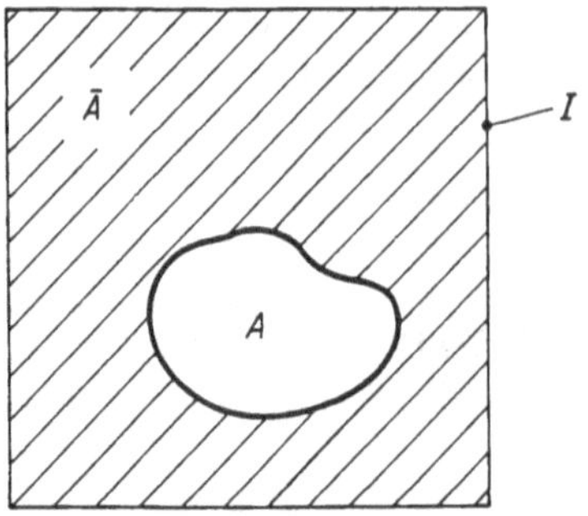

Bild 2.1: Venn-Diagramm einer Menge A und der zu ihr komplementären Menge $\bar{A}$

nämlich Durchschnitt ∩ und Vereinigung ∪. Gerade die mittels der Verknüpfungen —, ∩, ∪ ableitbaren Beziehungen zwischen Mengen sind Gegenstand der Mengenlehre. So ist der Durchschnitt $A \cap B$ der beiden Mengen A und B erklärt durch

$$A \cap B := \{x \mid x \in A \wedge x \in B\} , \qquad (2.16)$$

und stellt die Menge jener Elemente x dar, die sowohl der Menge A als auch der Menge B angehören (s. Bild 2.2a). Die Analogie zum logischen Und ist augenscheinlich.

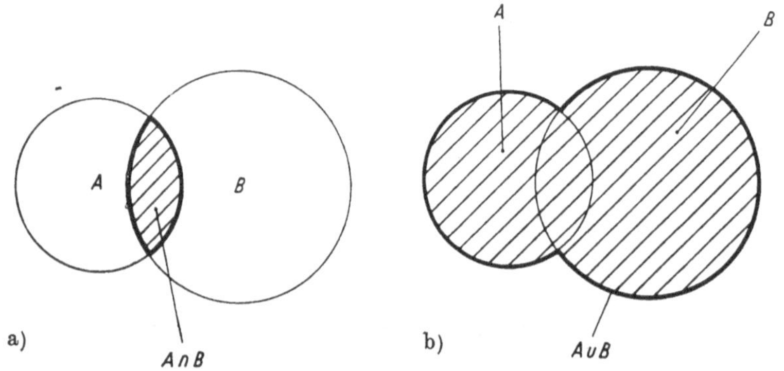

Bild 2.2: a) Durchschnitt zweier Mengen,
b) Vereinigung zweier Mengen

Die Vereinigung $A \cup B$ der beiden Mengen A und B ist durch

$$A \cup B := \{x \mid x \in A \vee x \in B\} \qquad (2.17)$$

erklärt. Der Bedeutung des logischen Oder entsprechend stellt die Vereinigung jene Elemente x dar, die entweder der Menge A oder der Menge B oder aber beiden gemeinsam angehören (s. Bild 2.2b).

2.2.4. Gesetze der Mengenlehre

Die Mengenlehre nimmt erst dadurch Gestalt an, daß man jene Grundregeln angibt, nach denen die einzelnen Mengen miteinander verknüpft werden.

Diese Grundregeln stellen nichts anderes als Übertragungen entsprechender Grundregeln der mathematischen Logik dar: Dafür sorgt die Art und Weise wie die mengentheoretischen Verknüpfungen über die entsprechenden Junktoren der Aussagenlogik definiert werden. In Analogie zu den Gesetzen der Gleichungen (2.6) bis (2.10) gelten in der Mengenlehre folgende Grundgesetze:

$$A \cap B = B \cap A\,, \tag{2.18a}$$

$$A \cup B = B \cup A\,, \tag{2.18b}$$

$$A \cap (B \cap C) = (A \cap B) \cap C\,, \tag{2.19a}$$

$$A \cup (B \cup C) = (A \cup B) \cup C\,, \tag{2.19b}$$

$$A \cap (A \cup B) = A\,, \tag{2.20a}$$

$$A \cup (A \cap B) = A\,, \tag{2.20b}$$

$$A \cap (B \cup C) = (A \cap B) \cup (A \cap C)\,, \tag{2.21a}$$

$$A \cup (B \cap C) = (A \cup B) \cap (A \cup C)\,, \tag{2.21b}$$

$$A \cap \bar{A} = \boldsymbol{o}\,, \tag{2.22a}$$

$$A \cup \bar{A} = \boldsymbol{I}\,. \tag{2.22b}$$

Ebenso wie die Aussagenlogik ist auch die Mengenlehre ein Modell einer Booleschen Algebra. Dies bedeutet nicht mehr, als daß die obigen Gleichungen (2.18) bis (2.22) der Mengenlehre zugrunde gelegt werden. Das dritte Modell einer Booleschen Algebra ist das Hauptanliegen dieses Buches: die Schaltalgebra.

2.2.5. Partitionen

Bei der Entwicklung der Schaltalgebra spielt der Begriff der Partition (die Klasseneinteilung) eine große Rolle; dieser Begriff soll hier erklärt werden.

Eine gegebene Menge A wird vollständig in Untermengen A_i aufgespalten, so daß ihre Vereinigung wieder A liefert:

$$A = A_1 \cup A_2 \cup \cdots \cup A_n\,. \tag{2.23}$$

Die Aufteilung in Untermengen A_i soll so gewählt werden, daß keine der A_i eine leere Menge ist:

$$\forall_i\, (A_i \neq \boldsymbol{o})\,, \tag{2.24}$$

und, was besonders wichtig ist, daß keine zwei Untermengen A_i, A_j gemeinsame Elemente besitzen:

$$A_i \cap A_j = \boldsymbol{o}\,, \qquad \text{für} \quad i \neq j\,. \tag{2.25}$$

Eine vollständige Aufspaltung einer gegebenen Menge A in Untermengen A_i derart, daß jedes Element von A zu einer und nur einer dieser Untermengen gehört, wird als Partition bezeichnet.

Der später eingeführte Begriff der Eingangsbelegung (Abschnitt 4.1) sowie die in Abschnitt 4.2.2 bzw. Abschnitt 7 verwendeten Untermengen M_0, M_1, M_y werden (um nur die wichtigsten Beispiele anzuführen) unschwer als Partitionen erkannt.

Jede Menge kann natürlich in mehrere verschiedene Partitionen eingeteilt werden. Hierauf wird z. B. bei der Behandlung von Speicherfunktionen (Abschnitt 7) noch näher eingegangen werden. Die Beziehung Gl. (2.23) zeigt, daß jedes Element von A mindestens zu einer der Teilmengen A_i gehört, während Gl. (2.25) fordert, daß kein Element gleichzeitig zu zwei verschiedenen Teilmengen gehören kann. Mengen, die Gl. (2.25) genügen, werden als (paarweise) disjunkt bezeichnet.

Jede Untermenge A_i von A läßt sich durch A selbst und durch die übrigen Untermengen der Partition wie folgt in negierter Form darstellen:

$$\overline{A_i} = A \cap (A_1 \cup A_2 \cup \cdots \cup A_{i-1} \cup A_{i+1} \cup \cdots \cup A_n) . \tag{2.26}$$

Durch Negieren dieser Beziehung (s. auch die späteren Gln. (3.13)) erhält man

$$A_i = \overline{A} \cup (\overline{A_1} \cap \overline{A_2} \cap \cdots \cap \overline{A_{i-1}} \cap \overline{A_{i+1}} \cap \cdots \cap \overline{A_n}) . \tag{2.27}$$

Da bei jeder Zerlegung einer gegebenen Menge A in Untermengen (also auch bei der Partitionsbildung) die Menge A die Rolle einer relativen Allmenge übernimmt ($A = \boldsymbol{I}$), ist das Komplement von A gleich der leeren Menge ($\overline{A} = \boldsymbol{o}$). Somit geht die obige Beziehung über in

$$A_i = \overline{A_1} \cap \overline{A_2} \cap \cdots \cap \overline{A_{i-1}} \cap \overline{A_{i+1}} \cap \cdots \cap \overline{A_n} . \tag{2.28}$$

Selbstverständlich kann dann auch Gleichung (2.26) dargestellt werden als

$$\overline{A_i} = A_1 \cup A_2 \cup \cdots \cup A_{i-1} \cup A_{i+1} \cup \cdots \cup A_n . \tag{2.29}$$

2.2.6. Geordnete Paare, Cartesisches Produkt, Relation

Das Hauptanliegen der Schaltalgebra ist die Behandlung der sequentiellen Schaltungen. Diese Schaltungsart ist einer direkten Beschreibung zugänglich, wenn vom Cartesischen Produkt ausgegangen wird (siehe die Definition der Transduktionstabelle Abschnitt 10.1). Im vorliegenden Abschnitt sollen die Grundlagen für die spätere Behandlung der sequentiellen Schaltungen gelegt werden.

In welcher Reihenfolge die Elemente einer Menge angegeben werden, ist für die Definition der Menge bedeutungslos. Demgegenüber gibt es aber viele Aufgaben, bei denen es gerade auf die Reihenfolge der Elemente einer Menge ankommt. Betrachten wir für diese beiden Fälle ein einfaches Beispiel.

Die vier Freunde a, b, c und d aus einer Schulklasse beschließen, daß sie in den Schulferien jedem aus der Menge $\{a, b, c, d\}$ einen Brief schreiben werden. So würde etwa die Menge $\{a, b\}$ die beiden Schüler a und b umfassen, die sich gegenseitig zu schreiben verpflichten. Da a dem Schüler b schreiben wird und umgekehrt, ist die Reihenfolge belanglos in der a und b in der geschwungenenKlammer angeführt werden; es gilt also $\{a, b\} = \{b, a\}$. Am Ende der Ferien wird nun festgestellt, wer seine Verpflichtung eingehalten hat. Hat etwa der Schüler a dem Schüler b einen Brief geschrieben, so wird in runder Klammer (a, b) notiert. Hierbei kommt es aber sicherlich auf die Reihenfolge an in welcher a und b in der runden Klammer stehen, weil der zuerst angeführte Schüler der Briefschreiber, der als zweiter angeführte hingegen der Empfänger des Briefes ist. Man nennt (a, b) ein „geordnetes Paar". Es entspricht durchaus der Anschauung, daß die Gleichheit zweier geordneter Paare (a, b) und (c, d) die Gleichheit der als erste angeführten Elemente sowie die Gleichheit der an zweiter Stelle angeführten Elemente zur Folge hat. Demnach muß gelten

$$[(a, b) = (c, d)] \rightarrow [(a = c) \wedge (b = d)] \,. \tag{2.30}$$

Diese Gleichung kann als Axiom für das geordnete Paar dienen.

Anhand des Beispiels der briefschreibenden Freunde soll nun nach einer übersichtlichen Darstellung gesucht werden, aus der eindeutig hervorgeht, wer an wen geschrieben hat. Eine graphische Darstellung — und auf diese Darstellungsweise werden wir in den späteren Abschnitten in hohem Maße zurückgreifen — erhält man in Form einer im cartesischen Koordinatensystem angeordneten Tabelle. Wenn die Freunde $\{a, b, c, d\}$ als Briefschreiber auftreten, dann sollen ihnen einzelne Zeilen der quadratisch angeordneten Tabelle (siehe Bild 2.3a) zugeordnet werden, wogegen ihnen Spalten zugeordnet werden, wenn sie als Briefempfänger betrachtet werden. Jedes Feld einer solchen Tabelle beschreibt nun eines der geordneten Paare (a, a), (a, b), (a, c) usw., während die Gesamtheit aller Felder der Gesamtheit aller geordneten Paare entspricht. Man bezeichnet die Menge aller geordneten Paare, deren erstes Element zu den Briefschreibern $A^1 := \{a, b, c, d\}$ und deren zweites Element zu den Briefempfängern $A^2 := \{a, b, c, d\}$ gehört, als das Cartesische oder Mengenprodukt

$$A^1 \times A^2 := \{(x, y) \mid x \in A^1 \wedge y \in A^2\} \,. \tag{2.31}$$

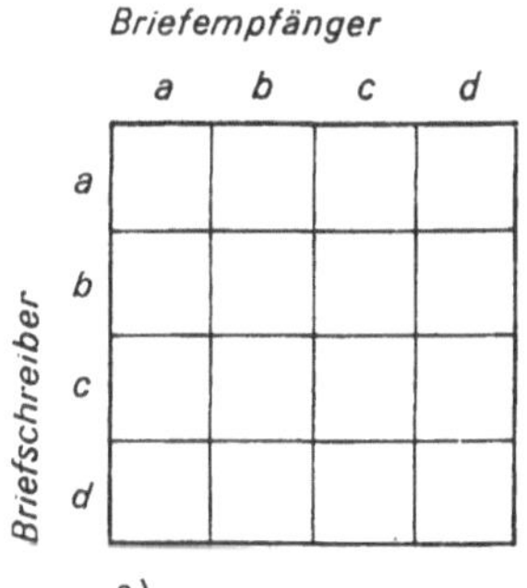

a)

	a	b	c	d
a	0	0	1	1
b	1	0	0	0
c	1	1	0	1
d	1	1	1	0

b)

Bild 2.3: a) Darstellung des cartesischen Produkts
b) Beispiel für die Darstellung von Relationen

Soll nun nach den Ferien festgehalten werden, wer Briefe an wen geschrieben hat (dies soll durch eine 1 im entsprechenden Feld der Tabelle markiert werden) und wer nicht (es möge eine 0 im entsprechenden Feld eingetragen werden), so könnte beispielsweise Bild 2.3b Auskunft darüber geben, inwieweit die Vereinbarung eingehalten worden ist.

Man nennt nun jede Teilmenge des Mengenprodukts $A^1 \times A^2$ eine „Relation". So stellt jedes der geordneten Paare (x, y) eine Relation dar. Wird die Relation mit R bezeichnet, so könnte in dem bisher verwendeten Beispiel R als „schreibt einen Brief an" interpretiert werden. Man schreibt hierfür xRy bzw. $(x, y) \in R$. Nennen wir die Briefe, die ein bestimmter Schüler (etwa b) von allen übrigen Schülern empfangen soll E_b, so stellt E_b eine Untermenge von $A^1 \times A^2$ dar und ist demnach eine bestimmte Relation; sie umfaßt die geordneten Paare

$$E_b := \{(a, b), (b, b), (c, b), (d, b)\} . \tag{2.32}$$

Statt dieser umständlichen Schreibweise wollen wir die Schreibweise

$$E_b := (A^1, b)$$

verwenden. Allgemein gelte:

$$(A^1, y) := \{(x, y) \mid x \in A^1 \wedge y\} , \tag{2.33}$$

und es ist klar, daß (A^1, y) eine ganze Spalte der Tabelle des Bildes 2.3 beschreibt. Eine Zeile dieser Tabelle wird hingegen durch folgende Schreibweise dargestellt:

$$(x, A^2) := \{(x, y) \mid x \wedge y \in A^2\} . \tag{2.34}$$

Bei der Behandlung sequentieller Schaltungen mit Transduktionstabellen (Abschn. 10.1) werden wir sehen, daß die Spalten dieser Tabellen Speicherfunktionen entsprechen.

3. Boolesche Algebra, Schaltalgebra

Als bedeutendster Urheber der mathematischen Logik und Begründer der nach ihm benannten logischen Algebra gilt der englische Mathematiker George Boole (1815 bis 1864). Die Boolesche Algebra und die aus ihr hervorgehende Schaltalgebra sind in zahlreichen Werken [u. a. 6, 25, 26, 31, 43, 61, 66, 108, 129, 131, 153, 156, 187, 188, 189, 198] bereits sehr gründlich behandelt worden. Es soll daher in diesem und in den beiden folgenden Hauptabschnitten lediglich eine stark gestraffte Zusammenstellung der wichtigsten Aspekte soweit vorgenommen werden, als es zur Förderung des Verständnisses der Schaltungstechnik notwendig erscheint. Die späteren Teile des Buches werden auf diese Zusammenstellung und besonders auf die im nächsten Abschnitt verwendete Darstellungsweise aufbauen.

Die systematische Begründung einer Algebra kann mittels eines Systems von postulierten Grundgesetzen, d. h. Axiomen, erfolgen. Die Axiome eines Axiomensystems haben grundsätzlich die Eigenschaften, daß sie a) einander nicht widersprechen, daß sie b) nicht mehr in Teilaussagen zerlegbar sind und daß sie c) voneinander unabhängig sind. Ein Axiomensystem mit diesen Eigenschaften stammt von Huntington [72] und soll nachstehend formuliert werden. U. a. mit diesem Axiomensystem und einem daraus abgeleiteten System von Theoremen und Rechenregeln können die Boolesche Algebra und die Schaltalgebra entwickelt werden.

3.1. Axiome

Es existiere eine Menge

$$M := \{A, B, C, ..., 0, 1\}$$

sowie die beiden Verknüpfungssymbole „∧“ und „∨“. Diese Verknüpfungen sollen derart erklärt sein, daß durch sie zwei beliebigen Elementen, z. B. $A \in M$ und $B \in M$, ein weiteres Element z. B. $C \in M$ eindeutig zugeordnet wird. Faßt man die Elemente $A, B, C, \ldots$ der Menge M als Schaltvariable oder deren Verknüpfungen auf und erklärt man die beiden Wahrheitswerte 0 und 1 als Belegungen dieser Variablen, dann ist damit der Übergang zur Schaltalgebra vollzogen. Die beiden Verknüpfungen werden als Konjuktion („∧“; UND; „logische Multiplikation“) und Disjunktion („∨“; ODER; „logische Addition“) bezeichnet. Eine Definition der beiden Verknüpfungen ist hier an sich noch nicht möglich; sie kann erst aus den postulierten Axiomen hergeleitet werden. Es werde zunächst lediglich vereinbart, daß die Bindungsstärke der Konjunktion stärker sei als jene der Disjunktion. Im Anklang an die Multiplikation der herkömmlichen Algebra soll später beim Anschreiben der konjunktiven Verknüpfung das Symbol „$\wedge$" weggelassen werden. Es soll nur dann verwendet werden, wenn es aus Gründen der Deutlichkeit unbedingt notwendig erscheint.

Für die beiden Verknüpfungen werden nun die folgenden Axiome statuiert: Für die Elemente 1 und 0 gelte:

$$A \wedge 1 = A\,, \qquad \text{(Ax. 3.1a)}$$

$$A \vee 0 = A\,. \qquad \text{(Ax. 3.1b)}$$

Es gelten die kommutativen Gesetze:

$$A \wedge B = B \wedge A\,, \qquad \text{(Ax. 3.2a)}$$

$$A \vee B = B \vee A\,. \qquad \text{(Ax. 3.2b)}$$

Es gelte das distributive Gesetz der Konjunktion:

$$A \wedge (B \vee C) = (A \wedge B) \vee (A \wedge C)\,, \qquad \text{(Ax. 3.3a)}$$

und es gelte das distributive Gesetz der Disjunktion:

$$A \vee (B \wedge C) = (A \vee B) \wedge (A \vee C)\,. \qquad \text{(Ax. 3.3b)}$$

Zu jedem Element, z. B. A, existiere als dessen Negation (Komplement) ein einziges Element $\bar{A}$, wofür gilt:

$$A \wedge \bar{A} = 0\,, \qquad \text{(Ax. 3.4a)}$$

$$A \vee \bar{A} = 1\,. \qquad \text{(Ax. 3.4b)}$$

Die Boolesche Algebra (und die Schaltalgebra) wird somit als eine Menge von Elementen definiert, die diesen Axiomen genügen. Die Elemente dieser Algebra sind die Variablen sowie ihre Verknüpfungen.

3.2. Theoreme und Rechenregeln

Hier sollen nun die wichtigsten Theoreme und Regeln abgeleitet bzw. angegeben werden. Sämtliche Gesetze sind aus den Axiomen der Gleichungen (Ax. 3.1) bis (Ax. 3.4) herleitbar bzw. mit diesen beweisbar. Diese Beweise werden im Anhang zu diesem Abschnitt als wenige Beispiele gegeben; sie sind ansonsten in der Literatur ausführlich dargestellt.

Dualitäts-Theorem: Die paarweise Anordnung der Axiome führt auf eine Symmetrie oder besser „Dualität" der Schaltalgebra im Hinblick auf die konjunktive und disjunktive Verknüpfung. Ersetzt man in den Axiomen jeweils die Konjunktion durch die Disjunktion bzw. umgekehrt und ersetzt man den Schaltwert 0 durch 1 bzw. umgekehrt, dann erhält man jeweils das zum ursprünglichen Axiom duale Axiom (s. oben). Die gleiche Dualität muß sodann für alle aus den Axiomen abgeleitete Aussagen, Theoreme und Rechenregeln d. h. für die gesamte Schaltalgebra gelten. D. h., wenn ein Theorem oder die Äquivalenz zweier Ausdrücke bewiesen ist, dann ist auch das dazu duale Theorem bewiesen bzw. es sind auch die zu den ursprünglichen Ausdrücken dualen Ausdrücke einander äquivalent.

Redundanzen:

$$A \wedge A = A\,, \tag{3.5a}$$

$$A \vee A = A\,. \tag{3.5b}$$

Theoreme für die Schaltwerte:

$$A \wedge 0 = 0\,, \tag{3.6a}$$

$$A \vee 1 = 1\,. \tag{3.6b}$$

Setzt man in diese Theoreme sowie in die Axiome der Gleichungen (Ax. 3.1) den Wertevorrat 0, 1 des Elementes A ein, dann erhält man unter Berücksichtigung der Gleichungen (Ax. 3.2) die zueinander dualen Verknüpfungsvorschriften für die Konjunktion (vergleiche mit Tab. 2.2):

$$\begin{aligned} 0 \wedge 0 &= 0\,, \\ 0 \wedge 1 &= 0\,, \\ 1 \wedge 0 &= 0\,, \\ 1 \wedge 1 &= 1\,, \end{aligned} \tag{3.7a}$$

und für die Disjunktion (vergleiche mit Tab. 2.3):

$$\begin{aligned} 0 \vee 0 &= 0\,, \\ 0 \vee 1 &= 1\,, \\ 1 \vee 0 &= 1\,, \\ 1 \vee 1 &= 1\,. \end{aligned} \tag{3.7b}$$

Dies bedeutet wiederum, daß man die Schaltalgebra auch von diesen Vorschriften der Gleichungen (3.7) ausgehend begründen könnte.

Absorptions-Theoreme:

$$A(A \vee B) = A\,, \tag{3.8a}$$

$$A \vee AB = A\,. \tag{3.8b}$$

Assoziative Gesetze:

$$A(BC) = (AB)\,C\,, \tag{3.9a}$$

$$A \vee (B \vee C) = (A \vee B) \vee C\,. \tag{3.9b}$$

Kürzungs-Regel: Aus

$$A \wedge 1 = A \tag{Ax. 3.1a}$$

und

$$B \vee \bar{B} = 1 \tag{Ax. 3.4b}$$

folgt durch Einsetzen von (Ax. 3.4b) in (Ax. 3.1a) das Theorem

$$A \wedge (B \vee \bar{B}) = A$$

und daraus mit (Ax. 3.3a)

$$AB \vee A\bar{B} = A\,. \tag{3.10a}$$

Ebenso folgt aus den dazu dualen Axiomen:

$$(A \vee B)\,(A \vee \bar{B}) = A\,. \tag{3.10b}$$

Diese beiden Theoreme der Gleichungen (3.10) werden später in Abschnitt 5 für das Minimieren von Schaltungen von großer Bedeutung sein.

Theoreme über Negation und doppelte Negation: Die Negation des Wertes Eins ergibt den Wert Null und umgekehrt. Die doppelte Negation einer Variablen oder einer Verknüpfung ergibt die Variable bzw. die Verknüpfung selbst:

$$\bar{1} = 0\,, \tag{3.11a}$$

$$\bar{0} = 1\,, \tag{3.11b}$$

$$\bar{\bar{A}} = A\,. \tag{3.12}$$

Theoreme von De Morgan *und* Shannon: Die Negation der konjunktiven Verknüpfung von Elementen der Schaltalgebra lautet nach De Morgan:

$$\overline{ABC\,\ldots} = \bar{A} \vee \bar{B} \vee \bar{C} \vee \cdots\,. \tag{3.13a}$$

Die Negation disjunktiv verknüpfter Elemente der Schaltalgebra lautet ebenso:

$$\overline{A \vee B \vee C \vee \ldots} = \bar{A}\bar{B}\bar{C}\ldots \tag{3.13b}$$

Die De Morganschen Theoreme für die Negation wurden von Shannon allgemeiner ausgedrückt:

$$\overline{(A, B, \ldots; 0, 1; \wedge, \vee)} = (\bar{A}, \bar{B}, \ldots; 1, 0; \vee, \wedge)\,. \tag{3.14}$$

A, B... sind Variable oder deren Verknüpfungen.

Diese Negationsregel unterscheidet sich vom Dualitäts-Theorem nur dadurch, daß nicht nur wie dort Konjunktion und Disjunktion sowie die Schaltwerte 0 und 1 vertauscht werden bzw. umgekehrt, sondern daß zusätzlich auch noch alle Ausdrücke bzw. Variablen negiert werden. (Wendet man diese Negationsregel auf die Axiome der Gleichungen (Ax. 3.1) bis (Ax. 3.4) an, dann ändert sich nichts an den Axiomen.) Manchmal wird die Negation nach Gl. (3.14) auch als „vollständige Dualität" bezeichnet, während man bei Dualität im Sinne des Dualitäts-Theorems auch von „teilweiser Dualität" spricht [26].

Anhang zu Abschnitt 3.2

Beweis für Gleichung (3.5a):

$$A = A \wedge 1\,, \qquad \text{(lt. (Ax. 3.1a))}$$
$$A = A(A \vee \bar{A})\,, \qquad \text{(lt. (Ax. 3.4b))}$$
$$A = AA \vee A\bar{A}\,, \qquad \text{(lt. (Ax. 3.3a))}$$
$$A = AA \vee 0\,. \qquad \text{(lt. (Ax. 3.4a))}$$

Da nach der unter 3.1 gegebenen Definition für die Elemente der Schaltalgebra die konjunktive oder disjunktive Verknüpfung zweier Elemente (auch ein und desselben Elementes) wieder ein Element der Schaltalgebra ergibt, kann z. B. vorübergehend für $AA = B$ gesetzt werden:

$$A = B \vee 0 = B\,, \qquad \text{(lt. (Ax. 3.1b))}$$

bzw.

$$A = AA\,. \quad \text{q.e.d.} \qquad (3.5\,\text{a})$$

Der Beweis für Gl. (3.5b) kann auf gleiche Weise geführt werden bzw. erfolgt unmittelbar aus der Dualität; somit gilt auch:

$$AAA\ldots = A\,,$$

bzw.

$$A \vee A \vee A \vee \ldots = A\,.$$

Beweis für Gleichung (3.8a):

$$A = A \vee 0\,, \qquad \text{(lt. (Ax. 3.1b))}$$
$$A = A \vee (\bar{B} \wedge B)\,, \qquad \text{(lt. (Ax. 3.4a) und (Ax. 3.2a))}$$
$$A = A \vee \big((\bar{B} \vee 0) \wedge B\big)\,, \qquad \text{(lt. (Ax. 3.1b))}$$
$$A = A \vee \big((B \wedge \bar{B}) \vee (0 \wedge B)\,, \qquad \text{(lt. (Ax. 3.3a),(Ax. 3.2a) und (Ax. 3.2b))}$$
$$A = A \vee (0 \vee (0 \wedge B))\,, \qquad \text{(lt. (Ax, 3.4a))}$$
$$A = A \vee (0 \wedge B)\,, \qquad \text{(lt. (Ax. 3.1b) und (Ax. 3.2b))}$$
$$A = (A \vee 0)\,(A \vee B)\,, \qquad \text{(lt. (Ax. 3.3b))}$$
$$A = A(A \vee B)\,. \quad \text{q.e.d.} \qquad \text{(lt. (Ax. 3.1b))}$$

Auch hier folgt der Beweis für Gl. (3.8b) unmittelbar aus der Dualität.

Der *Beweis für das Absorptionstheorem* wurde auch schon in Abschnitt 2.1.4 mittels der tabellarischen Methode (Tab. 2.10) erbracht.

Beweis für Gleichung (3.13a) in der Form $\overline{AB} = \bar{A} \vee \bar{B}$: Einerseits ergibt:

$$AB(\bar{A} \vee \bar{B}) = AB\bar{A} \vee AB\bar{B}\,, \qquad \text{(lt. (Ax. 3.3a))}$$
$$= BA\bar{A} \vee AB\bar{B}\,, \qquad \text{(lt. (Ax. 3.2a))}$$
$$= B \wedge 0 \vee A \wedge 0\,, \qquad \text{(lt. (Ax. 3.4a))}$$
$$= 0 \vee 0 = 0\,. \qquad \text{(lt. (3.6a) und (3.5b))}$$

Der Beweis für Gl. (3.5b) kann ebenso wie vorher für Gl. (3.5a) geführt werden (bzw. er folgt aus der Dualität). Ebenso kann Gl. (3.6a) mit den Axiomen bewiesen werden; dieser Beweis ist in dem oben für Gl. (3.8a) geführten Beweis mit enthalten.

Andererseits gilt (auf gleiche Weise zu beweisen):

$$AB \vee (\bar{A} \vee \bar{B}) = \cdots = 1 .$$ (lt. den zu obigen Gln. dualen Gln.)

Wenn also mit $AB = X$ die Ausdrücke

$$X(\bar{A} \vee \bar{B}) = 0 ,$$
$$X \vee (\bar{A} \vee \bar{B}) = 1$$

bewiesen sind, dann kann es sich lt. Gl. (Ax. 3.4) — weil es zu jedem Element X nur ein einziges Element $\bar{X}$ gibt — bei dem Ausdruck $(\bar{A} \vee \bar{B})$ nur um das Komplement $\bar{X}$ von X handeln und es gilt

$$\bar{X} = \overline{AB} = \bar{A} \vee \bar{B} . \quad \text{q.e.d.} \tag{3.13a}$$

Der Beweis für Gl. (3.13b) wird ebenso geführt bzw. er folgt unmittelbar aus der Dualität.

4. Kombinatorische Schaltungen

Der Einsatz rechnerischer Verfahren beim Entwurf von Schaltungen hat sowohl praktische als auch theoretische Vorteile. Je komplexer die zu lösenden Aufgaben werden, um so deutlicher kommen die ordnenden Prinzipien eines Rechenverfahrens zur Geltung. Erst durch die Einführung der Schaltalgebra durch C. E. Shannon (1938) wurde es allmählich möglich, die Gesetzmäßigkeit des Aufbaus und der Funktionsweise von Schaltungen zu erkennen. Die von Shannon aufgrund der Booleschen Algebra entwickelte Theorie gilt für sogenannte kombinatorische Schaltungen, das sind Schaltungen, die keine Speicher (siehe Abschnitt 7) enthalten.

Bereits in der Einführung haben wir eine binäre Schaltung ganz allgemein definiert; diese Definition muß jetzt für eine kombinatorische Schaltung präzisiert werden. Unter einer kobinatorischen Schaltung mit n Eingängen ($x_1, ..., x_i, ..., x_n$) und einem Ausgang y versteht man eine Schaltung, die infolge ihrer inneren Struktur jeder möglichen Eingangsbelegung j eine bestimmte Belegung ($y_j = 0, 1$) des Ausgangs y zuordnet (siehe Tab. 4.1). Der Ausgang einer kombinatorischen Schaltung ist also eine eindeutige Funktion der jeweils anstehenden Eingangsbelegung.

Tabelle 4.1
Formen von Schalttabellen

	Eingangsbelegung x_1	x_2	...	x_n	Funktions-wert
0	0	0	...	0	y_0
1	0	0	...	1	y_1
2	0	0	...	0	y_2
⋮	⋮	⋮		⋮	⋮
j	σ_1	σ_2		σ_n	$y_j = 0,1$
⋮	⋮	⋮		⋮	⋮
2^n-1	1	1		1	$y_{(2^n-1)}$

Andere Möglichkeit der Darstellung:

	1	2	...	j	...	$2^n - 1$
x_1	0	0	...	σ_1	...	1
x_2	0	0	...	σ_2	...	1
⋮	⋮	⋮		⋮		⋮
x_n	0	1	...	σ_n	...	1
	y_0	y_1	...	y_j	...	$y_{(2^n-1)}$

Faßt man den Wertebereich ($y_j = 0, 1$) des Ausgangs y als den Wertevorrat einer Funktion $y = F(x_1, \ldots, x_n)$ auf, dann wird diese Funktion als zweiwertige Funktion bezeichnet. Da es sich bei dem Definitionsgebiet dieser Funktion um die Menge der Belegungen von n ebenfalls zweiwertigen Variablen handelt, spricht man im allgemeinen von einer n-stelligen Booleschen Funktion $F(n)$, im speziellen Fall der Schaltalgebra von einer n-stelligen Schaltfunktion. Wenn keine Verwechslung möglich ist, kann dabei das Argument n weggelassen werden. Wir werden im folgenden kurz von „Funktion" sprechen.

Eine der Darstellungsmöglichkeiten einer Funktion und die damit eindeutige Formulierbarkeit einer Schaltungsaufgabe ist die Angabe einer Schaltbelegungstabelle oder kurz „Schalttabelle" (Tab. 4.1), in der zeilenweise (oder manchmal auch spaltenweise) die Eingangsbelegungen j als Belegungen σ der Eingänge mit Null und Eins eingetragen werden. Jeder dieser Zeilen (bzw. Spalten) wird die durch die betreffende Eingangsbelegung hervorgerufene Belegung y_j (Funktionswert) des Ausgangs zugeordnet. Aus Gründen, die im nächsten Abschnitt sofort verständlich werden, durchläuft das Symbol j die Zahlen von 0 bis $2^n - 1$.

4.1. Eingangsbelegungen, Minterme und Maxterme

Wir haben bereits den Begriff der Eingangsbelegung j eingeführt; er ging auch schon aus der Schalttabelle Tab. 4.1 hervor: Unter einer Eingangsbelegung versteht man eine ganz bestimmte Belegung σ_i jedes einzelnen Eingangs x_i entweder mit 0 oder 1 ($\sigma_i = 0, 1$). Unter Verwendung von σ_i als hochgestelltem Index kann zunächst die „positive Logik" wie folgt definiert werden:

$$\begin{bmatrix}\sigma_i \\ x_i\end{bmatrix} := \begin{cases} x_i \ldots & \text{für} \quad \sigma_i = 1\,, \\ \bar{x}_i \ldots & \text{für} \quad \sigma_i = 0\,. \end{cases} \tag{4.1}$$

In Worten ausgedrückt besagt die positive Logik, daß eine Variable unnegiert angeschrieben wird, wenn sie mit Eins belegt ist und negiert angeschrieben wird, wenn sie mit Null belegt ist.

Bildet man mit allen σ_i ($i = 1, \ldots, n$) eine Binärzahl, dann kann man jede Eingangsbelegung quantitativ durch das Dezimaläquivalent

$$j = \sum_{i=1}^{n} \sigma_i \cdot 2^{n-i} \tag{4.2}$$

dieser Binärzahl eindeutig angeben. Sind alle $\sigma_i = 0$, dann ist $j = 0$; sind alle $\sigma_i = 1$, dann ergibt sich der höchste Wert der Binärzahl zu

$$j_{\max} = \sum_{i=1}^{n} 2^{n-i} = 2^n - 1\,.^{1)} \tag{4.3}$$

[1]) Summe der geometrischen Reihe:

$$S_n = q^0 + q^1 + q^2 + \cdots + q^{n-1} = \frac{q^n - 1}{q - 1}\,;$$

für $q = 2$: $S_n = 2^n - 1$.

Das Symbol j für die Eingangsbelegung durchläuft demnach die Zahlen 0, 1, 2, ..., $(2^n - 1)$; es gibt also bei n Eingängen insgesamt 2^n verschiedene Eingangsbelegungen. Es ist zweckmäßig und üblich, die Eingangsbelegungen in Tabellen nach steigenden Zahlen j geordnet anzuschreiben (linker bzw. oberer Teil von Tab. 4.1 und linker Teil von Tab. 4.2). Die Eingangsbelegungen können aber auch in einer diesen Belegungstabellen ähnlichen Rasterform systematisch angeordnet werden. Für 2 Eingänge ist diese Darstellung in Bild 4.1 veranschaulicht. Die Menge aller Eingangsbelegungen wird nach Bild 4.1a durch ein quadratisches VENN-Diagramm (s. Abschn. 2.2.1) dargestellt. Die Werte für σ_1 und σ_2 sind am Rand des Diagramms angeschrieben und gelten für die betreffende Zeile oder Spalte des Diagramms. Jedem Feld („Elementarquadrat") dieses Rasters ist demnach eine Eingangsbelegung zugeordnet. Diese Eingangsbelegung j wird in das betreffende Elementarquadrat als Binärzahl eingetragen, die aus den σ-Werten gebildet wird. Die praktischere Darstellung des Diagramms ist schließlich in Bild 4.1b gezeigt. Die Angabe der σ-Werte am Rand des Rasters wird vereinfacht und in die einzelnen Felder wird das gemäß Gleichung (4.2) gebildete Dezimaläquivalent j eingetragen. Diese als KARNAUGH-Diagramm bezeichnete Darstellung der Eingangsbelegungen wird später in Abschnitt 4.4 ausführlich besprochen.

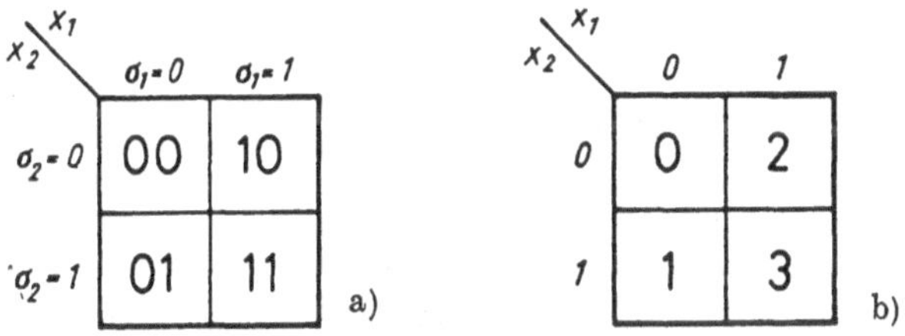

Bild 4.1: KARNAUGH-Diagramm als Form des VENN-Diagramms

Die Eingangsbelegungen haben die wichtige (wenn auch triviale) Eigenschaft, daß niemals zwei verschiedene Eingangsbelegungen gleichzeitig auftreten können. Dies liegt daran, daß eine Variable x_i nicht gleichzeitig Null und Eins sein kann. Letztlich wegen dieser Eigenschaft kommt dem Begriff der Eingangsbelegung eine zentrale Bedeutung zu: es werden mit diesem Begriff und nicht mit den Eingangsvariablen selbst alle wichtigen Überlegungen und Ableitungen durchgeführt. Um den Begriff der Eingangsbelegung in der Schaltalgebra verwenden zu können, muß jeder Eingangsbelegung eine Funktion derart zugeordnet werden, daß diese genau dann Eins ist, wenn die zugeordnete Eingangsbelegung vorliegt. Eine solche Funktion der n Eingänge wird „Minterm" (bzw. „Elementarkonjunktion") genannt und sei mit $k_j(n)$ bezeichnet. Gemäß der Definition des Minterms $k_j(n)$ ist dieser dann und nur dann Eins, wenn alle Eingangsvariablen in derselben Belegung vorkommen, wie dies bei der Beschreibung der zugehörigen Eingangsbelegung j

der Fall war. Daher ist der Minterm als konjunktive Verknüpfung der entsprechend belegten Eingangsvariablen zu definieren:

$$k_j(n) := \bigwedge_{i=1}^{n} \begin{bmatrix} \sigma_i \\ x_i \end{bmatrix} . \tag{4.4}$$

Das Symbol $\bigwedge$ in dieser Gleichung soll die Mehrfachkonjunktion ausdrücken. In dem Sinn, daß $k_j(n)$ dann und nur dann Eins ist, wenn die zugehörige Eingangsbelegung j vorliegt , sollen $k_j(n)$ und j als gleichbedeutend gelten und die Bezeichnungen „Eingangsbelegung" und „Minterm" können als Synonyma verwendet werden.

Der „Maxterm" (oder „Elementardisjunktion") $d_j(n)$ wird als Negation des Minterms $k_j(n)$ definiert:

$$d_j(n) := \overline{k_j(n)} . \tag{4.5}$$

Durch Einsetzen der Definitionsgleichung (4.4) für den Minterm in Gleichung (4.5) wird unter Anwendung von Gleichung (3.13a) der Ausdruck für den Maxterm erhalten:

$$d_j(n) = \overline{\bigwedge_{i=1}^{n} \begin{bmatrix} \sigma_i \\ x_i \end{bmatrix}} = \bigvee_{i=1}^{n} \overline{\begin{bmatrix} \sigma_i \\ x_i \end{bmatrix}} . \tag{4.6}$$

Das Symbol $\bigvee$ drückt die Mehrfachdisjunktion aus. Aus den Gleichungen (4.6) und (4.1) geht hervor, daß der Maxterm als disjunktive Verknüpfung der x_i anzuschreiben ist, wobei die mit Eins belegten Variablen negiert und die mit Null belegten Variablen unnegiert angeschrieben werden. Es ist wieder wesentlich, daß gemäß der Definition des Minterms und gemäß Gl. (4.5) der Maxterm $d_j(n)$ genau dann den Wert Eins annimmt, wenn die Eingangsbelegung j nicht vorhanden ist bzw. er nimmt für die Eingangsbelegung j den Wert Null und für alle anderen Eingangsbelegungen den Wert Eins an.

Die Tabelle 4.2 veranschaulicht für zwei Eingänge die Minterme von Gl. (4.4) und die Maxterme von Gl. (4.6). Die wichtigsten Eigenschaften der Min- und Maxterme sollen nachstehend noch angegeben werden.

Tabelle 4.2
Minterme und Maxterme bei zwei Eingängen

x_1	x_2	j	Minterm	Maxterm
0	0	0	$k_0 = \bar{x}_1\bar{x}_2$	$d_0 = x_1 \vee x_2$
0	1	1	$k_1 = \bar{x}_1 x_2$	$d_1 = x_1 \vee \bar{x}_2$
1	0	2	$k_2 = x_1\bar{x}_2$	$d_2 = \bar{x}_1 \vee x_2$
1	1	3	$k_3 = x_1 x_2$	$d_3 = \bar{x}_1 \vee \bar{x}_2$

Die Beziehung

$$k_j(n) \wedge k_l(n) = \delta_{jl} \wedge k_j(n); \quad \delta_{jl} = \begin{cases} 0 \cdots j \neq l , \\ 1 \cdots j = l , \end{cases} \tag{4.7}$$

wobei j und l Eingangsbelegungen und δ_{jl} das KRONECKER-Symbol darstellen, ist der Ausdruck dafür, daß niemals zwei verschiedene Eingangsbelegungen

j und l gleichzeitig vorkommen können. Diese Formel kann leicht mit Hilfe der Definitionsgleichung (4.4) bewiesen werden. Die Maxtermdarstellung der obigen Beziehung wird durch Negieren nach De Morgan erhalten:

$$d_j(n) \vee d_l(n) = \overline{\delta_{jl}} \vee d_j(n); \quad \overline{\delta_{jl}} = \begin{cases} 1 \cdots j \neq l, \\ 0 \cdots j = l. \end{cases} \tag{4.8}$$

Das Symbol $\overline{\delta_{jl}}$ stellt die Umkehrung des Kronecker-Symbols dar.

Die Tatsache, daß auf jeden Fall einer der 2^n Minterme vorhanden sein muß, wird durch die Formel

$$\bigvee_{j=0}^{2^n-1} k_j(n) = 1 \tag{4.9}$$

zum Ausdruck gebracht. Durch Negieren dieser Gleichung wird die entsprechende Maxtermdarstellung erhalten:

$$\bigwedge_{j=0}^{2^n-1} d_j(n) = 0\,. \tag{4.10}$$

Es gelten auch die hier ohne Beweis angegebenen Beziehungen

$$k_j(n) = \bigwedge_{l=0}^{2^n-1} (d_l(n) \vee \delta_{jl})\,, \tag{4.11a}$$

$$d_j(n) = \bigvee_{l=0}^{2^n-1} \left(k_l(n) \wedge \overline{\delta_{jl}}\right), \tag{4.11b}$$

deren Gültigkeit etwa am Beispiel der zwei Eingänge nach Tab. 4.2 vom Leser leicht nachgeprüft werden kann. Aus den Gleichungen (Ax. 3.4) folgen schließlich direkt die Zusammenhänge

$$k_j(n) \vee d_j(n) = 1\,, \tag{4.12a}$$

$$k_j(n) \wedge d_j(n) = 0\,. \tag{4.12b}$$

Anhang zu Abschnitt 4.1

Beweis von Gl. (4.9) mittels vollständiger Induktion: Für $n = 1$ lautet Gl. (4.9)

$$k_0(1) \vee k_1(1) = \bar{x} \vee x = 1\,. \qquad \text{lt. (Ax. 3.4b)}$$

Setzt man in Gl. (4.9) die Gl. (4.4) ein, dann erhält man

$$\bigvee_{j=0}^{2^n-1} \bigwedge_{i=1}^{n} \begin{bmatrix} \sigma_i \\ x_i \end{bmatrix} = 1\,.$$

Darin wird nun der Übergang auf $n+1$ vollzogen, wobei eine Erweiterung nach den Gleichungen (Ax. 3.1a) und (Ax. 3.4b) vorgenommen wird:

$$\bigvee_{j=0}^{2^n-1} \bigwedge_{i=1}^{n} \begin{bmatrix} \sigma_i \\ x_i \end{bmatrix} \wedge \left(\begin{bmatrix} \sigma_{n+1} \\ x_{n+1} \end{bmatrix} \vee \begin{bmatrix} 1-\sigma_{n+1} \\ x_{n+1} \end{bmatrix} \right) = 1\,.$$

Darin wurde der zum Index σ negierte Index $\bar{\sigma}$ nach der Definition

$$\bar{\sigma} := 1 - \sigma$$

eingesetzt. Die Auflösung der Klammer ergibt nun

$$\bigvee_{j=0}^{2^n-1} \left\{ \left(\bigwedge_{i=1}^{n} \begin{bmatrix} \sigma_i \\ x_i \end{bmatrix} \right) \begin{bmatrix} \sigma_{n+1} \\ x_{n+1} \end{bmatrix} \vee \left(\bigwedge_{i=1}^{n} \begin{bmatrix} \sigma_i \\ x_i \end{bmatrix} \right) \begin{bmatrix} 1 - \sigma_{n+1} \\ x_{n+1} \end{bmatrix} \right\} = 1 .$$

Da ja diese Mehrfachdisjunktion über sämtliche möglichen Minterme zu erstrecken ist, sind die beiden Ausdrücke für die Minterme einander gleich. Sie sind nämlich für alle Werte 0, 1 der σ_i, als auch für σ_{n+1}, zu berechnen. Deshalb nimmt σ_{n+1} ebenso die Werte 0,1 an wie $1 - \sigma_{n+1}$. Man kann also schreiben:

$$\bigvee_{j=0}^{2^{(n+1)}-1} \left(\bigwedge_{i=1}^{n+1} \begin{bmatrix} \sigma_i \\ x_i \end{bmatrix} \vee \bigwedge_{i=1}^{n+1} \begin{bmatrix} \sigma_i \\ x_i \end{bmatrix} \right) =$$

$$= \bigvee_{j=0}^{2^{(n+1)}-1} \bigwedge_{i=1}^{n+1} \begin{bmatrix} \sigma_i \\ x_i \end{bmatrix} = \bigvee_{j=0}^{2^{(n+1)}-1} k_j(n+1) = 1 . \quad \text{q.e.d.}$$

4.2. Der Fundamentalsatz kombinatorischer Schaltungen

Im vorhergehenden Abschnitt wurden nur die Eigenschaften der Eingangssignale untersucht, ohne die Auswirkungen zu betrachten, die sie auf die Ausgangssignale ausüben. Diese Auswirkungen werden im vorliegenden Abschnitt für kombinatorische Schaltungen untersucht. Es wird vereinfachend angenommen, daß die kombinatorische Schaltung nur einen einzigen Ausgang y hat. Derartige kombinatorische Schaltungen können durch eine Formel, den sogenannten Fundamentalsatz, rechnerisch geschlossen behandelt werden. Wegen der großen Bedeutung dieses Fundamentalsatzes soll er hier auf zwei sehr verschiedene Arten hergeleitet werden. Nachfolgend wird zunächst die konventionelle Herleitung wiedergegeben, während die in Abschn. 4.2.2. dargestellte Ableitung jenes Gedankengut enthält, das dann in Abschn. 10 zur Entwicklung eines entsprechenden Satzes für sequentielle Schaltungen führt. Die schließlich in Abschn. 4.2.3 angegebene mengentheoretische Darstellung stellt den Zusammenhang mit der in Abschn. 4.4.2 behandelten graphischen Darstellung des Fundamentalsatzes im KARNAUGH-Diagramm her.

4.2.1. Herleitung des Fundamentalsatzes aus dem Entwicklungssatz von SHANNON

Eine kombinatorische Schaltung, wie sie auf S. 27 definiert wurde, kann offensichtlich durch eine Funktion

$$y = F(x_1, x_2, \ldots, x_i, \ldots, x_n) = F(n) \tag{4.13}$$

beschrieben werden.

Für jede derartige Schaltfunktion gilt der Entwicklungssatz von SHANNON [142] und u. a. [61]:

$$F(x_1, \ldots, x_i, \ldots, x_n) = x_i F(x_1, \ldots, x_{i-1}, 1, x_{i+1}, \ldots, x_n) \vee \\ \vee \bar{x}_i F(x_1, \ldots, x_{i-1}, 0, x_{i+1}, \ldots, x_n) \,. \qquad (4.14)$$

Dieser Satz erlaubt das „Herausheben" einer Variablen x_i aus der Schaltfunktion Gl. (4.13). Durch schrittweises Anwenden von Gl. (4.14) auf alle Variablen einer Schaltfunktion erhält man:

$$\begin{aligned} F(x_1, \ldots, x_n) = {} & (x_1\, x_2 \ldots x_{n-1}\, x_n)\, F(1,1, \ldots, 1,1) \vee \\ & \vee (\bar{x}_1\, x_2 \ldots x_{n-1}\, x_n)\, F(0,1, \ldots, 1,1) \vee \\ & \vdots \\ & \vee (\bar{x}_1\, \bar{x}_2 \ldots \overline{x_{n-1}}\, x_n)\, F(0,0, \ldots, 0,1) \vee \\ & \vee (\bar{x}_1\, \bar{x}_2 \ldots \overline{x_{n-1}}\, \bar{x}_n)\, F(0,0, \ldots, 0,0) \,. \end{aligned} \qquad (4.15)$$

Die in dieser Gleichung vorkommenden Konjunktionen aller Eingänge

$$\left(\begin{bmatrix}\sigma_1 \\ x_1\end{bmatrix} \begin{bmatrix}\sigma_2 \\ x_2\end{bmatrix} \cdots \begin{bmatrix}\sigma_{n-1} \\ x_{n-1}\end{bmatrix} \begin{bmatrix}\sigma_n \\ x_n\end{bmatrix}\right)$$

wurden mit Gl. (4.4) als Minterme $k_j(n)$ definiert. Sie treten in Gl. (4.15) von oben nach unten in der Reihenfolge fallender Indizes j auf. Die durch Einsetzen der jeweiligen Belegungen σ in die gegebene Schaltfunktion sich ergebenden konstanten Werte

$$F(\sigma_1, \sigma_2, \ldots, \sigma_{n-1}, \sigma_n)$$

sollen in Gl. (4.15) von oben nach unten mit

$$y_{2^n-1}, y_{2^n-2}, \ldots, y_j, \ldots, y_1, y_0$$

bezeichnet werden. Sie stellen jene Schaltwerte dar, die für die Schaltfunktion Gl. (4.13) von den Mintermen $k_j(n)$ hervorgerufen werden. Mit diesen Bezeichnungen kann Gl. (4.15) schließlich in der einfachen Form

$$y = \bigvee_{j=0}^{2^n-1} k_j(n)\, y_j \qquad (4.16)$$

dargestellt werden. Diese Gleichung stellt die Mintermform des Fundamentalsatzes kombinatorischer Schaltungen dar. Aus der zu Gl. (4.14) dualen Form des Entwicklungssatzes läßt sich die sog. Maxtermform des Fundamentalsatzes (s. Gl. (4.20) des folgenden Abschnittes) herleiten.

4.2.2. Direkte Herleitung des Fundamentalsatzes

Entsprechend der Definition einer kombinatorischen Schaltung und ihrer Darstellung durch die Schalttabelle Tab. 4.1 impliziert jede mögliche Eingangsbelegung j bzw. jeder Minterm $k_j(n)$ einen bestimmten Funktionswert y_j:

$$k_j(n) \to y_j\,, \tag{4.17a}$$

$$y_j = 0, 1\,. \tag{4.17b}$$

Zur Festlegung einer bestimmten Schaltung müssen alle 2^n möglichen Implikationen von Gl. (4.17a) wahr sein. Mit anderen Worten: Damit die Ausgangsfunktion y wahr ist, müssen alle Implikationen von Gl. (4.17a) wahr sein, was genau dann der Fall ist, wenn die Konjunktion aller Implikationen von Gl. (4.17a) wahr ist:

$$y = \bigwedge_{j=0}^{2^n-1} \big(k_j(n) \to y_j\big)\,. \tag{4.18}$$

Diese Gleichung stellt bereits den Fundamentalsatz kombinatorischer Schaltungen dar. Die Darstellung des Fundamentalsatzes durch Implikationen wurde gewählt, weil sie einer Verallgemeinerung zugänglich ist. Diese später im Abschnitt 10.2.1 vorgenommene Verallgemeinerung führt zu einem entsprechenden Theorem über sequentielle Schaltungen.

Setzt man in Gl. (4.18) für die implikative Verknüpfung die Gleichung

$$A \to B = \bar{A} \vee B \tag{2.3}$$

ein, dann wird der Fundamentalsatz in eine für das praktische Rechnen benötigte konventionelle Form übergeführt:

$$y = \bigwedge_{j=0}^{2^n-1} \big(k_j(n) \to y_j\big) = \bigwedge_{j=0}^{2^n-1} \big(\bar{k}_j(n) \vee y_j\big)\,. \tag{4.19}$$

Berücksichtigt man darin noch Gl. (4.5), dann erhält man

$$y = \bigwedge_{j=0}^{2^n-1} \big(d_j(n) \vee y_j\big)\,. \tag{4.20}$$

Diese Beziehung ist die sogenannte Maxtermdarstellung des Fundamentalsatzes. Eine in dieser Form dargestellte Funktion wird auch als konjunktive Normalform der Funktion bezeichnet.

Eine kombinatorische Schaltung wird dadurch negiert, daß man dem Ausgang y eine Negation nachschaltet. Dies wird algebraisch dadurch ausgedrückt, daß in der die Schaltung beschreibenden Maxtermform von Gl. (4.20) die Schaltwerte y_j negiert werden:

$$\bar{y} = \bigwedge_{j=0}^{2^n-1} \big(d_j(n) \vee \bar{y}_j\big)\,. \tag{4.21}$$

Die Negation dieses Ausdruckes nach De Morgan (Gl. (3.13)) führt schließlich unter abermaliger Berücksichtigung von Gl. (4.6) auf die sogenannte Mintermdarstellung des Fundamentalsatzes:

$$y = \bigvee_{j=0}^{2^n-1} k_j(n)\, y_j\,. \tag{4.22}$$

Eine in dieser Form dargestellte Funktion wird auch als disjunktive Normalform der Funktion bezeichnet.

Mintermform und Maxtermform des Fundamentalsatzes sollen noch an dem einfachen Beispiel der eben verwendeten Implikation veranschaulicht werden: Die implikative Verknüpfung wird durch die Schalttabelle Tab. 4.3 festgelegt (siehe auch Abschnitt 2.1.1.4). Dieser Tabelle kann nach Gl. (4.22) die Mintermform (disjunktive Normalform) entnommen werden, wobei berücksichtigt wird, daß nach den Gleichungen (Ax. 3.1) und (3.6a) $k_j \wedge 1 = k_j$, $k_j \vee 0 = k_j$, $k_j \wedge 0 = 0$ ist:

$$y = \bigvee_{j=0}^{3} k_j(2)\, y_j = k_0 \vee k_1 \vee k_3 = \bar{x}_1\bar{x}_2 \vee \bar{x}_1 x_2 \vee x_1 x_2 .$$

Tabelle 4.3
Schalttabelle der Implikation

j	x_1	x_2	y_j
0	0	0	1
1	0	1	1
2	1	0	0
3	1	1	1

Ebenso kann der Schalttabelle nach Gl. (4.20) die Maxtermform (konjunktive Normalform) entnommen werden, die sich abermals unter Berücksichtigung der nach den Gleichungen (Ax. 3.1) und (3.6b) bestehenden Zusammenhänge $d_j \wedge 1 = d_j$, $d_j \vee 0 = d_j$, $d_j \vee 1 = 1$ ergibt. Die Maxtermform besteht hier aus einem einzigen Maxterm:

$$y = \bigwedge_{j=0}^{3} (d_j(2) \vee y_j) = d_2 = (\bar{x}_1 \vee x_2) .$$

Das Beispiel verdeutlicht auch die sonst üblichen Definitionen für Minterm- und Maxtermform: Die disjunktive Normalform ist die disjunktive Verknüpfung jener Minterme, die den Ausgang zu Eins werden lassen. Die konjunktive Normalform ist die konjunktive Verknüpfung jener Maxterme, die den Ausgang zu Null werden lassen.

4.2.3. Mengentheoretische Darstellung des Fundamentalsatzes

Eine kombinatorische Schaltung ist dadurch definiert, daß jeder Eingangsbelegung j ein bestimmter Funktionswert $y = 0, 1$ zugeordnet werden kann. Es ist daher zweckmäßig, die Menge M der 2^n Eingangsbelegungen j

$$M = \{j \mid j = 0, 1, 2, \ldots, 2^n - 1\} \tag{4.23}$$

in zwei (komplementäre) Untermengen M_0 und M_1 zu unterteilen, die folgendermaßen definiert sind:

M_0 ist die Menge aller jener Eingangsbelegungen j, die den Ausgang $y = 0$ implizieren:

$$M_0 := \{j \mid y_j = 0\} . \tag{4.24}$$

M_1 ist die Menge aller jener Eingangsbelegungen j, die den Ausgang $y = 1$ implizieren:

$$M_1 := \{j \mid y_j = 1\} . \tag{4.25}$$

So wie der Minterm k_j als jene Boolesche Funktion definiert wurde, die genau dann Eins ist, wenn die zugehörige Eingangsbelegung j vorliegt, möge μ_0 eine Boolesche Funktion sein, die genau dann Eins ist, wenn eine Eingangsbelegung j ansteht, die der Untermenge M_0 zugeordnet wird:

$$\mu_0 := \bigvee_{j \in M_0} k_j(n) . \tag{4.26}$$

Entsprechend wird die Funktion μ_1 erklärt, die genau dann Eins ist, wenn eine Eingangsbelegung j ansteht, die der Untermenge M_1 zugeordnet wird:

$$\mu_1 := \bigvee_{j \in M_1} k_j(n) . \tag{4.27}$$

Durch das Negieren dieser Beziehungen nach DE MORGAN werden die zu μ_0 und μ_1 negierten Funktionen erhalten:

$$\bar{\mu}_0 = \bigwedge_{j \in M_0} d_j(n) , \tag{4.28}$$

$$\bar{\mu}_1 = \bigwedge_{j \in M_1} d_j(n) . \tag{4.29}$$

Die Definitionen der Untermengen M_0 und M_1 ermöglichen eine sehr einfache Definition einer kombinatorischen Schaltung.

Definition: Eine kombinatorische Schaltung liegt genau dann vor, wenn jeder der Untermengen M_0 und M_1 (und nur ihnen) mindestens eine der 2^n Eingangsbelegungen zugeordnet werden kann.

Definition: Eine konstante Funktion (Nullfunktion bzw. Einsfunktion) liegt genau dann vor, wenn alle Eingangsbelegungen ein- und derselben Untermenge M_0 bzw. M_1 zugeordnet werden. Die Untermengen M_0 und M_1 stellen eine Partition (s. Abschn. 2.2.5) von M dar, so daß die Gleichungen (2.23) und (2.28) hier die Gestalt

$$M = M_0 \cup M_1 , \tag{4.30}$$

$$M_0 = \overline{M_1} \tag{4.31}$$

annehmen. Entsprechend den Definitionen von μ_0 und μ_1, die nur schaltalgebraische Ausdrücke der Mengen M_0 und M_1 sind, können in den beiden obigen Gleichungen M_0 und M_1 jeweils durch μ_0 und μ_1 ersetzt werden. Hierbei müssen nur die mengentheoretischen Verknüpfungen $\cap$, $\cup$ mit den Junktoren $\wedge$, $\vee$ vertauscht werden, wie es schon aus den entsprechenden Definitionen Gl. (2.16) für den Durchschnitt und Gl. (2.17) für die Vereinigung hervorgeht. Entsprechend der Partition nimmt M die Bedeutung der Grundmenge **I** an (s. S. 14) und muß beim Übergang zu einer schaltalgebraischen Schreibweise durch den Schaltwert 1 ersetzt werden. Dies korrespondiert mit der Tatsache, daß die Disjunktion aller Minterme gleich 1 ist (Gl. (4.9)). Somit gehen die beiden Gleichungen (4.30) und (4.31) in entsprechende schaltalgebraische Beziehungen über:

$$1 = \mu_0 \vee \mu_1 , \tag{4.32}$$

$$\mu_0 = \bar{\mu}_1 . \tag{4.33}$$

Unter Berücksichtigung der Definition der Menge M durch Gleichung (4.23) und unter Berücksichtigung der vorgenommenen Partitionen kann der Fundamentalsatz in seiner Mintermform nun folgendermaßen geschrieben werden:

$$y = \bigvee_{j=0}^{2^n-1} k_j(n)\, y_j = \bigvee_{j\in M} k_j(n)\, y_j = \bigvee_{j\in M_0} k_j(n)\, y_j \vee \bigvee_{j\in M_1} k_j(n)\, y_j . \tag{4.34}$$

Werden nun noch die Definitionen der Gleichungen (4.24) und (4.25) berücksichtigt, dann geht Gl. (4.34) über in

$$y = \Big(\bigvee_{j\in M_0} k_j(n) \wedge 0\Big) \vee \bigvee_{j\in M_1} \big(k_j(n) \wedge 1\big) = \bigvee_{j\in M_1} k_j(n) . \tag{4.35}$$

Der rechts stehende Ausdruck ist nach Gleichung (4.27) definitionsgemäß gleich μ_1, so daß unter zusätzlicher Berücksichtigung von Gl. (4.33) der Fundamentalsatz die Gestalt

$$y = \mu_1 = \bar{\mu}_0 \tag{4.36}$$

annimmt. Durch Negieren dieser Gleichung wird der Fundamentalsatz der negierten Funktion erhalten:

$$\bar{y} = \mu_0 = \bar{\mu}_1 . \tag{4.37}$$

Besonders anschaulich werden der Fundamentalsatz und seine Negation, wenn schließlich für μ_0, μ_1, $\bar{\mu}_0$, $\bar{\mu}_1$ die rechten Seiten der Gleichungen (4.26) bis (4.29) in die obigen beiden Gleichungen eingesetzt werden:

$$y = \bigvee_{j\in M_1} k_j(n) = \bigwedge_{j\in M_0} d_j(n) , \tag{4.38}$$

$$\bar{y} = \bigvee_{j\in M_0} k_j(n) = \bigwedge_{j\in M_1} d_j(n) . \tag{4.39}$$

Der große Vorteil dieser Schreibweise liegt darin, daß sie ein direktes Auswerten des KARNAUGH-Diagramms gestattet; mit ihr kann aus dem KARNAUGH-Diagramm unmittelbar die Minterm- oder Maxtermform der Funktion y oder $\bar{y}$ berechnet werden (s. Abschn. 4.4).

4.3. Klassifizierung kombinatorischer Schaltungen

Es ist naheliegend, zur Klassifizierung einer bestimmten kombinatorischen Schaltung die Belegungen der einzelnen Funktionswerte y_j heranzuziehen, wie es in ähnlicher Weise zur Klassifizierung der Eingangsbelegungen ge-

Tabelle 4.4
Bildung der Zahl r als Klassifizierungsindex für kombinatorische Funktionen

j	0	1	2	...	2^n-3	2^n-2	2^n-1
$(2^n-1)-j$	2^n-1	2^n-2	2^n-3	...	2	1	0
$2^{(2^n-1)-j}$	2^{2^n-1}	2^{2^n-2}	2^{2^n-3}	...	2^2	2^1	2^0
y_j	y_0	y_1	y_2	...	y_{2^n-3}	y_{2^n-2}	y_{2^n-1}

macht wurde. Die Belegungen der y_j können dazu benutzt werden, eine Binärzahl r derart zu erklären, wie es in Tab. 4.4 erläutert wird. In der vierten Zeile dieser Tabelle sind die einzelnen y_j nach steigendem Index j angeführt. Da man gewöhnt ist, jede Zahl so zu lesen, daß links der höchste Stellenwert steht, soll dem Funktionswert y_0 der höchstmögliche binäre Stellenwert (binäre Gewichtung) $2^{(2^n-1)}$ und dem Funktionswert y_{2^n-1} die niedrigste binäre Gewichtung 2^0 zugeordnet werden. Die Binärzahl r läßt sich also durch das Dezimaläquivalent

$$r := \sum_{j=0}^{2^n-1} y_j \cdot 2^{(2^n-1)-j} \tag{4.40}$$

anschreiben. Zur eindeutigen Klassifizierung einer kombinatorischen Funktion soll r wie folgt als Index verwendet werden:

$$y = F_r(x_1, x_2, ..., x_n) = F_r(n) .$$

Sind alle $y_j = 0$, dann ist $r = 0$; sind alle $y_j = 1$, dann ergibt sich der höchste Wert der Zahl r zu

$$r_{\max} = \sum_{j=0}^{2^n-1} 2^{(2^n-1)-j} = 2^{(2^n)} - 1 .^{1)} \tag{4.41}$$

Der Index r durchläuft demnach die Zahlen 0, 1, 2, ..., $(2^{(2^n)} - 1)$; es gibt also bei n Eingängen insgesamt $2^{(2^n)}$ verschiedene Schaltfunktionen $F_r(n)$.

Die zu $F_r(n)$ negierte Funktion $\overline{F_r(n)}$ ist durch die zu y_j negierten Funktionswerte

$$\overline{y_j} := (1 - y_j) \tag{4.42}$$

definiert. Wird nun zur Klassifizierung der negierten Funktion ein neuer Index $\bar{r}$ gemäß

$$\overline{F_r(n)} := F_{\bar{r}}(n) \tag{4.43}$$

verwendet, so geht Gl. (4.40) über in

$$\bar{r} := \sum_{j=0}^{2^n-1} \bar{y}_j \cdot 2^{(2^n-1)-j} . \tag{4.44}$$

[1]) Summe der geometrischen Reihe:

$$S_{(2^n)} = q^0 + q^1 + q^2 + \cdots + q^{(2^n-1)} = \frac{q^{(2^n)} - 1}{q - 1}$$

für $q = 2$: $S_{(2^n)} = 2^{(2^n)} - 1$.

Durch Einsetzen von Gl. (4.42) kann Gl. (4.44) weiter umgeformt werden, wobei sich unter Berücksichtigung der Gleichungen (4.40) und (4.41) ergibt:

$$\bar{r} = \sum_{j=0}^{2^n-1} (1 - y_j) \cdot 2^{(2^n-1)-j} = \sum_{j=0}^{2^n-1} 2^{(2^n-1)-j} - \sum_{j=0}^{2^n-1} y_j \cdot 2^{(2^n-1)-j}$$

$$= r_{\max} - r \,. \tag{4.45}$$

Der Index $\bar{r}$ stellt also die Binärgewichtung jener Funktionswerte y_j der unnegierten Funktion $F_r(n)$ dar, die mit Null belegt sind.

4.3.1. Funktionen von zwei Eingangsvariablen

Eben wurde gezeigt, daß mit n Eingängen $2^{(2^n)}$ Funktionen $F_r(n)$ gebildet werden können. Für zwei Eingänge ergeben sich demnach 16 Funktionen $F_r(2)$; $r = 0, 1, 2, \ldots, 15$. Sie sind in Tab. 4.5 dargestellt.

Tabelle 4.5
Funktionen von zwei Variablen

	k_0 $\bar{x}_1\bar{x}_2$	k_1 $\bar{x}_1x_2$	k_2 $x_1\bar{x}_2$	k_3 x_1x_2	Funktion $F_r(2)$	Bezeichnung der Funktion F_r (2)
r	y_0	y_1	y_2	y_3		
0	0	0	0	0	0	„Nie", Nullfunktion
1	0	0	0	1	x_1x_2	Konjunktion, UND
2	0	0	1	0	$x_1\bar{x}_2$	Inhibition
3	0	0	1	1	$x_1\bar{x}_2 \vee x_1x_2 = x_1$	Identität
4	0	1	0	0	$\bar{x}_1x_2$	Inhibition
5	0	1	0	1	$\bar{x}_1x_2 \vee x_1x_2 = x_2$	Identität
6	0	1	1	0	$\bar{x}_1x_2 \vee x_1\bar{x}_2$	Antivalenz, Exklusives ODER
7	0	1	1	1	$x_1 \vee x_2$	Disjunktion, ODER
8	1	0	0	0	$\bar{x}_1\bar{x}_2 = \overline{x_1 \vee x_2}$	NOR, PEIRCE-Funktion
9	1	0	0	1	$\bar{x}_1\bar{x}_2 \vee x_1x_2$	Äquivalenz: $x_1 \leftrightarrow x_2$
10	1	0	1	0	$\bar{x}_1\bar{x}_2 \vee x_1\bar{x}_2 = \bar{x}_2$	Negation
11	1	0	1	1	$x_1 \vee \bar{x}_2$	Implikation: $x_2 \rightarrow x_1$
12	1	1	0	0	$\bar{x}_1\bar{x}_2 \vee \bar{x}_1x_2 = \bar{x}_1$	Negation
13	1	1	0	1	$\bar{x}_1 \vee x_2$	Implikation: $x_1 \rightarrow x_2$
14	1	1	1	0	$\bar{x}_1 \vee \bar{x}_2 = \overline{x_1x_2}$	NAND, SHEFFER-Funktion
15	1	1	1	1	1	„Immer", Einsfunktion

Nicht alle diese 16 Funktionen sind aber von beiden Eingangsvariablen x_1 und x_2 abhängig: $F_0(2)$ ist für alle Werte von x_1 und x_2 identisch Null und stellt demnach im Sinne der Aussagenlogik eine Kontradiktion dar. $F_{15}(2)$ ist für alle Werte der Eingänge identisch Eins und stellt demnach eine Tautologie dar. Die als Identität bezeichneten Funktionen $F_3(2) = x_1$ und $F_5 = x_2$ sind nur von einer einzigen Variablen abhängig. Da die Ausgänge dieser Funktionen gleich den jeweiligen Eingangswerten sind, haben diese Funktionen zwar keine logische Bedeutung, sehr wohl spielen sie aber in der Gerätetechnik als (Leistungs-) Verstärker eine wichtige Rolle. Die beiden Negationen $F_{10}(2) = \bar{x}_2$ und $F_{12}(2) = \bar{x}_1$ schließlich sind ebenfalls nur Funktionen einer einzigen Variablen. Streicht man aus Tab. 4.5 diese jetzt erwähnten 6 Funktionen heraus, so bleiben zunächst 10 Funktionen übrig, die tatsächlich von beiden Eingängen x_1 und x_2 abhängen.

Wenden wir uns hiervon zuerst den beiden Funktionen $F_2(2) = x_1\bar{x}_2$ und $F_4(2) = \bar{x}_1 x_2$ zu. Nehmen wir an, es wäre ein kombinatorisches Schaltelement (ein sogenanntes Gatter) gegeben, dessen Ausgangssignal y mit den beiden Eingangssignalen a und b über die Beziehung $y = a\bar{b}$ zusammenhängt. Führt man dem Eingang a dieses Gatters das Signal x_1 und dem Eingang b das Signal x_2 zu, so realisiert das Gatter die Funktion $a\bar{b} = x_1\bar{x}_2 = F_2(2)$. Wird hingegen dem Eingang a das Signal x_2 und dem Eingang b das Signal x_1 zugeführt, so realisiert dasselbe Gatter diesmal die Funktionen $a\bar{b} = x_2\bar{x}_1 = \bar{x}_1 x_2 = F_4(2)$. Da beide Funktionen durch ein und dasselbe Schaltelement verwirklicht werden können, soll zwischen den beiden Funktionen $F_2(2)$ und $F_4(2)$ nicht unterschieden und beide Inhibition genannt werden. Aus einer völlig analogen Überlegung heraus soll auch zwischen den Funktionen $F_{11}(2) = x_1 \vee \bar{x}_2$ und $F_{13}(2) = \bar{x}_1 \vee x_2$ nicht unterschieden und beide Implikation genannt werden. Somit verbleiben 8 sinnvolle und echte Funktionen zweier Eingangsvariabler. Werden nach Gl. (4.40) ,,alle Funktionen von n-Eingangsvariablen" tabellarisch ermittelt (s. für $n = 2$ Tab. 4.5), so enthält die Tabelle stets auch alle Funktionen mit weniger als n-Eingangsvariablen.

Die 8 Funktionen zweier Eingangsvariablen werden gemeinsam mit den beiden Funktionen einer einzigen Eingangsvariablen (Identität und Negation) oft als Grundschaltfunktionen bezeichnet. Nicht alle Grundschaltfunktionen werden gleichzeitig benötigt, um kombinatorische Schaltungen zu verwirklichen. Aus dem Fundamentalsatz geht hervor, daß hierzu schon Und-, Oder-, und Nichtgatter ausreichen.

Zur Darstellung kombinatorischer Schaltungen mittels Schaltplänen ist die Einführung von Symbolen notwendig. Die schon frühzeitig gewonnene Erkenntnis, daß alle kombinatorischen Schaltungen durch Und-, Oder- und Nichtgatter verwirklicht werden können, hat dazu geführt, im wesentlichen nur für diese Gatter (bzw. Funktionen) eigene Schaltsymbole nach DIN 40700 einzuführen. Sie sind in Tab. 4.6 durch die stark umrandeten Felder hervorgehoben. Mit diesen Symbolen können nun nach Tab. 4.6 alle Grundschaltfunktionen dargestellt werden; es sei erwähnt, daß für die Äquivalenz und die Antivalenz manchmal auch eigene, ebenfalls in Tab. 4.6 angegebene Symbole verwendet werden. Die jeweils in einer Spalte dieser Tabelle angeführten Funktionen sind zueinander negiert, wie auch anhand der sich für $n = 2$ aus Gl. (4.45) ableitenden Beziehung $\bar{r} = 15 - r$ nachgeprüft werden kann.

Abschließend soll noch gezeigt werden, daß bestimmte Grundschaltfunktionen allein ausreichen, um jede beliebige kombinatorische Schaltung zu verwirklichen: Dabei handelt es sich um Nor, Nand, Inhibition und Implikation. Zum Beweis dieser Behauptung genügt es zu zeigen, daß die Funktionen Und, Oder und Nicht jeweils durch eine einzige der eben genannten Funktionen dargestellt werden können; dies wird in Tab. 4.7 getan. Von der Dar-

Tabelle 4.6
Symbole der „Grund-Schaltfunktionen“

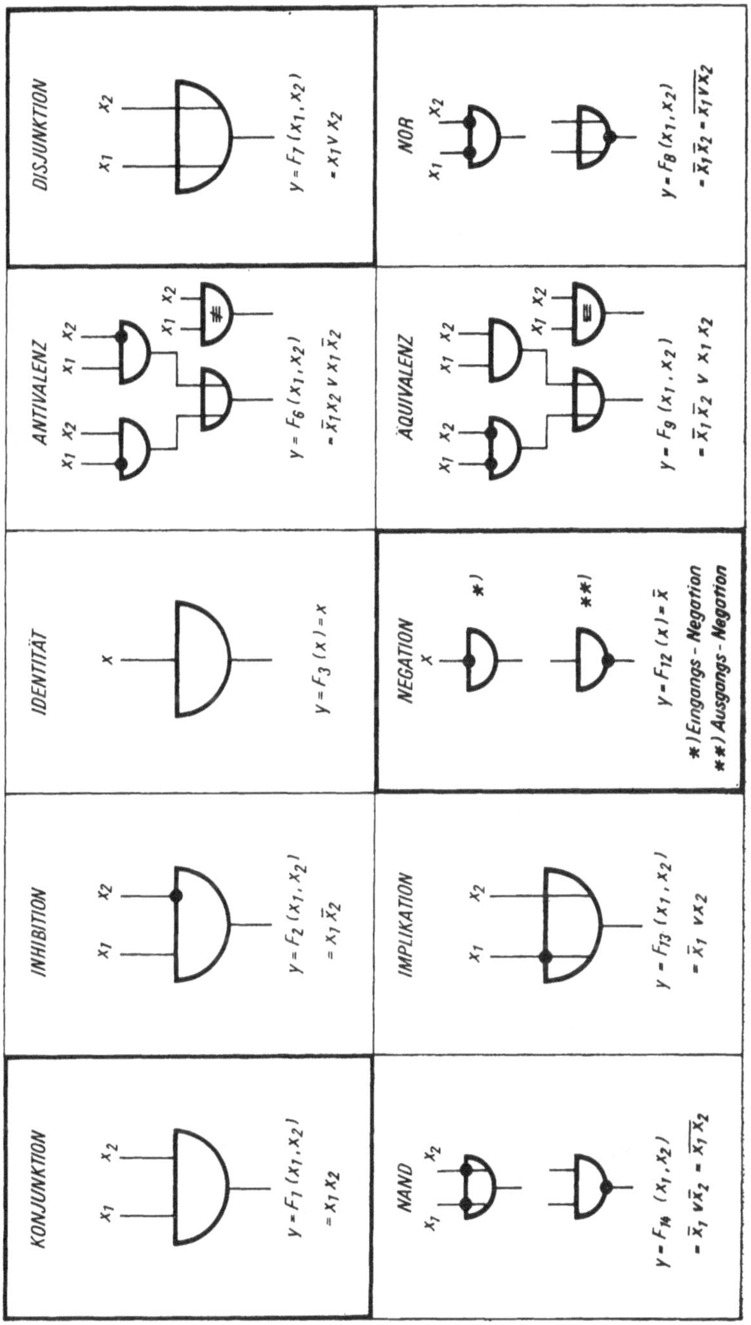

Tabelle 4.7
Realisierung der Funktionen Und, Oder, Nicht
durch Nor-, Nand-, Inhibitions- und Implikations-Gatter

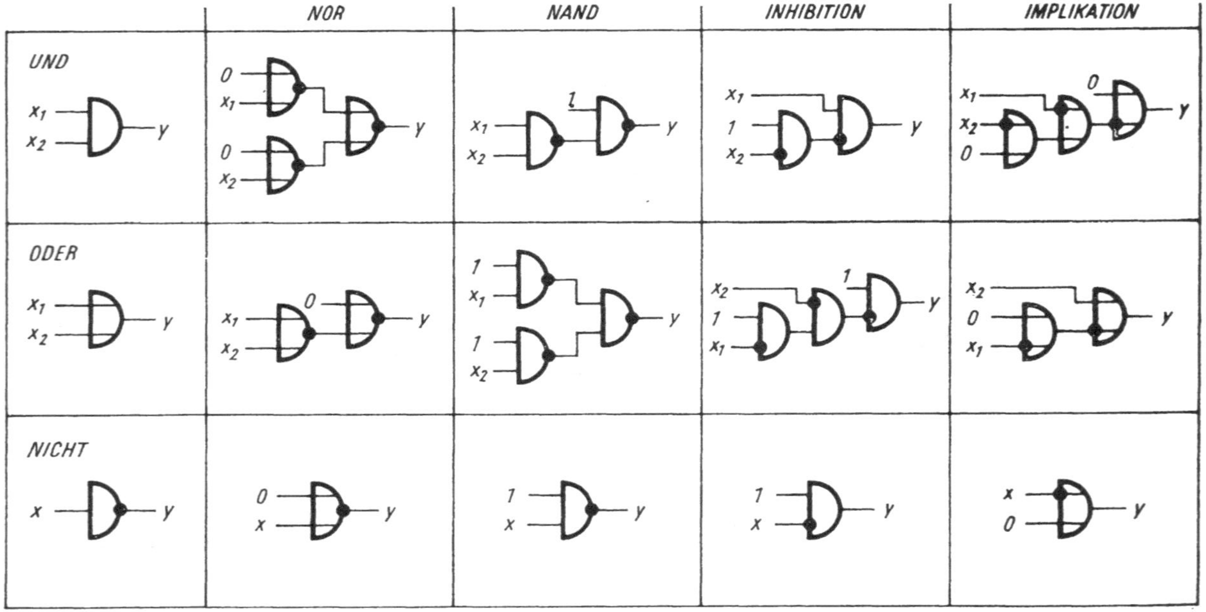

stellbarkeit beliebiger kombinatorischer Schaltungen durch Nor bzw. Inhibition wird zuweilen in der Pneumatik, durch Nor und Nand häufig in der Elektronik (siehe Abschn. 6.3.3) Gebrauch gemacht.

4.4. Das Karnaugh-Diagramm

4.4.1. Graphische Darstellung der Eingangsbelegungen

Die Darstellung der Eingangsbelegungen in einem rasterförmigen Diagramm wurde schon auf Seite 29 angedeutet. Diese Möglichkeit der Darstellung stammt von E. W. Veitch [181] und wurde später von M. Karnaugh [85] modifiziert und verbessert. Da wir hier die Diagramme in der von Karnaugh vorgeschlagenen Form benützen, werden wir die Bezeichnung Karnaugh-Diagramm oder kurz „K-Diagramm" verwenden.

Das bereits in Bild 4.1b dargestellte Diagramm für zwei Eingänge ist in Bild 4.2 links oben nochmals angegeben. Der ersten Spalte des Rasters ist $x_1 = 0$ und der zweiten Spalte ist $x_1 = 1$ zugeordnet. Ebenso ist der ersten Zeile $x_2 = 0$ und der zweiten Zeile $x_2 = 1$ zugeordnet. Wie auch schon früher gezeigt, ist dadurch jedem Elementarquadrat dieses Rasters durch den Platz dieses Quadrates innerhalb der Gesamtanordnung eine ganz bestimmte Eingangsbelegung j zugeordnet. Die Erweiterung der Rasterdarstellung bis zu 6 Eingängen ist in Bild 4.2 dargestellt, womit auch das sehr einfache Bildungsgesetz der K-Diagramme festgelegt sein dürfte. Für gerade n ist der Raster ein Quadrat mit jeweils $2^{n/2}$ Zeilen und ebensovielen Spalten; für ungerade n hat der Raster $2^{(n+1)/2}$ Zeilen und $2^{(n-1)/2}$ Spalten. Die Erweiterung der Raster auf mehr als 6 Eingänge ist ohne weiteres möglich. Im Bild 4.2 sind zur besseren Anschauung zunächst noch den einzelnen Feldern die Eingangsbelegungen j eingeschrieben.

Wie schon aus Bild 4.2 zu erkennen, ist an der von Karnaugh vorgeschlagenen Anordnung der Eingangsbelegungen folgendes wesentlich: Beim Übergang von einer Zeile zur nächsten oder von einer Spalte zur nächsten ändert sich immer nur die Belegung einer einzigen Eingangsvariablen. Die Eingangsbelegungen j zweier benachbarter Elementarquadrate unterscheiden sich dadurch immer nur in einer einzigen Variablen. Diese charakteristische Eigenschaft gilt auch für die Randfelder. Dies wird dann deutlich, wenn man sich den Raster nach allen Richtungen hin sinngemäß fortgesetzt denkt (Bild 4.3). Bei den Karnaugh-Diagrammen für 5 und mehr Variable kommen noch weitere Nachbarschaftsverhältnisse hinzu. So erkennt man aus Bild 4.2, daß für $n = 5$ nun auch noch die erste und vierte sowie die fünfte und achte Zeile einander benachbart sind. Ebenso sind auch die spiegelbildlich zur Mittellinie angeordneten Zeilen einander benachbart. Im Diagramm für $n = 6$ gilt sinngemäß dasselbe jetzt auch noch für die betreffenden Spalten. Diese Nachbarschaftseigenschaften des K-Diagrammes werden später beim Minimieren von Schaltungen (Abschnitt 5.2) zum tragen kommen.

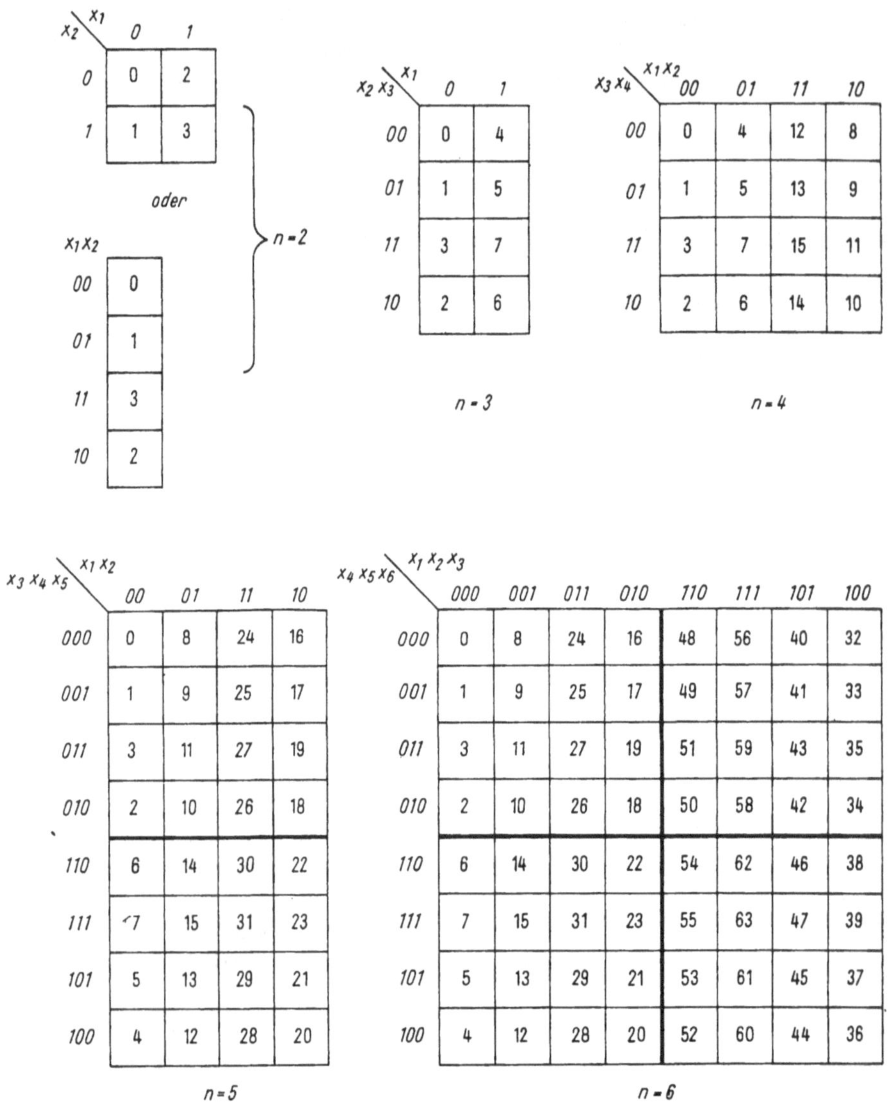

Bild 4.2: KARNAUGH-Diagramme für zwei bis sechs Eingänge

Nach dieser Besprechung der Anordnung der Elementarquadrate des K-Diagramms soll nun noch deren eigentliche Bedeutung überlegt werden. Es ist sehr wesentlich, daß ein Elementarquadrat primär als Eingangsbelegung j (und nicht als Minterm $k_j(n)$) interpretiert wird. Denn ebenso wie die Eingangsbelegungen können auch entweder die Minterme oder die Maxterme im K-Diagramm dargestellt werden. Es wird dann je nach verwendeter Darstellungsform (Minterm- oder Maxtermform des K-Diagrammes) ein Elementarquadrat entweder als Minterm oder als Maxterm erklärt. Erst durch

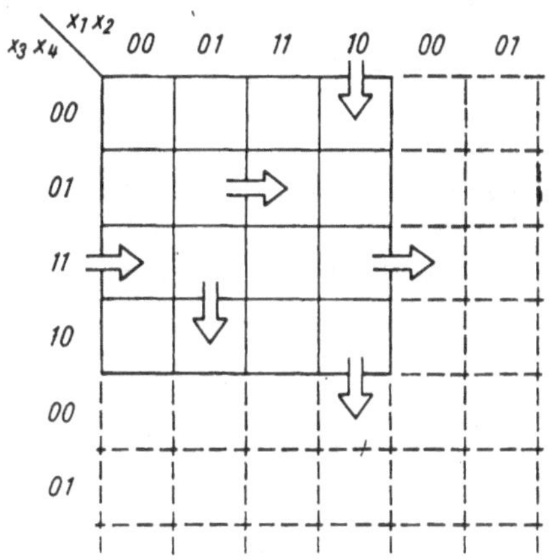

Bild 4.3: Eigenschaft des KARNAUGH-Diagramms: Beim horizontalen oder vertikalen Übergang zwischen zwei benachbarten Feldern ändert immer nur eine Variable ihre Belegung. Die Randfelder gelten als benachbart.

diese Unterscheidung können die Möglichkeiten des KARNAUGH-Diagrammes zur späteren Darstellung sowohl der Mintermform als auch der Maxtermform des Fundamentalsatzes und zum wirkungsvollen Minimieren beider Formen voll ausgenutzt werden.

Zur Darstellung der Minterme erklärt man ein Elementarquadrat als Minterm k_j, der nach Gl. (4.4) mit den am Rand des Diagrammes angegebenen Belegungen σ_i der einzelnen Variablen gebildet wird. Das K-Diagramm hat dann die Eigenschaft eines VENN-Diagrammes. So ist entsprechend der Darstellung der Disjunktion als Durchschnitt z. B. der Minterm $k_0(2)$ gegeben als Durchschnitt der Spalte für $\sigma_1 = 0$ mit der Zeile für $\sigma_2 = 0$ (Bild 4.4b). Nach der Definition von Gl. (4.5) ist der Maxterm $d_j(n)$ die Negation des entsprechenden Minterms $k_j(n)$. In dem als VENN-Diagramm betrachteten K-Diagramm ist demnach z. B. der Maxterm $d_0(2)$ dargestellt als Negation

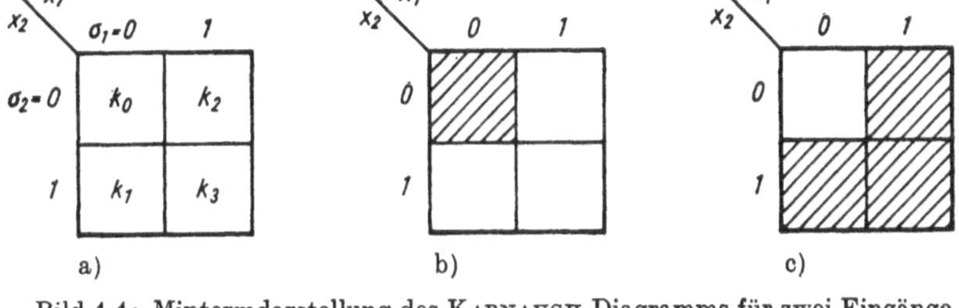

Bild 4.4: Mintermdarstellung des KARNAUGH-Diagramms für zwei Eingänge
a) Anordnung der Minterme
b) Minterm $k_0(2) = \bar{x}_1\bar{x}_2$
c) Maxterm $d_0(2) = \overline{k_0(2)} = k_1(2) \vee k_2(2) \vee k_3(2) = x_1 \vee x_2$

des Feldes für $k_0(2)$ und zwar durch die Vereinigung der Spalte für $\sigma_1 = 1$ mit der Zeile für $\sigma_2 = 1$. Dies entspricht der graphischen Interpretation von Gl. (4.11b). Auch die Gleichungen (4.9) und (4.10) kommen bei der Auffassung des K-Diagramms als VENN-Diagramm sehr deutlich zum Ausdruck: nach Gl. (4.9) kann der Fläche des gesamten Diagramms der Wert 1 zugeordnet werden. (Die Menge M aller Eingangsbelegungen und damit die Gesamtfläche des K-Diagramms erhält die Bedeutung der Grundmenge $\boldsymbol{I}$.) Die Gleichung (4.9) besagte: „Die Disjunktion aller Minterme ergibt den Wert Eins". Dem entspricht die Vereinigung aller Einzelfelder des Rasters zum gesamten Diagramm. Die Gleichung (4.10) besagte: „Die Konjunktion aller Maxterme ergibt Null". Der konjunktiven Verknüpfung entspricht die Bildung des Durchschnitts. Es kann im Raster kein Feld geben, das den Durchschnitt aller Maxterme d_j repräsentiert.

Für die Maxtermdarstellung ist es zweckmäßiger, im K-Diagramm ein Elementarquadrat für j direkt als Maxterm d_j zu erklären. Dieser wird dann nach Gl. (4.6) mit den am Diagrammrand angegebenen Belegungen σ_i direkt gebildet. Das K-Diagramm kann jetzt nicht mehr in herkömmlicher Weise als VENN-Diagramm gedeutet werden, denn jetzt muß in unkonventioneller Weise die Vereinigung von Elementarflächen als Konjunktion und der Durchschnitt von Teilflächen des Diagrammes als Disjunktion interpretiert werden. Man darf also bei der hier soeben vorgeschlagenen Maxtermdarstellung im K-Diagramm nicht mehr an die Mengenlehre denken, sondern muß jetzt das K-Diagramm als reines Rechenschema betrachten. Auf diese Weise ist in der Maxtermdarstellung des K-Diagrammes z. B. der Minterm $k_0(2)$ sowohl nach Gl. (4.11a) als auch als Negation des Maxterms $d_0(2)$ dargestellt durch die Negation des Feldes für $d_0(2)$ und zwar durch die Vereinigung der Spalte für $\sigma_1 = 1$ mit der Zeile für $\sigma_2 = 1$ (siehe Bild 4.5).

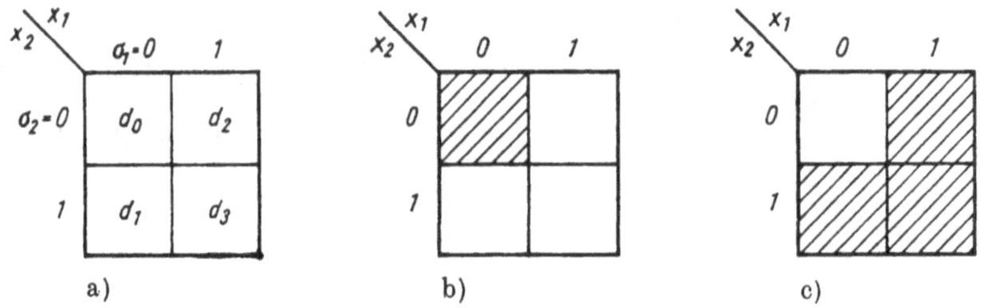

Bild 4.5: Maxtermdarstellung des KARNAUGH-Diagramms für zwei Eingänge
a) Anordnung der Maxterme
b) Maxterm $d_0(2) = x_1 \vee x_2$
c) Minterm $k_0(2) = \overline{d_0(2)} = d_1(2)\, d_2(2)\, d_3(2) = \bar{x}_1\bar{x}_2$

Diese Maxtermdarstellung des K-Diagrammes ist für den Entwurf von Schaltungen in NOR-Technik (s. z. B. Abschn. 6.3.3) von Bedeutung und das Minimieren von konjunktiven Normalformen (s. Abschn. 5.2) wird auf diese Weise sehr einfach.

4.4.2. Graphische Darstellung des Fundamentalsatzes

Da die Eigenschaften des KARNAUGH-Diagrammes hinsichtlich der Darstellung der Eingangsbelegungen sehr ausführlich besprochen worden sind, kann nun die Beschreibung von kombinatorischen Schaltungen im K-Diagramm recht knapp abgehandelt werden. Alle dazu notwendigen Voraussetzungen sind jetzt schon bekannt.

Durch die Angabe der Belegungen σ_i der Eingänge am Rande des Rasters ist jeder Eingangsbelegung j ein Elementarquadrat eindeutig zugeordnet. Es ist daher nicht mehr notwendig, in diese Felder die Dezimalzahlen j einzutragen, wie es in Bild 4.2 zur besseren Anschauung noch gemacht wurde. Vielmehr wird das K-Diagramm als eine übersichtlichere Form der Schalttabelle angesehen, und es wird in jedes Feld jeweils jener Funktionswert y_j eingetragen, der von der betreffenden Eingangsbelegung j impliziert wird.

Nach Gl. (4.26) bedeutet dann im K-Diagramm die Gesamtheit der von Nullen bedeckten Felder die Menge M_0, während nach Gl. (4.27) die von Einsen bedeckten Felder die Menge M_1 bedeutet.

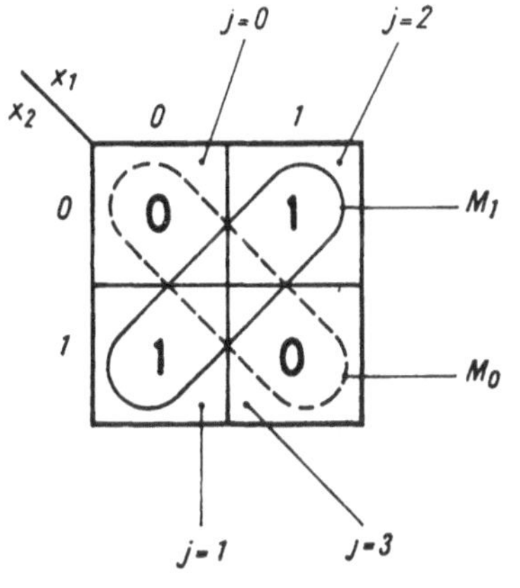

Bild 4.6: KARNAUGH-Diagramm der Funktion $F_6(2)$ Antivalenz

Damit sind entsprechend den vorhergehenden Erklärungen von Minterm- und Maxtermdarstellung des K-Diagrammes in diesem Diagramm sowohl die Mintermform und die Maxtermform des Fundamentalsatzes als auch deren negierte Formen nach den Gleichungen (4.38) und (4.39) dargestellt. Das in Bild 4.6 gezeigte Beispiel der Funktionen $F_6(2)$ „Antivalenz" und deren Negation $F_9(2)$ „Äquivalenz" soll zur Verdeutlichung dieser Ausführungen beitragen. Dem K-Diagramm Bild 4.6 werden die folgenden Formen entnommen:

Nach Gl. (4.38) die Mintermform:

$$y = F_6(2) = \bigvee_{j \in M_1} k_j(2) = k_1 \vee k_2 = \bar{x}_1 x_2 \vee x_1 \bar{x}_2 \,.$$

und ebenso nach Gl. (4.38) die Maxtermform:

$$y = F_6(2) = \bigwedge_{j \in M_0} d_j(2) = d_0 \wedge d_3 = (x_1 \vee x_2)\,(\bar{x}_1 \vee \bar{x}_2)\,.$$

Nach Gl. (4.39) die negierte Funktion in der Mintermform:

$$\bar{y} = F_9(2) = \bigvee_{j \in M_0} k_j(2) = k_0 \vee k_3 = \bar{x}_1\bar{x}_2 \vee x_1x_2\,,$$

und nach Gl. (4.39) die negierte Funktion in der Maxtermform:

$$\bar{y} = F_9(2) = \bigwedge_{j \in M_1} d_j(2) = d_1 \wedge d_2 = (x_1 \vee \bar{x}_2)\,(\bar{x}_1 \vee x_2)\,.$$

5. Minimieren von Schaltfunktionen

Man kann zwischen der „äußeren“ und der „inneren“ Beschreibung einer kombinatorischen Schaltung unterscheiden [108]. Die äußere Beschreibung geschieht mittels Schalttabelle oder K-Diagramm. Für die Betrachtungsweise der äußeren Beschreibung ist es bedeutungslos, durch welche Anzahl, Auswahl und Anordnung von Schaltelementen die durch die Schalttabelle beschriebene Funktion realisiert wird. Diese Frage des inneren Aufbaus, nämlich die Art und Weise der Realisierung der Funktion durch Schaltelemente, ist Gegenstand der sogenannten inneren Beschreibung. Diese Beschreibung erfolgt entweder durch einen Schaltplan mit den Symbolen von Tab. 4.6 oder durch Angabe der algebraischen Funktion. Während also die äußere Beschreibung einer Schaltung gleichbedeutend ist mit einer eindeutigen Darstellung der gestellten Aufgabe, besagt die innere Beschreibung, wie diese Aufgabe gelöst wird.

Will man nun eine etwa durch ein K-Diagramm äußerlich beschriebene Schaltung in ihrem inneren Aufbau technisch realisieren, so hängt der benötigte Schaltaufwand sicherlich von der Anzahl der vorkommenden Verknüpfungen ab. Man wird daher bestrebt sein, eine Funktion durch algebraisches Umformen auf eine einfachere Form mit so wenig Verknüpfungen wie möglich zu bringen, um elektronische oder pneumatische Elemente einzusparen. Dies ist deshalb möglich, weil es stets mehrere algebraische Funktionen bzw. Schaltungen (innere Beschreibungen) gibt, die ein und derselben äußeren Beschreibung genügen. Innere Beschreibungen mit dieser Eigenschaft sollen als einander gleichwertig bezeichnet werden. So sind z. B. die beiden in Bild 5.1 angegebenen inneren Beschreibungen von Schaltungen, jeweils dargestellt durch Schaltplan und algebraische Funktion, einander gleichwertig, weil sie der gleichen äußeren Beschreibung (K-Diagramm) genügen. Zwei innere Beschreibungen können aber auch dann noch einander gleichwertig sein, wenn sie eine verschiedene Anzahl von Eingängen aufweisen. Als Veranschaulichung dafür kann z. B. das Absorptionstheorem Gl. (3.8) dienen.

Die Schaltalgebra befaßt sich im wesentlichen mit zwei Hauptaufgaben: der Analyse und der Synthese. Die Analyseaufgabe besteht darin, zu einer bestimmten etwa als Schaltplan gegebenen inneren Beschreibung die sie erklärende äußere Beschreibung aufzustellen. Die Synthese als eigentliche Ingenieuraufgabe ist die Umkehrung der Analyse: Es ist eine innere Beschreibung gesucht, die der durch die Aufgabenstellung gegebenen äußeren Beschreibung genügt. In einem konkreten Fall wird die Syntheseaufgabe dadurch

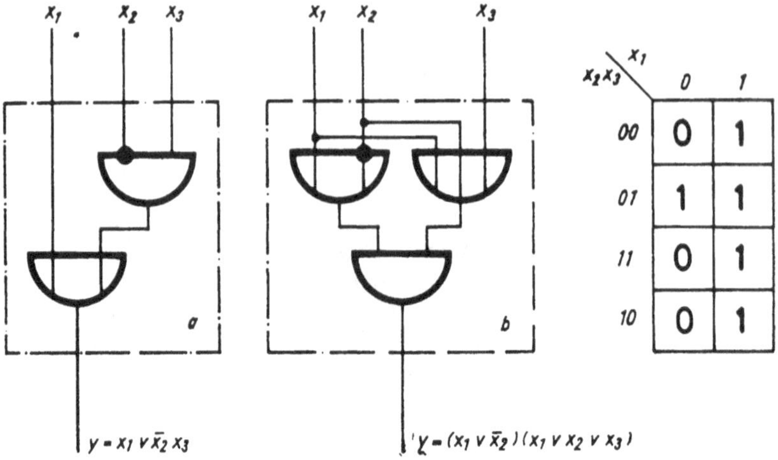

Bild 5.1: Beispiel für zwei einander gleichwertige Schaltungen a) und b); Die beiden Schaltungen haben gleiches KARNAUGH-Diagramm

gelöst, daß die Schaltwerte y_i einer gegebenen Schalttabelle in die Minterm- oder Maxtermform des Fundamentalsatzes eingesetzt werden, wodurch die algebraische Funktion als disjunktive oder konjunktive Normalform errechnet wird. Die Synthese ist zwar damit theoretisch schon gelöst. In der Praxis werden aber von diesem ersten Ergebnis ausgehend gleichwertige aber einfachere Funktionen gesucht, die weniger Verknüpfungen aufweisen, wodurch Gatter eingespart werden können. Ist es weiters möglich, die Anzahl der miteinander verknüpften Variablen zu verringern, dann können Gatter mit weniger Eingängen verwendet werden. Diese spezielle Aufgabe der Synthese heißt Minimieren und sie führt schließlich zu einer Minimalform der Schaltung mit einer Mindestzahl von Schaltelementen. Was man algebraisch unter einer Minimalform versteht, soll später noch definiert werden.

Die Literatur kennt eine größere Anzahl von systematischen Minimierungsmethoden (u. a. [2, 21, 43, 55, 56, 68, 85, 94, 109, 117, 121, 133, 153, 196]); zwei dieser Verfahren werden später in ihren Grundzügen besprochen. Die Beschränkung auf zwei Methoden ist gerechtfertigt, weil besonders den Minimierungsmethoden über ihre tatsächliche Bedeutung vielleicht hinausgehend in der Buchliteratur breiter Raum gewidmet wird.

Für den Entwurf von Schaltungen, die in mikro-miniaturisierter IC-Technik (s. Abschn. 6.3.3) ausgeführt werden, ist eine Minimierung nicht mehr von solcher Wichtigkeit, wie sie es früher für Schaltungen in Relaistechnik war. Für den Erzeuger von „Largescale-IC's" hingegen ist eine Minimierung sehr wichtig. Auch beim Entwurf pneumatischer Schaltungen wird eine Minimierung nach wie vor bedeutsam sein. Allerdings wird die Minimalform einer Schaltung nicht unbedingt auch gerätemäßig eine optimale Schaltung ergeben. Diese wird besonders bei der pneumatischen, aber auch bei der elektronischen Realisierung u. a. auch noch von dem jeweils verwendeten Logiksystem abhängen. Auch müssen zum Vermeiden von Störungen im Schaltverhalten u. U. wieder gewisse Erweiterungen der Minimalform vorgenommen werden (s. Abschn. 5.4).

Die in den nächsten Abschnitten besprochenen Begriffe und Methoden beziehen sich der Einfachheit halber meist auf die im allgemeinen häufiger verwendete disjunktive Form von Funktionen (disjunktive Verknüpfung einzelner Terme). Die Methoden gehen hier von der Mintermform des Fundamentalsatzes aus und führen zu disjunktiven Minimalformen. Die Methoden können aber sinngemäß auch auf die Maxtermform angewendet werden und sie führen dann zu gleichwertigen konjunktiven Minimalformen der Funktionen. Auch dieser Weg soll hin und wieder angedeutet werden.

5.1. Implikanten, Primimplikanten und Minimalformen

Ein wesentliches Merkmal des Minterms $k_j(n)$ ist, daß in ihm alle n Eingänge vorkommen. Ist dies bei einer Konjunktion mehrerer Variablen nicht mehr der Fall, fehlen also q Variable der insgesamt n Variablen, dann spricht man von einem „gekürzten Term" oder von einem „Term" schlechthin und bezeichnet ihn mit

$$k(n-q); \quad q = 0, 1, 2, ..., n-1 .$$

Für den Sonderfall $q = n - 1$ artet der Term zu einer einzigen Variablen in unnegierter oder negierter Form aus. Für den Sonderfall $q = 0$ wird der Term zu einem Minterm $k_j(n)$.

Werden in der disjunktiven Normalform einer Funktion die Disjunktionen von jeweils zwei oder mehreren Mintermen $k_j(n)$, $(j \in M_1)$, durch ein- oder mehrmaliges Anwenden des Theorems Gl. (3.10a) vereinfacht, dann entsteht eine sogenannte „disjunktive Form" der Funktion, nämlich die disjunktive Verknüpfung einzelner neuer Terme $k(n - q)$, die nun ihrerseits alle wieder den Funktionswert $y = 1$ implizieren. Alle diese insgesamt möglichen Terme mögen gemeinsam mit jenen Mintermen aus denen sie entstanden sind die Menge

$$M_1^* = \{k(n-q) \mid k(n-q) \rightarrow y = 1\} \tag{5.1}$$

bilden. Auf Seite 30 wurde festgestellt, daß die Bezeichnungen „Eingangsbelegung" und „Minterm" als Synonyma verwendet werden können. Von dieser Möglichkeit wurde eben schon in Gl. (5.1) zur Erzielung einer einfacheren Schreibweise Gebrauch gemacht. Es soll also hier und im folgenden abweichend von Seite 35 die Menge M nicht als die Menge der j sondern als die Menge der $k_j(n)$ aufgefaßt werden. Demnach wird der Einfachheit halber künftig auch an Stelle von „$k_j(n)$; $(j \in M_1)$" kürzer „$k_j(n) \in M_1$" geschrieben. Es kann dann die Menge M_1 als Untermenge von M_1^*, $(M_1 \subseteq M_1^*)$, aufgefaßt werden.

Die Elemente von M_1^* werden als Implikantenterme oder kurz als Implikanten der Funktion $F_r(n)$ bezeichnet. Die im wesentlichen schon vorweggenommene Definition eines Implikanten sei wie folgt präzisiert: Ein Term oder Minterm $k(n-q)$ impliziert dann eine Funktion $F_r(n)$, und heißt demnach ein Implikant dieser Funktion, wenn jede Eingangsbelegung j, die den betreffenden Term zu Eins werden läßt, auch für die Funktion $F_r(n)$ den Funktionswert $y = 1$ impliziert. Das einfache Beispiel der in Bild 5.1 behandelten Funktion soll dies erläutern:

Die Mintermform dieser Funktion lautet:

$$y = F_{79}(3) = \bigvee_{j \in M_1} k_j(3); \quad (j = 1, 4, 5, 6, 7).$$

Wird auf die Minterme

$$k_1 = \bar{x}_1\bar{x}_2x_3,$$
$$k_4 = x_1\bar{x}_2\bar{x}_3,$$
$$k_5 = x_1\bar{x}_2x_3,$$
$$k_6 = x_1x_2\bar{x}_3,$$
$$k_7 = x_1x_2x_3,$$

das Theorem Gl. (3.10a) so oft wie möglich angewendet und dann auch noch die entstehenden Terme möglichst weiter vereinfacht, dann entstehen dadurch die folgenden Implikantenterme:

$$k_1 \vee k_5 = \bar{x}_2x_3,$$
$$k_4 \vee k_5 = x_1\bar{x}_2,$$
$$k_5 \vee k_7 = x_1x_3,$$
$$k_6 \vee k_7 = x_1x_2,$$
$$k_4 \vee k_6 = x_1\bar{x}_3,$$
$$k_4 \vee k_5 \vee k_6 \vee k_7 = x_1.$$

Anhand der für diese Implikanten aufgestellten Schalttabelle Tab. 5.1 kann nun der Leser die obige Definition des Implikanten leicht nachprüfen.

Für die Besprechung der Minimalform einer Funktion wird noch die folgende Definition benötigt: Wenn ein Implikant $k(n-q)$ die Konjunk-

Tabelle 5.1
Schalttabelle für die Funktion $y = F_{79}(3)$ und deren Implikanten

j	x_1	x_2	x_3	y	$\bar{x}_2x_3$	$x_1\bar{x}_2$	x_1x_3	x_1x_2	$x_1\bar{x}_3$	x_1
0	0	0	0	0	0	0	0	0	0	0
1	0	0	1	1	1	0	0	0	0	0
2	0	1	0	0	0	0	0	0	0	0
3	0	1	1	0	0	0	0	0	0	0
4	1	0	0	1	0	1	0	0	1	1
5	1	0	1	1	1	1	1	0	0	1
6	1	1	0	1	0	0	0	1	1	1
7	1	1	1	1	0	0	1	1	0	1

tion eines anderen kürzeren, d. h. weniger Variable enthaltenden Implikanten, $k(n-s)$ mit einem beliebigen Term $k(n-t)$ oder einer Variablen ist:

$$k(n-q) = k(n-s) \wedge k(n-t)\,; \quad k(n-t) \notin M_1^* \tag{5.2}$$
$$(n-s) < (n-q) \quad \text{bzw.} \quad s > q\,,$$

dann sagt man, der Implikant $k(n-s) \in M_1^*$ „enthält" auch noch den Implikanten $k(n-q) \in M_1^*$. Die zunächst vielleicht etwas ungewohnte Ausdrucksweise, der Implikant mit der kleineren Anzahl $(n-s)$ von Variablen „enthalte" jenen mit der größeren Anzahl $(n-q)$ von Variablen, wird dadurch verständlich: Der Implikant mit der kleineren Anzahl $(n-s)$ von Variablen wird für eine Anzahl von insgesamt 2^s Eingangsbelegungen zu Eins. Diese Anzahl ist größer als die Zahl 2^q der Eingangsbelegungen, für die der Implikant mit der größeren Anzahl $(n-q)$ von Variablen zu Eins wird. Der Implikant $k(n-s)$ umfaßt („enthält") also mehr Eingangsbelegungen $j \in M_1$ bzw. entsprechende Minterme als der Implikant $k(n-q)$. Am Beispiel der Schalttabelle Tab. 5.1 kann man sehen, daß der Implikant x_1 gleich vier andere Implikanten nämlich $x_1\bar{x}_2$, x_1x_3, x_1x_2, $x_1\bar{x}_3$, enthält.

Ein Implikant mit einer kleinstmöglichen Zahl von Variablen, der seinerseits nicht mehr in einem anderen (noch kürzeren) Implikanten enthalten ist, wird in Analogie zu den Primfaktoren eines Produktes als Primimplikant (oder Primterm) „$p(n-s)$" bezeichnet. Alle Primimplikanten einer Funktion mögen die Menge

$$M_{1p}^* = \{p(n-s)\} \subseteq M_1^* \tag{5.3}$$

bilden. Ein Minterm kann zugleich auch schon Primimplikant sein oder in anderen Worten: Die beiden Untermengen M_1 und M_{1p}^* von M_1^* müssen nicht disjunkt sein (ihr Durchschnitt muß also nicht leer sein).

Die Disjunktion aller Primimplikanten

$$y = F_r(n) = \bigvee_{p \in M_{1p}^*} p(n-s) \tag{5.4}$$

ist in einzelnen Fällen eine stark vereinfachte, u. U. nicht mehr weiter vereinfachbare Form der gegebenen Funktion. In anderen Fällen kann die disjunktive Form Gl. (5.4) aber auch gleichlang oder sogar länger als die disjunktive Normalform und noch weiter vereinfachbar sein. Dann allerdings muß aus der Menge M_{1p}^* eine geeignete Untermenge M_{1P}^* mit einer Mindestzahl von Elementen $P(n-s)$ ausgewählt werden, deren Disjunktion die gegebene Funktion $F_r(n)$ vollständig beschreibt. Eben eine solche Form (Disjunktion einer Mindestzahl $P(n-s)$) soll als Minimalform bezeichnet werden. Im allgemeinen Fall gibt es mehrere solche Untermengen $M_{1P}^* \subseteq M_{1p}^*$ und damit auch mehrere gleichwertige Minimalformen. Der Durchschnitt aller dieser Untermengen hat dann als Elemente alle jene Primimplikanten, die für jede mögliche Minimalform unentbehrlich sind. Diese unentbehrlichen Primimplikanten werden auch als Kern-Primimplikanten und ihre Disjunktion als Kern der Funktion bezeichnet. Nun gibt es eine Menge von Primimplikanten $p(n-s) \notin M_{1P}^*$ die ihrerseits nur solche Eingangsbelegungen umfassen, die entweder bereits vom Kern oder von einer Disjunktion mehrerer

Primimplikanten $P(n - s)$ umfaßt werden. Diese Primimplikanten sind daher grundsätzlich redundant und daher überflüssig. Es verbleiben dann noch solche Primimplikanten, die Elemente der Vereinigung aller Untermengen M^*_{1P} aber nicht Kern-Primimplikanten sind: Sie werden als wählbare Primimplikanten bezeichnet. Bild 5.2 soll die hier definierten Mengen veranschaulichen.

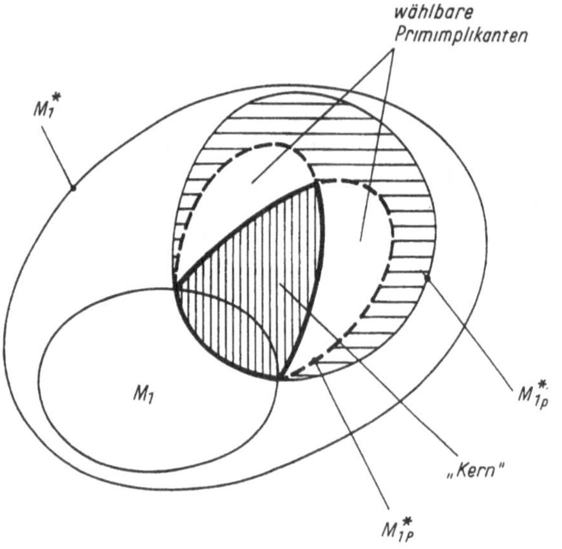

Bild 5.2: Implikanten einer Funktion
M_1^* Menge der Implikanten (Gl. (5.1))
M_1 Menge der Minterme $k_j(n) \in M_1$
M^*_{1P} Menge der Primimplikanten (Gl. (5.3))
M_{1P} Minimalform: Disjunktion des Kerns mit einer minimalen Auswahl aus den wählbaren Primimplikanten; (Gl. (5.5))

Die Minimalform $F_{r\,\min}(n)$ einer Funktion $F_r(n)$ ist dann wie folgt definiert: $F_{r\,\min}(n)$ ist gleichwertig zu $F_r(n)$; in $F_{r\,\min}(n)$ kommt nur der Kern der Funktion und eine minimale Auswahl aus den wählbaren Primimplikanten vor:

$$Y = F_{r\,\min}(n) = \bigvee_{P \in M^*_{1P}} P(n - s)\,. \tag{5.5}$$

Einige der hier gegebenen Definitionen sollen jetzt an einem anderen Beispiel noch deutlicher werden (weitere Beispiele werden dann in den beiden folgenden Abschnitten besprochen). Gegeben sei eine Funktion von vier Eingängen in der disjunktiven Form

$$F_r(4) = \bar{x}_1\bar{x}_4 \vee x_1\bar{x}_3 \vee \bar{x}_3\bar{x}_4 \vee x_1\bar{x}_3x_4\,.$$

Diese Form der Funktion ist in der Funktionstabelle 5.2 angegeben. Aus der Tabelle ist folgendes zu erkennen: Der Implikant $x_1\bar{x}_3x_4$ ist in dem noch kürzeren Implikanten $x_1\bar{x}_3$ enthalten und kann daher kein Primimplikant sein. In den verbleibenden Implikanten kommen insgesamt die „Terme“

Tabelle 5.2
Funktionstabelle zum Beispiel auf dieser Seite

j	x_1	x_2	x_3	x_4	$\bar{x}_1\bar{x}_4$	$x_1\bar{x}_3$	$\bar{x}_3\bar{x}_4$	$x_1\bar{x}_3x_4$	y
0	0	0	0	0	1		1		1
1	0	0	0	1					
2	0	0	1	0	1				1
3	0	0	1	1					
4	0	1	0	0	1		1		1
5	0	1	0	1					
6	0	1	1	0	1				1
7	0	1	1	1					
8	1	0	0	0		1	1		1
9	1	0	0	1		1		1	1
10	1	0	1	0					
11	1	0	1	1					
12	1	1	0	0		1	1		1
13	1	1	0	1		1		1	1
14	1	1	1	0					
15	1	1	1	1					

Kern-Primimplikanten ($\bar{x}_1\bar{x}_4$, $x_1\bar{x}_3$) — überflüssiger Primimplikant ($\bar{x}_3\bar{x}_4$)

Primimplikanten ($\bar{x}_1\bar{x}_4$, $x_1\bar{x}_3$, $\bar{x}_3\bar{x}_4$)

Implikanten ($\bar{x}_1\bar{x}_4$, $x_1\bar{x}_3$, $\bar{x}_3\bar{x}_4$, $x_1\bar{x}_3x_4$)

x_1, $\bar{x}_1$, $\bar{x}_3$, $\bar{x}_4$ vor, wovon aber keiner ein Implikant der Funktion ist. Es ist dies aus der Tabelle leicht zu erkennen. Die ersten drei Implikanten der Tabelle sind also Primimplikanten. Aber nur die ersten beiden sind als Kern-Primimplikanten zur vollständigen Darstellung der Funktion notwendig, was ebenfalls aus der Tabelle leicht zu erkennen ist. Wählbare Primimplikanten gibt es in diesem einfachen Beispiel nicht. Die disjunktive Minimalform der Funktion lautet somit

$$F_{r\,\min}(4) = \bar{x}_1\bar{x}_4 \vee x_1\bar{x}_3 \,.$$

Die Aufgabe der in den nächsten Abschnitten von der Mintermform ausgehenden Minimierungsmethoden besteht darin, auf rationelle Weise zunächst die Menge M_{1p}^* der Primimplikanten zu bestimmen und dann daraus eine der Untermengen M_{1P}^* von notwendigen Primimplikanten auszuwählen.

Geht man hingegen von der Maxtermform des Fundamentalsatzes aus und vereinfacht unter ein- oder mehrmaligem Anwenden des Theorems Gl. (3.10b) jeweils zwei oder mehrere Maxterme $d_j(n) \in M_0$, dann entsteht eine sog. „konjunktive Form" der Funktion. Diese ist die konjunktive Verknüpfung einzelner neuer „Faktoren" $d(n - q)$, wenn man die Disjunktion mehrerer Variabler als Faktor bezeichnet. Diese so erhaltenen Faktoren implizieren nun ihrerseits alle wieder den Funktionswert $y = 0$. Man kann nun auch hier in genau der gleichen Weise wie vorhin diese Faktoren gemeinsam mit den Maxtermen $d_j(n) \in M_0$ zur Menge

$$M_0^* = \{d(n - q) \mid d(n - q) \rightarrow y = 0\} \tag{5.6}$$

zusammenfassen, wobei $M_0 \subseteq M_0^*$ ist. Die Elemente von M_0^* könnte man dann etwa als „Implikantenfaktoren" oder als „Null-Implikanten" bezeichnen, für welche die folgende Definition gilt: Jede Eingangsbelegung, die $d(n - q) \in M_0^*$ zu Null werden läßt, impliziert auch für die betreffende Funktion den Funktionswert $y = 0$. Es lassen sich dann sinngemäß in gleicher Weise wie auf den vorhergehenden Seiten Untermengen $M_{0p}^* \subseteq M_0^*$ und $M_{0P}^* \subseteq M_0^*$ definieren, die schließlich zu konjunktiven Minimalformen führen. Es fällt auf, daß dieser für die konjunktiven Minimalformen direkte Weg, der sich in konsequenter Weise aus der Maxtermform des Fundamentalsatzes ergibt, in der Literatur nicht beschritten wird.

5.2. Minimieren im Karnaugh-Diagramm

Die Verwendung des K-Diagrammes führt sehr rasch und übersichtlich zu einer disjunktiven oder konjunktiven Minimalform einer gegebenen Funktion, solange die Anzahl der Variablen nicht zu groß ist. Die Methode beruht darauf, bei der Minterm-Darstellung im Raster die mit Einsen bedeckten Elementarfelder so zusammenzufassen, daß sich zunächst die Primimplikanten der Funktion ergeben. Es geschieht dies durch wiederholtes Anwenden des Theorems

$$AB \vee A\bar{B} = A\,. \tag{3.10a}$$

Zur Bestimmung einer konjunktiven Minimalform geht man von der Maxtermdarstellung des K-Diagrammes aus und faßt jeweils mehrere mit Nullen beschriebene Elementarfelder so zusammen, daß sich zunächst die sog. „Prim-Nullimplikanten" (siehe oben) ergeben. Dies geschieht durch wiederholtes Anwenden des Theorems

$$(A \vee B)(A \vee \bar{B}) = A\,. \tag{3.10b}$$

Die Methode soll wie üblich zunächst für das disjunktive Minimieren, ausgehend von der Mintermform des Fundamentalsatzes Gl. (4.19) bzw. (4.38) erklärt werden.

Bedeuten in Gl. (3.10a) das Element A eine beliebige Verknüpfung und das Element B eine einzelne Variable, dann folgt aus der schon in Abschnitt 4.4 besprochenen Eigenschaft des Karnaugh-Diagrammes, daß das Theorem Gl. (3.10a) auf zwei benachbarte, mit Einsen belegte Felder wie folgt angewendet wird: Die beiden im Raster benachbarten Minterme werden zu einem Rechteck bzw. zu einer „Schleife" („Zweierschleife") zusammengefaßt (Bild 5.3) und jene Variable fällt heraus, die innerhalb dieser Schleife ihren

Wert ändert. Liegen 2 Zweierschleifen derart benachbart nebeneinander, daß sie zu einer „Viererschleife“ entweder als Rechteck (Zeile oder Spalte) oder als Quadrat zusammengefaßt werden können (Bild 5.3), dann äußert sich die wiederholte Anwendung des obigen Theorems eben darin, daß nun eine weitere Variable herausfällt. Man liest also zwei oder mehrere in derart benachbarten Feldern stehende Einsen als einen einzigen Term aus dem KARNAUGH-Diagramm ab, indem man nur diejenigen Variablen konjunktiv verknüpft anschreibt, deren Schaltwerte in den Feldern innerhalb der entstehenden Schleife unverändert bleiben. Es können in mehreren benachbarten Feldern Einsen derart eingeschrieben stehen, daß man mehrere sich teilweise überdeckende Schleifen bilden kann. In diesem Fall kann man, um möglichst große Schleifen zu erhalten, eine oder mehrere Einsen gleichzeitig in mehrere Schleifen einbeziehen. Wegen Gl. (3.5b) ist dies ohne weiteres möglich.

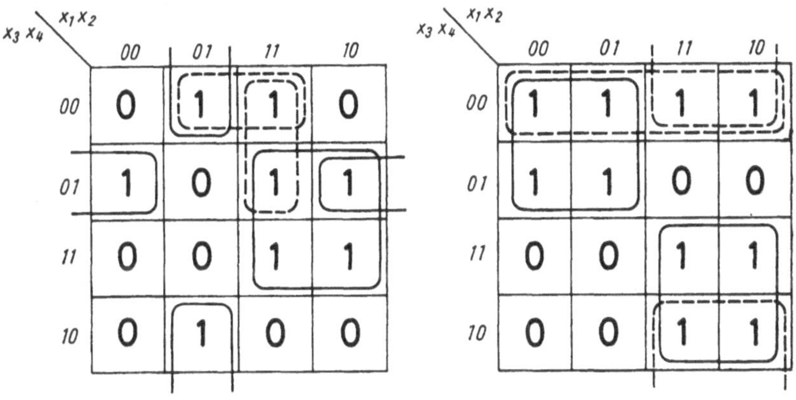

a) b)

Bild 5.3: Beispiele zur Minimierung im $\dot{K}$-Diagramm.

a) Disjunktion der Primimplikanten:
$F = \bar{x}_2\bar{x}_3x_4{}^{1)} \vee x_2\bar{x}_3\bar{x}_4{}^{2)} \vee \bar{x}_1x_2\bar{x}_4{}^{1)} \vee x_1\,x_2\bar{x}_3{}^{2)} \vee x_1x_4{}^{2)}$,
Minimalformen:
$F_{\text{min}} = \bar{x}_2\bar{x}_3x_4 \vee x_2\bar{x}_3\bar{x}_4 \vee \bar{x}_1x_2\bar{x}_4 \vee x_1x_4$,
$F_{\text{min}} = \bar{x}_2\bar{x}_3x_4 \vee \bar{x}_1x_2\bar{x}_4 \vee x_1x_2\bar{x}_3 \vee x_1x_4$
[1]) Kern, [2]) wählbare Primimplikanten

b) Disjunktion der Primimplikanten:
$F = \bar{x}_1\bar{x}_3{}^{1)} \vee x_1x_3{}^{1)} \vee \bar{x}_3\bar{x}_4{}^{2)}\; x_1x_4{}^{2)}$,
Minimalformen:
$F_{\text{min}} = \bar{x}_1\bar{x}_3 \vee x_1x_3 \vee \bar{x}_3\bar{x}_4$,
$F_{\text{min}} = \bar{x}_1\bar{x}_3 \vee x_1x_3 \vee x_1\bar{x}_4$
[1]) Kern, [2]) wählbare Primimplikanten

Die Regeln des Minimierens im K-Diagramm sind also recht einfach: Benachbarte Eins-Felder werden zusammengefaßt. Die dadurch gebildeten Schleifen müssen Rechteck- oder Quadratform aufweisen und immer ein, zwei, vier, acht usw. (2^n) Felder beinhalten. Von jeder Schleife müssen möglichst viele Elementarquadrate überdeckt werden, wobei einzelne Eins-

Felder in mehreren Schleifen vorkommen können. Alle Einsen müssen zu mindestens einer Schleife gehören; stehen Einsen allein, so bilden sie selbst eine Schleife (die betreffenden Minterme sind dann bereits Primimplikanten).

Wie schon aus den Ausführungen auf Seite 53 hervorgeht, umfaßt eine Primimplikante $p(n - s)$ insgesamt 2^s Eingangsbelegungen bzw. Elementarfelder. Bei z. B. $n = 5$ Eingängen wird demnach eine Primimplikante aus zwei Variablen ($s = 3$) durch eine rechteckige oder quadratische Schleife aus $2^3 = 8$ Feldern (Achterschleife) dargestellt.

Es soll nur noch erklärt werden, warum die zu bildenden Schleifen möglichst groß sein müssen. Wenn eine Schleife zur Gänze in einer noch größeren Schleife enthalten wäre, so hätte dies folgende Bedeutung: Der betreffende (durch die kleinere Schleife dargestellte) Implikant wäre dann eben in dem durch das größere Rechteck dargestellten und daher kürzeren Implikanten enthalten; er wäre kein Primimplikant. (Die Bedeutung des Ineinander-Enthalten-Seins von Implikanten kommt also in der graphischen Darstellung sehr deutlich zum Ausdruck.) Die Menge aller möglichen Schleifen maximaler Größe stellt die Menge M_{1p}^{*} aller Primimplikanten dar. Eine Minimalform

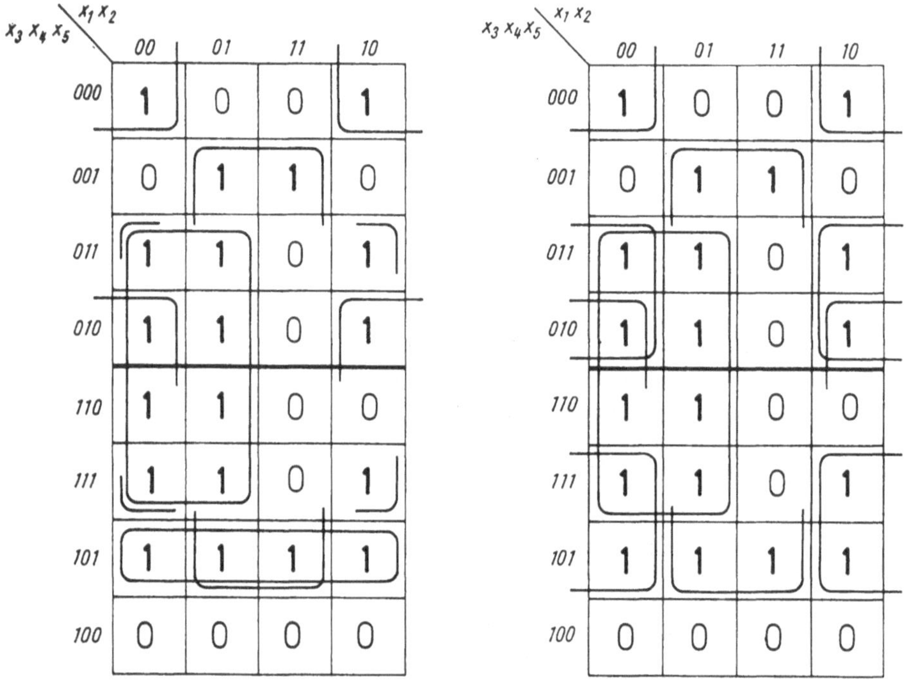

a) b)

Bild 5.4: Beispiel zur Minimierung im K-Diagramm.
Minimalformen:

a) $F_{\min} = \bar{x}_1x_4 \vee \bar{x}_2\bar{x}_3\bar{x}_5 \vee x_2\bar{x}_4x_5 \vee \bar{x}_2x_4x_5 \vee x_3x_4\,x_5$,
b) $F_{\min} = \bar{x}_1x_4 \vee \bar{x}_2\bar{x}_3\bar{x}_5 \vee x_2\bar{x}_4x_5 \vee \bar{x}_2x_3x_5 \vee \bar{x}_2\bar{x}_3x_4$,
(es gibt noch eine dritte Minimalform; siehe S. 64)

der Funktion wird dann durch eine Minimalzahl M_{1P}^* solcher Schleifen dargestellt.

Bild 5.3 enthält zwei Beispiele für die Minimierung von Funktionen mit vier Eingängen, wobei verschiedene Schleifenformen vorkommen. Die Beispiele zeigen, daß es beim Auftreten wählbarer Primimplikanten verschiedene Möglichkeiten gibt, alle Einsen des Rasters durch Schleifen zu erfassen. Es gibt — besonders bei mehr als vier Eingängen — Fälle, in denen die Ermittlung der Minimalformen nicht mehr so einfach ist und noch weitere Schritte des Verfahrens notwendig werden. Darauf wird hier aber nicht weiter eingegangen. Im Bild 5.4 ist schließlich auch noch ein Beispiel für die Minimierung einer Funktion von 5 Variablen gezeigt. Auch hier gibt es mehrere Minimalformen, die durch Herausheben auch noch algebraisch weiter vereinfacht werden können. Es beginnt hier aber doch schon die Übersichtlichkeit etwas zu leiden, weil jetzt auch noch die auf Seite 43 besprochenen zusätzlichen Nachbarschaftsverhältnisse hinzukommen. Man kann also sagen, daß die Anwendung des KARNAUGH-Diagrammes bei Funktionen mit bis zu vier Eingängen am zweckmäßigsten ist.

Will man einem gegebenen K-Diagramm die Negation der eingetragenen Funktion in disjunktiver Minimalform entnehmen, dann wendet man entsprechend der Negation der Mintermform des Fundamentalsatzes Gl. (4.39) die besprochene Methode in gleicher Weise auf die Null-Felder des K-Diagrammes an.

Benützt man die in Abschn. 4.4 besprochene Maxtermdarstellung des K-Diagrammes, dann kann man, wie am Ende des vorhergehenden Abschnittes besprochen, von der Maxtermform des Fundamentalsatzes aus-

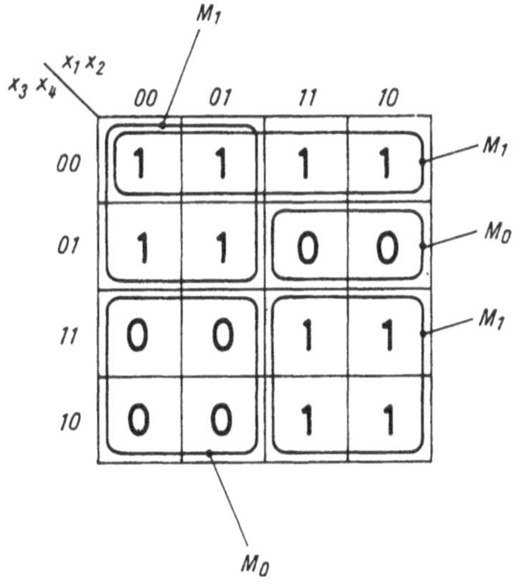

Bild 5.5: Beispiel für das konjunktive Minimieren im K-Diagramm

$$y = F_{\min} = (x_1 \vee \bar{x}_3)\,(\bar{x}_1 \vee x_3 \vee \bar{x}_4),$$

$$\bar{y} = \overline{F_{\min}} = (x_1 \vee x_3)\,(x_3 \vee x_4)\,(\bar{x}_1 \vee \bar{x}_3)$$

gehend, eine konjunktive Minimierung vornehmen. Hat man nach den besprochenen Regeln sowohl die Nullen als auch die Einsen in möglichst wenigen aber möglichst großen Schleifen zusammengefaßt, dann liest man entsprechend der Maxtermform

$$y = \bigwedge_{j \in M_0} d_j(n) \tag{4.38}$$

die konjunktive Minimalform der gegebenen Funktion aus den Schleifen um die Null-Felder ab. Will man dem K-Diagramm die Negation der eingetragenen Funktion in konjunktiver Minimalform entnehmen, dann liest man diese entsprechend der Negation der Maxtermform

$$\bar{y} = \bigwedge_{j \in M_1} d_j(n) \tag{4.39}$$

aus den Schleifen um die Eins-Felder ab. Im Bild 5.5 ist dieses Vorgehen am selben einfachen Beispiel wie in Bild 5.3b gezeigt.

Bei manchen Aufgabenstellungen hängen die Eingänge funktionell derart voneinander ab, daß bestimmte Eingangsbelegungen nicht vorkommen können oder u. U. auch nicht vorkommen dürfen. Die von den betreffenden Eingangsbelegungen implizierten Funktionswerte sind dann ohne Bedeutung für die vorliegende Aufgabenstellung. Sie werden als redundant oder frei wählbar (oder „don't care") bezeichnet und werden im KARNAUGH-Dia-

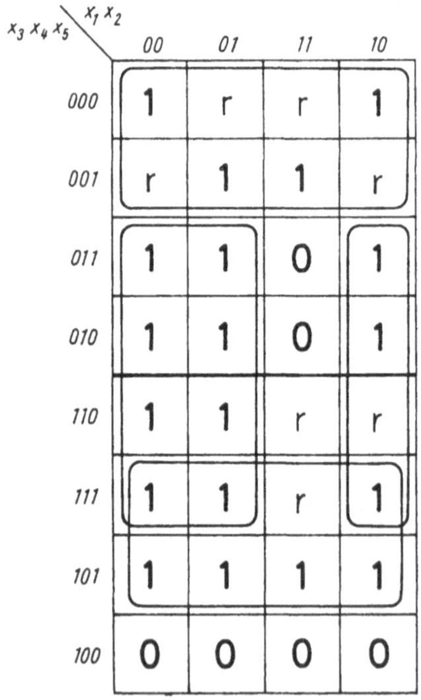

Bild 5.6: Beispiel zur Minimierung im K-Diagramm bei redundanten Eingangsbelegungen.
$y = F_{\min} = \bar{x}_3\bar{x}_4 \vee \bar{x}_1 x_4 \vee x_3 x_5 \vee x_1 \bar{x}_2 x_4$

gramm z. B. mit einem „r" eingetragen. Man kann diese redundanten Schaltwerte beliebig mit Null oder Eins annehmen und dadurch im KARNAUGH-Diagramm u.U. zu größeren Schleifen und somit zu einer weiteren Minimierung der Schaltfunktion kommen. Die Möglichkeit ist in Bild 5.6 für dasselbe Beispiel wie in Bild 5.4 für die disjunktive Minimalform erläutert. Gegenüber Bild 5.4 sind die jetzt als frei wählbar angenommenen Eingangsbelegungen entsprechend eingetragen.

5.3. Methode von QUINE und McCLUSKEY („QMC-Verfahren")

Diese Methode wird in der Literatur durchwegs sehr ausführlich behandelt, weshalb wir uns hier auf die wesentlichen Grundzüge beschränken wollen. Das Verfahren wurde von QUINE [135] veröffentlicht und später von McCLUSKEY [109] erweitert und hinsichtlich seiner systematischen Methodik verschiedentlich verbessert. Die Methode ist nicht ganz so anschaulich wie die graphische Methode des KARNAUGH-Diagrammes und sie ist auch aufwendiger als jene. Sie ist aber neben dem K-Diagramm das bekannteste Verfahren und ihr Vorteil besteht wegen ihrer Systematik darin, daß sie leicht für Digitalrechner programmierbar ist. Eine größere Anzahl der in den letzten Jahren veröffentlichten programmierbaren Verfahren beruhen im wesentlichen auf der QMC-Methode.

Das Verfahren geht an sich von der disjunktiven Normalform der zu minimierenden Funktion aus und wird auch allgemein nur so dargestellt. Grundsätzlich ist das Verfahren sinngemäß auch ebenso für die konjunktive Minimierung anwendbar. Auch wir werden die Methode in konventioneller Weise für das disjunktive Minimieren besprechen und an einem Beispiel (Tab. 5.3 und 5.4) erklären. Es wird gut sein, wenn der Leser schon jetzt Tab. 5.3 betrachtet.

Der erste Schritt der QMC-Methode stellt nichts anderes dar als eine wiederholte Anwendung des Theorems Gl. (3.10a) auf die Minterme $k_j(n) \in M_1$ (bzw. Gl. (3.10b)). Um dieses Theorem anwenden zu können, muß natürlich jeder dieser Minterme mit jedem anderen Minterm verglichen werden. Um diesen Vergleich zu erleichtern bzw. zu systematisieren, werden einerseits die Minterme $k_j(n) \in M_1$ nicht als solche, sondern durch die Binärzahlen $j \in M_1$ (bzw. deren Dezimaläquivalent) für die Eingangsbelegungen angeschrieben. Anderseits werden dann diese Binärzahlen j derart in Gruppen G_α eingeteilt, daß jeweils alle $j \in G_\alpha$ eine gleiche Anzahl α von Einsen enthalten. Die einzelnen Gruppen G_α werden dann in einer Spalte untereinander geordnet nach steigender Anzahl α $(0 \leqq \alpha \leqq n)$ angeschrieben (Tab. 5.3). Es können dann immer nur benachbarte Gruppen solche Eingangsbelegungen j besitzen, die sich jeweils nur in einer einzigen Variablen voneinander unterscheiden. Dadurch muß ein jedes j einer bestimmten Gruppe G_α nur mit allen j der darunter befindlichen Gruppe $G_{\alpha+1}$ verglichen und wenn möglich gemäß Gl. (3.10a) vereinigt werden. Alle auf diese Weise jeweils vereinigten

Tabelle 5.3
Erster Schritt des QMC-Verfahrens zum Beispiel in Abschn. 5.3

G_0:	0	00000 √	0, 2:	000x0 √	0, 2, 16, 18:	x00x0	p_1
			0, 16:	x0000 √			
G_1:	2	00010 √			2, 3, 6, 7:	00x1x √	
	16	10000 √	2, 3:	0001x √	2, 3, 10, 11:	0x01x √	
			2, 6:	00x10 √	2, 3, 18, 19:	x001x	p_2
G_2:	3	00011 √	2, 10:	0x010 √	2, 6, 10, 14:	0xx10 √	
	5	00101 √	2, 18:	x0010 √			
	6	00110 √	16, 18:	100x0 √	3, 7, 11, 15:	0xx11 √	
	9	01001 √			3, 7, 19, 23:	x0x11	p_3
	10	01010 √	3, 7:	00x11 √	5, 7, 13, 15:	0x1x1	p_4
	18	10010 √	3, 11:	0x011 √	5, 7, 21, 23:	x01x1	p_5
			3, 19:	x0011 √	5, 13, 21, 29:	xx101	p_6
G_3:	7	00111 √	5, 7:	001x1 √	6, 7, 14, 15:	0x11x √	
	11	01011 √	5, 13:	0x101 √	9, 11, 13, 15:	01xx1	p_7
	13	01101 √	5, 21:	x0101 √	9, 13, 25, 29:	x1x01	p_8
	14	01110 √	6, 7:	0011x √	10, 11, 14, 15:	01x1x √	
	19	10011 √	6, 14:	0x110 √			
	21	10101 √	9, 11:	010x1 √			
	25	11001 √	9, 13:	01x01 √			
			9, 25:	x1001 √			
G_4:	15	01111 √	10, 11:	0101x √			
	23	10111 √	10, 14:	01x10 √			
	29	11101 √	18, 19:	1001x √			
			7, 15	0x111 √	2, 3, 6, 7, 10, 11, 14, 15:	0xx1x	p_9
			7, 23	x0111 √			
			11, 15	01x11 √			
			13, 15	011x1 √			
			13, 29	x1101 √			
			14, 15	0111x √			
			19, 23	10x11 √			
			21, 23	101x1 √			
			21, 29	1x101 √			
			25, 29	11x01 √			

Minterme werden in der Tabelle markiert (z. B. abgehakt), und die daraus gekürzten neuen Terme in einer zweiten Spalte ebenso angeschrieben. Die herausgekürzten Variablen (bzw. die Stellen fehlender Variablen) werden dabei etwa mit einem x gekennzeichnet. Vor den einzelnen Termen dieser zweiten Spalte werden jeweils die beiden Eingangsbelegungen j (als Dezimaläquivalent) angegeben, aus denen dieser reduzierte Term entstanden ist. Mit diesen neuen Termen wird dann ebenso verfahren und die Methode wird solange fortgesetzt, bis sich keine Terme mehr kombinieren lassen. Dieser erste Schritt der QMC-Methode wird in Tab. 5.3 am Beispiel der bereits in Bild 5.4 minimierten Funktion durchgeführt.

Die zu minimierende Funktion lautet in der Mintermform

$$y = \bigvee_{j \in M_1} k_j(5) \, ,$$

mit

$$M_1 = \{j \mid j = 0, 2, 3, 5, 6, 7, 9, 10, 11, 13, 14, \\ 15, 16, 18, 19, 21, 23, 25, 29\}\ .$$

Sie wird in der ersten Spalte von Tab. 5.3 wie eben besprochen angegeben. Die Vergleiche der einzelnen Gruppen liefern schließlich die in der dritten und vierten Spalte nicht mehr abgehakten d. h. nicht mehr vereinfachbaren Terme. Diese Terme sind die somit festgestellten Primimplikanten und werden in der Tabelle mit p_1 bis p_9 bezeichnet.

Tabelle 5.4a
Primimplikanten-Eingangsbelegungs-Tabelle

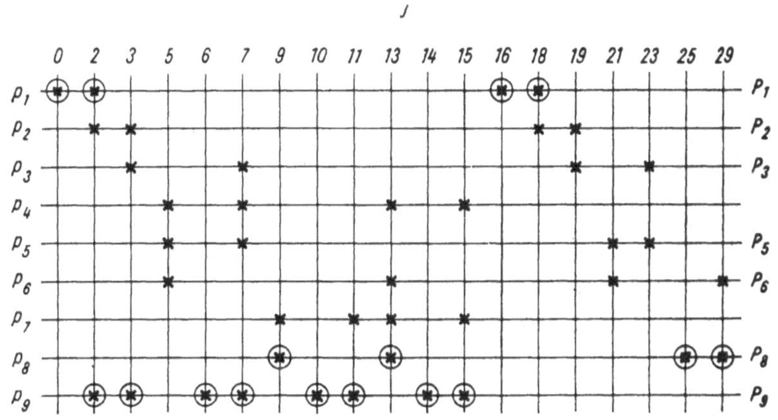

Tabelle 5.4b
Bestimmung der Minimalformen

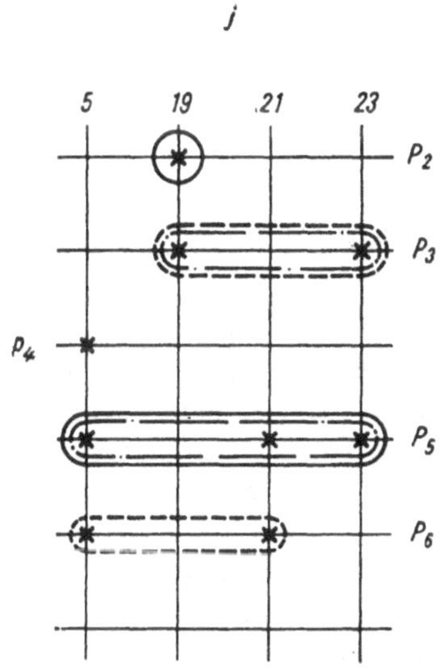

Soweit die Disjunktion der Primimplikanten noch nicht eine Minimalform der Funktion ist, muß diese noch in einem weiteren Schritt des Verfahrens, nämlich unter Verwendung einer Primimplikanten Eingangsbelegungs-Tabelle gefunden werden. Diese Tabelle ist für das behandelte Beispiel in Tab. 5.4a dargestellt. Es ist eine matrixförmige Tabelle, deren Spalten den Eingangsbelegungen $j \in M_1$ der gegebenen Funktion und deren Zeilen den Primimplikanten zugeordnet sind. Aus den letzten Spalten von Tab. 5.3 ist zu entnehmen, welche Eingangsbelegungen jeweils von den einzelnen Primimplikanten erfaßt werden. So z. B. bedeutet die Schreibweise „0, 2, 16, 18: $x00x0\ p_1$", daß $k_0 \vee k_2 \vee k_{16} \vee k_{18} = \bar{x}_2\bar{x}_3\bar{x}_5 = p_1$. Diese Primimplikante erfaßt die angegebenen Eingangsbelegungen. Die entsprechenden Schnittpunkte von Zeilen und Spalten von Tab. 5.4a werden z. B. durch Kreuze markiert. Auf diese einfache Weise stellt man sofort jene Spalten fest, die nur ein einziges Kreuz enthalten, also jene Eingangsbelegungen, die nur einen einzigen Primimplikanten zu Eins werden lassen (hier die Spalten der Eingangsbelegungen $j = 0, 6, 10, 14, 16, 25$); die betreffenden Primimplikanten sind dann zur Darstellung der Funktion unentbehrlich und bilden den sogenannten Kern der Funktion (P_1, P_8, P_9). Die zu ihnen gehörenden Kreuze werden z. B. durch Einkreisen gekennzeichnet, wodurch zunächst schon ein Teil der redundanten Primimplikanten sehr deutlich sichtbar wird (hier die Primimplikante p_7; in weiterer Folge stellt sich auch noch p_4 als überflüssig heraus). Aus den verbleibenden wählbaren Primimplikanten können dann verschiedene irredundante Untermengen bestimmt werden (im besprochenen Beispiel sind es drei Untermengen), die gemeinsam mit dem Kern jeweils disjunktive Minimalformen der Funktion bilden. Zur besseren Übersicht kann für diesen Zweck noch eine weitere Tabelle 5.4b angelegt werden, die nur mehr die wählbaren Primimplikanten sowie die bisher noch nicht erfaßten restlichen Minterme enthält. Im behandelten Beispiel ergeben sich auf diese Weise die folgenden Minimalformen:

$$F_{r\,\min}(5) = P_1 \vee P_8 \vee P_9 \vee \begin{cases} \vee\, P_2 \vee P_5 \\ \vee\, P_3 \vee P_6 \\ \vee\, P_3 \vee P_5 \end{cases}$$

$$= \bar{x}_2\bar{x}_3\bar{x}_5 \vee x_2\bar{x}_4x_5 \vee \bar{x}_1x_4 \vee \begin{cases} \vee\, \bar{x}_2\bar{x}_3x_4 \vee \bar{x}_2x_3x_5 \\ \vee\, \bar{x}_2x_4x_5 \vee x_3\bar{x}_4x_5\,. \\ \vee\, \bar{x}_2x_4x_5 \vee \bar{x}_2x_3x_5 \end{cases}$$

Die leichte Programmierbarkeit des ersten Schrittes der QMC-Methode ist offensichtlich. Auch der zweite Schritt, der hier nur generell besprochen wurde, kann durch verschiedentliche Unterteilungen in einzelne Teilschritte systematisiert und dadurch einer Programmierung zugängig gemacht werden. Von McCluskey wurden diese Erweiterungen angegeben und auch von zahlreichen anderen Autoren wurden meist darauf zurückführende Algorithmen zur Funktionsminimierung entwickelt. Besonders in [43] und [153] werden eine größere Zahl dieser Verfahren besprochen.

Die Verwendung von u. U. vorkommenden frei wählbaren Eingangsbelegungen zur weiteren Vereinfachung der Minimalform gestaltet sich im QMC-Verfahren sehr einfach: Alle redundanten Minterme werden im ersten Schritt von vornherein in die erste Spalte mit aufgenommen, wodurch sich eine entsprechende Menge kürzerer Primimplikanten ergibt. Bei der Aufstellung der Primimplikanten-Minterm-Tabelle hingegen werden dann die redundanten Minterme nicht berücksichtigt, wodurch dann eben nur die nicht redundanten Primimplikanten erfaßt werden.

5.4. Das Phänomen der Hazards

Es wurde schon einmal darauf verwiesen, daß eine nach den besprochenen Methoden minimierte Schaltung nicht unbedingt auch eine optimale Schaltung im Sinne eines Minimums an Schaltelementen sein muß. Diese Frage kann aber nur im Zusammenhang mit dem jeweils verwendeten Gerätesystem überlegt werden, weil jedes Gerätesystem andere Bausteine umfaßt. Ein weiterer Gesichtspunkt, der bei der Synthese von Schaltungen beachtet werden muß, ist die Möglichkeit des Auftretens von statischen oder dynamischen Störungen („Hazards") des Ausganges der Schaltung. Durch die nach den Methoden der Schaltkreis-Minimierung vorgenommene Vereinfachung

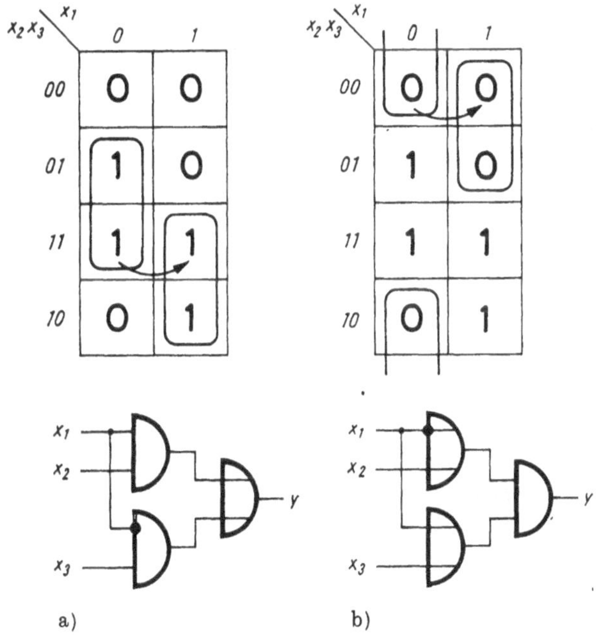

Bild 5.7: Schaltungen in denen statische Hazards auftreten können
a) disjunktive Minimalform
b) konjunktive Minimalform

eines Steuerungssystems kann nämlich die Gefahr für das Auftreten solcher Störungen entstehen, was wiederum vermieden werden muß. Unter Hazards in kombinatorischen Schaltungen versteht man Fehler im Übergangsverhalten der Schaltungen dergestalt, daß die Ausgangssignale vorübergehend den Gesetzen der Schaltalgebra widersprechen. Diese Fehler werden bedingt durch unterschiedliche Laufzeiten in den einzelnen Signalpfaden und durch unterschiedliche Schaltzeiten der Verknüpfungselemente. Das Hazard-Phänomen wird im Zusammenhang mit Relais-Schaltkreisen offenbar erstmals in [87] erwähnt, von HUFFMAN [78] und zahlreichen anderen Autoren [u. a. 36, 112, 176], zuletzt in [8], sehr systematisch behandelt. Auf diese Literatur sei hier verwiesen, denn nachstehend sollen nur die einfachsten Formen der Hazards besprochen werden.

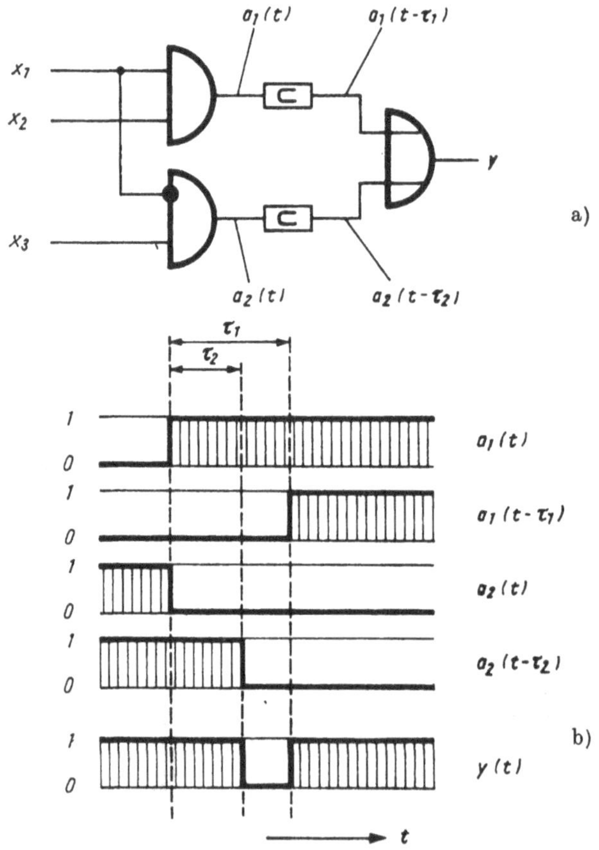

Bild 5.8: Zur Erklärung des Entstehens eines statischen Eins-Hazards in der Schaltung Bild 5.7a.

a) Schaltung
b) Schaltfolgediagramme

Zunächst sei die Erscheinung des „statischen" Hazards betrachtet. Ein statisch gestörtes Ausgangssignal liegt dann vor, wenn beim Übergang von einer Eingangsbelegung zu einer anderen, welche ebenso wie die erste am Ausgang eine Eins (bzw. Null) hervorruft, ein kurzzeitiges Null- (bzw. Eins-) Signal erzeugt wird. Bild 5.8b stellt ein gestörtes Einssignal (ein Eins-Hazard) und Bild 5.9b ein gestörtes Nullsignal (ein Null-Hazard) dar. Eine derartige Störung kann dann auftreten, wenn beim Übergang von einer Eingangsbelegung $j \in M_1$ (bzw. $j \in M_0$) zu einer anderen Belegung $l \in M_1$ (bzw. $l \in M_0$) entweder nur eine einzige Eingangsvariable oder aber auch zwei oder mehrere Variable ihren Wert ändern. Wie kann es nun dabei zum Auftreten der Hazards kommen? An einem Beispiel soll dies gezeigt werden.

Wird die Funktion

$$y = \bar{x}_1\bar{x}_2x_3 \vee \bar{x}_1x_2x_3 \vee x_1x_2x_3 \vee x_1x_2\bar{x}_3$$

minimiert, dann verbleiben für die disjunktive Minimalform zwei Primimplikanten:

$$y = \bar{x}_1x_3 \vee x_1x_2\,.$$

Bild 5.7a zeigt das K-Diagramm und den Schaltplan dieser Minimalform. Es habe das Und-Glied eine Schaltzeit τ_1 und das Inhibitions-Glied eine Schaltzeit τ_2, wobei $\tau_1 > \tau_2$ sein möge (die Schaltzeit des Oder-Gliedes und die Laufzeiten der Signalpfade sind für diese Überlegung vernachlässigt). Dieser Sachverhalt soll mit Bild 5.8a zum Ausdruck gebracht werden; die Schaltzeiten der Elemente sind dabei als Verzögerung in deren Ausgangs-Signalpfaden dargestellt. Wird nun das Übergangsverhalten für den Wechsel von der Eingangsbelegung 011 zu 111 in einem Zeitdiagramm (Schaltfolgediagramm) betrachtet, dann erhält man ein statisches Eins-Hazard wie in Bild 5.8b dargestellt. Für das Oder-Glied am Ausgang entstehen nämlich an Stelle des Überganges von dessen Eingangsbelgegung 01 zu 10 die vorgetäuschten Übergänge (01, 00, 10). Wenn $\tau_1 < \tau_2$, dann ergibt sich das selbe Hazard für den Übergang in umgekehrter Richtung, also von 111 zu 011.

Ebenso tritt in der im Bild 5.7b dargestellten Schaltung für die konjunktive Minimalform

$$y = (\bar{x}_1 \vee x_2)\,(x_1 \vee x_3)$$

der obigen Funktion ein statisches Null-Hazard beim Übergang von der Eingangsbelegung 000 zu 100 auf, wenn die Schaltzeit τ_2 des Oder-Gliedes kleiner ist als die Schaltzeit τ_1 der Implikation (Bild 5.9). Für das Und-Glied am Ausgang der Schaltung wird jetzt an Stelle von dessen Eingangsbelegungs-Übergang 10 zu 01 der Übergang (10, 11, 01) vorgetäuscht.

Man kann durch gleiche Schaltfolgediagramme wie in den Bildern 5.8 und 5.9 erkennen, daß bei einem Wechsel der Eingangsbelegungen innerhalb der Schleifen (Primimplikanten) im K-Diagramm keine Hazards auftreten können. Bei obigem Beispiel treten die Hazards deshalb auf, weil eben beim Übergang von $\bar{x}_1$ zu x_1 bzw. umgekehrt ein Schaltelement (eine Schleife im K-Diagramm, also ein Primimplikant) fehlt, das den Funktionswert Eins bzw. Null des Ausgangs festhält. Die im K-Diagramm Bild 5.10 zusätzlich

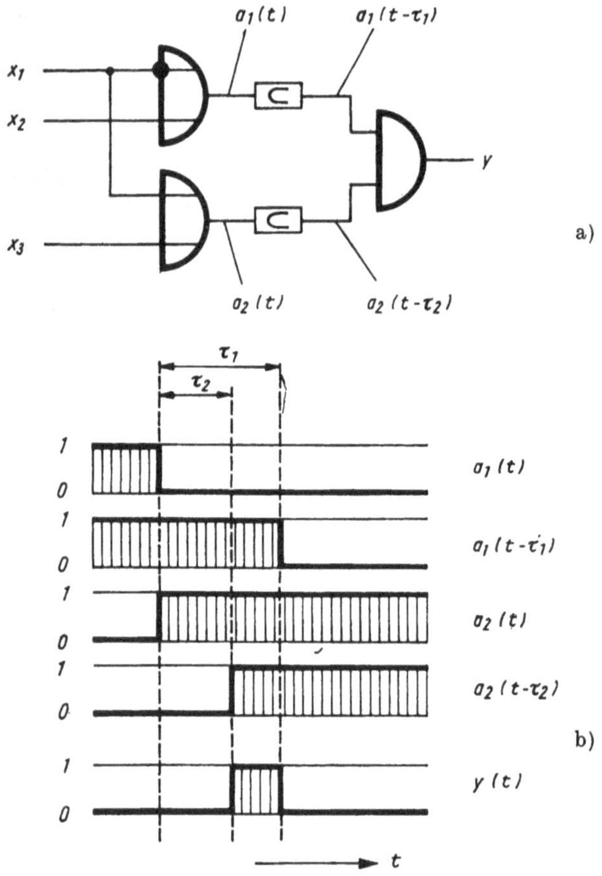

Bild 5.9: Zur Erklärung des Entstehens eines statischen Null-Hazards in der Schaltung 5.7b
a) Schaltung b) Schaltfolgediagramm

eingetragenen Schleifen übernehmen diese Aufgabe und beseitigen die oben beschriebenen Hazards. Ein Implikant bzw. Primimplikant einer gegebenen kombinatorischen Funktion weist also kein statisches Eins-Hazard auf, wenn eine oder mehrere der im Implikanten nicht vorkommenden Variablen einzeln oder gleichzeitig ihre Belegung ändern. Um weitestgehende Eins-Hazardfreiheit zu erreichen, wird eine kombinatorische Funktion daher als disjunktive Verknüpfung aller Primimplikanten $p \in M^*_{1p}$ angegeben. Die weitest mögliche Null-Hazardfreiheit einer kombinatorischen Funktion wird dadurch erreicht, daß alle „Prim-Nullimplikanten" $d_p \in M^*_{0p}$ zur Bildung der Funktion konjunktiv verknüpft werden. Derartige Schaltzeit-bedingte statische Hazards können also im allgemeinen durch im Sinne der Minimierung schaltalgebraisch redundante Schaltungen vermieden werden.

Eine weitere Art der Laufzeit-bedingten Störungen sind „dynamische" Hazards. Ein dynamisch gestörtes Ausgangssignal liegt dann vor, wenn beim Übergang von einer Eingangsbelegung $j \in M_0$ (bzw. $j \in M_1$) zu einer anderen Eingangsbelegung $l \in M_1$ (bzw. $l \in M_0$) am Ausgang nicht wie gewünscht eine einmalige Änderung von Null auf Eins (bzw. umgekehrt) stattfindet, sondern wenn drei oder sogar mehrere Änderungen erfolgen (Bild 5.11b). In der Schaltung Bild 5.7a kann unter gewissen Bedingungen ein derartiges dynamisches Hazard auftreten: Es wird die Funktion dieses Beispieles so verschaltet, daß die Inhibition aus einem Negator und einem Und-Glied gebildet wird, und es werden nach Bild 5.11a verschiedene Lauf-

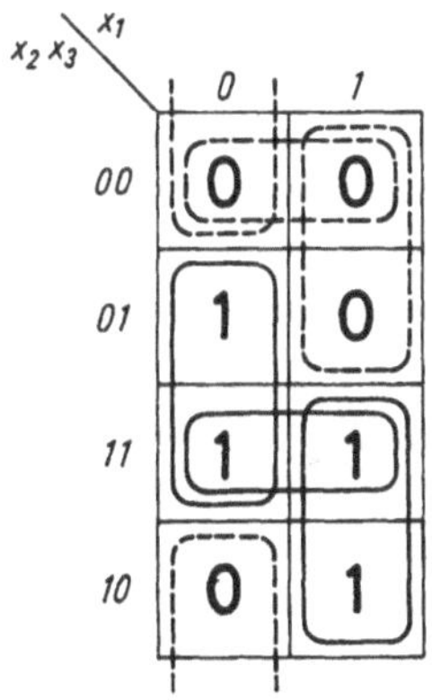

Bild 5.10: Hazardfreies Minimieren im K-Diagramm

zeiten der Signalpfade bzw. eine Schaltverzögerung des Negators angenommen, wobei $\tau_4 < \tau_1 < \tau_3 < \tau_2$ sein möge. Betrachtet man dann den Übergang von der Eingangsbelegung 000 zu 111 im Schaltfolgediagramm, dann erhält man ein dynamisches Hazard nach Bild 5.11b. Das Hinzufügen des zum Vermeiden des statischen Hazards notwendigen redundanten Primterms x_2x_3 nach Bild 5.10 kann dieses dynamische Hazard nicht verhindern. Im allgemeinen garantiert das Eliminieren von statischen Hazards nicht notwendigerweise auch das Vermeiden von dynamischen Störungen. Ein Vermeiden des Hazards wäre in diesem speziellen Fall nur durch Abgleich der Signalpfade (Vergrößern von τ_3) möglich. An sich sind dynamische Hazards schwieriger zu vermeiden als statische Störungen, sie treten allerdings seltener auf als jene und sind auch nicht so nachteilig [78].

Das Auftreten von Hazards ist für kombinatorische Schaltungen ohne große Bedeutung, weshalb dieser Abschnitt mit der kurzen Darstellung dieser Erscheinung auch schon abgeschlossen werden kann. Wenn allerdings kombinatorische Schaltungen Bestandteil von sequentiellen Schaltungen sind (s. Abschn. 9), dann werden durch die Störungen für den sequentiellen Teil falsche Belegungsfolgen vorgetäuscht, was von weittragenden Folgen sein kann. Von dieser Art der Störungen abgesehen treten in sequentiellen Schaltungen auch noch weitere Arten von Hazards auf [8]. Die wesentliche Bedeutung der Hazards lag zunächst bei den Relais-Schaltkreisen. Von ähnlicher Bedeutung ist das Hazard-Phänomen aber nach wie vor bei den mit Relais-ähnlichen pneumatischen Elementen realisierten Schaltungen. Aber auch bei elektronischen asynchronen (s. Abschn. 11) „schnellen" Schaltungen ist das Studium des Zeitverhaltens der Schaltungen wichtig. Da die einzelnen Laufzeiten bzw. Schaltzeiten nur schwer meßbar, außerdem noch abhängig von Temperatur, Alterung, Betriebsspannung bzw. Luftdruck usw. sind, ist ein verläßlicher Abgleich der Schaltungen sehr schwer. Es sollte also schon beim Entwurf der Schaltungen die Wahrscheinlichkeit des Auftretens von Hazards möglichst herabgesetzt werden.

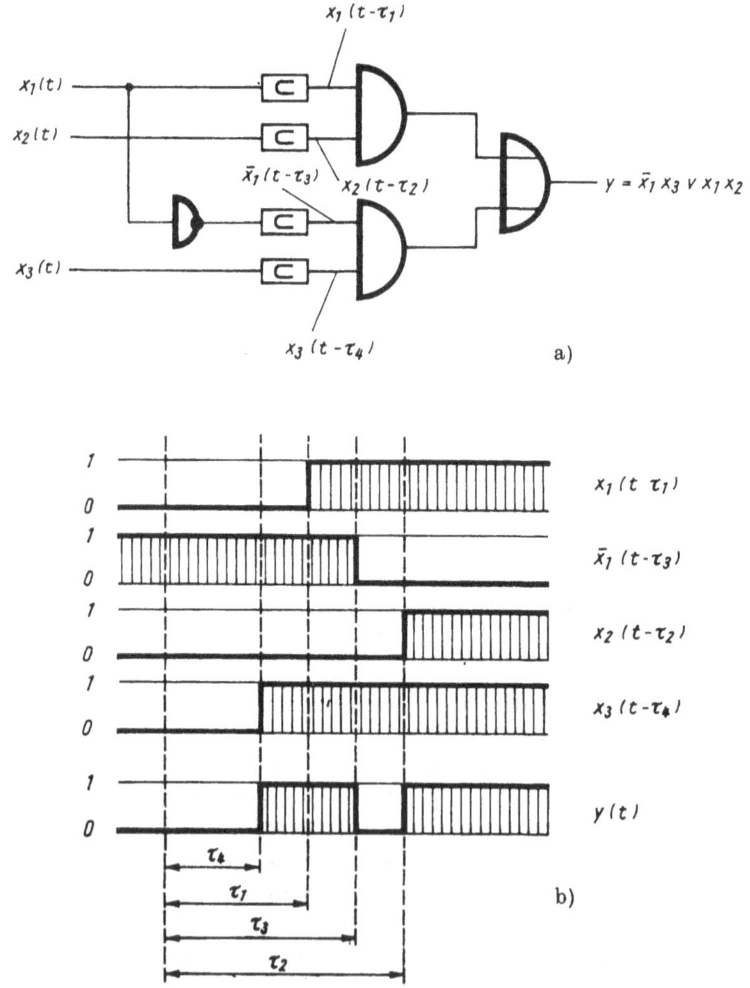

Bild 5.11: Zur Erklärung des Entstehens eines dynamischen Hazards in der Schaltung Bild 5.7a

a) Schaltung

b) Schaltfolgediagramm

6. Kombinatorische Schaltelemente

Sind aus einer konkreten Aufgabenstellung eine oder mehrere Schaltfunktionen abgeleitet worden, dann müssen diese Funktionen nach Ausarbeitung eines Schaltplanes in eine technische Realität umgesetzt werden. Der Markt bietet für diesen Zweck eine Fülle von kommerziellen pneumatischen und elektronischen Gerätesystemen (Logiksystemen), die meist als Baukastensysteme aufeinander abgestimmt neben den signalverarbeitenden Elementen auch zahlreiche sogenannte periphere Geräte (Ein- und Ausgabegeräte) umfassen. Eingabegeräte haben die Aufgabe, der Steuerung bestimmte Signale, Werkstückstellungen usw. mitzuteilen, Start- und Stoppbefehle und dergleichen zu geben. Ausgabegeräte haben die Aufgabe, der Steuerung die Ausführung von Befehlen zu ermöglichen, oder sie direkt durchzuführen oder anzuzeigen. In mehreren hauptsächlich der Gerätetechnik gewidmeten Büchern werden zusammenfassende Beschreibungen der verschiedensten Logiksysteme geboten [u. a. 24, 41, 44, 62, 80, 122, 126, 127, 166, 180]; wir wollen hier lediglich einen Überblick über jene Möglichkeiten geben, die zur Realisierung der bisher besprochenen Schaltfunktion bestehen.

Den „Kern" eines Logiksystems bilden die signalverarbeitenden Schaltelemente. Durch diese Einzelelemente bzw. durch Verschalten von Einzelelementen müssen schaltalgebraische Ausdrücke realisiert werden können. Es muß also möglich sein, mit diesen Elementen einerseits kombinatorische Schaltungen zu entwerfen; und mit diesem Verwendungszweck werden wir uns im vorliegenden Abschnitt beschäftigen. Andererseits muß es mit den Schaltelementen möglich sein (wie es dann in Abschn. 8 besprochen wird), die in Abschn. 7 behandelten Speicherfunktionen aufzubauen. Sobald dann die kombinatorischen und die Speicherschaltungen in ihrer Theorie und in ihrer gerätemäßigen Realisierung besprochen sind, können in weiterer Folge mit den Schaltelementen auch sequentielle Schaltungen (s. Abschn. 9 bis 11) hergestellt werden.

Für die Realisierung von Schaltungen stehen verschiedene Technologien zur Verfügung: Statische und dynamische fluidische (vorwiegend pneumatische) Logiksysteme, Relaistechnik und vor allem die Halbleitertechnik. Zwischen diesen einzelnen Technologien bestehen zwar viele, aber doch nur begrenzte Analogien und Gemeinsamkeiten. In verschiedener Hinsicht gestehen wiederum Unterschiede, die Größenordnung betragen (z. B. Lichtbeschwindigkeit bei elektronischen, Schallgeschwindigkeit bei pneumatischen

Elementen). Dementsprechend gibt es meist keine Alternative wie z. B. Elektronik oder Fluidik sondern nur eine sinnvolle Abgrenzung [52].

6.1. Gemeinsame Anforderungen an Schaltelemente

Digitale Schaltelemente müssen dem etwa mit $\sigma = 0$ bezeichneten niedrigen Wert des Informationsparameters (s. Abschn. 1) und dem mit $\sigma = 1$ bezeichneten hohen Wert des Informationsparameters eindeutige Schaltzustände reproduzierbar zuordnen. Zwischenzustände der Ausgangssignale sind beim Ansteuern der Eingänge mit binären Signalen wegen der geforderten eindeutigen Zuordnung unzulässig. Aus dieser Forderung folgt auch, daß Schwankungen der Hilfsenergie und Temperatureinflüsse weitgehend kompensiert werden müssen. Insbesondere dürfen den Eingangssignalen überlagerte Störsignale in möglichst weiten Grenzen nicht zum Umschalten der Signalzustände am Ausgang führen. Derartige Störsignale entstehen z. B. bei elektronischen Schaltungen durch Spannungsabfälle und Einkopplungen elektromagnetischer Felder auf den Eingangsleitungen.

Das Verhalten eines binären Bausteins gegenüber Störungen, die länger als die mittlere Verzögerungszeit einwirken, wird durch die statische Störsicherheit charakterisiert. Als statischer Störabstand wird dabei jene Signalspanne bezeichnet, die dem Null- bzw. Eins-Signal am Eingang überlagert sein darf, ohne daß der Ausgang umschaltet. Die Beurteilung der statischen Störsicherheit eines binären Bausteins wird anhand seiner Übertragungskennlinie (statische Kennlinie) vorgenommen. Bild 6.1 zeigt eine solche Übertragungskennlinie, in der die zulässigen Toleranzbereiche sowie eine mögliche Definition der statischen Störabstände eingetragen sind. Aus der

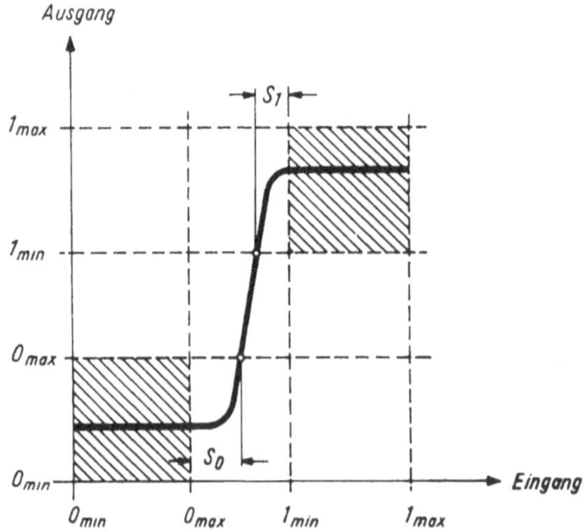

Bild 6.1: Übertragungskennlinie (statische Kennlinie) eines Schaltelements

Forderung nach möglichst großen statischen Störabständen ergibt sich die Forderung nach möglichst relaisartigen statischen Kennlinien.

Neben den statischen Eigenschaften spielt auch das dynamische Verhalten der Schaltelemente eine Rolle. Dieses dynamische Verhalten drückt sich in einer Schaltweise aus, die dadurch zustande kommt, daß die Ausgangsgröße eines Elementes einer Änderung der Eingangsgröße nicht verzögerungsfrei folgt. Daraus läßt sich die sogenannte dynamische Störsicherheit ableiten, d. h. die durch Schaltzeit bedingte Sicherheit gegenüber kurzen Störimpulsen am Eingang. Bild 6.2 zeigt die Definitionen der Schaltzeiten, die allerdings möglichst kurz sein sollten. Binäre Bausteine mit relativ breiten Einschaltflanken und großen Verzögerungszeiten (Laufzeiten) haben verständlicherweise eine hohe dynamische Störsicherheit. Allerdings kann dann die niedrige Grenzfrequenz dieser Bausteine nachteilig sein.

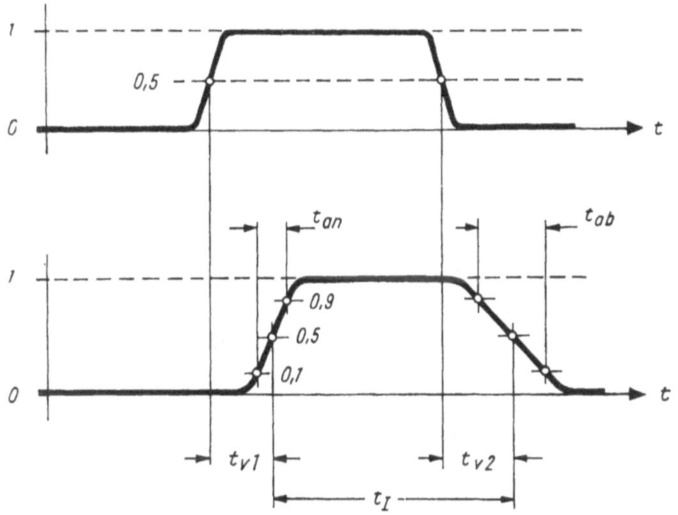

Bild 6.2: Definitionen der Anstiegs- und Abfallszeit, der Impulsdauer und der Verzögerungszeiten

Zu diesen statischen und dynamischen Eigenschaften kommen noch eine Reihe verschiedenster weiterer Anforderungen wie z. B. große Zuverlässigkeit bei hoher Lebensdauer, niedriger Preis, Unempfindlichkeit gegen Schwankungen der Hilfsenergie, Unempfindlichkeit gegen Umwelteinflüsse, gute Kombinationsmöglichkeiten mit Geräten anderer Hilfsenergien bzw. anderer Technologien zu hybriden Systemen, ausgereifte Verschaltungstechnik, gute Wartungseigenschaften und viele derartige Anforderungen mehr. Auch hinsichtlich einer großen sog. Logikkapazität (s. S. 81) müssen besonders mit manchen pneumatischen Schaltelementen gewisse Anforderungen gestellt werden.

6.2. Statische und dynamische fluidische Schaltelemente (Fluidiks)

Als Vorteil der pneumatischen Elemente kann man ihre Unempfindlichkeit gegenüber Umwelteinflüssen nennen. Es ist dies die Unempfindlichkeit gegen sehr hohe oder sehr niedrige Temperaturen und teilweise gegen Schmutz, gegen alle Arten von Schock-Beanspruchung, gegen Schwingungen, gegen korrosive Atmosphäre, Unempfindlichkeit gegen alle Arten von Strahlungen sowie Explosionssicherheit. Diese Eigenschaften können — abgesehen von der Raumfahrt, nuklearen und militärischen Zwecken — vor allem für die Anwendung in der Hüttenindustrie, bei Werkzeugmaschinen und in der gesamten verfahrenstechnischen Industrie von Bedeutung sein. Weiterhin wird man Steuerungen immer dann mit pneumatischen Elementen ausführen, wenn (wie sehr häufig in der Verfahrenstechnik) Druckluftnetze vorhanden und pneumatische Regelungen bereits installiert sind und mit Steuerungssystemen kombiniert werden müssen. Auch die vielfach anzutreffenden pneumatischen Stellglieder sprechen für die pneumatische Steuerung.

Es ist auch naheliegend, im Zusammenwirken mit den oft vorteilhaften pneumatischen Meßfühlern — besonders bei Positionssteuerungen — pneumatische Steuerungssysteme zu verwenden. Als Nachteil der pneumatischen Schaltelemente ist hauptsächlich anzuführen, daß sie wesentlich langsamer sind als elektronische Elemente. Auch bringt die Kompressibilität der Luft bei der Signalübertragung über größere Entfernungen gewisse Nachteile mit sich. Von weiterem Nachteil sind die im allgemeinen wesentlich größeren Abmessungen der pneumatischen Elemente. In vielen Fällen bedeuten aber die Eigenschaften der Langsamkeit und Baugröße keine echten Nachteile. Große Systeme könnten manchmal auch beide Technologien beinhalten.

Die Einteilung der pneumatischen Schaltelemente erfolgt im allgemeinen nach ihrem physikalischen Prinzip, wonach man zwischen statischen Schaltelementen, quasistatischen Schaltelementen und dynamischen Schaltelementen unterscheidet. Statische und quasistatische Schaltelemente bilden die Gruppe der sogenannten Elemente mit bewegten Teilen, deren Umschaltung durch einen oder mehrere mechanische Schaltteile, z. B. durch Membranen, Kugeln, Kolben u. a. erfolgt. Diese Elemente stellen oft nur eine sinnvolle Miniaturisierung der üblichen Membranrelais, Schieber oder Schaltventile dar. Dynamische Logikelemente sind Elemente ohne bewegte Teile, bei denen der Schalt- oder Steuerungsmechanismus im wesentlichen auf der Wechselwirkung sich gegenseitig beeinflussender Luft- oder Flüssigkeitsstrahlen beruht. Auch statische und dynamische Logiksysteme haben oft sehr unterschiedliche Eigenschaften und viele oft diskutierte tatsächliche und vermeintliche Vor- und Nachteile. Statische Elemente buchen für sich einen wesentlich geringeren Luftverbrauch. Dynamischen Elementen wird eine große Lebensdauer zugeschrieben; allerdings sind sie oft empfindlicher gegen Störungen. Sie haben im allgemeinen eine höhere logische Kapazität als statische Elemente und wegen ihrer Kleinheit eine viel größere Packungsdichte. Statische Elemente haben den oft großen Vorteil der vollständigen Trennung von Ein- und Ausgangskreis (steuernde und gesteuerte Eingänge). Dynamische Elemente haben meist (aber doch nicht immer) eine kürzere Schaltzeit als statische Elemente, was oft wichtig ist, bei vielen Anwendungen aber doch wieder nicht so sehr ins Gewicht fällt. Auch zwischen statischen und dynamischen Elementen und Systemen wird es manchmal keine Alternative sondern ein sinnvolles, gleichwertiges Nebeneinander in einem „hybriden" System geben. Die Tendenz dazu ist zu beobachten.

Die Entwicklung der pneumatischen Logiksysteme folgte bisher in auffälliger Weise jener der Elektronik. Daher erscheint der Trend zur Miniaturisierung und zu einer ausgereiften integrierten Modulbauweise für einzelne Standardschaltungen eigentlich ganz selbstverständlich und zwangsläufig, denn auf dem Gebiet der Elektronik besteht diese Tendenz schon sehr lange.

6.2.1. Statische und quasistatische Schaltelemente (Elemente mit bewegten Teilen) [1]

Für die Beschreibung der Funktionsweise der einzelnen statischen pneumatischen Schaltelemente erscheint die meist übliche Unterscheidung nach ihren bewegten Teilen, d. h. nach Kolben-, Kugel- bzw. Membranelementen usw. sinnvoll und wird auch hier zur Beschreibung der Funktionsprinzipien der statischen Logikelemente beibehalten. Soll hingegen eine Untersuchung vollständige pneumatische logische Systeme einander gegenüberstellen [40, 41], dann ist vor dieser Einteilung eine übergeordnete Unterscheidung sinnvoll, die sich auf den Aufbau des Systems bezieht. Es wird dann zu unterscheiden sein, ob innerhalb eines Systems a) die einzelnen logischen Verknüpfungen durch mehrere Elemente mit je einer Funktion, b) durch ein einziges Element mit einer einzigen Funktion (z. B. NOR), oder ob c) die einzelnen Funktionen innerhalb eines Systems durch ein einziges sog. Mehrfunktionen-Element oder zumindest durch Kombinationen nur weniger Ein- und Mehrfunktionen-Elemente realisiert werden. Bei den folgenden Beschreibungen der Schaltelemente sollen daher der Vollständigkeit halber auch derartige Hinweise über den Aufbau des betreffenden Systems gemacht werden.

Erwähnt werden muß noch, daß die statischen und quasistatischen Elemente der verschiedenen Steuerungssysteme stark unterschiedliche Druckbereiche aufweisen, die von etwa 1 bar (fallweise auch darunter) bis etwa 8 bar und manchmal darüber reichen. Im allgemeinen wird aber zwischen einer Gruppe von Systemen mit etwa 1,4 bar Versorgungsdruck und einer Gruppe von Systemen mit wesentlich höherem Druck unterschieden, die dann der sog. Hochdruckpneumatik zugerechnet werden.

[1]) Die Ausführungen des Abschnitts 6.2.1 sind auszugsweise dem Buch [41] entnommen. Der an ausführlicher Behandlung der statischen pneumatischen Logiksysteme interessierte Leser wird daher u. a. an diese Literaturstelle verwiesen.

6.2.1.1. Kolbenelemente

Grundsätzlich können auch durch konventionelle pneumatische Steuergeräte [30] logische Verknüpfungen ausgeführt werden. Diese sog. Wege-Ventile gehören daher eigentlich ebenfalls zu den statischen Logikelementen; allerdings in sehr weitem Sinne. Für die Zwecke der Signalverarbeitung in binären Schaltungen wurden diese konventionellen Wege-Ventile stark miniaturisiert und einer zweckmäßigen Verschaltungstechnik angepaßt. Beispiele für solche Kölbchenelemente sind die Elemente von HERION (Bild 6.3), das Element von LOGIAIR (Bild 6.4) sowie die Kölbchenelemente von KUHNKE (Bild 6.5). Alle diese Elemente sind sog. Mehrfunktionenelemente; wie dieser Name sagt, können mit einem Element je nach Verschaltung der einzelnen Eingänge verschiedene Funktionen realisiert werden.

Bei den Kolbenelementen Bild 6.3 und 6.5 wird eine definierte Kolbenlage durch eine Feder, bei dem Element Bild 6.4 durch entsprechende Beaufschlagung der Eingänge C und D erreicht. Bei den Elementen Bild 6.3 und 6.5 wird demnach der Umschaltpunkt durch die Feder bestimmt, bei dem Element Bild 6.4 durch die Flächenverhältnisse des Kolbens, d. h. der Umschaltpunkt ist abhängig vom Druckniveau der Eingangssignale. Wie aus Bild 6.3 zu erkennen, ist hier dem einen Eingang des Kölbchenventils auch noch ein sog. Doppelrückschlagventil (siehe Bild 6.7) vorgeschaltet. Dadurch wird für das Schaltelement die Funktion $y = (A \vee B)\, D \vee \overline{(A \vee B)}\, C$

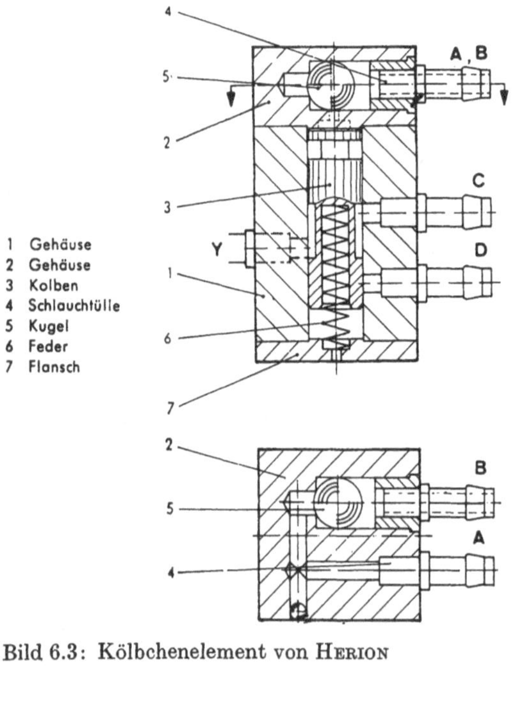

Bild 6.3: Kölbchenelement von HERION

erreicht. Wie man für einzelne Schaltelemente deren Schaltfunktion und sämtliche durch entsprechende Verschaltung der Eingänge zu erreichende Funktionen ermittelt, soll später in Abschn. 6.2.1.3 an einem Beispiel gezeigt werden.

Außer miniaturisierten 3/2-Wege-Kolbenventilen[1]) finden auch 5/2-Wegeventile (Bild 6.5) Verwendung. Diese Ventile bestehen praktisch aus zwei 3/2-Wegeventilen mit zum Teil gleichen Eingängen.

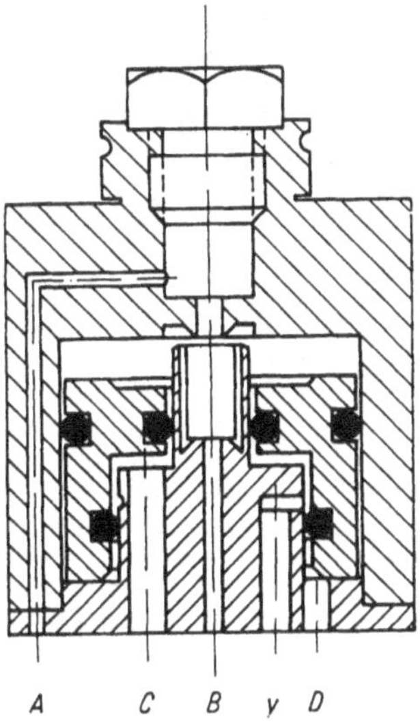

Bild 6.4: Kölbchenelement von LOGIAIR

Bild 6.5: Kölbchenelement von KUHNKE

6.2.1.2. Kugelelemente

Kugelelemente werden hin und wieder sowohl zum Aufbau von statischen als auch quasistatischen Systemen (s. Abschn. 6.2.1.4) verwendet. Ein rein statisches Kugelelement ist in Bild 6.6 gezeigt. Bei diesem Element schließt in der Ausgangslage $A = 0$ die im Bild oberste Kugel durch die Wirkung der an C angelegten Hilfsluft bzw. durch das Signal C den mittleren Dichtsitz, wodurch der Ausgang $y = 1$ wird. Wird hingegen $A = 1$, so wird durch die größere Kugel bzw. durch den Stößel der oberste Dichtsitz verschlossen. Gleichzeitig wird der Ausgang y mit dem Eingang D (meist Entlüftung) verbunden. Ist bei der Schaltung $A = 0$, $C = 1$ der Eingang D als Entlüftung ($D = 0$) geschaltet, so verwirklicht das Element die Nicht-Funktion. Verwendet man auch C als Signaleingang, so erhält man die Inhibition $y = \bar{A}C$. Werden zwei als Negation bzw. Inhibition geschaltete Elemente so verbunden, daß der Ausgang des ersten Elementes mit dem Eingang C des zweiten Elementes verbunden wird, so erhält man die Nor-Funktion.

[1]) Unter einem „3/2-Wegeventil" versteht man ein Ventil mit 3 Eingängen und 2 möglichen Schaltzuständen (Kolbenstellungen).

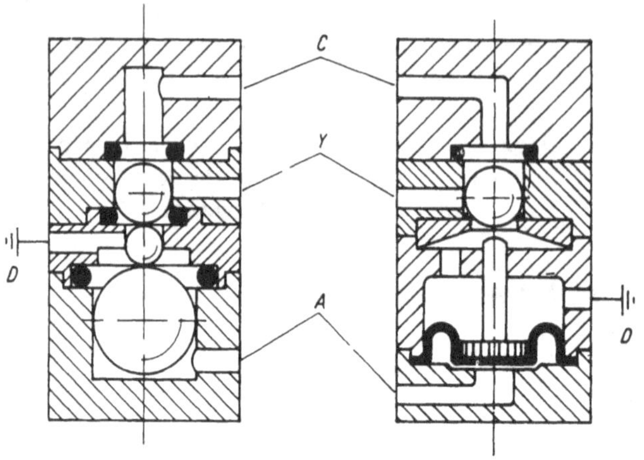

Bild 6.6: Kugelelement und Membran-Kugelelement von TRANSIFLUX (aus[62])
a) älterer Typ b) neuerer Typ

Zur Realisierung der Oder-Funktion wird oft ein Doppelrückschlagventil verwendet, das als bewegten Teil eine Kugel oder zumindest einen kugelähnlichen Teil enthält (Bild 6.7). Entsprechend der Oder-Funktion erscheint am Ausgang y ein Drucksignal, wenn einer der beiden Eingänge C oder D, oder auch beide Eingänge, mit einem Drucksignal beaufschlagt werden.

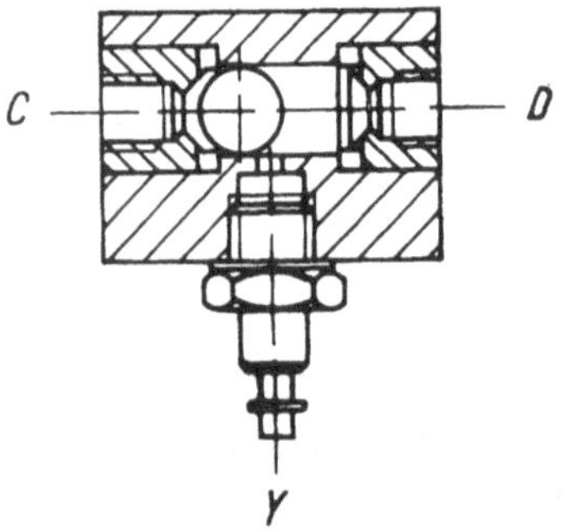

Bild 6.7: Doppelrückschlagventil von FESTO

6.2.1.3. Membranelemente

Bei den pneumatischen Schaltelementen werden die Drucksignale häufig über Membranen in eine Kraft bzw. in eine Bewegung umgesetzt. Die Membranen erfüllen dabei eine Doppelfunktion: Ermöglichung von Bewegungen und Dichtung. Die Membranen können entweder selbst Düsen oder Ventilsitze verschließen, oder sie bewegen einen speziellen Ventilmechanismus, der die erforderliche Umschaltung der Leitungsverbindungen bewirkt. Bei den einzelnen Ausführungen der Elemente wird eine sehr unterschiedliche Anzahl von Membranen verwendet. Dies geht aus dem Bild 6.8 hervor, das eine Zusammenstellung einiger Membranelemente vermittelt.

Zwei dieser Elemente sowie noch einige andere sollen anschließend etwas näher beschrieben werden.

Viele Membranelemente sind Mehrfunktionenelemente, wie z. B. das bekannte Doppelmembranrelais von DRELOBA/ELLIOTT, das gemeinsam mit dem sog. erweiterten Doppelmembranrelais im Bild 6.9 nochmals dargestellt ist. Am Beispiel dieser Elemente soll nun gezeigt werden, wie man sämtliche möglichen Funktionen eines Elementes ermittelt. Das Doppelmembranrelais besitzt 5 Kammern, von denen die beiden äußeren durch Membranen von den inneren Kammern getrennt sind. Die beiden Membranen sind durch einen Steg miteinander verbunden. Durch Druckbeaufschlagung der Kammer I oder II kann die Kammer V (Ausgang) entweder mit der Kammer III oder IV verbunden werden. Die wirksamen Membranflächen der Kammern I und II sind gleich groß und doppelt so groß wie jene der Kammern III und IV. Die Eingänge A und B sind sog. steuernde Eingänge (sie führen in geschlossene Kammern), C und D sind sog. gesteuerte Eingänge, (sie sind mit dem Ausgang y verbindbar). Für alle möglichen Signalkombinationen wird nun untersucht, welchen Wert das Ausgangssignal annimmt. Das Ergebnis wird in einem KARNAUGH-Diagramm festgehalten, wobei man das Diagramm womöglich so anlegt, daß die steuernden und die gesteuerten Eingänge an verschiedenen Diagrammrändern aufgetragen werden. Es ergibt sich ein K-Diagramm nach Bild 6.10. Diesem Diagramm entnimmt man die Schaltfunktion

$$y = (A \vee \bar{B})\, C \vee (\bar{A} \vee B)\, D\,.$$

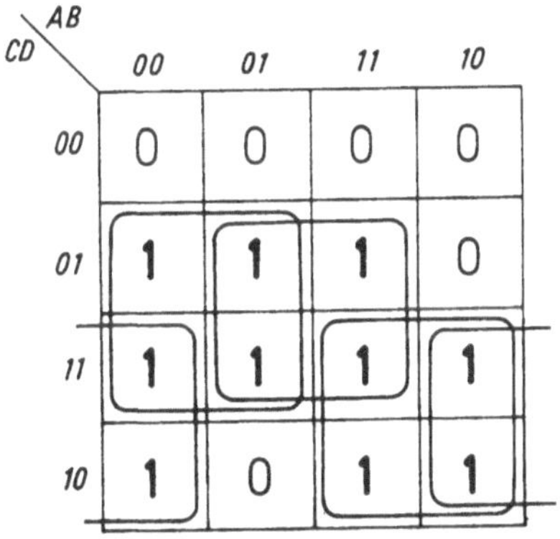

Bild 6.10: K-Diagramm zum Doppelmembranrelais Bild 6.9a

Aus dieser Funktion erhält man nun alle durch das Element realisierbaren Funktionen von 3 Eingängen dadurch, daß man je eine der 4 Eingangsvariablen Null setzt (Verbindung mit der Atm.), Eins setzt (Verbindung mit der Versorgungsluft), oder jeweils zwei Variable einander gleich setzt (Verbindung untereinander). Für jede der so erhaltenen Funktionen geht man in gleicher Weise vor und erhält so die Funktionen von zwei und schließlich die beiden Funktionen einer Variablen [70]. Auf diese Weise erhält man für

Tabelle 6.1
Logikkapazität der DRELOBA-ELLIOTT-Doppelmembranrelais

	Doppelmembranrelais (Bild 6.9a)		Erweitertes Doppelmembranrelais (Bild 6.9b)		
5 Eingänge			$y = (\overline{A \vee F} \vee B \vee E)\,D$		
4 Eingänge	$y = (A \vee \overline{B})\,C \vee$ $\vee\,(\overline{A} \vee B)\,D$		$y = (\overline{F} \vee B \vee E)\,D$ $y = (\overline{A \vee F} \vee E)\,D$ $y = (\overline{A \vee F} \vee B \vee E)$		
3 Eingänge	$y = \overline{B}C \vee D$ $y = (\overline{A} \vee B)\,D$ $y = C \vee BD$ $y = A \vee \overline{B} \vee D$ $y = BD \vee \overline{B}C$		$y = (B \vee E)\,D$ $y = (\overline{A \vee F})\,D$		
2 Eingänge		$y = BD$		$y = BD$	Und
		$y = C \vee D$	$y = B \vee E$	siehe aktiv	Oder
		—	$y = \overline{A \vee F}$	—	Nor
		$y = \overline{A}D$		$y = \overline{A}D$	Inhibit.
	$y = \overline{A} \vee B$	siehe aktiv	$y = \overline{A} \vee B$	siehe aktiv	Implikat.
1 Eingang	$y = A$	—	$y = A$	—	Identit.
	$y = \overline{A}$	—	$y = \overline{A}$	—	Negation
	aktiv	passiv	aktiv	passiv	

die beiden Schaltelemente des Bildes 6.9 die in Tab. 6.1 zusammengestellten Funktionen. Unter einer „aktiven Funktion“ wird dabei verstanden, daß am Ausgang y die Versorgungsluft anliegt; bei einer „passiven“ Funktion liegt bei y eines der Eingangssignale an.

Die Menge der so ermittelten Funktionen, also bei einem Schaltelement mit m Eingängen die Menge aller möglichen Schaltfunktionen von $m - \nu$; ($\nu = 0, 1, 2, \ldots, m - 1$) Eingangsvariablen, wird als Logikkapazität des betreffenden Mehrfunktionenelements bezeichnet [40, 41].

Die in Bild 6.11 gegebene Zusammenstellung zeigt schließlich noch, wie mit den beiden Schaltelementen Bild 6.9 die Grundfunktionen nach Tab. 4.6 aktiv verschaltet werden können.

Sind mehrere Elemente durch ein Schaltsystem zu bestimmten Teil- bzw. Grundschaltungen schlauchlos verschaltet oder sind mehrere Elemente in einem gemeinsamen Gehäuse untergebracht bzw. trifft beides zu, so bezeichnet man diese Einheit im allgemeinen als Baustein. Die Bausteine des Systems DRELOBA/ELLIOTT sind nach Bild 6.12 aufgebaut. Die Verschaltung der Grundelemente im Relaisblock 1 und die Verteilung der Anschlüsse erfolgt durch die Schaltplatte 2. Die Deckplatte 3 hat ein einheitliches Rastermaß und dient gemeinsam mit einer Dichtung zur Verbindung mit der sogenannten Rasterplatte oder dem Grundschaltblock. Dieses Gerätesystem besitzt so wie die meisten anderen Systeme eine große Anzahl der-

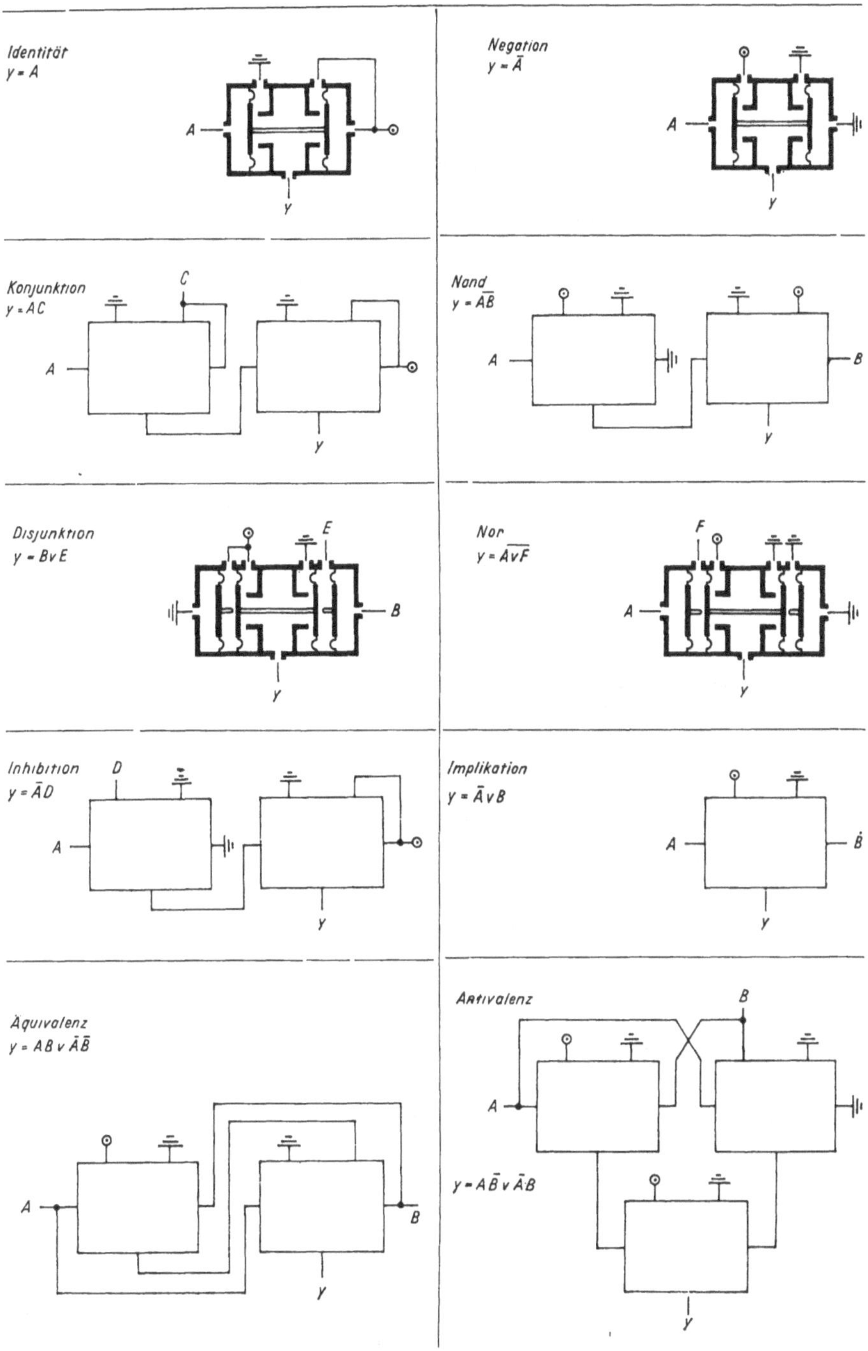

Bild 6.11: Aktive Verschaltung der Grundfunktionen mit den Mehrfunktionenelementen nach Bild 6.9

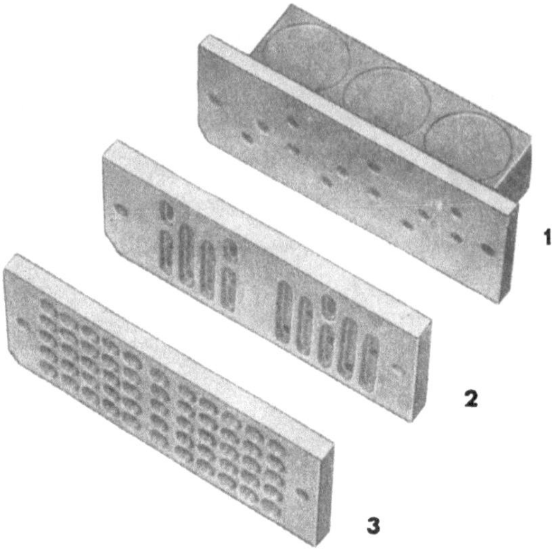

Bild 6.12: Baustein des Systems DRELOBA/ELLIOTT

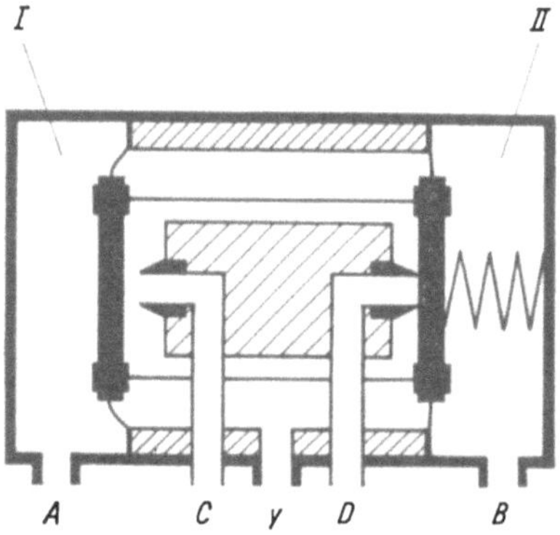

Bild 6.13: Prinzip des Mikroschalters von SAMSOMATIC

artiger Bausteine, die dann in verschiedenen Verschaltungstechniken zu kompakten Schaltungen zusammengebaut werden können.

Der in Bild 6.8e bereits im Prinzip dargestellte SAMSOMATIC-Mikroschalter wird in Bild 6.13 noch etwas genauer gezeigt. Auch dieses Element ist ein Mehrfunktionenelement, nämlich ein kleines membrangesteuertes Dreiwegeventil. Bei drucklosem Zustand der Kammer I und II hält die Feder den Sitz (Eingang) D verschlossen, während C mit y verbunden wird. Wird Kammer I mit Druck beaufschlagt ($A = 1$) und ist II gleichzeitig drucklos ($B = 0$), dann wird C verschlossen und D wird mit y verbunden. Druck bei A und B gleichzeitig erzeugt eine Schaltstellung wie im Ruhezustand, in dem durch die Feder eine definierte Membranstellung erreicht wird. Die Schaltfunktion dieses Schaltelements lautet $y = (\bar{A} \vee B)\, C \vee A\bar{B}D$.

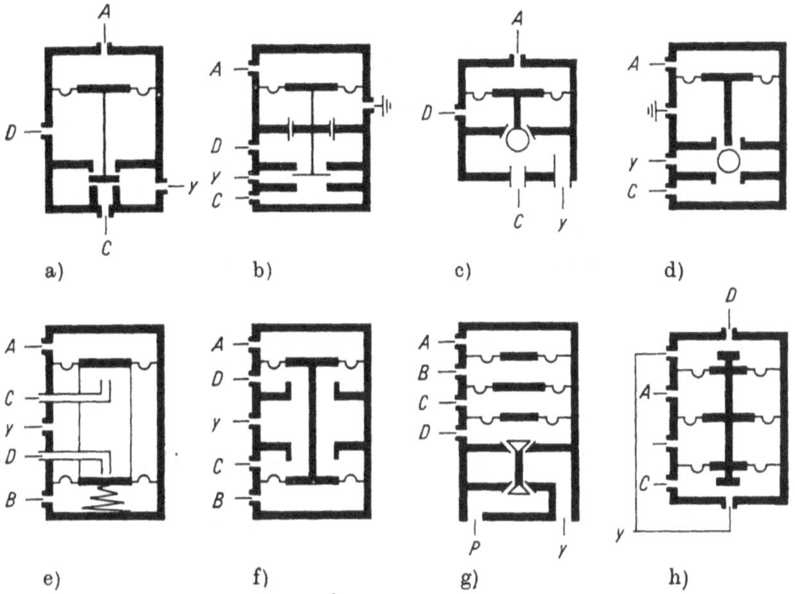

Bild 6.8: Beispiele für Membranelemente

a) UNIPP (CSSR), b) FESTO (BRD), c) ZPA (CSSR) d) TRANSIFLUX (Schweiz), e) DRELOBA/ELLIOTT (DDR/BRD), f) SAMSOMATIC (BRD), g) AIRLOG (GB), h) ÜSEPPA (USSR)

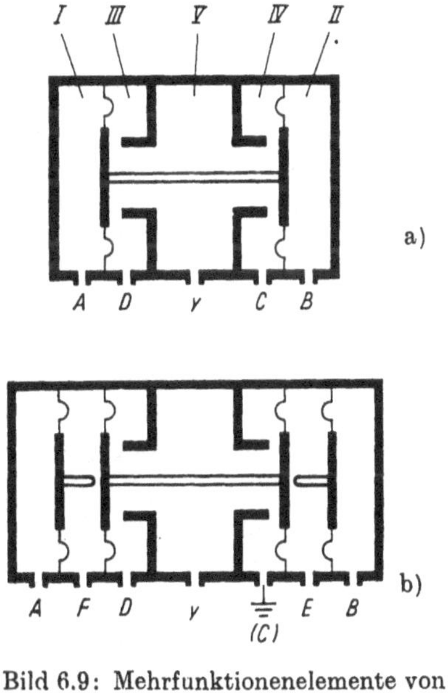

Bild 6.9: Mehrfunktionenelemente von DRELOBA/ELLIOTT

a) Doppelmembranrelais

b) erweitertes Membranrelais

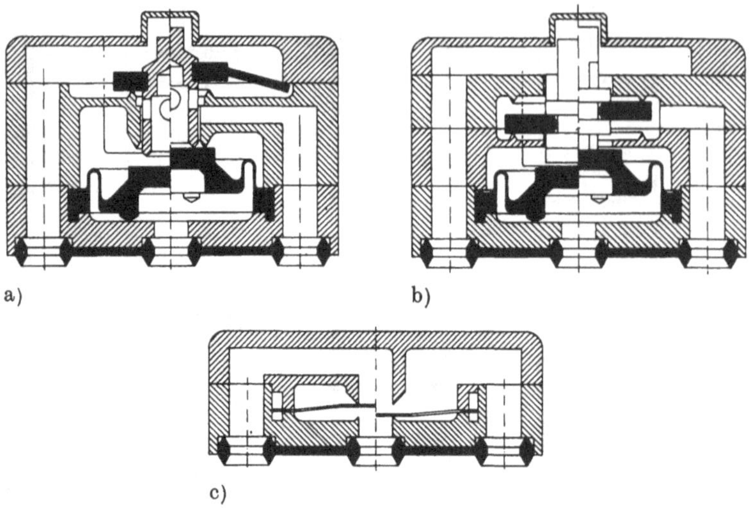

Bild 6.14: Schaltelemente des Systems FESTO 1000
a) Und, Identität,
b) Inhibition, Negation
c) Oder

Stellvertretend für eine Anzahl anderer am Markt befindlicher Systeme, die mehrere Grundelemente mit je einer Funktion verwenden (z. B. ARO, ATHOS, CROUZET, DYNALOG usw.), sollen in Bild 6.14 einige Schaltelemente des Systems FESTO 1000 gezeigt werden. Auffallend ist bei diesem System der für statische Elemente ungewöhnliche Arbeitsdruck von 0,1 bar, der eine direkte Kombination mit dynamischen Elementen (s. Abschn. 6.2.2.) zu „hybriden" Schaltungen ermöglicht. Die aus Kunststoff gefertigten Elemente besitzen einheitlichen Grundriß und Anschlußlage, wodurch sie auf Rasterplatten aufgesteckt werden können.

Als Sonderfall der Membranelemente ist das Schaltelement des Systems SEMPRESS zu bezeichnen. Dieses Element ist eigentlich ein Dreiwegeventil, das durch vier unabhängig voneinander wirkende Steuermembranen oder auch mit einem Handbetätigungsknopf geschaltet werden kann. Im Schnittbild 6.15 ist nur eine Signalzuführung zum Membranenpaket sichtbar, die anderen Zuleitungen liegen in anderen Schnittebenen. Die Ventile sind mit Schrauben auf einem „sandwich-förmigen" Plattenpaket befestigt. In einer von diesen Platten befindet sich die Hilfsluftzufuhr zu jedem Ventil, in einer anderen liegen alle Steuerkanäle. Das Ventil erfüllt eine Nor-Funktion mit vier Eingängen, wenn der gesteuerte Eingang C mit Hilfsluft versorgt wird. Verwendet man den Eingang C ebenfalls als Signaleingang, dann erfüllt das Element die Funktion Inhibition mit mehreren negierten Eingängen. Die Schaltfunktion lautet somit $y = \overline{(A \vee B \vee E \vee F)}\, C$. Da mit der Nor-Funktion, wenn auch etwas aufwendig, alle Grundfunktionen realisiert werden können, kann man mit diesem einzigen Elementtyp auskommen.

Abschließend sind in Bild 6.16 einige statische Schaltelemente bzw. Bausteine verschiedener Herkunft (DRELOBA, FESTO, HERION, KUHNKE, SAMSOMATIC) dargestellt.

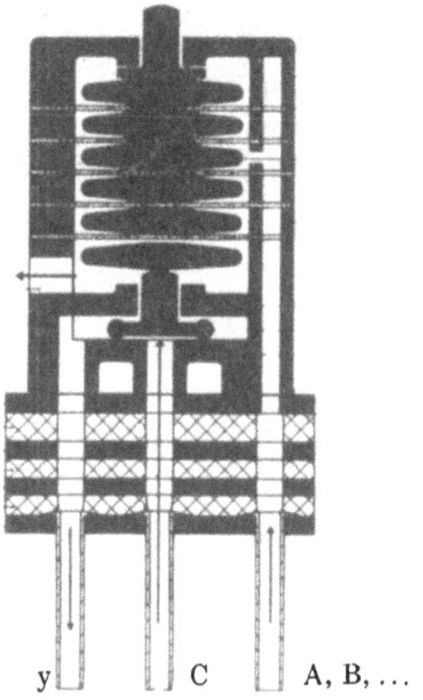

Bild 6.15: Nor-Element von SEMPRESS

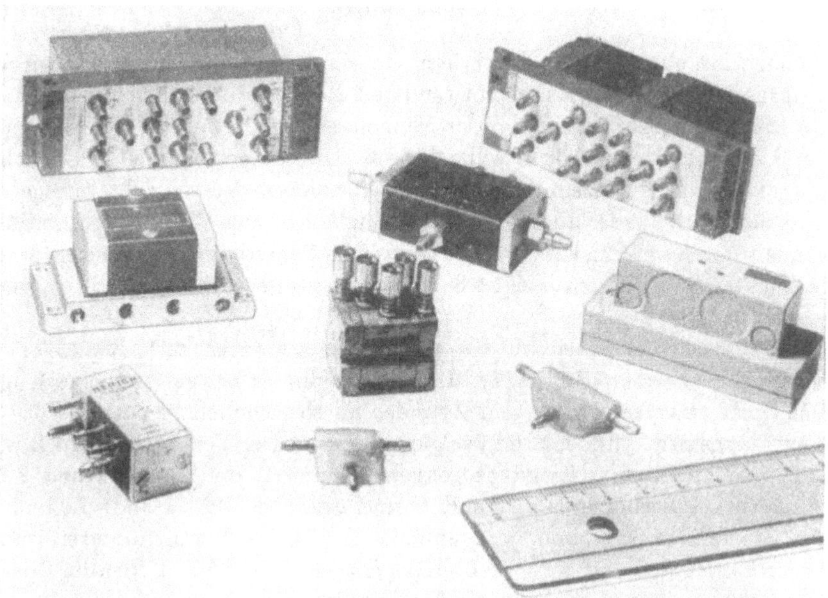

Bild 6.16: Einige statische Schaltelemente verschiedener Herkunft (Foto: Verfasser)

6.2.1.4. Quasistatische Elemente

Eine weitere Gruppe von Schaltelementen bilden die Elemente mit quasistatischem Verhalten. Die bewegten Teile dieser Elemente sind Kugeln oder Folien, die sich mit relativ großem Spiel in ihrem Gehäuse bewegen können. Die dabei austretende Leckluft wird zur Ausführung einer Schaltung benötigt. Abhängig davon, ob der freie Austritt der Leckluft ermöglicht oder verhindert wird, ändern sich die Kraftverhältnisse unter und über den Kugeln bzw. Plättchen derart, daß sich die bewegten Teile in die andere

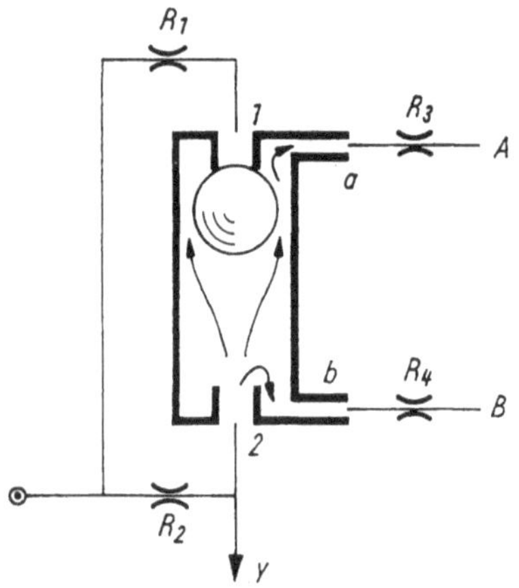

Bild 6.17: Kugelelement von KEARFOTT

Endlage begeben und dadurch ein Umschalten der Elemente bewirken. Aufgrund der zur Funktion notwendigen Leckluft kann der Anspruch an die Herstellungsgenauigkeit dieser Elemente gering sein, und sie lassen sich mit kleinsten Abmessungen billig bauen. Die kleinen Massen ermöglichen äußerst kurze Schaltzeiten und verursachen kaum Verschleiß. Infolge des einfachen Aufbaus ist auch die Störanfälligkeit gering. Temperatureinflüsse können sich kaum auswirken. Umfangreiche Schaltungen lassen sich in Art gedruckter Schaltungen oder in Schichtenbauweise aufbauen und benötigen sehr wenig Platz.

Als typisches Beispiel soll das von KEARFOTT entwickelte Kugelelement beschrieben werden (Bild 6.17). In einem Zylinder bewegt sich eine Kugel. Das Spiel zwischen Kugel und Zylinder ist so reichlich bemessen, daß die Kugel längs der Zylinderwand frei gleiten kann. Der Versorgungsdruck wird z. B. über die beiden Eingangsdrosseln R_1 und R_2 den Düsen *1* und *2* zugeführt. Die Steuersignale A und B sind über die Widerstände R_3 und R_4 den Steuerkanälen a und b zugeführt. Die Kugel kann nur zwei stabile Lagen annehmen, und verschließt dabei entweder die Düse *1* oder die Düse *2*. Wird, wie im Bild gezeichnet, die Kugel gegen die Öffnung *1* gedrückt, und bei Kanal a ein externes Signal eingegeben (Signal A), oder wird sogar nur durch Verschließen dieses Kanals das Abströmen der Leckluft verhindert, dann wird die Kugel von ihrem Sitz abgehoben und schlagartig gegen Öffnung *2* gedrückt. Wird somit die Öffnung *2* verschlossen, dann wird das Druckniveau am Signalausgang y stark angehoben und somit ein Signal abgegeben. In dieser Verschaltung stellt das Element ein bistabiles Element (s. Abschn. 8) dar. Je nach Verschaltung von einem oder mehrerer derartiger Schaltelemente können verschiedene Funktionen realisiert werden. Bild 6.18 zeigt als Beispiel die Und-Funktion für zwei Eingänge. Die quasistatischen Kugelelemente sind dabei im Gegensatz zu Bild 6.17 als monostabile Elemente verschaltet.

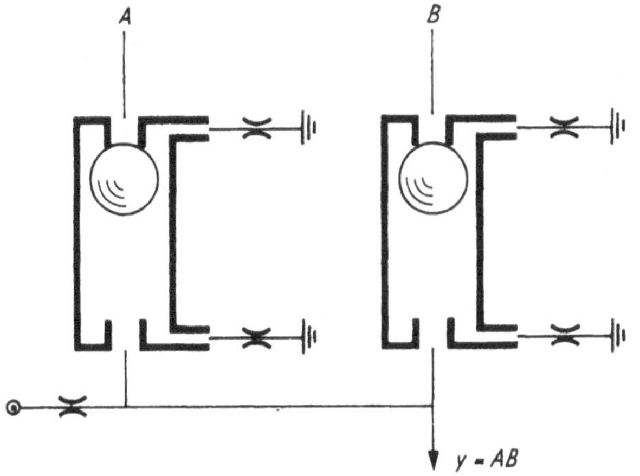

Bild 6.18: Verschaltung der Und-Funktion mit Kugelelementen Bild 6.17

Eine ähnliche Arbeitsweise haben die sogenannten Folienelemente. In einer flachen zylindrischen Schaltkammer liegt ein bewegliches, kreisrundes dünnes Metallplättchen. Senkrecht oder parallel dazu münden die Anschlußkanäle für die Eingangs- und Ausgangssignale in die Kammern. Bild 6.19 zeigt ein Folienelement mit Nicht-Funktion. Solange nicht bei A ein Signal eingegeben wird, erscheint bei y ein Signal d. h. es strömt Luft vom Versorgungseingang zum Signalausgang Y. Der Signaleingang A wird durch die Folie verschlossen. Auch hier dichtet das Schaltelement weder seitlich noch an die Anschlußöffnung vollständig ab. Das bewirkt, daß sich uber der Folie ein Entlastungsdruck aufbauen kann. Durch Beaufschlagen

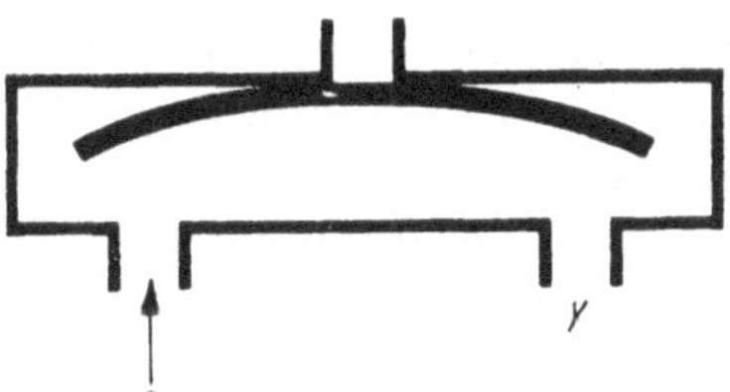

Bild 6.19: Folienelement

oder Verschließen des Signaleingangs *A* läßt sich dieses Element umschalten, denn auf der Unterseite der Folie wirkt dann der um den dynamischen Anteil verringerte Gesamtdruck, während auf der Oberseite der Gesamtdruck wirkt. Werden Schaltkreise mit diesen Elementen aufgebaut, dann muß auf die austretende Leckluft Rücksicht genommen werden, d. h. es müssen Entlastungsöffnungen angebracht werden.

6.2.2. Dynamische Schaltelemente (Elemente ohne bewegte Teile)

Im Gegensatz zu den statischen Schaltelementen beruht die Wirkung der dynamischen oder strömungsmechanischen Elemente im wesentlichen darauf, daß nicht einzelne Leitungsabschnitte voneinander getrennt bzw. miteinander verbunden werden, sondern daß diese wechselweise von Fluidstrahlen durchströmt werden, die sich gegenseitig beeinflussen. Die Schaltfunktionen der Elemente werden durch strömungsmechanische Effekte erzielt. Dazu sind keine bewegten oder verformbaren Teile erforderlich. Diese Tatsache wirkt sich vorteilhaft auf die Lebensdauer und auf die Schaltfrequenz der Elemente aus. Im Gegensatz zu statischen Elementen besteht der Signalinhalt nicht nur in einer Druckdifferenz, sondern auch in einem Durchfluß des Arbeitsmediums.

Im wesentlichen gibt es drei verschiedene Arbeitsweisen der dynamischen Elemente: Gegenseitige Beeinflussung von Massenströmen durch geometrische Addition der Impulse, Umschlag von laminarer in turbulente Strömung und Anlegen eines Fluidstrahles an eine gekrümmte Wand (Coanda-Effekt).

Für die gerätetechnische Verwirklichung dieser Arbeitsweisen werden wir im folgenden jeweils einige wenige Beispiele anführen. Grundsätzlich bestehen die Schaltelemente jeder Arbeitsweise aus einer oder manchmal auch aus zwei Versorgungsdüsen, aus einem oder mehreren Steuerkanälen, aus einer oder mehreren Fangdüsen bzw. Ausgangskanälen und aus einem Bereich, in dem die verschiedenen Fluidstrahlen aufeinander einwirken. Dieser Bereich kann, abgesehen von den Grund- und Deckplatten, je nach dem angewendeten Prinzip begrenzt sein oder nicht. Um den Luftverbrauch in erträglichen Grenzen zu halten, werden die Abmessungen möglichst klein ausgeführt (z. B. Düsenweiten von etwa 0,15 mm und Kanaltiefen von etwa 0,2 mm). Wegen dieser Miniaturisierung eignen sich dynamische Elemente besonders zum Aufbau integrierter Schaltungen auf engstem Raum.

Auch bei den dynamischen Schaltelementen kann man zwischen Elementen mit einer oder wenigen Funktionen einerseits und Mehrfunktionenelementen andererseits unterscheiden. Bei der ersten Gruppe werden häufig zueinander negierte Funktionen (z. B. Und/Nand, Oder/Nor) realisiert. Bei der zweiten Gruppe findet man Elemente mit großer Logikkapazität, wobei mehrere Elemente in Bausteinen bzw. integrierten Schaltungen zusammengefaßt werden können.

Die Druckbereiche der dynamischen Systeme sind wesentlich niedriger als bei den statischen Systemen und liegen in der Größenordnung von etwa

5 bis 100 mbar. Druckverluste infolge von Wandreibungen und Umlenkungen bewirken aber empfindliche Abschwächungen der Signale. Deshalb sind besonders in integrierten Schaltungen nach einer gewissen Anzahl von passiven Elementen Verstärker vorzusehen.

6.2.2.1. Impulselemente (Impulsverstärker)

Das Funktionsprinzip der Impulsverstärker ist folgendes: Treffen zwei Fluidstrahlen mit verschiedenen Impulsen aufeinander, so stellt sich ein resultierender Strahl ein. Seine Richtung wird durch die Geometrie des Elementes und das Verhältnis der Impulse der ankommenden Strahlen bestimmt. Prinzipiell zeigen Impulsverstärker ein analoges Verhalten, durch Herausgreifen zweier extremer Betriebszustände läßt sich aber auch eine binäre Funktionsweise erzielen. Je nach der relativen Lage der Strahlen zueinander gibt es verschiedene Bauarten, deren bekannteste als Gegenstrahlprinzip bezeichnet wird. Trifft ein Strahl koaxial auf eine Fangdüse auf, so erzeugt der dynamische Druck an dieser Düse ein Drucksignal. Wird der Strahl aber durch einen anderen Strahl abgelenkt, so bricht der Druck am Ausgang zusammen. Die Richtung des resultierenden Strahles ergibt sich aus den Impulsen der beiden Strahlkomponenten. Durch geeignete Konstruktion lassen sich auf diese Art verschiedene Verknüpfungen von zwei oder mehreren Variablen darstellen. Bild 6.20a zeigt das Prinzip einer passiven Schaltung und Bild 6.20b zeigt die Kanalsilhouette eines passiven Und-Elementes von BOSCH.

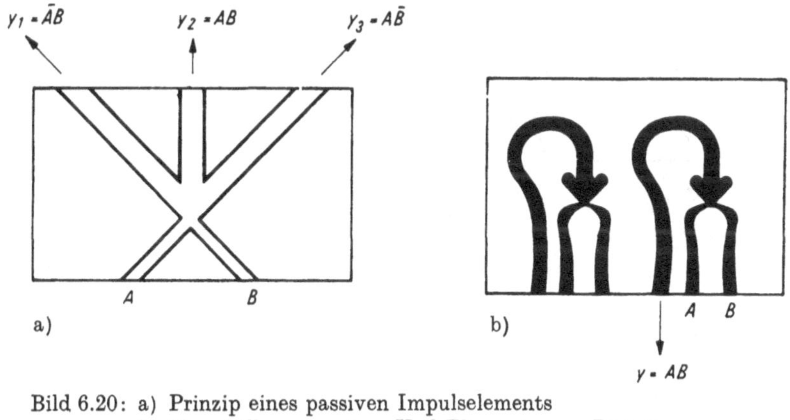

Bild 6.20: a) Prinzip eines passiven Impulselements
b) Kanalsilhouette eines Und-Elements von BOSCH

Für die aktive Realisierung von Funktionen ist die Zufuhr von Versorgungsluft notwendig (Bild 6.21). Wird ein Strahl mit konstantem Druck und Massenstrom gespeist, so genügt ein relativ schwacher Steuerstrahl, um den Hauptstrahl aus seiner Lage zu bringen. Auf diese Weise lassen sich Verstärkungen des Durchflusses und des Druckes in der Höhe von 3 bis 10 erreichen. Das ergibt also Leistungsverstärkungen in der Größenordnung 10

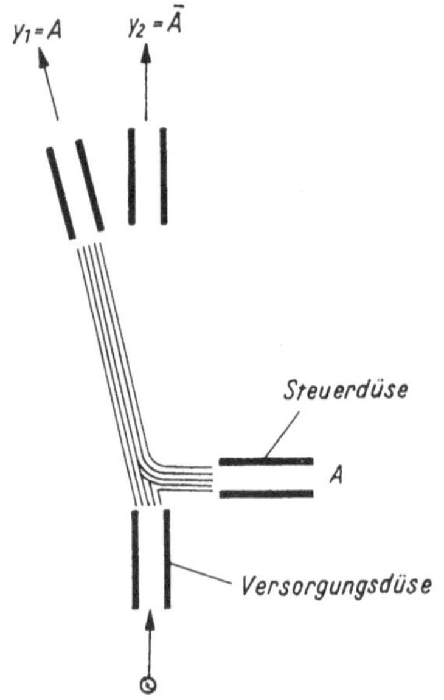

Bild 6.21: Prinzip eines aktiven Impulselements

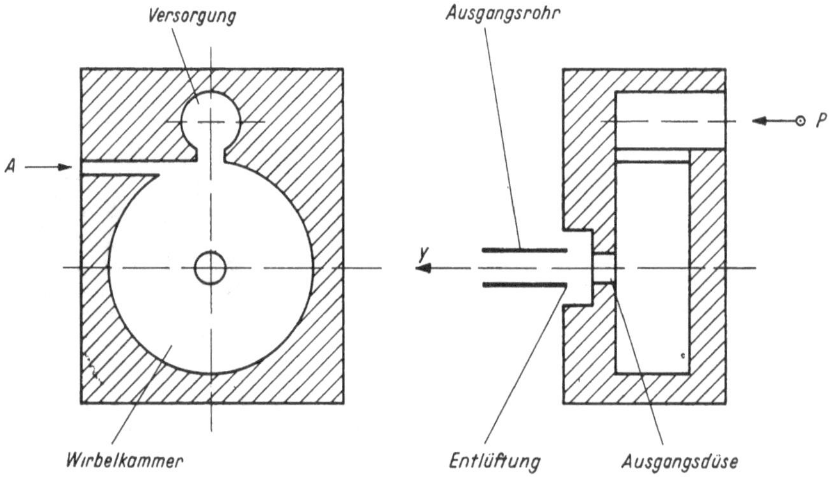

Bild 6.22: Wirbelkammer-Verstärker (aus [122])

bis 100. Bild 6.21 zeigt das Prinzip eines aktiven Identität/Negations-Elementes.

Beim Arbeitsprinzip des Wirbelkammer-Verstärkers (Bild 6.22) fließt der Hauptstrahl vom Luftanschluß P (Hilfsluft) nach y. Tritt bei der Bohrung A ein Steuerstrahl tangential ein, so wird der Hauptstrom in Rotation versetzt und bildet einen Wirbel. Der Druck in einem Wirbel nimmt zur Mitte hin stark ab; bei y sinkt also der Druck und es kann auf diese Weise der Ausgangsdruck auf 20% des Versorgungsdruckes abgesenkt werden. Das Wirbelkammer-Prinzip kann ohne Schwierigkeiten auch für größere Leistungen verwendet werden. Auch dieses Arbeitsprinzip zeigt grundsätzlich zunächst ein analoges Verhalten.

6.2.2.2. Turbulenzelemente (Turbulenzverstärker)

Die Wirkungsweise des Turbulenzverstärkers beruht auf dem gesteuerten Umschlag von laminarer in turbulente Strömung. Bild 6.23 zeigt das nach diesem Prinzip arbeitende MAXALOG-Element. Die Strahldüse ist so dimensioniert, daß der daraus austretende Versorgungsstrahl P bis zum Auftreffen auf die Fangdüse noch laminar bleibt. Der Ausgang y führt dann infolge des dynamischen Druckes Eins-Signal. Quer zum Hauptstrahl sind mehrere Steuerdüsen A bis D angeordnet, aus denen die Steuerstrahlen austreten. Überschreitet der Druck an einer oder an mehreren Steuerdüsen einen gewissen Schwellwert, so wird der Hauptstrahl gestört. Infolge der relativ großen Geschwindigkeitskomponenten quer zur Strömungsrichtung bildet sich anstatt der laminaren Strömung schlagartig eine turbulente Strömung aus. Wegen des wesentlich größeren Druckverlustes bei Turbulenz sinkt an der Fangdüse der Druck stark ab ($y = 0$). Der Turbulenzverstärker

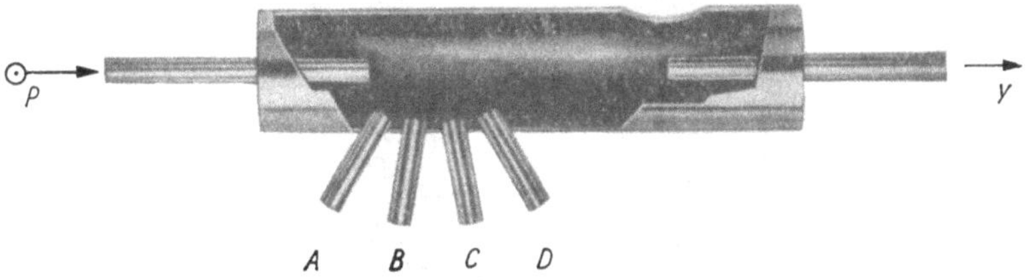

Bild 6.23: Turbulenzverstärker von MAXALOG

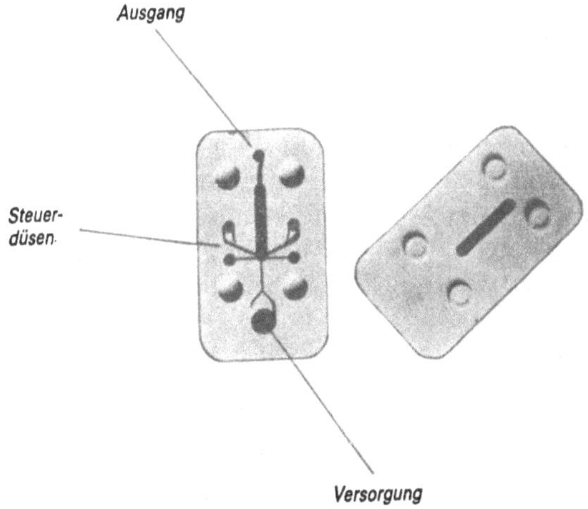

Bild 6.24: Planarausführung des Turbulenzverstärkers von MAXALOG

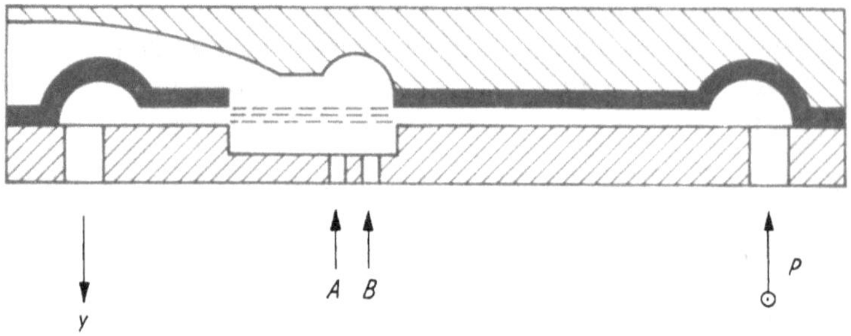

Bild 6.25: „Pneumistor“ des Systems MARTONAIR 19000

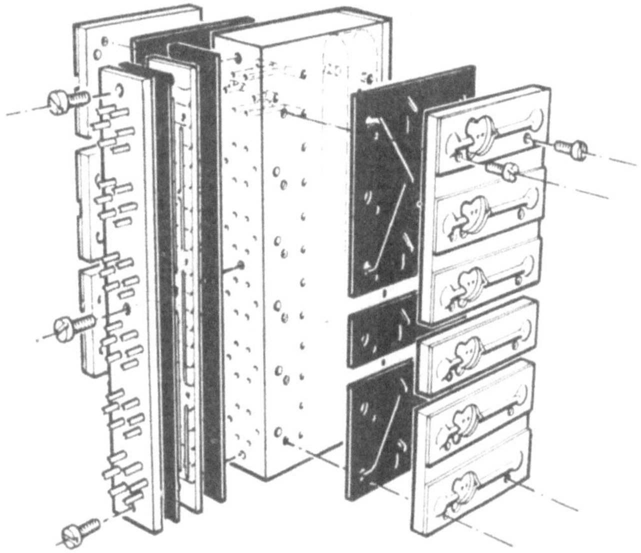

Bild 6.26: Zusammenbau der MARTONAIR-„Pneumistoren“ zu einem Baustein.

wirkt also in dieser einfachsten Bauweise als Nor-Funktion mit mehreren Eingängen. Das Umschlagen von turbulenter in laminare Strömung erfolgt in etwa 1 bis 2 ms; ist der Strahl turbulent, so braucht er ungefähr die vierfache Zeit, um wieder laminar zu werden. In neuerer Ausführung wird dieses Element in einer planaren Ausführung hergestellt (Bild 6.24).

Auf dem gleichen Prinzip beruht auch die Arbeitsweise des ebenfalls in planarer Bauart ausgeführten „Pneumistors“ des Systems MARTONAIR 19000 (Bild 6.25). Das Element realisiert die Nor-Funktion mit zwei Eingängen. Bild 6.26 vermittelt einen Eindruck, wie diese Elemente (im Bild insgesamt 12 „Pneumistoren“) mittels Kanalplatten und einem Schaltblock zusammengebaut werden. Jeweils vier derartige Blöcke mit insgesamt 48 Schaltelementen werden in einem Einschub untergebracht.

6.2.2.3. Wandstrahlelemente (Wandstrahlverstärker)

Die Grundlage für die Funktion von Wandstrahlelementen ist der „Coanda-Effekt". Tritt ein Fluidstrahl aus einer Düse in den freien Raum aus, so hat die Grenzschicht das Bestreben, Luft aus der Umgebung anzusaugen und mitzureißen. Ist die Anordnung symmetrisch, bzw. hat der Strahl genügend Platz, so kann er allseitig Luft ansaugen und wird gerade ausströmen (Bild 6.27a). Befindet sich jedoch an einer Seite des Strahles eine Wand, so wird dort das Zuströmen von Luft verhindert. Auf der anderen Seite kann der Strahl allerdings ungehindert Luft aus der Umgebung ansaugen. Es bildet sich ein Druckgradient quer zur Strahlrichtung aus, der eine Ablenkung des Strahles zur Wand hin bewirkt (Bild 6.27b). Der Strahl legt sich an die Wand an und behält diese stabile Lage bei. Er löst sich erst wieder von der Wand, wenn dort ein so großer Massenstrom angesaugt werden kann, der die auf der Gegenseite angesaugte Menge übertrifft. Dazu werden in der

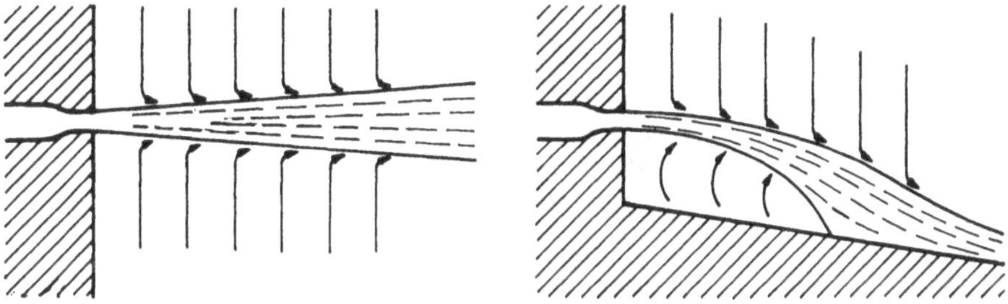

a) b)

Bild 6.27: Der Coanda-Effekt

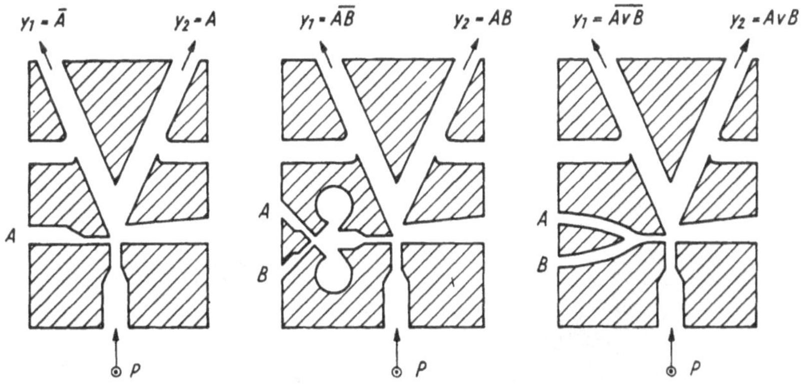

a) b) c)

Bild 6.28: a) aktives Wandstrahlelement
b) Kombination eines aktiven Wandstrahlelements mit einem passiven Und-Element
c) Kombination eines aktiven Wandstrahlelements mit einem passiven Oder-Element

Wand Steuerkanäle angeordnet, durch welche Steuerstrahlen eintreten und den Hauptstrahl beeinflussen können.

Verwendet man Elemente mit zwei Begrenzungswänden, so kann man an den Ausgängen zueinander negierte Signale abgreifen. Werden die Elemente entsprechend asymmetrisch gestaltet, dann kann für das Anlegen des Strahles eine Vorzugslage erreicht werden (monostabiles Element). Bild 6.28a zeigt ein derartiges aktives Wandstrahlelement mit einem Steuereingang, wodurch der Ausgang y_1 die Negation und y_2 die Identität darstellt. Wird nun ein solches Element z. B. mit passiven Impulselementen derart kombiniert, daß diese passiven Elemente vor den Steuereingang geschaltet werden, dann können alle 8 Funktionen von zwei Eingängen mit insgesamt 4 solchen Bausteinen realisiert werden. Bild 6.28b und c zeigt dafür zwei Beispiele. Durch entsprechende Kombinationen der vor einem oder mehreren Steuereingängen des aktiven Wandstrahlelements angeordneten passiven Teile und durch Erhöhung der Zahl der Eingänge dieser passiven Teile können auf

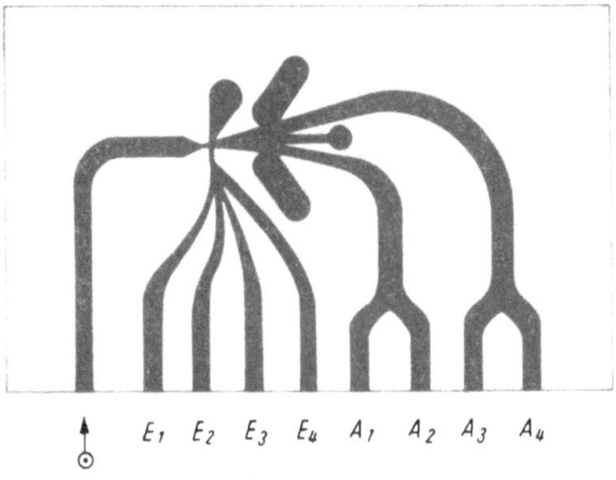

Bild 6.29: Dynamisches Mehrfunktionen-Element (Bosch)

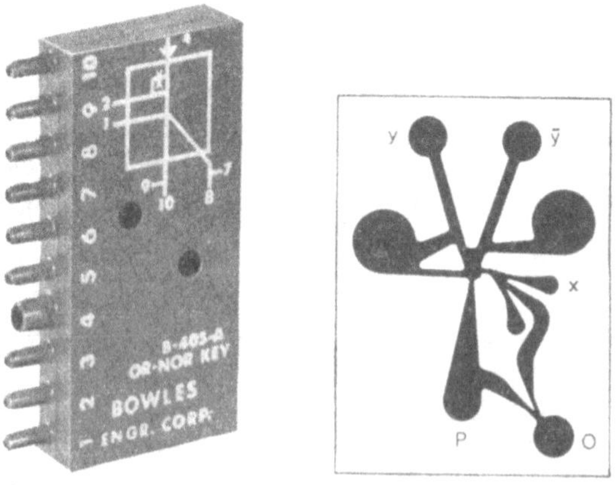

a) b)

Bild 6.30: Oder/Nor-Eingabeschalter von Knorr-Bremse/Bowles-Fluidics

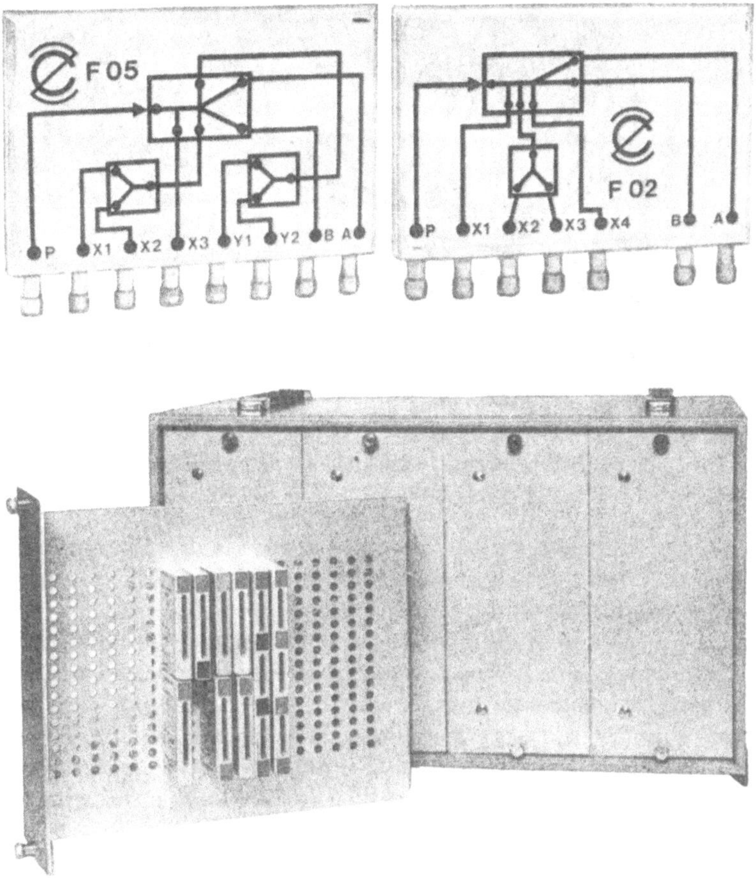

Bild 6.31: Dynamische Schaltelemente (Kombinationen von aktiven Wandstrahlelementen mit passiven Und-Elementen) und Einschubtechnik von HOERBIGER/CONTRAVES (Foto: HOERBIGER)

kleinem Raum sehr kompakte Mehrfunktionen-Elemente mit hoher Logikkapazität hergestellt werden (Bild 6.29).

Als weitere Beispiele zeigt Bild 6.30 die Ansicht und die Kanalsilhouette eines Oder/Nor-Eingabeschalters von KNORR-BREMSE und Bild 6.31 die Ansicht verschiedener Bauelemente sowie Einschübe von HOERBIGER.

Für die Herstellung umfangreicher Schaltungen eignen sich Wandstrahlelemente in miniaturisierter Ausführung ganz besonders. Bis zu 50 und mehr Einzelelemente werden auf einer in Photo-Ätztechnik hergestellten Platte als integrierter Schaltkreis untergebracht (Bild 6.32).

6.3. Elektromagnetische und elektronische Schaltelemente

Wie schon in diesem Hauptabschnitt einleitend erwähnt, bestehen zwischen den Technologien der Fluidik und der Elektronik zwar gewisse Analogien und Gemeinsamkeiten, jedoch eher auch gravierende Unterschiede. Vorteilhafte

Bild 6.32: Integrierter Schaltkreis aus dynamischen Elementen (Knorr-Bremse/Bowles-Fluidics)

Eigenschaften verteilen sich sowohl auf die Fluidik als auch auf elektromagnetische bzw. vor allem auf elektronische Systeme. Es ist deshalb kaum möglich, einfache Richtlinien anzugeben, um ohne entsprechende Überlegungen, detaillierte Kenntnisse und Erfahrungen sowie Einsicht in das jeweilige vorliegende Automatisierungsproblem zu entscheiden, wo und inwieweit die Technologie der Fluidik oder der Elektronik eingesetzt werden soll. Dieses Problem soll aber hier, abgesehen von einigen Hinweisen[1]), keineswegs diskutiert werden. Es kann aber ohne weiteres gesagt werden, daß das Einsatzgebiet der Elektronik wesentlich größer ist als jenes der pneumatischen Steuerungssysteme.

Die Hauptvorteile der Elektronik liegen bekanntlich in der höchsten logischen Leistung, bedingt durch die hohen Schaltfrequenzen (Schaltzeiten bis hinunter zu einigen Nanosekunden) und in den kleinsten Baugrößen. Aus der hohen Signalausbreitungsgeschwindigkeit (Lichtgeschwindigkeit) folgt auch die Grenze der räumlichen Ausdehnung einer Schaltung, die im Gegensatz zu pneumatischen Systemen weit außerhalb des praktisch bedeutungsvollen Bereichs liegt. Neben dem Entwicklungsvorsprung sind es diese Vorteile sowie die durch die Mikro-Miniaturisierung ermöglichte weit ausgereifte IC-Technik, die der Elektronik gegenüber der Fluidik einen wesentlich größeren Marktanteil sichern. Elektronische Systeme sind nicht für derart extreme Umweltbedingungen geeignet wie pneumatische Steuerungen; extreme Umweltbedingungen sind allerdings nicht allzu häufig. Über Lebensdauer, Ausfallraten, Störungsanfälligkeit, Wartungsfreundlichkeit und dergleichen wird zwischen den Experten stark diskutiert und es werden die verschiedensten Meinungen vertreten. Fest steht, daß die Logikkapazität der elektronischen Elemente im allgemeinen viel geringer ist als jene vor

[1]) Die auf dieser Seite gemachten Aussagen sind im wesentlichen der Arbeit [52] entnommen.

allem der fluidischen Mehrfunktionenelemente, was aber durch die Miniaturisierung wieder ausgeglichen wird.

Im folgenden soll, ebenso wie vorher für die fluidischen Systeme ein kurzer Überblick über den Stand der Technologien zum Zeitpunkt der Ausarbeitung dieses Manuskriptes gegeben werden. Der an Einzelheiten interessierte Leser muß auch hier wieder auf die einschlägige Literatur verwiesen werden [u. a. 137, 154, 155, 157, 169, 170, 193].

6.3.1. Relaistechnik

Die früher sehr bedeutungsvolle Relaistechnik ist infolge der Entwicklung der Halbleitertechnik verhältnismäßig selten geworden, wird aber doch in manchen Fällen zur Signalverarbeitung eingesetzt. Den Relais und den statischen pneumatischen Elementen ist die vollständige Trennung zwischen Eingangs- und Ausgangskreis gemeinsam. Die statische Kennlinie des Relais zeichnet sich durch einen idealen Sprung aus, der durch das Schließen von Kontakten entsteht. Ein Relais stellt im Prinzip einen Elektromagneten dar, durch dessen Erregung elektrische Kontakte betätigt werden. Die Federkraft wird dabei in der Regel mechanisch durch einen Anker übertragen (siehe Bild 6.33). Bei Reed-Relais wird dagegen anstelle des Eisenkerns ein Schutzgasröhrchen in die Spule eingesetzt. Dieses Röhrchen enthält eingeschweißte Kontakte aus magnetisch leitendem Material. Beim Einschalten des Spulenstromes ziehen sich die Kontakte im Magnetfeld an und werden dadurch geschlossen. Der Vorteil des Reed-Relais liegt in seiner geringen bewegten Masse, was kürzere Schaltzeiten und eine höhere Lebensdauer zufolge hat.

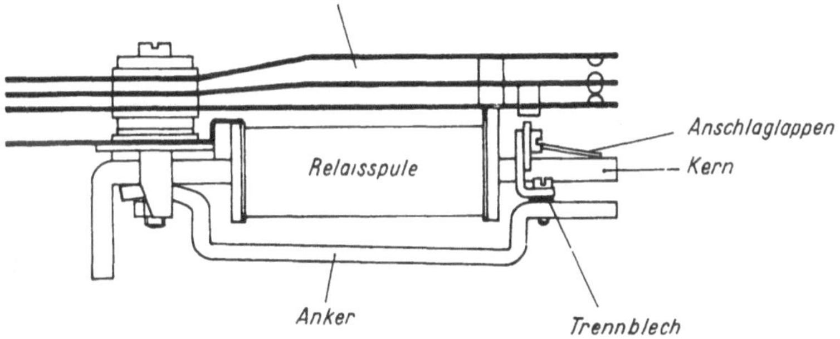

Bild 6.33: Flachrelais

Da die Übertragungskennlinie eines Relais die Forderungen für Schaltelemente praktisch ideal erfüllt, können kombinatorische Schaltungen in Relaistechnik sehr einfach aufgebaut werden. So wird bekanntlich ein Und-Gatter durch die Serienschaltung und ein Oder-Gatter durch die Parallelschaltung zweier bzw. mehrerer Relais realisiert. Die Negation wird je nach negativer oder positiver Logik durch ein Relais mit Ruhe- bzw. Arbeitskontakt verwirklicht.

Während die zulässigen Eingangssignalgrenzen nur durch die erforderlichen Anzugs- bzw. Abfallerregungen bestimmt werden, zeigen die Ausgangssignalpegel lediglich durch Thermospannungen und durch die Spannungsabfälle über den Kontaktübergangswiderständen Abweichungen zu den Idealzuständen. Unter diesen Gesichtspunkten spielt die Auswahl des Kontaktmaterials eine wesentliche Rolle. Werden Relais mit schnellen elektronischen Schaltkreisen kombiniert, so ist das Prellen der Kontakte zu berücksichtigen, das in der reinen Relaistechnik durch die relativ langen Anzugs- und Abfallzeiten im Millisekundenbereich unterdrückt wird. Eine Ausnahme bilden die Quecksilber-Relais, bei denen ein Quecksilberfilm die prellenden Kontaktfedern überbrückt.

Die Relaistechnik wird heute überall dort eingesetzt, wo der logische Aufwand relativ gering ist, eine Schaltzeit von einigen Millisekunden ausreicht, der Übergang von den logischen Bausteinen zu den peripheren Maschinenfunktionsbausteinen fließend ist, eine galvanische Trennung zwischen Eingangs- und Ausgangssignalen erforderlich ist, die Schalthäufigkeit relativ gering ist (Lebensdauer 10^6 bis 10^{12} Schaltspiele), als Hilfsquelle die Spannungsversorgung der Maschine mitverwendet werden kann, und vor allem dort, wo höhere Leistungen mit geringem Aufwand geschaltet werden sollen.

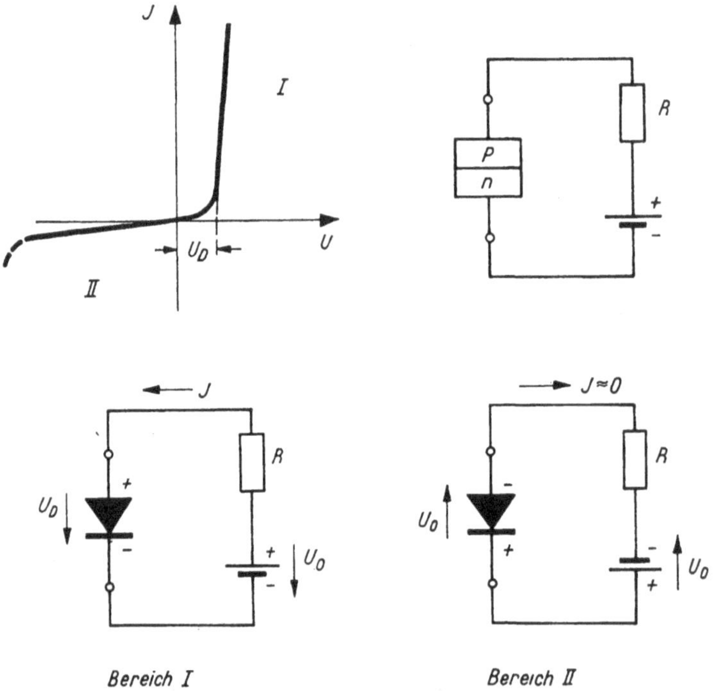

Bild 6.34: Diodenkennlinie mit Grundschaltungen für den Durchlaß- und den Sperrbereich.

6.3.2. Diodentechnik

Die Diode ist ein nichtlineares passives Bauelement, das aus einer n-leitenden (mit negativen Ladungsträgern dotierten) und aus einer p-leitenden (mit positiven Ladungsträgern dotierten) Halbleiterschicht besteht. Je nach Polung der an diese n- und p-leitenden Materialien angelegten Spannung wird die Diode entweder in p-n-Richtung für den Strom leitend oder sie sperrt in n-p-Richtung bis auf einen geringen Reststrom. In Durchlaßrichtung fällt dabei aufgrund des Widerstandes der Diode eine relativ hohe Restspannung von ca. 0,2 bis 0,8 Volt über der Diode ab. Aus diesem Grunde können Diodenschaltungen ohne Signalpegelregenerierung nur in geringem Umfang selbständig verwendet werden. Bild 6.34 zeigt eine Diodenkennlinie und die Grundschaltungen für die beiden binären Schaltzustände. Dioden erlauben auf einfache Art den Aufbau von kombinatorischen Bausteinen. Dabei ubernehmen die Dioden neben der Realisierung der Schaltfunktion auch die Entkoppelung der ansteuernden Bausteine gegeneinander. Bild 6.35 zeigt die Realisierung eines einfachen Oder-Gatters für die negative Signaldefinition (negative Logik). Wird an mindestens einen der Eingänge E_1 bis E_n des Netzwerkes 0 Volt angelegt, dann werden die zugehörigen Dioden leitend. Damit wird durch den Spannungsabfall am Widerstand R der Ausgangssignalpegel auf die Höhe der Diodenrestspannung U_D heruntergezogen. Die Restspannung U_D beträgt bei Germaniumdioden etwa 0,2 bis 0,4 Volt, bei Silizium-Dioden etwa 0,5 bis 0,8 Volt. Dieser Spannungspegel liegt in der Regel innerhalb des zulässigen Signalbereichs für die in der negativen Logik definierte logische Eins. Die Dioden der mit positiver Spannung beschalteten Eingänge sind gesperrt, d. h. diese Eingänge sind entkoppelt. Wird die positive Spannung an alle Eingänge gelegt, dann erfolgt kein Spannungsabfall am Widerstand und es stellt sich am Ausgang die Spannung U_p ein. Wie sich leicht nachprüfen läßt, entspricht das im Bild 6.35 dargestellte Oder-Gatter für negative Logik einem Und-Gatter für positive Logik. Dagegen zeigt Bild 6.36 ein Und-Gatter in negativer Logik bzw. ein Oder-Gatter für positive Logik.

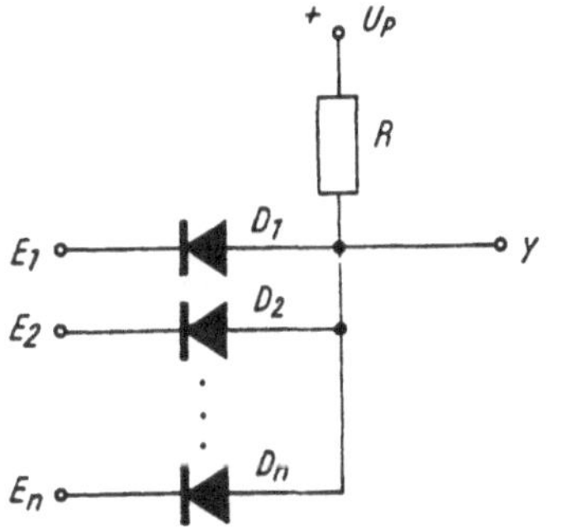

E_1	E_2	D_1	D_2	y	E_1	E_2	y
U_P	U_P	gesperrt	gesperrt	U_P	0	0	0
U_P	0	gesperrt	leitend	0	0	1	1
0	U_P	leitend	gesperrt	0	1	0	1
0	0	leitend	leitend	0	1	1	1

Bild 6.35: Und-Diodengatter für positive Logik bzw. Oder-Gatter für negative Logik.

Eine Kaskadierung, d. h. ein Hintereinanderschalten mehrerer Diodengatter führt durch die Addition der Diodenrestspannungen der in einer Reihe liegenden leitenden Dioden zur raschen Anhebung des niedrigen Potentials. Da heute üblicherweise Siliziumdioden mit etwa 0,5 bis 0,8 V Restspannung verwendet werden, würde in der Regel bereits bei einer einzigen Kaskadierung die zulässige obere Toleranz 0_{max} (siehe Bild 6.1) für das Potential des unteren Sinnalpegels überschritten werden. Dieser bedeutende Nachteil führte dazu, daß die Diodengatter in elektronischen Schaltungen im wesentlichen nur noch als Eingangsschaltungen mit nachgeschalteter Signalpegel-Regenerierung verwendet werden. Ein weiterer Nachteil der Dioden besteht in der Unmöglichkeit der Negation von Signalen.

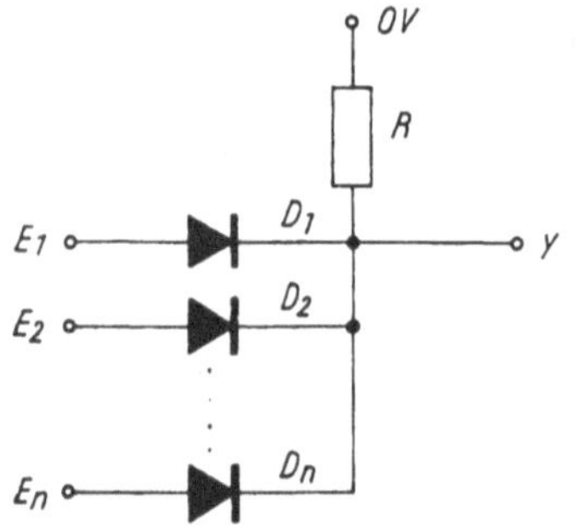

Bild 6.36: Oder-Diodengatter für positive Logik bzw. Und-Gatter für negative Logik.

6.3.3. Transistortechniken

Der Transistor ist ein Bauelement, das aus drei Halbleiter-Schichten besteht (Bild 6.37 a). Je nach Anordnung der n-leitenden bzw. p-leitenden Materialien unterscheidet man zwischen pnp- und npn-Transistoren, wobei im allgemeinen heute nur noch letztere zur Anwendung kommen. Die Wirkungsweise eines npn-Transistors soll zunächst anhand von Bild 6.37 a und b erläutert werden. Bei der im Bild dargestellten Emitterschaltung des npn-Transistors wird das Eingangssignal zwischen Basis B und dem Emitter *E* angelegt. Da die Halbleiterschichten von Basis und Emitter praktisch als Diode wirken, ist diese Diode bei einer negativen Spannung (oder 0 Volt) an der Basis gegenüber dem Emitter gesperrt. Bei einem positiven Basispotential fließt ein Strom zum Emitter. Dieser Strom steuert die Durchlässigkeit der Kollektor-Emitter-Strecke, wobei mit zunehmendem Basisstrom der Transistor zwischen Kollektor und Emitter niederohmig wird, wodurch der Kollektorstrom ansteigt. Dabei wird ein Basisstrom von nur wenigen mA benötigt, um den relativ hohen Ausgangsstrom zu schalten. Da bei leitendem Transistor der Transistorausgang gegenüber dem Lastwiderstand niederohmig ist, beträgt somit auch die Kollektorspannung zwischen dem Kollektor und dem Emitter praktisch 0 Volt. Geht man nun davon aus, daß am Eingang dieser Schaltung nur binäre Signale, d. h. entweder 0 Volt oder die positive Spannung

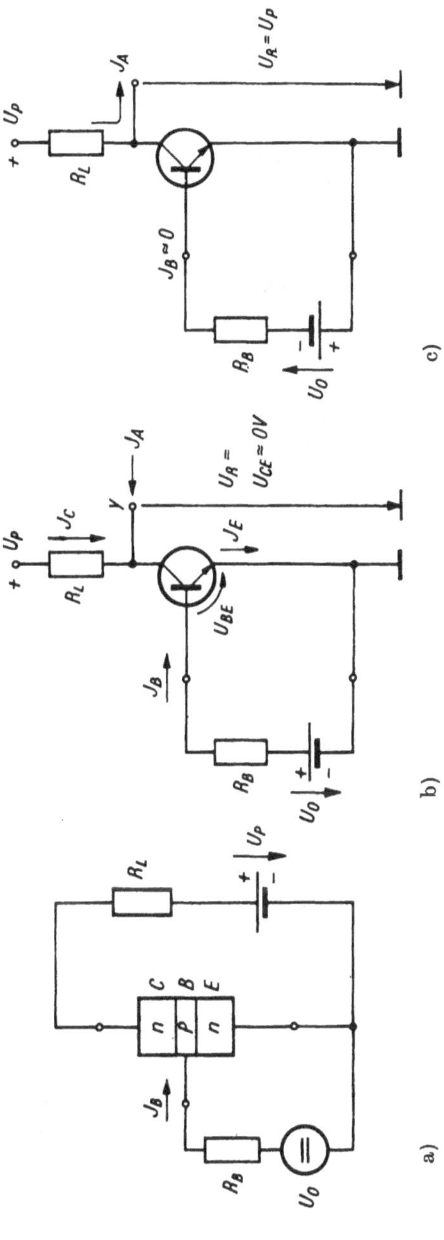

Bild 6.37: Wirkungsweise eines *npn*-Transistors
a) Prinzipdarstellung
b) leitender Transistor
c) gesperrter Transistor

U_p anliegen können, so ist der Transistor an seinem Ausgang entweder voll-leitend oder gesperrt. Dabei zeigt die Emitterschaltung negierendes Verhalten, d. h. daß bei einer positiven Eingangsspannung der Ausgang auf 0 Volt liegt (Bild 6.37 b) und umgekehrt (Bild 6.37 c). Durch diese Negation werden zusätzliche Möglichkeiten für Verknüpfungen geschaffen.

Da bei leitendem Transistor die Restspannung nur wenige Millivolt beträgt, können mit Hilfe von Transistoren einheitliche Bausteine mit definierten Eingangs- und Ausgangsbedingungen entwickelt werden, die sich unter Beachtung der „fan out-" und „fan in"-Werte (Zahlen der zulässigen Ausgänge und möglichen Eingänge) in einfacher Weise zu umfangreichen Schaltungen kombinieren lassen.

Viele Schaltkreissysteme arbeiten mit gesättigten Transistoren, d. h. man arbeitet im leitenden Zustand mit einem Ladungsträgerüberschuß in der Basis. Der Vorteil liegt insbesondere in der konstanten niedrigen Kollektorspannung. Nachteilig wirkt sich dagegen die Erhöhung der Verzögerungszeiten aus. Daher hat man „current-mode-Logiken" (stromführende Logiken) entwickelt, bei denen der Sättigungsbetrieb der Transistoren wiederum vermieden wird.

6.3.3.1. RTL-, RCTL- und DCTL-Systeme

Die RTL (resistor-transistor-logic)-, RCTL (resistor-capacitor-transistor-logic)- und DCTL (direkt-coupled-transistor-logic)-Schaltkreissysteme arbeiten mit gesättigten Transistoren und beziehen den zum Aussteuern benötigten Strom aus den davorliegenden Schaltungen. Da zur Realisierung einer Schaltfunktion verhältnismäßig wenig Schaltelemente erforderlich sind, werden diese Techniken beim Aufbau von einzelnen Bauelementen bevorzugt verwendet. Bei integrierten Techniken (IC-Techniken) werden aufgrund der einfachen und preiswerten Realisierbarkeit von aktiven Bauelementen heute auch andere Schaltkreissysteme eingesetzt.

Der Aufbau und die Wirkungsweise eines RTL-Schaltkreises soll hier anhand einer Nor-Gatters für diskreten Aufbau mit positiver Logik erläutert werden (s. Bild 6.38). Die Verknüpfung der Nor-Funktion erfolgt über das Eingangswiderstandsnetzwerk. Es handelt sich also um eine eingangsgekoppelte Schaltung. Liegt mindestens an einem Eingang die Spannung U_p (entsprechend dem Eins-Signal), so fließt ein Basisstrom J_B aus der davorliegenden Schaltung, der sich aus den jeweils vorhandenen Teilströmen (hier J_1 und J_2) additiv zusammensetzt. Die Basisspannung wird dadurch auf eine Restspannung U_{BE} von ca. 0,2 bis 0,7 Volt gezogen; der Transistor ist leitend. Am Ausgang liegt damit eine Kollektor-Restspannung von max. ca. 0,1 Volt, deren Wert mit steigender Anzahl der angesteuerten Eingänge sinkt. Sind dagegen alle Eingänge mit 0 Volt (entsprechend dem Null-Signal) beschaltet, so ist der Transistor gesperrt. Der Ausgang liegt somit auf U_p entsprechend dem Eins-Signal. Um diesen Sperrzustand sicher zu erreichen, wird die Basis meist über einen Widerstand R_N negativ vorgespannt.

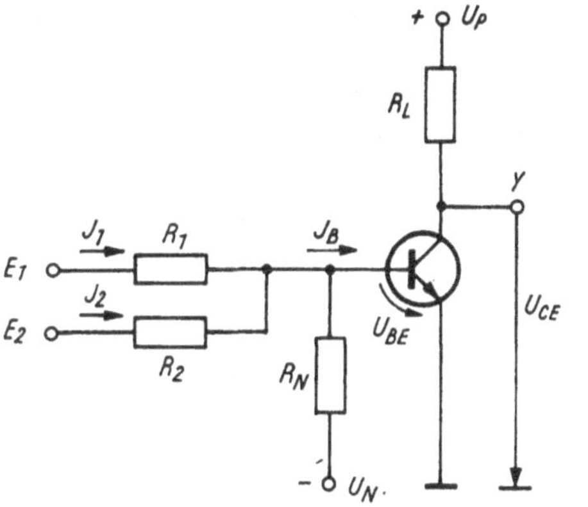

E_1	E_2	Y	E_1	E_2	Y
0	0	U_p	0	0	1
U_p	0	0	1	0	0
0	U_p	0	0	1	0
U_p	U_p	0	1	1	0

Bild 6.38: Schaltbild eines RTL-Nor-Gatters

In der IC-Technik werden kollektorgekoppelte RTL-Schaltungen bevorzugt (Bild 6.39). Die Funktion eines solchen Bausteins soll hier an einem Nand-Gatter in DCTL-Technik erläutert werden. Der grundlegende Unterschied zur integrierten RTL-Technik liegt in der direkten galvanischen Verbindung der Ausgänge der steuernden Stufe mit den Eingängen der angesteuerten Stufe. In beiden Fällen arbeitet man jedoch mit einem gemeinsamen Arbeitswiderstand. Da bei der DCTL-Schaltkreistechnik Transistoren mit einer kleinen Restspannung U_{CE} verwendet werden, wird hier auf eine starke Sättigung verzichtet. Damit zeichnet sich dieses Schaltkreissystem durch kurze Schaltzeiten sowie durch geringen Raum- und Leistungsbedarf aus.

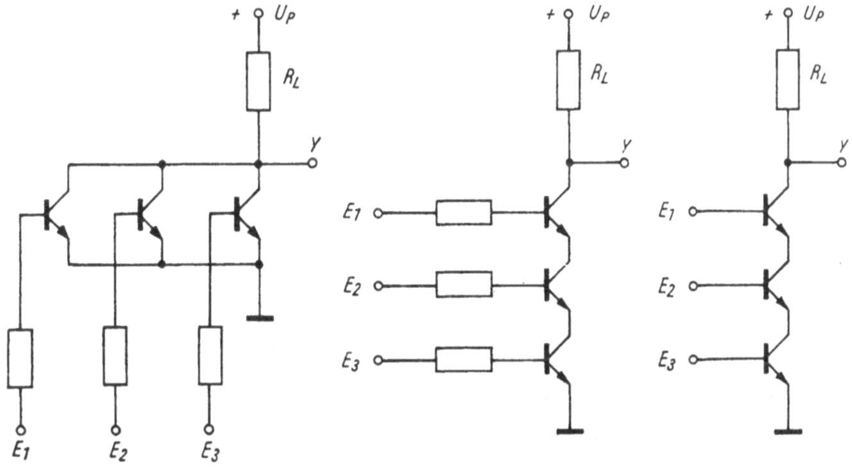

a) b) c)

Bild 6.39: a) RTL-Nor-Gatter
b) RTL-Nand-Gatter
c) DCTL-Nand-Gatter

Allerdings müssen sehr große Anforderungen an die Gleichheit der Transistordaten gestellt werden. Nachteilig ist die zulässige Speisespannung, die wegen der fehlenden Basisvorwiderstände nicht höher als 1 bis 2 Volt sein darf. Damit wird das System anfällig gegen äußere Störungseinflüsse. Das Bild 6.39 zeigt ein Nand-Gatter für positive Logik. Da die Transistoren in Reihe geschaltet werden, kann am Ausgang nur dann ein Null-Signal anliegen, wenn alle Transistoren leitend sind, d. h. mit Eins-Signal angesteuert werden. Wird ein Transistor dieser Reihe mit 0 Volt angesteuert, dann wird der Kollektorstrom unterbrochen. Die anderen mit U_p angesteuerten Transistoren der Reihe können wegen des ausgangsseitig offenen Zustandes nicht leitend werden.

Die RCTL-Technik arbeitet praktisch mit den in der RTL-Technik verwendeten Grundschaltungen, wobei lediglich parallel zum Basis-Vorwiderstand eine Kapazität geschaltet wird. Diese Kapazität bewirkt durch Ladungsaufnahme bzw. -abgabe eine Verringerung der Laufzeit bei den Umschaltvorgängen an einem gesättigten Transistor.

Die Ausgänge mehrerer gleichartiger Gatter der hier erwähnten Schaltkreissysteme können parallel geschaltet werden (Bild 6.40). Dabei ist jedoch zu beachten, daß die Grundlast wegen der Parallelschaltung der Kollektor-Widerstände je Stufe größer wird. Kombinatorisch gesehen, stellt diese Verknüpfungsart in der negativen Logik eine Oder- und in der positiven Logik eine Und-Verknüpfung der Gatterausgänge dar. Entsprechend wird diese Schaltungsart als ,,wired-or"- oder ,,wired-and"-Technik bezeichnet.

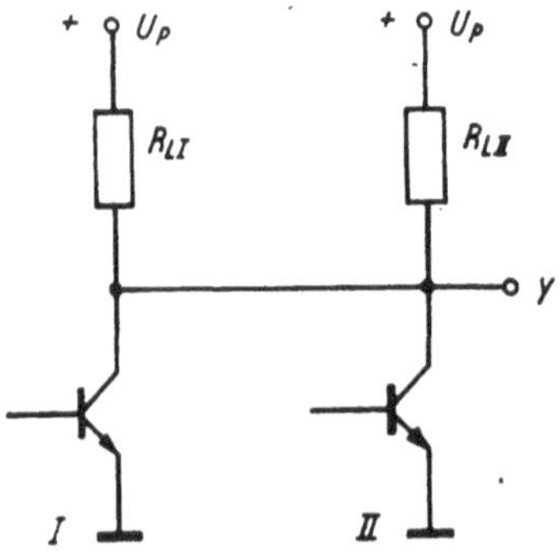

Bild 6.40: Wired-Verknüpfung von Gatter-Ausgängen

Wie bei den vorher besprochenen Schaltkreissystemen zu erkennen ist, ist das Ausgangspotential für den Eins-Zustand stark von der Belastung durch nachfolgende Gatter abhängig. Daher sind bei den vorgenannten Schaltkreissystemen auch die fan-out-Zahlen und der Störabstand relativ klein.

6.3.3.2. DTL- und DTLZ-Systeme

Die DTL (diode-transistor-logic)-Technik arbeitet wie die RTL-Technik mit gesättigten Transistoren und eingangsgekoppelter Schaltung. Im Gegensatz

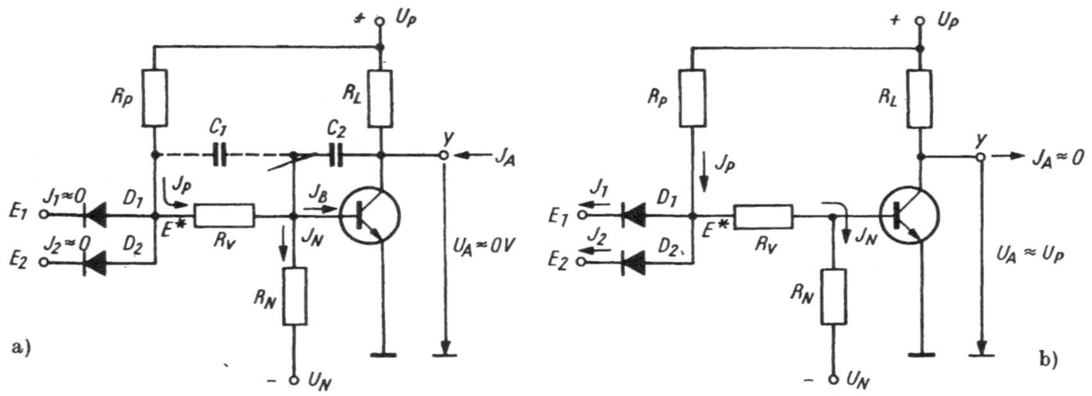

E_1	E_2	D_1	D_2	E^*	J_B	Transistor	y	E_1	E_2	y
U_p	U_p	gesperrt	gesperrt	$< U_p$	> 0	leitend	$\approx 0V$	0	0	1
U_p	0	gesperrt	leitend	$\approx 0{,}5V$	≈ 0	gesperrt	$\approx U_p$	0	1	0
0	U_p	leitend	gesperrt	$\approx 0{,}5V$	≈ 0	gesperrt	$\approx U_p$	1	0	0
0	0	leitend	leitend	$\approx 0{,}5V$	≈ 0	gesperrt	$\approx U_p$	1	1	0

Bild 6.41: DTL-Nor-Gatter für negative Signaldefinition
a) leitender Transistor
b) gesperrter Transistor

zur RTL-Schaltkreistechnik werden jedoch die Eingänge gegeneinander entkoppelt und der Steuerstrom für den Transistor wird innerhalb des Bausteins erzeugt. Damit werden sowohl die möglichen fan-in-Werte für die Bausteine als auch der Störabstand verbessert.

Aus der integrierten DTL-Technik wurde für solche Fälle, in denen auf Sicherheit großer Wert gelegt wird, die langsamere und störsichere Logik DTLZ (diode-transistor-logic with z-diodes), auch LSL (langsame störsichere Logik) oder HNIL (high noise immunity logic) genannt, entwickelt.

Eine Ausführung eines diskret aufgebauten DTL-Schaltkreises zeigt Bild 6.41. In negativer Signaldefinition stellt diese Schaltung ein Nor-Gatter dar. Sind alle Eingänge mit U_p beschaltet, dann sind auch alle Eingangsdioden gesperrt. Da der Spannungsteiler R_p, R_V, R_N so dimensioniert ist, daß er bei abgetrennter Basis ein positives Potential am Basisabgriff hat, ist die Basis-Emitter-Strecke leitend. Vergleichsweise zum relativ hochohmigen Spannungsteiler ist die Basis-Emitter-Diode niederohmig, so daß sich an der Basis etwa ein Potential von 0,2 bis 0,7 Volt einstellt. Der Basisstrom (üblicherweise einige mA) fließt dabei über die Widerstände R_p und R_V. Da der Transistor leitend ist, liegt am Ausgang die Transistorrestspannung, d. h. bei der negativen Signaldefinition die logische Eins. Wie leicht zu erkennen ist, wirken auch offene Eingänge so als wären sie mit U_p, also Null-Signal beschaltet.

Eingangsdioden, die mit ca. 0 Volt, d. h. mit Eins-Signal beschaltet sind, befinden sich im Durchlaßzustand. Dabei fließt dann der Strom von der positiven Versorgungsspannung über R_p, über die entsprechenden Dioden und über die durchgeschalteten Ausgangstransistoren der davorliegenden Schaltungen. Die Anodenseite der Eingangsdioden liegt dann etwa auf 0,4 bis 0,8 Volt. Da nun über den Spannungsteiler R_v, R_n an der Basis eine negative Spannung liegt, ist der Transistor gesperrt. Am Ausgang des Gatters stellt sich somit der Zustand des Null-Signals ein. Prinzipiell kann ein DTL-Gatter auch als zusammengesetztes Gatter aufgefaßt werden. Im obigen Beispiel stellt dann das Eingangsdiodennetzwerk mit dem Widerstand R_p ein Oder-Gatter und der nachfolgende Transistorverstärker die Realisierung der Negation dar, so daß die zusammengesetzte Schaltung ebenfalls als Nor-Stufe erkannt werden kann.

Soll die Störsicherheit gegen hochfrequente Störungen erhöht werden, so wird bei diskret aufgebauten Schaltungen ein Gegenkopplungskondensator C_2 vorgesehen. Da damit die Flanken definiert verlangsamt werden, wird auch die Grenzfrequenz solcher Schaltungen üblicherweise auf ca. 20 kHz herabgesetzt. Die Schaltgeschwindigkeit diskreter Schaltungen in der DTL-Technik kann dagegen, wie schon bei der RCTL-Technik erläutert, über den Abbau der Speicherzeit mittels eines Parallelkondensators zum Basis-Vorwiderstand erhöht werden, allerdings unter Verminderung der Störsicherheit. Bei der integrierten Ausführung von DTL-Schaltkreisen ersetzt man zur Erhöhung der Schaltgeschwindigkeiten den Vorwiderstand durch eine bzw. durch zwei Dioden.

Durch Einfügen einer ZENER-Diode (das ist eine Diode mit einer besonders hohen Schwellspannung; meist von über 5 V) in den Basiskreis eines Transistors (HLL-Technik), kann der niedrige Störabstand zum hohen Signal-Pegel beträchtlich erhöht werden. Üblicherweise werden Z-Dioden mit ZENER-Spannungen von etwa 7 Volt vorgesehen. Um annähernd symmetrische Störabstände für den Null- und Eins-Zustand zu erreichen, wird die Betriebsspannung auf 12 bis 15 Volt erhöht.

6.3.3.3. TTL-Systeme

Eine besonders breite Anwendung in umfangreichen Steuerungen, z. B. bei Werkzeugmaschinensteuerungen, finden TTL (transistor-transistor-logic)-Bausteine. Das Kennzeichen dieser eingangsgekoppelten und ebenfalls noch mit gesättigten Transistoren arbeitenden Technik, die auch als T^2L- oder MECTL-Technik bezeichnet wird, ist der Multiemittereingang der Grundbausteine. Bild 6.42 zeigt ein TTL-Nand-Gatter. Liegt mindestens einer der Eingänge auf 0 Volt, so werden die entsprechenden Basis-Emitter-Dioden leitend, weil das Basispotential positiv ist. Über die leitende Emitter-Kollektorstrecke des hier als Emitterverstärker arbeitenden Transistors T_1 wird die Basis des Transistors T_2 niederohmig an das 0 Volt-Potential (Restspannungen ca. 0,5 Volt) gelegt. Daher sperren Transistor T_2 und Transistor T_4, während Transistor T_3 über den Widerstand R_{p2} von der positiven Versorgungsspannung offen gehalten wird. Der Ausgang führt somit über den leitenden Transistor T_3 und den Widerstand R_L hohes Potential. Werden hingegen alle Eingänge auf ein positives Potential (etwas kleiner als U_p) gelegt, dann sind die Basis-Emitter-Dioden des Transistors T_1 gesperrt. Demgegenüber ist jedoch die Basis-Kollektor-Diode leitend. Der Transistor

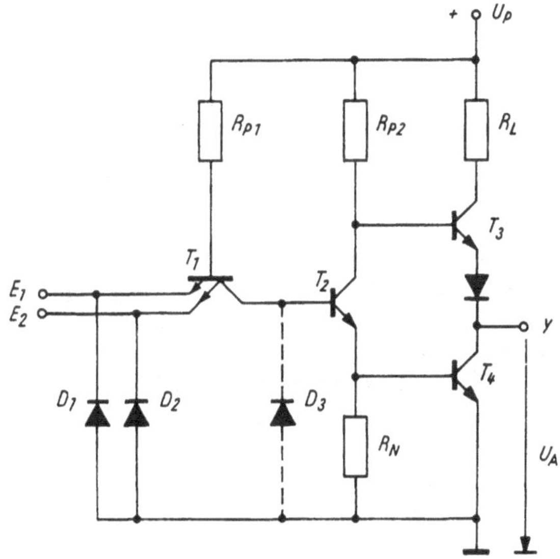

Bild 6.42: TTL-Nand-Gatter (Standard-Baustein)

T_1 arbeitet damit praktisch im inversen Betrieb (Kollektor und Emitter sind funktionsmäßig vertauscht). Wie hier leicht erkennbar ist, wirken offene Eingänge so, als wären sie mit dem positiven Potential angesteuert. Der Transistor T_2 erhält über R_{p1} und die Basis-Kollektor-Diode seinen Basisstrom und ist somit leitend. Damit liegt der Ausgang mit etwa 0 Volt auf niedrigem Potential. Wegen der kleinen Kollektor-Emitter-Spannung des leitenden Transistors T_2 besteht die Gefahr, daß neben dem Transistor T_4 auch der Transistor T_3 leitend wird. Durch eine zusätzliche Schwellenspannung einer Diode im Emitter-Kreis des Transistors T_3 wird deshalb die Spannungsschwelle für das Durchschalten von Transistor T_4 um ca. 0,7 Volt hinaufgelegt.

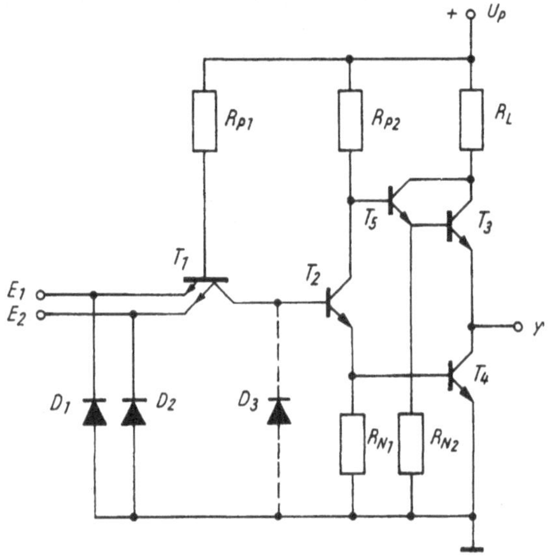

Bild 6.43: TTL-Nand-Gatter (Leistungs-Gatter)

Bei Leistungs-Nand-Gattern bewirkt ein zusätzlicher Transistor T_5 (Bild 6.43) eine Potentialverschiebung, um den Transistor T_3 bei durchgeschaltetem Transistor T_2 besser zu sperren. Dem Prinzip nach stellt diese sog. Darlington-Schaltung eine Emitterfolgeschaltung dar. Damit erhält man aufgrund der hohen Stromverstärkung beim Eins-Signal eine hohe Ausgangsbelastbarkeit des Transistors T_3. Da die Serienschaltung der Transistoren T_2 und T_4 praktisch auch einer Emitterfolgeschaltung entspricht, ergibt sich also für das Leistungs-Nand-Gatter für beide Signalzustände eine große fan-out-Zahl.

Gegenüber dem üblichen Ausgang einer einfachen Emitterstufe liegt der wesentliche Vorteil des erläuterten Gegentaktausgangs, der auch Doppeltransistorausgang, Totem-Pole-Ausgang oder Push-Pull-Ausgang genannt wird, in der Störunempfindlichkeit, weil im Ausgang in beiden Signalzuständen ein niederohmiger Abschluß erfolgt. Ein Nachteil des sog. Gegentaktausgangs liegt in dem Belastungsstoß, der beim Umschalten durch das kurzzeitige Leiten beider Transistoren entstehen kann.

In die Reihe der TTL-Gatter wurden auch Bausteine mit offenem Kollektor aufgenommen, um auch wired-or-Verknüpfungen der Gatterausgänge ausführen zu können. Allerdings müssen dabei die Belastungswiderstände als diskrete Bauteile zusätzlich vorgesehen werden.

Bei der TTL-Technik weist die Übertragungscharakteristik zwei Knicke auf (Bild 6.44), die dadurch entstehen, daß der Transistor T_4 (Bild 6.42) wegen des erforderlichen Spannungsabfalls über den Widerstand R_N erst nach dem Transistor T_2 durchschaltet. Dieser Nachteil wird in der sog. T^3L-Technik durch einen zusätzlichen Transistor zwischen den Transistoren T_2 und T_4 beseitigt. Die Verbesserung der Übertragungskennlinie ist aus Bild 6.44 zu ersehen. Gleichzeitig wird erkennbar, daß der erforderliche Signalhub am Eingang erhöht wurde, wodurch die Schaltschwelle in die Signalhubmitte kommt und damit die Störabstände gleiche Größe erhalten.

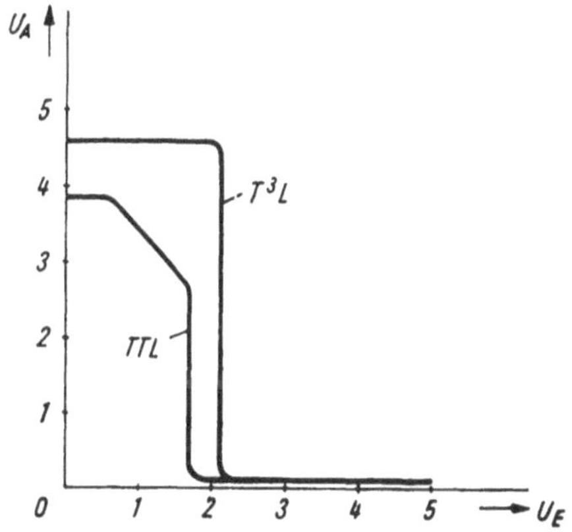

Bild 6.44: Kennlinien eines TTL- und eines T^3L-Nand-Gatters

Da die Schaltzeiten von TTL-Gattern etwa in der Größenordnung von 10 bis 20 ns liegen, lassen sich in dieser Technik Schaltungen für etwa 20 MHz aufbauen. Für steuerungstechnische Anwendungen ist dieser Frequenzbereich bei weitem ausreichend. Dagegen wurden für Anwendungen in der Rechnertechnik weitere modifizierte TTL-Schaltkreistechniken entwickelt. So konnten z. B. durch den Einsatz von sog. SCHOTTKY-Dioden die Schaltzeiten auf nur einige wenige ns reduziert werden.

Parallel zu den hier behandelten Schaltsystemen wurde noch eine ganze Reihe anderer Systeme bekannt, die jedoch über das Entwicklungsstadium nicht hinausgekommen sind bzw. nur geringe Marktanteile einnehmen. Der Vollständigkeit halber soll hier noch das ECL-Schaltkreissystem erwähnt werden, das in vielen Modifikationen mit einer Vielzahl von Bezeichnungen entwickelt wurde. Im Gegensatz zu den vorherbeschriebenen Techniken arbeitet man hier mit ungesättigten Transistoren. Da auch damit die Schaltzeiten etwa bis auf eine ns reduziert werden konnten, hat auch diese Schaltkreistechnik Eingang in die Rechner-Hardware gefunden.

7. Speicherfunktionen

Speicherfunktionen haben für sequentielle Schaltungen etwa die gleiche Bedeutung wie die Grundfunktionen (Nicht, Und, Oder, Implikation, Äquivalenz, und deren Negationen) für kombinatorische Schaltungen. So wie die kombinatorischen Schaltungen aus den Grundfunktionen allein aufgebaut werden, erfolgt der Aufbau sequentieller Schaltungen (siehe Abschnitt 9) aus diesen Grundfunktionen und Speicherfunktionen; hierin liegt deren große Bedeutung. Im vorliegenden Abschnitt werden die Speicherfunktionen in einer neuen Form geschlossen dargestellt.

7.1. Grundlagen

Um Speicherfunktionen definieren zu können, ist es zunächst erforderlich, zwei aufeinanderfolgende Eingangsbelegungen und die jeweiligen Ausgänge miteinander in Beziehung zu bringen. Die zuerst vorhandene Eingangsbelegung sei mit $j^{\varrho-1}$, die darauf folgende (momentane) Eingangsbelegung sei mit j^{ϱ} bezeichnet. Dementsprechend sei der von $j^{\varrho-1}$ erzeugte Ausgangswert mit $y^{\varrho-1}$, der von j^{ϱ} hervorgerufene Wert mit y^{ϱ} gekennzeichnet. Der hochgestellte Index ϱ soll Zustandsindex genannt werden und er möge eine beliebige positive ganze Zahl sein (ohne Einschränkung der Allgemeinheit könnte $\varrho = 2$ gewählt werden, wodurch die zuerst vorhandene Eingangsbelegung mit j^1 und die darauf folgend vorhandene Eingangsbelegung mit j^2 angeschrieben wird). In Abschnitt 10 wird der Begriff des Zustandes und der ihm entsprechende Zustandsindex ϱ genau untersucht. Der Buchstabe ϱ soll an den Zusammenhang zur Relationsalgebra erinnern. Werden zwei aufeinanderfolgende Eingangsbelegungen betrachtet, so kann, in Ergänzung zu den bereits eingeführten Untermengen M_0 und M_1, eine weitere Untermenge M_y wie folgt definiert werden:

M_y sei die Menge aller jener Eingangsbelegungen j^{ϱ}, die jeweils den Funktionswert $y^{\varrho-1}$ beibehalten, den eine beliebige vorherige Eingangsbelegung $j^{\varrho-1}$ erzeugt hatte:

$$M_y := \{j^{\varrho} \mid y^{\varrho-1} = y^{\varrho}\} \; . \tag{7.1}$$

Die $j \in M_y$ mögen als „speichernde Eingangsbelegungen" bezeichnet werden. Im Zusammenhang mit Speicherfunktionen werden die Eingangsbelegungen $j \in M_0$ als „löschende Eingangsbelegungen" und die $j \in M_1$ als „setzende Eingangsbelegungen" bezeichnet.

Da bei Speicherfunktionen alle drei Untermengen M_0, M_1 und M_y vorkommen, sollen ihre gegenseitigen Beziehungen untersucht werden. Analog den Gleichungen

$$\mu_0 := \bigvee_{j \in M_0} k_j(n) , \tag{4.26}$$

$$\mu_1 := \bigvee_{j \in M_1} k_j(n) , \tag{4.27}$$

wird eine Boolesche Funktion μ_y definiert, die genau dann Eins ist, wenn eine der speichernden Eingangsbelegungen ansteht:

$$\mu_y := \bigvee_{j \in M_y} k_j(n) . \tag{7.2}$$

Die gegenseitigen Beziehungen der Mengen M_0, M_1, M_y und M in bezug auf Durchschnitt und Vereinigung können direkt in schaltalgebraische Begriffe umgeformt werden, wenn die folgenden Äquivalenzen eingeführt werden:

$$\mu_\lambda \leftrightarrow M_\lambda \quad \text{mit} \quad \lambda = 0, 1, y . \tag{7.3}$$

Entsprechend S. 37 ist M äquivalent der Eins:

$$1 \leftrightarrow M . \tag{7.4}$$

Schließlich sind die Verknüpfungen „Durchschnitt“ mit „Konjunktion“ und „Vereinigung“ mit „Disjunktion“ vertauschbar. So gelten unter Berücksichtigung von Gl. (7.4) die folgenden Beziehungen:

$$M_0 \cup M_1 \cup M_y = M , \quad \mu_0 \vee \mu_1 \vee \mu_y = 1 , \tag{7.5}$$

$$\overline{M}_0 = (M_1 \cup M_y) \cap M , \quad \bar{\mu}_0 = \mu_1 \vee \mu_y , \tag{7.6}$$

$$\overline{M}_1 = (M_0 \cup M_y) \cap M , \quad \bar{\mu}_1 = \mu_0 \vee \mu_y , \tag{7.7}$$

$$\overline{M}_y = (M_0 \cup M_1) \cap M , \quad \bar{\mu}_y = \mu_0 \vee \mu_1 . \tag{7.8}$$

Die Untermengen M_0, M_1, M_y haben keine gemeinsamen Elemente. Demnach gilt

$$\mu_\lambda \wedge \mu_\nu = \delta_{\lambda\nu} \quad \text{mit} \quad \lambda, \nu = 0, 1, y , \tag{7.9}$$

wo $\delta_{\lambda\nu}$ das KRONECKER-Symbol darstellt.

Im weiteren wird es zur Herleitung der allgemeinen Speichergleichung (s. Abschn. 7.2) erforderlich sein, beliebig wählbare Untermengen von M_0 und M_1 zu betrachten; sie sollen jeweils mit M_{0u} und M_{1u} bezeichnet werden. Dementsprechend werden auch Funktionen μ_{0u} und μ_{1u} definiert:

$$M_{0u} \subseteq M_0; \quad \mu_{0u} := \bigvee_{j \in M_{0u}} k_j(n) , \tag{7.10}$$

$$M_{1u} \subseteq M_1; \quad \mu_{1u} := \bigvee_{j \in M_{1u}} k_j(n) . \tag{7.11}$$

Aus diesen Definitionsgleichungen und jenen für μ_0 und μ_1 folgen die Beziehungen

$$\mu_0 \vee \mu_{0u} = \mu_0; \quad \mu_1 \vee \mu_{1u} = \mu_1 , \tag{7.12}$$

$$\mu_0 \wedge \mu_{0u} = \mu_{0u}; \quad \mu_1 \wedge \mu_{1u} = \mu_{1u} . \tag{7.13}$$

Im folgenden Abschnitt soll eine Speichergleichung abgeleitet werden, die verallgemeinert die beiden Formen $y = f(\mu_1, \mu_y)$ und $y = g(\mu_1, \mu_{1u}, \mu_y)$ annimmt. Da die Argumente voneinander abhängig sind, ist es nicht möglich, für sie vollständige Belegungstabellen anzuführen. So können beispielsweise die beiden Argumente μ_1 und μ_y (wegen Gl. (7.9)) niemals gleichzeitig Eins sein. Demnach gibt es für sie nur die in Tab. 7.1 angegebenen zulässigen Belegungen. Wird das Argument μ_{1u} mit berücksichtigt, so ist zu bedenken, daß jede Eingangsbelegung, die M_{1u} angehört, auch Element von M_1 ist, wogegen die umgekehrte Behauptung nicht wahr ist. Demnach muß $\mu_1 = 1$ sein, wenn $\mu_{1u} = 1$ ist. Umgekehrt kann μ_{1u} Eins oder Null sein, wenn $\mu_1 = 1$ ist, je nachdem, ob die vorkommende Eingangsbelegung (zufällig) auch Element von M_{1u} ist oder nicht. Es gilt also $\mu_{1u} \to \mu_1$, d. h. $\mu_1 = 1$ ist eine notwendige (aber nicht hinreichende) Bedingung dafür, daß $\mu_{1u} = 1$ ist. In Erweiterung von Tab. 7.1 können für die Argumente μ_1, μ_{1u}, μ_y daher die zulässigen Belegungen lt. Tab. 7.2 angegeben werden. Diese beiden Tabellen bleiben auch gültig, wenn μ_1 und μ_{1u} durch μ_0 und μ_{0u} ersetzt werden. Die Kombintion μ_0, μ_{0u}, μ_y der Argumente kommt beim Negieren der Speicherfunktionen vor.

Tabelle 7.1
Zulässige Belegungen von μ_1, μ_y

μ_1	0	0	1
μ_y	0	1	0

Tabelle 7.2
Zulässige Belegungen von $\mu_{1\mu}$, μ_1, μ_y

μ_{1u}	0	0	0	1
μ_1	0	0	1	1
μ_y	0	1	0	0

7.2. Die allgemeine Speichergleichung

Zur schaltungstechnischen Deutung der in Abschnitt 10 einzuführenden Transduktionsmatrix (die das Übertragungsverhalten sequentieller Schaltungen beschreibt) ist eine formelmäßig geschlossene Darstellung der Speicherfunktionen erforderlich. Diese Darstellung sowie die Realisierung der Speicher wird im folgenden behandelt.

7.2.1. Direkte Ableitung der Speichergleichung

Mit Hilfe der Untermengen M_0, M_1, M_y kann die Speicherfunktion folgendermaßen erklärt werden: Eine Schaltfunktion mit n Eingangs- und einer Ausgangsvariablen ist dann eine Speicherfunktion, wenn jeder Untermenge M_0, M_1, M_y (und nur ihnen) mindestens eine der 2^n Eingangsbelegungen zugeordnet werden kann.

Den Definitionen von M_1 und M_y entsprechend ist der Speicherausgang y genau dann Eins, wenn

a) eine Eingangsbelegung $j^\varrho \in M_1$ ansteht, *oder*
b) eine Eingangsbelegung $j^\varrho \in M_y$ ansteht *und* das Ausgangssignal $y^{\varrho-1}$ der vorhergehenden Eingangsbelegung Eins war.

Unter Verwendung der Beziehungen (7.3) führt dieser Satz zur Speichergleichung

$$y^\varrho = \mu_1^\varrho \vee (\mu_y^\varrho \wedge y^{\varrho-1}) \,. \qquad (7.14)$$

An Stelle von μ_1^ϱ kann nach Gl. (7.12) der Ausdruck $\mu_1^\varrho \vee \mu_{1u}^\varrho$ gesetzt werden:

$$y^\varrho = \mu_1^\varrho \vee \mu_{1u}^\varrho \vee (\mu_y^\varrho \wedge y^{\varrho-1}) \,.$$

Mittels des Absorptions-Theorems

$$\mu_{1u}^\varrho = \mu_{1u}^\varrho \vee (\mu_{1u}^\varrho \wedge y^{\varrho-1})$$

ist eine Erweiterung auf

$$y^\varrho = \mu_1^\varrho \vee \mu_{1u}^\varrho \vee (\mu_{1u}^\varrho \wedge y^{\varrho-1}) \vee (\mu_y^\varrho \wedge y^{\varrho-1})$$

möglich. Hierin kann nach Gl. (7.12) $\mu_1^\varrho \vee \mu_{1u}^\varrho$ wieder zu μ_1^ϱ zusammengefaßt und $y^{\varrho-1}$ aus den Klammerausdrücken konjunktiv herausgehoben werden. Dies führt schließlich zur allgemeinen Speichergleichung

$$y^\varrho = \mu_1^\varrho \vee [(\mu_{1u}^\varrho \vee \mu_y^\varrho)\, y^{\varrho-1}] \,. \qquad (7.15)$$

Der Vorteil dieser Gleichung gegenüber Gl. (7.14) besteht einerseits darin, daß durch eine geeignete Wahl der Untermenge M_{1u} ein einfacherer algebraischer Ausdruck für $\mu_{1u}^\varrho \vee \mu_y^\varrho$ als für μ_y^ϱ gefunden weden kann. Andererseits ist es möglich, wie in Abschnitt 7.4 gezeigt wird, mit der allgemeinen Speichergleichung hazardfreie (störungsfreie) Selbsthaltekreise zu entwerfen. Es sei darauf hingwiesen, daß Gl. (7.15) dann in $y = \mu_1$, Gl. (4.36) übergeht, wenn M_y eine leere Menge ist.

An Hand eines Beispiels soll die allgemeine Speichergleichung veranschaulicht werden. Durch das K-Diagramm Bild 7.1 für 4 Eingangsvariable

$x_3 x_4$ \ $x_1 x_2$	00	01	11	10
00	0	0	1	0
01	0	0	y	0
11	1	y	y	1
10	1	1	1	1

Bild 7.1: K-Diagramm eines Speichers mit vier Eingängen und einem Ausgang

sei ein Speicher mit 4 Eingangssignalen und einem Ausgangssignal y gegeben. Es ist der einfachste algebraische Ausdruck für diesen Speicher zu berechnen. Die von Einsen bedeckte Fläche stellt M_1 dar, und der algebraische Ausdruck dieser Fläche läßt sich nach Abschn. 5.2 zu

$$\mu_1^\varrho = (\bar{x}_2 x_3 \vee x_3 \bar{x}_4 \vee x_1 x_2 \bar{x}_4)^\varrho$$

bestimmen. Den einfachsten Ausdruck für $\mu_{1u}^\varrho \vee \mu_y^{\varrho'}$ kann man ebenfalls aus dem K-Diagramm ablesen: μ_y^ϱ ist der algebraische Ausdruck der von y bedeckten Fläche. Wählt man nun M_{1u} so, daß $M_{1u} = M_1$ wird, so erhält man für die Vereinigung $M_1 \cup M_y$ eine besonders leicht zu beschreibende Fläche. Diese Beschreibung liefert:

$$(\mu_1 \vee \mu_y)^\varrho = (x_1 x_2 \vee x_3)^\varrho \,.$$

Setzt man diese beiden Gleichungen in die allgemeine Speichergleichung Gl. (7.15) ein, so erhält man dadurch den algebraisch einfachsten Speicher für das gegebene K-Diagramm:

$$y^\varrho = (\bar{x}_2 x_3 \vee x_3 \bar{x}_4 \vee x_1 x_2 \bar{x}_4)^\varrho \vee (x_1 x_2 \vee x_3)^\varrho \, y^{\varrho - 1} \,.$$

Wie Gl. (7.15) zu einer gerätetechnischen Verwirklichung des Speichers als Selbsthaltekreis führt, soll erst in Abschnitt 7.3 besprochen werden.

7.2.2. Ableitung der Speichergleichung aus dem Fundamentalsatz

Mit Hilfe des Zustandsindex ϱ ist Gl. (4.17) dahingehend zu präzisieren, daß

$$k_j^\varrho \rightarrow y_j^\varrho \qquad (4.17\text{a})$$

mit

$$y_j^\varrho = 0,\, 1 \qquad (4.17\text{b})$$

gilt. Demnach ist der Fundamentalsatz kombinatorischer Schaltungen (Gl. (4.22)) in der Form

$$y^\varrho = \bigvee_{j=0}^{2^n - 1} k_j^\varrho y_j^\varrho \qquad (4.22')$$

anzuschreiben. Es soll nun gezeigt werden, daß durch Erweitern des Wertebereichs des Ausgangs auf

$$y_j^\varrho = 0,\, 1,\, y^{\varrho - 1} \qquad (7.16)$$

der Fundamentalsatz kombinatorischer Schaltungen in die allgemeine Speichergleichung (7.15) übergeht. Hierzu werden die Eingangsbelegungen von Gl. (4.22) nach ihrer Zugehörigkeit zu den Mengen M_0, M_1, M_y zusammengefaßt:

$$y^\varrho = (\bigvee_{j \in M_0} k_j^\varrho \wedge 0) \vee (\bigvee_{j \in M_1} k_j^\varrho \wedge 1) \vee (\bigvee_{j \in M_y} k_j^\varrho \wedge y^{\varrho - 1}) \,.$$

Da $k_j^\varrho \wedge 0 = 0$ ist, verschwindet der erste Klammerausdruck, womit die obige Beziehung unter Verwendung der Gleichungen (4.27) und (7.2) direkt in die Speichergleichung (7.14) übergeht. Um die allgemeine Speichergleichung (7.15) zu erhalten, wird

$$y^\varrho = (\bigvee_{j\in M_1} k_j^\varrho \wedge 1) \vee (\bigvee_{j\in M_y} k_j^\varrho \wedge y^{\varrho-1})$$

wie folgt erweitert:

$$y^\varrho = (\bigvee_{j\in M_1} k_j^\varrho \wedge 1) \vee (\bigvee_{j\in M_{1u}} k_j^\varrho \wedge 1) \vee (\bigvee_{j\in M_y} k_j^\varrho \wedge y^{\varrho-1}) .$$

Die Eins des neu hinzugekommenen Ausdruckes wird entsprechend den Axiomen der Schaltalgebra, durch $1 = 1 \vee y^{\varrho-1}$ ersetzt:

$$y^\varrho = (\bigvee_{j\in M_1} k_j^\varrho) \vee (\bigvee_{j\in M_{1u}} k_j^\varrho \wedge (1 \vee y^{\varrho-1})) \vee (\bigvee_{j\in M_y} k_j^\varrho \wedge y^{\varrho-1})$$

$$= (\bigvee_{j\in M_1} k_j^\varrho) \vee (\bigvee_{j\in M_{1u}} k_j^\varrho) \vee [(\bigvee_{j\in M_{1u}} k_j^\varrho) \wedge y^{\varrho-1}] \vee [(\bigvee_{j\in M_y} k_j^\varrho) \wedge y^{\varrho-1}] ,$$

$$y^\varrho = (\bigvee_{j\in M_1} k_j^\varrho) \vee [(\bigvee_{j\in M_{1u}} k_j^\varrho \vee \bigvee_{j\in M_y} k^\varrho) \wedge y^{\varrho-1}] . \quad (7.17)$$

Unter Verwendung der Definitionsgleichungen für μ_1, μ_{1u} und μ_y nimmt die obige Beziehung direkt die Gestalt der allgemeinen Speichergleichung (7.15) an.

Diese Rechnung zeigt, daß der Fundamentalsatz in der Gestalt

$$y^\varrho = \bigvee_{j=0}^{2^n-1} k_j^\varrho y_j^\varrho , \quad (4.22)$$

$$y_j^\varrho = 0, 1, y^{\varrho-1} \quad (7.16)$$

geeignet ist, Speicher vollständig zu beschreiben. Das gleiche gilt aber dann auch für die Darstellung des Fundamentalsatzes durch Implikationen

$$y^\varrho = \bigwedge_{j=0}^{2^n-1} (k_j^\varrho \to y_j^\varrho) \quad (4.18)$$

im Zusammenhang mit Gl. (7.16). Wie schon erwähnt, führt die Erweiterung von Gl. (4.18) zu einem entsprechenden Theorem über sequentielle Schaltungen (s. Abschn. 10.2.1).

7.2.3. Darstellung der Speicher im Karnaugh-Diagramm; Frei wählbare Schaltwerte („Don't-care-Condition")

Die Darstellung von Speichern mit Hilfe der Mengenlehre gemäß Gl. (7.15) hat den großen Vorteil, daß bei der Verwendung von Karnaugh-Diagrammen diese Diagramme besonders leicht ausgewertet werden können. Ein K-Diagramm beschreibt dann einen Speicher, wenn in ihm mindestens je eine Null, eine Eins und ein y eingetragen sind (daß „y" statt „$y^{\varrho-1}$" dem K-Diagramm eingeschrieben werden kann, wird im nächsten Abschnitt bewiesen). Die von Nullen bedeckte Fläche wird als M_0 (Menge der löschenden Eingangsbelegungen) interpretiert, während μ_0 den diese Fläche beschreibenden algebraischen Ausdruck darstellt. Die von Einsen bedeckte Fläche stellt die Menge M_1 der setzenden Eingangsbelegungen dar; unter μ_1 wird die algebraische Beschreibung dieser Fläche verstanden. Ebenso wird die Menge M_y der speichernden Eingangsbelegungen durch die Gesamtheit jener Elementarfelder charakterisiert, denen y eingetragen ist; die algebraische Beschreibung dieser Fläche ist die Funktion μ_y. Dieser Sachverhalt ist in Bild 7.2 an Hand des Beispiels eines Speichers mit vier Eingängen dargestellt. In diesem Beispiel berechnen sich die Funktionen μ_0, μ_1, μ_y zu:

$$\mu_0 = \bar{x}_1\bar{x}_4 \vee \bar{x}_2\bar{x}_4 \vee \bar{x}_1\bar{x}_2\bar{x}_3\,,$$

$$\mu_1 = \bar{x}_1x_2x_4 \vee x_1x_2x_3 \vee \bar{x}_1x_3x_4 \vee x_2x_3x_4\,,$$

$$\mu_y = x_1x_2\bar{x}_3 \vee x_1\bar{x}_2x_4\,.$$

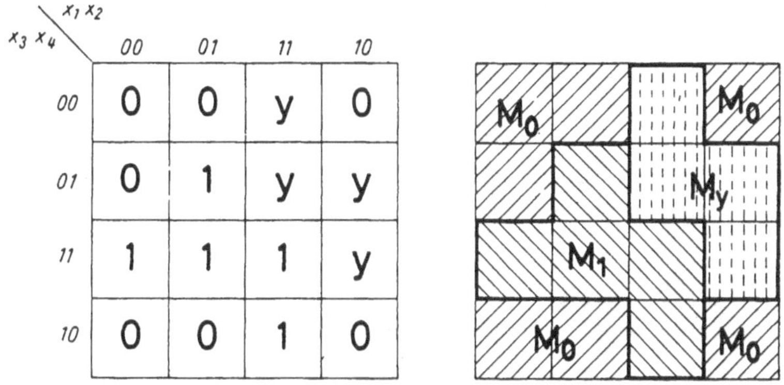

a) b)

Bild 7.2: a) K-Diagramm eines Speichers mit vier Eingängen und einem Ausgang
b) zur mengentheoretischen Darstellung dieses Speichers

In Abschnitt 7.6 werden außer Gl. (7.15) noch weitere Darstellungen der allgemeinen Speichergleichung entwickelt. Für diese Darstellungen wird dann auch die Funktion μ_0 benötigt, weshalb sie schon hier gleichberechtigt mit μ_1 und μ_y angeführt wird.

Bei manchen Aufgabenstellungen kommt es vor, daß bestimmte Eingangsbelegungen nicht vorkommen dürfen oder nicht vorkommen können (s. auch Abschn. 5.2). Um dafür nur ein Beispiel anzuführen: Der Kolben eines Pneumatik-Zylinders möge in jeder seiner Endlagen (ausgefahren und eingefahren) je einen Endschalter betätigen. Die von den Endschaltern abgegebenen Signale seien Eingangssignale einer bestimmten Schaltung. Da nicht beide Endschalter gleichzeitig betätigt werden, können, kann der Steuerung keine Eingangsbelegung zugeführt werden in der die beiden Endschaltsignale gleichzeitig Eins sind. Solchen Eingangsbelegungen, die nicht vorkommen können oder dürfen, kann auch kein Schaltwert y_j zwangsläufig zugeordnet werden: Im K-Diagramm wird im entsprechenden Feld wie schon früher z. B. ein r eingetragen. Um aber einen Speicher berechnen zu können, muß jede Eingangsbelegung einer der Mengen M_0, M_1 oder M_y zugeordnet werden (s. Gln. (4.22) und 7.16)). Man muß also jenen Feldern des K-Diagramms, in denen r eingetragen sind, einen der Werte 0, 1 oder y zuordnen: daher spricht man von „frei wählbaren Schaltwerten" bzw. „don't care conditions".

In Bild 7.3 sind nun zwei Beispiele für Speicherdarstellungen mit je einem frei wählbaren Schaltwert angeführt. Im Beispiel Bild 7.3a wird der frei wählbare Schaltwert zweckmäßig mit y gewählt, wodurch sich die eingetragenen Schleifen bilden lassen. Mit

$$\mu_1^\varrho = \bar{x}_1\bar{x}_2 \, ,$$

$$\mu_y^\varrho = x_2(\bar{x}_3 \vee x_4) \, ,$$

lautet die Speichergleichung dieses Beispiels

$$y^\varrho = \bar{x}_1\bar{x}_2 \vee x_2(\bar{x}_3 \vee x_4)\, y^{\varrho-1} \, .$$

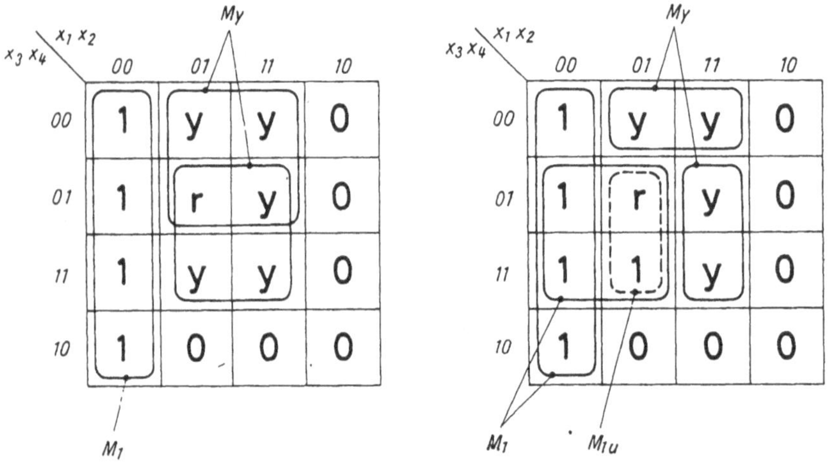

a) b)

Bild 7.3: Beispiele zur Speicherdarstellung mit je einem freiwählbaren Schaltwert

Im K-Diagramm Bild 7.3b wird hingegen für den frei wählbaren Schaltwert der Wert 1 eingesetzt. Jetzt kann man eine zweckmäßige Untermenge M_{1u} wählen, wodurch sich mit

$$\mu_1^\varrho = \bar{x}_1(\bar{x}_2 \vee x_4) \, ,$$

$$\mu_{1u}^\varrho = \bar{x}_1 x_2 x_4 \, ,$$

$$\mu_y^\varrho = x_2(\bar{x}_3\bar{x}_4 \vee x_1 x_4) \, ,$$

der einfachste algebraische Ausdruck für

$$(\mu_{1u} \vee \mu_y)^\varrho = x_2(\bar{x}_3 \vee \bar{x}_4)$$

und damit die Speichergleichung

$$y^\varrho = \bar{x}_1(\bar{x}_2 \vee x_4) \vee x_2(\bar{x}_3 \vee x_4)\, y^{\varrho-1}$$

ergibt.

7.3. Speicher als Selbsthaltekreise

Die praktische Bedeutung der allgemeinen Speichergleichung

$$y^\varrho = \mu_1^\varrho \vee (\mu_{1u}^\varrho \vee \mu_y^\varrho)\, y^{\varrho-1} \tag{7.15}$$

besteht darin, daß sie eine Anleitung zur Synthese von Selbsthaltekreisen darstellt. Um beweisen zu können, daß $y^{\varrho-1}$ als rückgeführtes Ausgangssignal aufgefaßt werden kann, werden in die obige Gleichung (7.15) nacheinander jene Eingangsbelegungen eingesetzt, die jeweils den Mengen M_y, M_0 und M_1 angehören. Dies führt unter Verwendung der in Tab. 7.2 angegebenen möglichen Belegungen von μ_1, μ_{1u} und μ_y zu den vier Gleichungen

$$\mu_y^\varrho = 1: \qquad y^\varrho = 0 \vee (0 \vee 1)\, y^{\varrho-1}\,, \tag{7.15a}$$

$$\mu_0^\varrho = 1: \qquad y^\varrho = 0 \vee (0 \vee 0)\, y^{\varrho-1}\,, \tag{7.15b}$$

$\mu_1^\varrho = 1$ und $\mu_{1u}^\varrho = 0$:

$$y^\varrho = 1 \vee (0 \vee 0)\, y^{\varrho-1}\,, \tag{7.15c}$$

$\mu_1^\varrho = 1$ und $\mu_{1u}^\varrho = 1$:

$$y^\varrho = 1 \vee (1 \vee 0)\, y^{\varrho-1}\,. \tag{7.15d}$$

Für eine speichernde Eingangsbelegung ($\mu_y^\varrho = 1$) folgt aus Gl. (7.15a)

$$y^\varrho = y^{\varrho-1}\,. \tag{7.18}$$

Es soll aber verlangt werden, daß diese Gleichung auch bei Vorhandensein einer löschenden ($\mu_0 = 1$) oder setzenden Eingangsbelegung ($\mu_1 = 1$) gültig ist. In den Gleichungen (7.15b) und (7.15c) ist y^ϱ wegen $(0 \vee 0)\, y^{\varrho-1} = 0$ von $y^{\varrho-1}$ unabhängig. In Gl. (7.15d) ist $(1 \vee 0)\, y^{\varrho-1} = y^{\varrho-1}$, aber wegen $1 \vee y^{\varrho-1} = 1$ ist auch in Gl. (7.15d) y^ϱ von $y^{\varrho-1}$ unabhängig. Demnach darf die Gültigkeit von Gl. (7.18) unabhängig von der jeweiligen Eingangsbelegung verlangt werden.

Die somit gegebene Möglichkeit, Gl. (7.18) als Rückführung zu deuten, führt zur Realisierung von Speicherfunktionen als Selbsthaltekreise. Während ein allgemeiner Speicher (der nicht notwendigerweise ein Selbsthaltekreis sein muß) durch Gl. (7.15) allein beschrieben wird, wird hingegen ein Selbsthaltekreis durch das aus den Gleichungen (7.15) und (7.18) bestehende Gleichungssystem

$$y^\varrho = \mu_1^\varrho \vee (\mu_{1u}^\varrho \vee \mu_y^\varrho)\, y^{\varrho-1}\,, \tag{7.19a}$$

$$y^{\varrho-1} = y^\varrho \tag{7.19b}$$

beschrieben.

In der Literatur wird vielfach die Auffassung vertreten, (z. B. [153, 156]), daß nicht nur in gerätetechnisch gegebenen Selbsthaltekreisen, sondern selbst im mathematischen Modell eines Selbsthaltekreises (Gl. (7.19)) eine Verzögerung in der Rückführung erforderlich ist. Daß zumindest das mathematische Modell ohne solche Verzögerung auskommt, ist jedoch aus Gl. (7.18) ersichtlich. Die darin verlangte Gleichheit von $y^{\varrho-1}$ mit y^{ϱ} bedeutet, daß diese Gleichheit zu jedem beliebigen Zeipunkt t existiert. Dies wird explizit durch

$$y^{\varrho-1}(t) = y^{\varrho}(t) \tag{7.20}$$

ausgedrückt, was deutlich macht, daß (beim mathematischen Modell) keine Verzögerung in der Rückführung vorhanden ist. Die Frage der Notwendigkeit von Verzögerungen in den Rückführungen gerätetechnisch realisierter Selbsthaltekreise wird im nächsten Abschnitt behandelt.

Aus dem Gleichungssystem (7.19) läßt sich eine wesentlich einfachere algebraische Beschreibung eines Selbsthaltekreises ableiten. Hierzu wird Gl. (7.19b) in Gl. (7.19a) eingesetzt. In der dadurch entstehenden Beziehung

$$y^{\varrho} = \mu_1^{\varrho} \vee (\mu_{1u}^{\varrho} \vee \mu_y^{\varrho})\, y^{\varrho}$$

trägt jede Variable denselben Zustandsindex ϱ. Dadurch ist der Zustandsindex hier bedeutungslos geworden und kann weggelassen werden:

$$y = \mu_1 \vee (\mu_{1u} \vee \mu_y)\, y\,. \tag{7.21}$$

Dies stellt die gekürzte Form der allgemeinen Speichergleichung für Selbsthaltekreise dar und ersetzt (teilweise) das Gleichungssystem (7.19). Die Tatsache, daß das mathematische Modell eines Selbsthaltekreises keine Verzögerungen in der Rückführung enthält, wird in der obigen Gleichung dadurch zum Ausdruck gebracht, daß sowohl links als auch rechts der Wert y vorkommt.

Da Gl. (7.21) keine Zustandsindizes trägt, ist es auch nicht mehr möglich zu sagen, welchen Wert der Ausgang y annehmen wird, wenn von einer löschenden oder setzenden Eingangsbelegung in eine speichernde Eingangsbelegung gewechselt wird: Man erhält für den neuen Zustand $y = y$. Daher muß für diese Übergänge ausdrücklich verlangt werden, daß Gl. (7.21) so zu verstehen ist, wie das Gleichungssystem (7.19) bzw. wie Gl. (7.15) (wenn zum Ausgangspunkt der Ableitung von Gl. (7.21) zurückgekehrt wird). Eben unter dem Gesichtspunkt dieser Festlegung ist die graphische Darstellung nach DIN 40700 von Gl. (7.21) zu verstehen (Bild 7.4). Ohne diese Festlegung wäre sonst die Funktionsweise der Schaltung bei einem Übergang von einer setzenden Eingangsbelegung $k_j \in M_1$, die jedoch nicht der Untermenge M_{1u} angehört ($k_j \notin M_{1u}$), auf eine speichernde Eingangsbelegung $k_j \in M_y$ nicht verständlich.

Der in Bild 7.4 stark gezeichnete Signalübertragungsweg (einschließlich der darin befindlichen Schaltelemente) wird als Selbsthaltekreis, der gestrichelt nachgezogene als Rückführung bezeichnet. Definitionsgemäß galten hier sowohl die Gatter als auch die Signalübertragungswege als verzögerungsfrei.

7.3.1. Die gerätetechnische Realisierung eines Selbsthaltekreises mit Verzögerung in der Rückführung

In diesem und im nächsten Abschnitt werden die Schalt- (bzw. Verknüpfungs-) Symbole des Bildes 7.4 als gerätetechnisch realisierte Gatter auf-

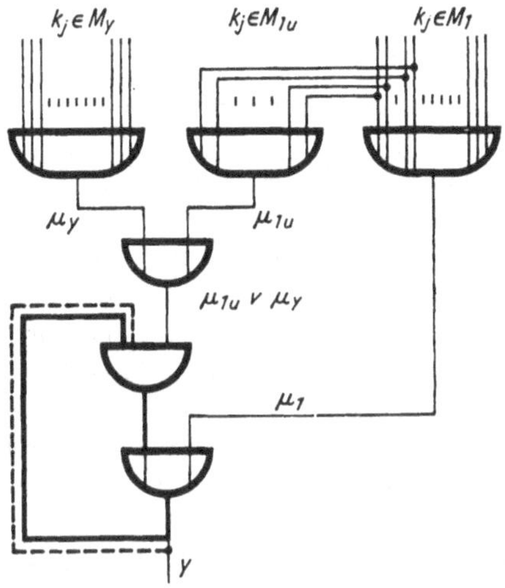

Bild 7.4: Zur Veranschaulichung der Gleichung 7.21

gefaßt. Unter diesem Aspekt soll im vorliegenden Abschnitt die Schaltung untersucht werden, wenn zuerst eine Eingangsbelegung $k_j \in M_1$ (wobei aber $k_j \notin M_{1u}$) vorhanden ist, die anschließend auf eine Eingangsbelegung $k_l \in M_y$ wechselt.

Die Gleichung (7.15c) sagt aus, daß bei Vorhandensein von $k_j^{\varrho-1} \in M_1$ der Ausgang $y^{\varrho-1} = 1$ wird. Beim Übergang auf eine Eingangsbelegung $k_j^{\varrho} \in M_y$ muß der eben erhaltene Wert für $y^{\varrho-1}$ wieder in (die iterative) Gl. (7.15) eingesetzt werden,

$$\mu_y^{\varrho} = 1: \quad y^{\varrho} = 0 \vee (0 \vee 1)\, 1 = 1\,,$$

wodurch die Speicherung der vorhin vorhandenen Eins zustande kommt. In der Schaltung des Bildes 7.4 besitzt jetzt das reale UND-Gatter voraussetzungsgemäß eine bestimmte Schaltzeit. Um den Selbsthaltekreis zu aktivieren, muß das rückgeführte Ausgangssignal y länger als die Schaltzeit des Gatters an dessen Eingang zur Verfügung stehen. Dies wird durch den Einbau einer Verzögerung in die Rückführung erreicht. Das in das UND-Gatter einmündende, verzögerte Signal $y^{\varrho-1}$ wird dann nicht mehr durch Gl. (7.20), sondern durch

$$y^{\varrho-1}(t) = y^{\varrho}(t - \Delta t) \tag{7.22}$$

beschrieben. Durch den Einbau einer Verzögerung in der Rückführung gemäß der obigen Gleichung muß die Schaltung andere Eigenschaften aufweisen als eine Schaltung ohne Verzögerung in der Rückführung. Eine setzende Eingangsbelegung muß jetzt länger als Δt anstehen, um den Speicher zu setzen, und μ_1 und μ_y müssen länger als Δt Null sein, um den Speicher zu löschen. Einerseits wird ungünstigerweise die Umschaltfrequenz des Speichers herabgesetzt, aber andererseits wird der Speicher durch keine Störung, die kürzer als Δt währt, gekippt werden können.

7.3.2. Die gerätetechnische Realisierung eines Selbsthaltekreises ohne Verzögerung in der Rückführung

Der Selbsthaltekreis des Bildes 7.4 weist einen anderen inneren Signallauf auf, wenn der Speicher durch eine Eingangsbelegung $k_j^{\varrho-1} \in M_1$ gesetzt wird, die auch der Untermenge M_{1u} angehört ($k_j^{\varrho-1} \in M_{1u}$), als wenn (wie im vorigen Abschnitt behandelt) $k_j^{\varrho-1} \notin M_{1u}$ gilt. Durch eine setzende Eingangsbelegung $k_j^{\varrho-1} \in M_1$, wobei auch $k_j^{\varrho-1} \in M_{1u}$ sein möge, wird das UND-Gatter durchgeschaltet, wodurch der Selbsthaltekreis aufgebaut wird. Bei einem Wechsel auf eine speichernde Eingangsbelegung $k_l^{\varrho} \in M_y$ bleiben nach wie vor beide Eingänge des UND-Gatters mit Eins belegt. Hierdurch bleibt das im Selbsthaltekreis aufgebaute Einssignal erhalten und somit auch die Eins des Ausgangs. Da der Selbsthaltekreis schon beim Eintreffen der speichernden Eingangsbelegung aufgebaut war, ist die Annahme einer Verzögerung in der Rückführung nicht notwendig.

Wird $M_{1u} = M_1$ gewählt, so wird demnach ein Selbsthaltekreis erhalten, der keine Verzögerung in der Rückführung braucht. Dies führt zu einer Konstruktion nach Bild 7.5. Beim Setzen dieses Speichers müssen alle Schaltelemente, die im Selbsthaltekreis liegen, geschaltet werden, da das Setzsignal während der hierfür nötigen Zeit aufrechterhalten werden muß, ist auch bei einem Selbsthaltekreis nach Bild 7.5 die Umschaltfrequenz begrenzt.

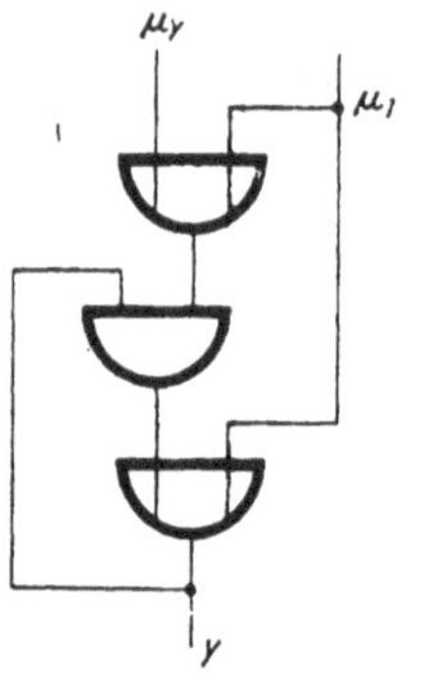

Bild 7.5: Selbsthaltekreis ohne Verzögerung in der Rückführung

7.4. Teilweise und vollständige Hazardfreiheit von Selbsthaltekreisen

Speicher, die nach der Speichergleichung (7.14) als Selbsthaltekreise aufgebaut sind (Bild 7.4), können, ähnlich wie kombinatorische Schaltungen, sogenannte statische Störungen (statische Hazards) des Ausgangs aufweisen. Was unter einer statischen Störung zu verstehen ist, wurde für kombinatorische Schaltungen in Abschnitt 5.4 ausführlich besprochen. Bei Speicherfunktionen kann ein Eins-Hazard (Bild 5.8) auch auftreten, wenn von einer setzenden auf eine speichernde Eingangsbelegung übergegangen wird. Aber ebenso bei einem umgekehrten Übergang, wenn die speichernde Eingangsbelegung einen Einsausgang erzeugt hatte. Um alle Übergänge dieser Art erfassen und hazardfrei machen zu können, ist es notwendig, jene Funktion $\mu_1 \vee \mu_y$, welche die Vereinigung der Mengen M_1 mit M_y darstellt, soweit wie möglich hazardfrei darzustellen. Da diese Funktion in der allgemeinen Speichergleichung (7.15) vorkommt, bietet sie, im Gegensatz zur gewöhnlichen Speichergleichung (7.14), die Möglichkeit der Konstruktion von Eins-hazardfreien Selbsthaltekreisen.

Wird für die Berechnung eines Speichers nach Gl. (7.15)

$$M_{1u} \subset M_1 \tag{7.23}$$

gewählt, so möge der Speicher als *teilweise Eins-hazardfrei* bezeichnet werden, weil nicht alle möglichen Übergänge von setzenden in speichernde Eingangsbelegungen berücksichtigt werden. Ein Speicher, der so ausgelegt ist, daß

$$M_{1u} = M_1 \tag{7.24}$$

ist, gelte hingegen als *vollständig Eins-hazardfrei*. In Abschnitt 7.3.2 wurde gezeigt, daß Selbsthaltekreise, die nach Gl. (7.24) ausgelegt sind, keine Verzögerung in der Rückführung brauchen.

Die Null-Hazards können in ähnlicher Weise behandelt werden, doch muß hierzu erst das Negieren der Speicherfunktionen besprochen werden.

7.5. Das Negieren einer Speicherfunktion

Aus einer Analogiebetrachtung über das Negieren kombinatorischer Schaltungen ist es möglich, von einer gegebenen Speichergleichung auf die negierte Gleichung zu schließen.

Die kombinatorische Schaltung sei gegeben durch die Beziehung

$$y = \mu_1 \,, \tag{4.36}$$

während die dazu negierte Funktion

$$\bar{y} = \mu_0 \tag{4.37}$$

lautet. In Worten ausgedrückt besagt Gl. (4.37), daß die zu einer gegebenen Funktion y negierte Funktion $\bar{y}$ genau dann Eins am Ausgang liefert, wenn eine Eingangsbelegung $j \in M_0$ ansteht, die den Wert der nicht negierten Funktion Null werden läßt. Genau dieselbe Forderung muß für den Zusammenhang zwischen einer nicht negierten und einer negierten Speicherfunktion erhoben werden. In Analogie zu den obigen zwei Formeln geht demnach die allgemeine Speichergleichung

$$y^\varrho = \mu_1^\varrho \vee (\mu_{1u}^\varrho \vee \mu_y^\varrho)\, y^{\varrho-1} \tag{7.15}$$

durch Negieren über in

$$\overline{y^\varrho} = \mu_0^\varrho \vee (\mu_{0u}^\varrho \vee \mu_y^\varrho)\, \overline{y^{\varrho-1}} \,. \tag{7.25}$$

Da die Menge M_y der speichernden Eingangsbelegungen bei Negieren ihre Bedeutung beibehält, also auch den negierten Ausgangswert speichert, ist

μ_y^ϱ beim Übergang von Gl. (7.15) auf Gl. (7.25) unverändert zu übernehmen. Und da $y^{\varrho-1}$ in Gl. (7.15) jener Ausgangswert ist, der gespeichert wird, muß durch Negieren dieses Wertes angezeigt werden, daß in Gl. (7.25) $\overline{y^{\varrho-1}}$ zu speichern ist. Durch eine andere Überlegung ist leicht zu zeigen, daß in Gl. (7.25) $y^{\varrho-1}$ tatsächlich negiert werden muß. Wäre nämlich in dieser Gleichung $y^{\varrho-1}$ unnegiert, so würde für eine speichernde Eingangsbelegung (für die ja $\mu_0 = \mu_{0u} = 0$ und $\mu_y = 1$ gilt)

$$\overline{y^\varrho} = y^{\varrho-1}$$

entstehen. Für einen Speicher mit einer Verzögerung in der Rückführung könnte gemäß Gl. (7.22) die obige Gleichung folgendermaßen geschrieben werden:

$$\overline{y^\varrho(t)} = y^{\varrho-1}(t) = y^\varrho(t - \Delta t) ,$$

was unter Weglassen des gleich gewordenen und daher nicht mehr aussagekräftigen Zustandsindex ϱ für den linken und rechten Ausdruck zur Schwingergleichung

$$\overline{y(t)} = y(t - \Delta t) \tag{7.26}$$

führt. Für einen Selbsthaltekreis ohne Verzögerung in der Rückführung, für den also $\Delta t = 0$ gilt, würde die Schwingergleichung in

$$\bar{y} = y ,$$

übergehen, was sogar einen mathematischen Widerspruch darstellt.

Es soll nun gezeigt werden, daß das rein formale Negieren der Gl. (7.15) nach De Morgan Gl. (7.25) liefert. Der einfacheren Schreibweise wegen, aber besonders im Hinblick auf die Selbsthaltekreise, wird der Zustandsindex weggelassen:

$$\begin{aligned}
\bar{y} &= \overline{\mu_1 \vee (\mu_{1u} \vee \mu_y)\, y} = \overline{\mu_1} \wedge \overline{(\mu_{1u} \vee \mu_y)\, y} \\
&= \overline{\mu_1} \wedge [\overline{(\mu_{1u} \vee \mu_y)} \vee \overline{y}] = \overline{\mu_1} \wedge [(\overline{\mu_{1u}} \wedge \overline{\mu_y}) \vee \overline{y}] \\
&= (\overline{\mu_1} \wedge \overline{\mu_{1u}} \wedge \overline{\mu_y}) \vee (\overline{\mu_1} \wedge \overline{y});
\end{aligned}$$

$$\begin{aligned}
&\overline{\mu_1} = \mu_0 \vee \mu_y ; \overline{\mu_y} = \mu_0 \vee \mu_1 ; \\
&\overline{\mu_1} \wedge \overline{\mu_{1u}} = \overline{\mu_1 \vee \mu_{1u}} ; \\
&\mu_1 \vee \mu_{1u} = \mu_1 ; \\
&\overline{\mu_1 \vee \mu_{1u}} = \overline{\mu_1} = \mu_0 \vee \mu_y , \\
&\overline{\mu_1} \wedge \overline{\mu_{1u}} = \mu_0 \vee \mu_y , \\
&\overline{\mu_1} \wedge \overline{\mu_{1u}} \wedge \overline{\mu_y} = (\mu_0 \vee \mu_y) \wedge \overline{\mu_y} = \\
&(\mu_0 \wedge \overline{\mu_y}) \vee (\mu_y \wedge \overline{\mu_y}) = \mu_0 \wedge (\mu_0 \vee \mu_1) = \\
&(\mu_0 \wedge \mu_0) \vee (\mu_0 \wedge \mu_1) = \mu_0 .
\end{aligned}$$

Werden in

$$\bar{y} = (\overline{\mu_1} \wedge \overline{\mu_{1u}} \wedge \overline{\mu_y}) \vee (\overline{\mu_1} \wedge \overline{y})$$

die Funktionen

$$(\overline{\mu_1} \wedge \overline{\mu_{1u}} \wedge \overline{\mu_y}) = \mu_0 \,,$$

$$\overline{\mu_1} = \mu_0 \vee \mu_y$$

eingesetzt, so wird das folgende Zwischenergebnis erhalten:

$$\bar{y} = \mu_0 \vee (\mu_0 \vee \mu_y)\,\bar{y} \,. \tag{7.27}$$

Dieses Zwischenergebnis wird noch zu Gl. (7.25) verallgemeinert:

$$\begin{aligned} \bar{y} &= \mu_0 \vee (\mu_0 \vee \mu_{0u} \vee \mu_y)\,\bar{y} \\ &= \mu_0 \vee \mu_0\,\bar{y} \vee (\mu_{0u} \vee \mu_y)\,\bar{y} \\ &= \mu_0 \vee (\mu_{0u} \vee \mu_y)\,\bar{y} \,. \end{aligned} \tag{7.28}$$

Die negierte Speicherfunktion in der Darstellung von Gl. (7.28) soll als gleichwertig mit Gl. (7.25) betrachtet werden, und zwar in dem Sinn, wie Gl. (7.21) zur Gl. (7.15) als gleichwertig gilt. Da dieser Speicher aber Übergänge von löschenden auf speichernde Eingangsbelegungen (und umgekehrt) aufweist, stellt Gl. (7.27) die vollständig Null-hazardfreie Gleichung dar.

7.6. Die Speicher-Grundgleichungen und ihre Negation

Die Definition eines Speichers (Abschnitt 7.2.1) verlangt, daß keine der Mengen M_0, M_1, M_y eine leere Menge ist. In der allgemeinen Speichergleichung (7.21) ist aber der Speicherausgang nur von jenen Eingangsbelegungen abhängig, die den Mengen M_1 und M_y zugeordnet werden können. In der negierten Form Gl. (7.28) der allgemeinen Speichergleichung ist der Speicherausgang hingegen nur von den beiden Mengen M_0 und M_y abhängig. Zur Beschreibung einer Speicherfunktion genügen also zwei der drei Mengen M_0, M_1, M_y. Demnach muß auch noch eine Speicherfunktion existieren, die von den Mengen M_0 und M_1 abhängt. Es müssen sogar zwei solche Funktionen existieren; eine, die aus Gl. (7.21), und eine andere, die aus Gl. (7.28) hervorgeht.

Ausgehend von Gl. (7.21) soll vorerst $\mu_{1u} = 0$ gesetzt werden. Dann kann die gesuchte Funktion folgendermaßen errechnet werden:

$$\begin{aligned} y &= \mu_1 \vee \mu_y y = \{\text{Gl. } (7.8)\} \\ &= \mu_1 \vee \overline{(\mu_1 \vee \mu_0)}\, y = \{\text{Gl. } (7.12)\} \\ &= \mu_1 \vee \overline{(\mu_1 \vee \mu_{1u} \vee \mu_0)}\, y \\ &= \mu_1 \vee (\bar{\mu}_1 \bar{\mu}_{1u} \bar{\mu}_0)\, y \\ &= (\mu_1 \vee \bar{\mu}_1)\,[\mu_1 \vee (\bar{\mu}_{1u} \bar{\mu}_0)\, y] \,, \end{aligned}$$

$$y = \mu_1 \vee \overline{(\mu_{1u} \vee \mu_0)}\, y \,. \tag{7.29}$$

Dies stellt den *verallgemeinerten dominierend setzenden Speicher* dar und ist die erste der gesuchten Speicherfunktionen, die nur von M_0 und M_1 abhängen. Für $\mu_{1u} = 0$ liefert sie vollständig Eins-hazardfreie Selbsthaltekreise, wie aus den Gleichungen (7.24) und (7.6) hervorgeht. Ihre Negation nach DE MORGAN führt unmittelbar zu

$$\bar{y} = \bar{\mu}_1(\mu_{1u} \vee \mu_0 \vee \bar{y}) \,. \tag{7.30}$$

Nun wird von Gl. (7.28), in der vorübergehend $\mu_{0u} = 0$ gesetzt wird, ausgegangen:

$$\bar{y} = \mu_0 \vee \mu_v \bar{y} \,.$$

Das Negieren dieser Gleichung gestattet folgende weitere Rechnung:

$$\begin{aligned} y &= \bar{\mu}_0(\bar{\mu}_v \vee y) = \{\text{Gl. } (7.8)\} \\ &= \bar{\mu}_0(\mu_0 \vee \mu_1 \vee y) = \{\text{Gl. } (7.12)\} \\ &= \bar{\mu}_0(\mu_0 \vee \mu_{0u} \vee \mu_1 \vee y) \\ &= \bar{\mu}_0\mu_0 \vee \bar{\mu}_0\,(\mu_{0u} \vee \mu_1 \vee y) \\ &= \bar{\mu}_0(\mu_{0u} \vee \mu_1 \vee y) \,. \end{aligned} \tag{7.31}$$

Dies stellt den *verallgemeinerten dominierend löschenden Speicher* dar und ist die zweite der gesuchten, nur von M_0 und M_1 abhängigen Speicherdarstellungen. Für $\mu_{0u} = 0$ liefert sie ebenfalls einen vollständig Eins-hazardfreien Selbsthaltekreis. Durch Negieren nach DE MORGAN wird jetzt

$$\bar{y} = \mu_0 \vee \overline{(\mu_{0u} \vee \mu_1)}\,\bar{y} \tag{7.32}$$

erhalten.

Die graphische Darstellung von Gl. (7.29) ist für $\mu_{1u} = 0$ in Bild 7.6a, die der Gl. (7.32) für $\mu_{0u} = 0$ in Bild 7.6b dargestellt. Der Selbsthaltekreis des Bildes 7.6a stellt einen dominierend setzenden, der des Bildes 7.6b einen dominierend löschenden Speicher dar. Da sie die häufigsten Speicherarten sind, ist es wichtig angeben zu können, wie auf Basis dieser zwei Grundspeicher jede beliebige Speicherfunktion realisiert werden kann. Eben dies erfolgt durch die Gleichungen (7.29) und (7.31).

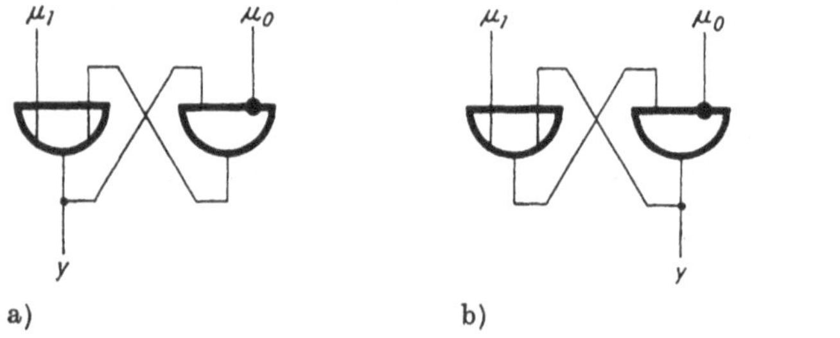

Bild 7.6: a) Verallgemeinerter dominierend setzender Speicher
b) Verallgemeinerter dominierend löschender Speicher

Für die hier angestellten Überlegungen soll ein anschauliches Beispiel folgen. Dazu ist zunächst festzustellen, daß kommerzielle Steuerungssysteme häufig über nur eine einzige Speichertype (manchmal über zwei oder selten noch über eventuell drei Typen) verfügen. So gestattet beispielsweise das pneumatische Steuerungssystem SAMSOMATIC die Realisierung eines dominierend setzenden Speichers durch einen einzigen sog. SAMSOMATIC-Mikroschalter (s. Abschn. 8.2.1.1). In einem solchen Steuerungssystem muß dann jede durch die Aufgabenstellung gegebene Speicherfunktion (siehe hierzu auch den nächsten Abschnitt) mittels des verfügbaren Speichers realisiert werden. Im Falle von SAMSOMATIC muß also jede zu verwirklichende Speicherfunktion durch die Gleichung des verallgemeinerten dominierend setzenden Speichers (Gl. (7.29)) berechnet werden. Dazu nun folgendes Beispiel:

Gegeben sei ein dominierend löschender Speicher durch das K-Diagramm Bild 7.7. Dieser Speicher soll nach Gl. (7.29) berechnet werden. Aus dem K-Diagramm kann $\mu_1 = x_1\bar{x}_2$ bestimmt werden und bei der willkürlichen Wahl von $\mu_{1u} = 0$ (um eine möglichst einfache Realisierung zu bekommen) erhält man $\mu_{1u} \vee \mu_0 = x_2$. Diese Ausdrücke in

$$y = \mu_1 \vee \overline{(\mu_{1u} \vee \mu_0)}\, y \tag{7.29}$$

eingesetzt ergeben

$$y = x_1\bar{x}_2 \vee \bar{x}_2 y\,,$$

was zu den Realisierungen des Bild 7.8 führt.

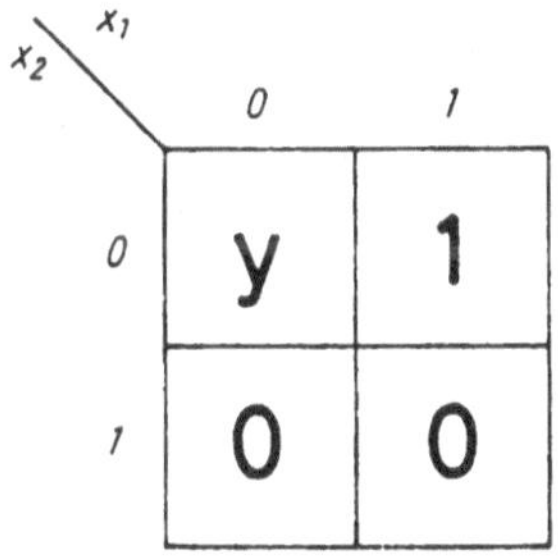

Bild 7.7: K-Diagramm des dominierend löschenden Speichers

Aus einem in Tab. 7.3 vorgenommenen paarweisen Vergleich der Gleichungen (7.21) mit (7.28), (7.29) mit (7.32) und (7.31) mit (7.30) geht hervor, daß die zu einer gegebenen Speicherfunktion negierte Funktion durch bloßes Ersetzen von μ_1 durch μ_0 (bzw. μ_{1u} durch μ_{0u}) und umgekehrt erfolgen kann. Auf Grund einer einfachen Überlegung wurde hiervon schon zu Beginn des Abschnittes 7.5 Gebrauch gemacht. Diese Vertaushbarkeit von μ_1 und μ_0 bei zueinander negierten Speichern soll als die Symmetrie der zueinander negierten Speicher bezeichnet werden; sie nimmt, wie in Abschnitt 7.8 gezeigt wird, graphisch eine sehr anschauliche Gestalt an.

7.7. Eine einheitliche Bezeichnung von Speicherfunktionen

Es ist üblich, eine kombinatorische Funktion

$$y = F_r(n)$$

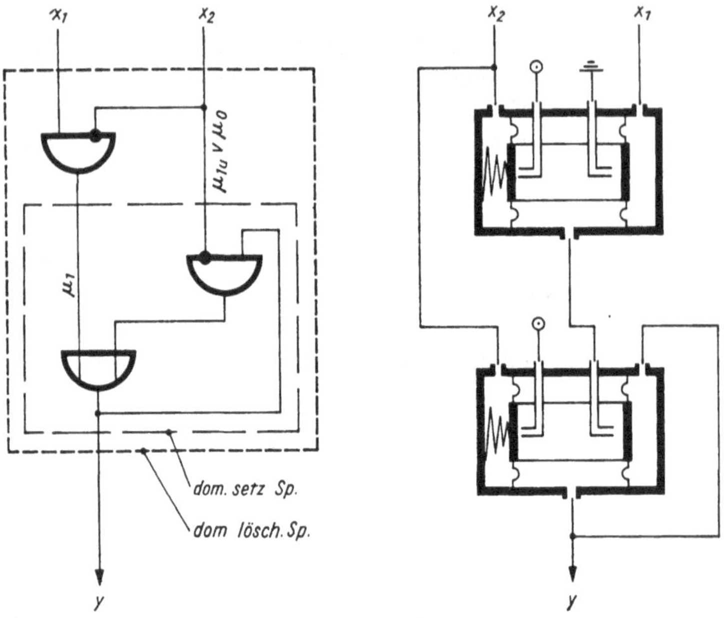

Bild 7.8: a) Realisierung des dominierend löschenden Speichers aus dem dominierend setzenden Speicher mittels vorgeschalteter Inhibition
b) Realisierung dieser Schaltung mit zwei SAMSOMATIC-Mikroschalter (siehe auch Bild 8.7)

Tabelle 7.3
Negieren von Speicherfunktionen

$y = \mu_1 \vee (\mu_{1u} \vee \mu_y)\, y$ Gl. (7.21)	$\bar{y} = \mu_0 \vee (\mu_{0u} \vee \mu_y)\, \bar{y}$ Gl. (7.28)
$y = \mu_1 \vee (\overline{\mu_{1u} \vee \mu_0})\, y$ Gl. (7.29): Dominierend setzend	$\bar{y} = \mu_0 \vee (\overline{\mu_{0u} \vee \mu_1})\, \bar{y}$ Gl. (7.32)
$y = \bar{\mu}_0(\mu_{0u} \vee \mu_1 \vee y)$ Gl. (7.31): Dominierend löschend	$\bar{y} = \bar{\mu}_1(\mu_{1u} \vee \mu_0 \vee \bar{y})$ Gl. (7.30)

durch den tiefgestellten Index

$$r := \sum_{j=0}^{2^n-1} y_j \cdot 2^{(2^n-1)-j} \tag{4.40}$$

zu bezeichnen. In Analogie dazu ist es möglich, eine Speicherfunktion $y = F(n)$ durch zwei tiefgestellte Indizes r und s zu kennzeichnen:

$$y = F_{r,s}(n); \tag{7.33}$$

$$r := \sum_{j=0}^{2^n-1} \alpha_j \cdot 2^{(2^n-1)-j} \quad \text{wobei} \quad \begin{cases} \alpha_j = 1 \text{ wenn } j \in M_1\,, \\ \alpha_j = 0 \text{ wenn } j \notin M_1\,, \end{cases} \tag{7.34}$$

$$s := \sum_{j=0}^{2^n-1} \beta_j \cdot 2^{(2^n-1)-j} \quad \text{wobei} \quad \begin{cases} \beta_j = 1 \text{ wenn } j \in M_y\,, \\ \beta_j = 0 \text{ wenn } j \notin M_y\,. \end{cases} \tag{7.35}$$

Tabelle 7.4
Klassifizierende Zusammenstellung der Speicher $F_{r,s}(2)$ mit zwei Eingängen und einem Ausgang

		k_0	k_1	k_2	k_3	identisch mit	
		$\bar{x}_1\bar{x}_2$	$\bar{x}_1x_2$	$x_1\bar{x}_2$	x_1x_2		
r	s	y_0	y_1	y_2	y_3	r	s
1	2	0	0	y	1		
1	4	0	y	0	1	1	2
1	6	0	y	y	1		
1	8	y	0	0	1		
1	10	y	0	y	1		
1	12	y	y	0	1	1	10
2	1	0	0	1	y		
2	4	0	y	1	0	4	2
2	5	0	y	1	y	4	3
2	8	y	0	1	0		
2	9	y	0	1	y		
2	12	y	y	1	0	4	10
3	4	0	y	1	1	5	2
3	8	y	0	1	1		
4	1	0	1	0	y	2	1
4	2	0	1	y	0		
4	3	0	1	y	y		
4	8	y	1	0	0	2	8
4	9	y	1	0	y	2	9
4	10	y	1	y	0		
5	2	0	1	y	1		
5	8	y	1	0	1	3	8
6	1	0	1	1	y		
6	8	y	1	1	0		
8	1	1	0	0	y		
8	2	1	0	y	0		
8	3	1	0	y	y		
8	4	1	y	0	0	8	2
8	5	1	y	0	y	8	3
8	6	1	y	y	0		
9	2	1	0	y	1		
9	4	1	y	0	1	9	2
10	1	1	0	1	y		
10	4	1	y	1	0	12	2
12	1	1	1	0	y	10	1
12	2	1	1	y	0		

Gleichung (4.40) ist jener Sonderfall von Gl. (7.34), der nur für kombinatorische Schaltungen gilt. In Gl. (7.33) stellen r und s jeweils die Binärgewichtungen der setzenden bzw. speichernden Eingangsbelegungen dar. Zur Veranschaulichung dieser Bezeichnungsweise sind sämtliche Speicher mit zwei Eingangsvariablen und einem Ausgang in Tab. 7.4 eingetragen. Zwei Speicherfunktionen, die durch bloßes Vertauschen der beiden Eingangsvariablen ineinander übergeführt werden, benötigen nur eine gemeinsame gerätetechnische Realisierung (siehe auch S. 40) und sollen daher als identisch gelten. In Tab. 7.4 sind diese identischen Speicher besonders gekennzeichnet. Es verbleiben somit 21 sinnvolle Speicherfunktionen mit zwei Eingängen und einem Ausgang.

Die zu einer gegebenen Speicherfunktion $F_{r,s}(n)$ negierte Speicherfunktion sei mit $F_{\bar{r},s}(n)$ bezeichnet:

$$\overline{F_{r,s}(n)} := F_{\bar{r},s}(n) \,. \tag{7.36}$$

Nach Gl. (7.34) stellt der Index $\bar{r}$ die Binärgewichtung der löschenden Eingangsbelegungen dar und kann entsprechend Gl. (7.34) definiert werden als

$$\bar{r} := \sum_{j=0}^{2^n-1} \bar{\alpha}_j \cdot 2^{(2^n-1)-j} \quad \text{wobei} \quad \begin{cases} \bar{\alpha}_j = 1 \text{ wenn } j \in M_0 \,, \\ \bar{\alpha}_j = 0 \text{ wenn } j \notin M_0 \,. \end{cases} \tag{7.37}$$

Der Index $\bar{r}$ kann aus den Indizes r und s nach der Gleichung

$$\bar{r} = 2^{2^n} - 1 - r - s \tag{7.38}$$

berechnet werden. Hiermit kann sofort zu jedem Speicher der negierte Speicher angegeben werden.

In der Literatur sind die Bezeichnungen der Speicher keineswegs einheitlich. Zur Kennzeichnung der einzelnen Speicherfunktionen verwenden verschiedene Autoren verschiedene Buchstaben; eine Auswahl ist in Tab. 7.5 zusammengestellt. Für die ersten drei Speicher dieser Tabelle sind nach DIN 40700 eigene Symbole (Bild 7.9) eingeführt.

Tabelle 7.5
Speicherbezeichnungen bei verschiedenen Autoren und in DIN 40700

Speicher nach Tabelle 7.4	Autor [48]	Autor [37]	DIN 40700
$F_{2,8}(2)$	*EL*	*R*	Dominierend löschend
$F_{3,8}(2)$	*SL*	*S*	Dominierend setzend
$F_{2,9}(2)$	–	*E*	Dominierend speichernd
$F_{1,10}(2)$	–	*DV*	–

In der Elektrotechnik werden, über die bisher angeführten Speicher hinausgehend, noch sogenannte RS-, T- und JK-Flip-Flop verwendet. Hiervon ist nur das RS-Flip-Flop (im Sinne dieses Kapitels) ein Speicher, allerdings ein Speicher mit zwei Ausgängen. Er wird im nächsten Abschnitt ausführlich behandelt. T- und JK-Flip-Flop stellen bereits sequentielle Schaltungen dar und werden als Beispiele in Abchnitt 10 behandelt.

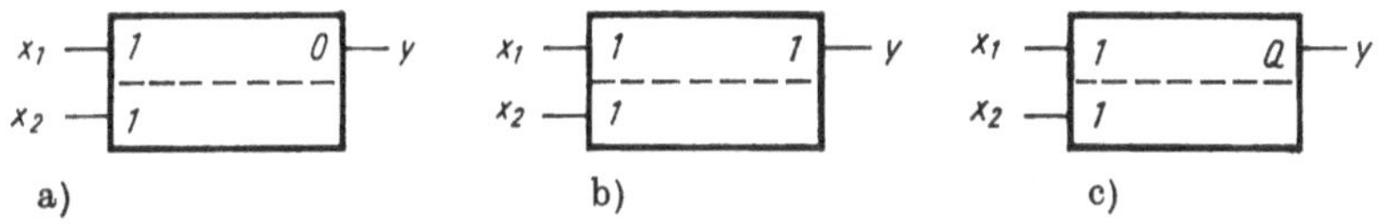

Bild 7.9: Speichersymbole nach DIN 40700
a) dom. löschender Speicher $F_{2,8}(2)$
b) dom. setzender Speicher $F_{3,8}(2)$
c) dom. speichernder Speicher $F_{2,9}(2)$

7.8. Das Set-Reset Flip-Flop (RS-Flip-Flop)

In den vorangehenden Abschnitten wurden nur Speicher mit einem Ausgang behandelt. In diesem Abschnitt soll der Sonderfall der Selbsthaltekreise mit zwei zueinander negierten Abgriffen (Ausgängen) untersucht werden. Diese Untersuchung wird zeigen, daß überhaupt nur ein einziger solcher Selbsthaltekreis existiert und daß er symmetrisch aufgebaut sein muß. Dieser Selbsthaltekreis wurde erstmals bereits 1919 von Eccles und Jordan angegeben und er wird in [129] als Set-Reset Flip-Flop bezeichnet.

Bei der allgemeinen Realisierung einer Speicherfunktion als Selbsthaltekreis (Bild 7.4) kommen im eigentlichen Selbsthaltekreis ein Und- sowie ein Oder-Gatter vor. Die Speicherfunktion selbst, also der Ausgang y, wird als Abgriff nach dem Oder-Gatter erhalten. Damit drängt sich die Frage auf, welche Schaltfunktion y nach dem Und-Gatter abgegriffen werden kann. Gemäß Bild 7.4 läßt sich dieser Abgriff algebraisch folgendermaßen beschreiben:

$$y^* = (\mu_{1u} \vee \mu_y)\, y\,. \tag{7.39}$$

Im allgemeinen ist y^* nicht mehr als Speicherfunktion darstellbar, sondern muß bereits als sequentielle Schaltung beschrieben werden. Daß $y^* = 0$ ist für $k_j \in M_1$ (wobei $k_j \notin M_{1u}$ sein möge) ist Beweis dafür, daß y^* für $M_{1u} \subset M_1$ keine Speicherfunktion sein kann.

Ist hingegen $M_{1u} = M_1$ (also $\mu_{1u} = \mu_1$), wie im weiteren angenommen werden soll, so ist

$$y^* = (\mu_1 \vee \mu_y)\, y = y\,. \tag{7.40}$$

Dies besagt, daß es genau einen Selbsthaltekreis gibt (nämlich für $\mu_{1u} = \mu_1$), bei dem beide Abgriffe Speicherfunktionen und also einander gleich sind ($y^* = y$). Gl. (7.40) kann dadurch verifiziert werden, daß nacheinander löschende, setzende und speichernde Eingangsbelegungen eingesetzt werden.

An dem allgemeinen Sachverhalt wird nichts geändert, wenn z. B. zwischen Ausgang des UND-Gatters und Eingang des ODER-Gatters zwei Negatoren in den Selbsthaltekreis eingesetzt werden. Damit ist es möglich, nach dem ersten Negator, der dem UND-Gatter folgt, die negierte Funktion $\bar{y}$ abzugreifen.

Die Gleichungen (7.21) und (7.6) führen für y zu

$$y = \mu_1 \vee \overline{\overline{\bar{\mu}_0 y}}\,,$$

$$y = \mu_1 \vee \overline{\mu_0 \vee \bar{y}}\,, \qquad (7.41)$$

während die hierzu negierte und daher symmetrische Beziehung (Abschnitt 7.6)

$$\bar{y} = \mu_0 \vee \overline{\mu_1 \vee y} \qquad (7.42)$$

lautet. Gl. (7.41) ist in Bild 7.10a und Gl. (7.42) in Bild 7.10b dargestellt. Die Symmetrie, die durch das Vertauschen von μ_0 und μ_1 beim Negieren entsteht, ist deutlich erkennbar.

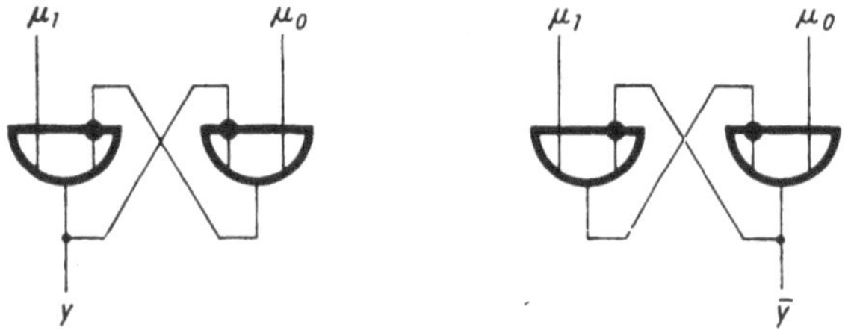

a) b)

Bild 7.10: Zum RS-Flip-Flop; Darstellung der Gln. (7.41) und (7.42)

Das Zusammenzeichnen dieser beiden Bilder liefert die Schaltung des gesuchten Set-Reset Flip-Flop (Bild 7.11a). Die vier möglichen Varianten dieser Schaltung sind in Bild 7.11 dargestellt.

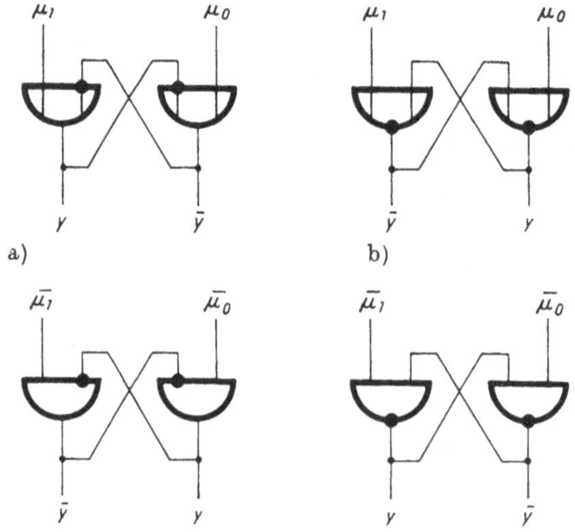

c) d)

Bild 7.11: Schaltungsvarianten des RS-Flip-Flop

Es ist üblich

$$\mu_1 := S \quad \text{und} \quad \mu_0 := R \tag{7.43}$$

zu setzen, womit angedeutet werden soll, daß S und R „unabhängige" Variable sind. Um aber sicherzustellen, daß beide Ausgänge tatsächlich zueinander negiert sind, muß gemäß Gl. (7.9)

$$R \wedge S = 0 \tag{7.44}$$

gesetzt werden. Dies bedeutet, daß R und S nicht gleichzeitig auftreten dürfen.

8. Gerätemäßige Realisierung von Speicherfunktionen

Von den im vorhergehenden Abschnitt beschriebenen und systematisierten Speicherfunktionen wird in handelsüblichen Logiksystemen nur ein kleiner Teil gerätemäßig realisiert. Aus wirtschaftlichen Gründen beschränkt man sich nämlich im Interesse hoher Stückzahlen auf möglichst wenige Typen. Dies ist deshalb möglich, weil man durch Vorschalten kombinatorischer Schaltungsteile verschiedene Speichertypen ineinander überführen kann, wie es auch schon in Abschn. 7 gezeigt wurde. Die innerhalb der kommerziellen Steuerungssysteme angebotenen Speichertypen sind dann meist jene Speicherfunktionen, die sich in den betreffenden Technologien besonders einfach realisieren lassen.

Abgesehen von der bereits vorgenommenen Klassifizierung der Speicherfunktionen kann man die Vielfalt der technischen Realisierungen der Speicher in zwei Hauptgruppen einteilen. Die erste Gruppe umfaßt Bauelemente, deren innerer Aufbau an sich schon ein speicherndes Schaltverhalten bewirkt. Es sind dies die „Speicher ohne Rückführung", die wir auch als „Zustandsänderungs-Speicher" bezeichnen wollen. Die zweite Gruppe bilden die „Speicher mit Rückführung", das sind die sog. „Selbsthaltekreise". Wie schon ausführlich dargestellt, bestehen sie aus kombinatorischen Schaltelementen mit rückgeführtem Ausgang. Diese übergeordnete Einteilung gilt unabhängig von der bereits früher vorgenommenen Einteilung der Schaltelemente nach Art der Hilfsenergie bzw. der Arbeitsweise.

Eine sequentielle Schaltung kann „synchron" oder „asynchron" betrieben werden (s. Abschn. 9.4), wobei wir uns in diesem Buch aber nur mit den asynchronen sequentiellen Schaltungen auseinandersetzen. Innerhalb einer synchronen Schaltung werden die Speicher durch das „Takten" synchronisiert, und man könnte daher auch zwischen „getakteten" Speichern (in der Literatur häufig auch als „synchrone Speicher" bezeichnet) und ungetakteten Speichern unterscheiden. Eine derartige Unterscheidung ist aber im wesentlichen nur bei elektronischen Speichern sinnvoll, weil nur dort sowohl getaktete als auch ungetaktete Speicher vorkommen. Fluidische und elektromagnetische Speicher arbeiten mit wenigen Ausnahmen im allgemeinen ungetaktet. Bei getakteten Speichern werden die an sog. Vorbereitungseingängen anstehenden Eingangssignale erst nach Erscheinen des (periodischen) Taktimpulses an einem Auslöseeingang wirksam. Dagegen werden bei ungetaktetem (asynchronen) Betrieb die Signalwechsel an den Ausgängen ohne Auslöseimpuls direkt von den Signalwechseln an den Eingängen veranlaßt. Bei

Speicherelementen kann man daher im allgemeinen drei verschiedene Arten von Eingängen unterscheiden:

1. Vorbereitungseingänge (Bedingungseingänge); die an ihnen anstehenden Signale werden erst dann wirksam, wenn am zugehörigen Auslöseeingang ein bestimmter Signalübergang erfolgt.
2. Auslöseeingänge (Taktimpulseingänge); bestimmte Signalzustände oder bestimmte Signalübergänge an diesen Eingängen bewirken, daß Signale an den Vorbereitungseingängen die Ausgänge beeinflussen können. Bei getakteten Speichern steht an diesen Eingängen ein periodischer Taktimpuls an und diese Eingänge besitzen dann keine logische Funktion.
3. Direkteingänge; sie wirken direkt auf die Gatter der Speicherkreise.

Getaktete Speicher oder getaktete Flip-Flop besitzen Eingänge von der ersten und zweiten Art, wobei an den Auslöseeingängen ein periodisches Signal vorhanden sein muß. Sie können aber auch Direkteingänge besitzen. Ungetaktete Speicher oder ungetaktete Flip-Flop besitzen im allgemeinen nur Direkteingänge, können aber auch Eingänge der ersten und zweiten Art besitzen, wobei Auslöseeingänge als Signaleingänge verwendet werden.

Über diese Einteilung der Arten der Eingänge hinaus wird insbesondere bei elektronischen Elementen noch zwischen sog. statischen und dynamischen Eingängen unterschieden. Eine Beschreibung dieser Eingangsunterschiede erfolgt später in Abschn. 8.2.2.2 und in Abschn. 9.5.

Zwei wichtige Eigenschaften von technischen Speichern müssen noch besprochen werden, die in der Beschreibung durch Gleichungen nicht zum Ausdruck kommen können. Besonders wichtig und auch sehr häufig verwendet werden Speicherelemente und Speicherkreise, für welche die Eingangsbelegung $j = 0$ (alle Eingänge gleich Null) eine speichernde Eingangsbelegung $j \in M_y$ ist. Bei vielen dieser aber auch bei anderen Elementen kann jedoch nicht gesagt werden, welches Signal am Ausgang unmittelbar beim Einschalten der Energieversorgung auftreten wird. Ist dies der Fall, so sagt man, das Element besitzt kein definiertes Einschaltverhalten. Z. B. besitzt der mit Bild 8.1 beschriebene pneumatische Kolbenspeicher kein definiertes Einschaltverhalten. Ein bestimmtes Ausgangssignal bei Einschalten der Energieversorgung kann hier nur dann erreicht werden, wenn gleichzeitig ein kurzes Signal an einem der Steuereingänge den Kolben in die gewünschte Ausgangsage bringt. Als definiertes Einschaltverhalten bezeichnet man also die Belegung des Ausgangs (mit 0 oder 1) beim Einschalten der Energieversorgung unter der Voraussetzung, daß damit eine speichernde Eingangsbelegung $j \in M_y$ ansteht.

Besitzen Speicherelemente oder Speicherkreise kein definiertes Einschaltverhalten, so können sie dafür eine andere oft sehr nützliche Eigenschaft besitzen: Bei Ausfall oder Abschalten der Energiezufuhr wird die zuletzt vorhandene Ausgangsinformation gespeichert und steht bei Wiedereinschalten der Hilfsenergie wieder zur Verfügung. So speichert z. B. der pneumatische Kolbenspeicher bei Ausfall oder Abschalten der Energiezufuhr die zuletzt vorhandene Information dadurch, daß zur Aufrechterhaltung einer bestimmten Kolbenlage keine Energie notwendig ist. Ein Speicherelement (Speicherkreis) kann nicht gleichzeitig beide Eigenschaften, definiertes Einschaltverhalten und Informationsspeicherung bei Ausfall bzw. Abschaltung der Hilfsenergie, besitzen. Speicherelemente können auch keine dieser beiden Eigenschaften besitzen, wobei aber ein definiertes Eigenschaltverhalten im allgemeinen durch geeignete Maßnahmen (z. B. Hilfsimpulse) erreicht werden kann.

8.1. Speicher ohne Rückführung (Zustandsänderungsspeicher)

Bei Speichern dieser Art bewirken bestimmte Eingangsbelegungen eine interne Änderung (z. B. Lageänderung, Änderung der Strömungsrichtung, Änderung des magnetischen Zustandes usw.), die auch nach Übergang auf eine speichernde Eingangsbelegung $j \in M_y$ beibehalten wird.

8.1.1. Fluidische Elemente als Zustandsänderungsspeicher

Ein Beispiel für einen Zustandsänderungsspeicher ist der pneumatische Kolbenschieber (Bild 8.1). Durch einen frei beweglichen Kolben wird der Ausgang y entweder mit dem Hilfsluftanschluß oder mit der Entlüftung verbunden. Wird dem höheren Wert des Informationsparameters („Druck vorhanden") das Eins-Signal und seinem niedrigen Wert das Null-Signal zugeordnet, dann ist bei der im Bild gezeichneten Kolbenstellung $y = 0$. Der Kolben ändert seine im Bild gezeichnete Lage nur dann, wenn nur bei x_2 Eins-Signal, d. h. wenn die Eingangsbelegung $j = 1$ vorhanden ist. Bei $j = 0$ und $j = 3$ behält der Kolben jene Lage bei, in die er durch die vorgehende Eingangsbelegung gebracht wurde. Die Speicherwirkung dieses Elementes ist also eine „Lagespeicherung" bei zwei speichernden Eingangsbelegungen.

Bistabile Wandstrahlelemente gehören ebenfalls zur Gruppe der Zustandsänderungsspeicher. Grundlage der Funktion dieser Elemente ist der bereits

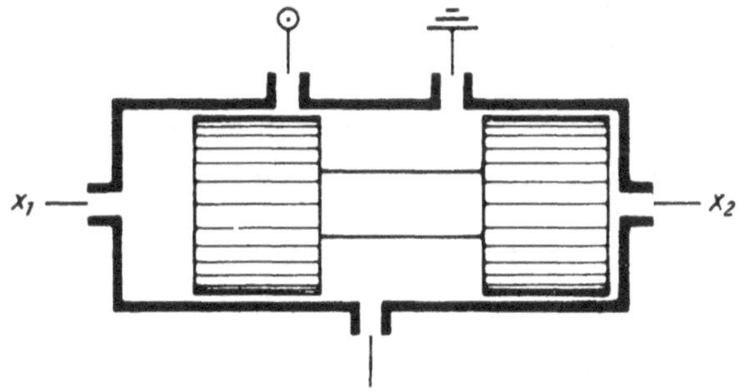

$$y = \bar{x}_1 x_2 \vee (\bar{x}_1 \bar{x}_2 \vee x_1 x_2) y$$

j	x_1	x_2	y
0	0	0	y
1	0	1	1
2	1	0	0
3	1	1	y

Bild 8.1: Pneumatischer Kolbenspeicher

im Abschnitt 6.2.2.3 besprochene Coanda-Effekt (Bild 6.27). Wandstrahlelemente zur Realisierung kombinatorischer Funktionen sind im allgemeinen unsymmetrisch aufgebaut. Der aus einer Düse austretende Fluidstrahl kann von einer Seite bevorzugt Fluidmedium mitreißen, wodurch er sich an eine Wand anlegt und von dieser nur durch Steuerstrahlen aus entsprechend angeordneten Kanälen abgedrängt werden kann. Wandstrahlelemente mit symmetrischem Aufbau können in sehr einfacher Weise Flip-Flop-Funktionen realisieren. Das im Bild 8.2 gezeigte Element besitzt kein definiertes Einschaltverhalten, d. h. es kann bei Einschalten der Versorgungsluft nicht gesagt werden, welcher Signalzustand an den beiden stets zueinander negierten Ausgängen y_1 und y_2 herrschen wird. Den eigentlichen Steuerkanälen x_1 und x_2 dieses Flip-Flop (Bild 8.2) sind zur Einsparung kombinatorischer Elemente passive Und-Impulselemente vorgeschaltet. Hat z. B. nach Ein-

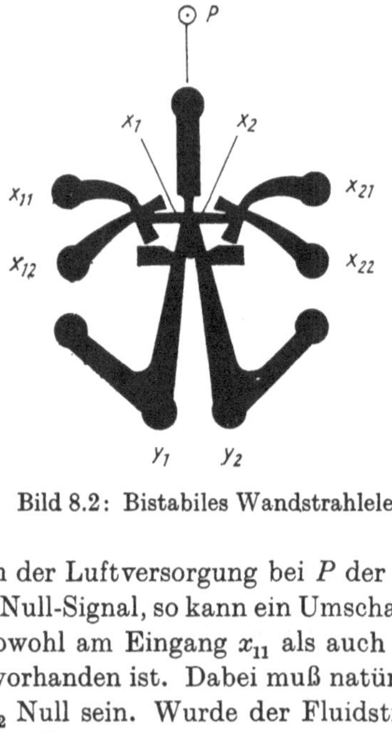

J	x_1	x_2	y_1	y_2
0	0	0	y_1	y_2
1	0	1	1	0
2	1	0	0	1
3	1	1	-	-

$x_1 = x_{11} x_{12}$
$x_2 = x_{21} x_{22}$

Bild 8.2: Bistabiles Wandstrahlelement von NORGREN

schalten der Luftversorgung bei P der Ausgang y_1 Eins-Signal und der Ausgang y_2 Null-Signal, so kann ein Umschalten des Elementes nur dann erfolgen, wenn sowohl am Eingang x_{11} als auch am Eingang x_{12} für kurze Zeit Eins-Signal vorhanden ist. Dabei muß natürlich zumindest einer der Eingänge x_{21} bzw. x_{22} Null sein. Wurde der Fluidstrahl von der linken Lage ($y_1 = 1$) in die rechte Lage ($y_2 = 1$) gekippt, so bleibt er in dieser stabilen Lage auch nach Wegfall eines oder beider Steuersignale x_{11} und x_{12}. Bezeichnet man zur Vereinfachung der Beschreibung des Elementes die unmittelbaren Steuereingänge mit x_1 und x_2, so beschreibt die Tabelle des Bildes 8.2 das Schaltverhalten dieses Elementes. Da die beiden Ausgänge y_1 und y_2 stets zueinander negiert sind, erfüllt dieses Element die Funktion eines Speicher-Flip-Flop. Speziell derartige Elemente mit vorgeschalteter Und-Funktion vor den steuernden Eingängen eignen sich besonders zum Aufbau von Schieberegistern. Außer Und-Funktionen sind auch Oder-Funktionen zur Erweiterung der Steuereingänge bistabiler Wandstrahlelemente üblich (s. auch Bild 6.28).

8.1.2. Der Thyristor als Zustandsänderungsspeicher

Ein Beispiel für einen elektronischen Zustandsänderungsspeicher ist der Thyristor. Er besteht aus je zwei p-leitenden und n-leitenden Halbleiterschichten (Vierschicht-Siliziumkristall), die in der Reihenfolge pnpn von der Anode (Kollektor) zur Kathode (Emitter) angeordnet sind (Bild 8.3). Die innere

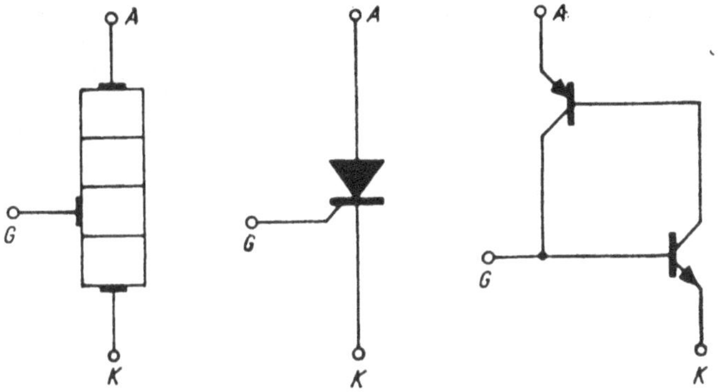

Bild 8.3: Aufbau des Thyristors, Schaltungssymbol und Ersatzschaltbild

p-Schicht wird an eine Steuerelektrode angeschlossen. Der Thyristor ist ein steuerbarer Halbleiterschalter und kann entweder voll gesperrt oder voll durchlässig sein. Zur Funktionsbeschreibung kann man nach Bild 8.3 ein Ersatzschaltbild mit einem pnp-Transistor T_1 und einem npn-Transistor T_2 (s. Abschn. 6.3.3) verwenden. Im nichtgezündeten Zustand sperren bei begrenzter Spannung beide Transistoren, und zwar für beide möglichen Polungen der äußeren zwischen A und K angelegten Spannung, weil immer mindestens einer der pn-Übergänge in Sperr-Richtung gepolt ist. Beim Anlegen einer gegen die Kathode positiven Anodenspannung fließen in beiden Transistoren die Kollektor-Restströme. Der Kollektorstrom eines Transistors ist gleichzeitig Basisstrom des anderen. Zwischen beiden Transistoren tritt ein Rückkopplungsvorgang auf, der dann zum Durchschalten der Anordnung führt, wenn die Summe der beiden Gleichstromverstärkungen in Basisschaltung beider Transistoren größer als Eins wird. Die Gleichstromverstärkung der beiden Transistoren ist wiederum abhängig von der Größe des Gesamtstromes. Wird die Spannung zwischen Anode und Kathode so gewählt, daß die Summe beider Stromverstärkungen kleiner als Eins ist, dann kann ein Durchschalten nur folgendermaßen erreicht werden. Die Stromverstärkung der beiden Transistoren läßt sich auch durch Vergrößerung des Basisstromes eines der beiden Transistoren erhöhen. Dies kann durch Anlegen einer gegenüber der Kathode positiven Spannung an G erfolgen. Durch diesen Basisstrom wird der npn-Transistor T_2 volleitend. Liegt gleichzeitig an der Anoden-Kathoden-Strecke eine Spannung, infolge der durch die Vierschichtordnung ein Strom fließen kann, der größer ist als ein gewisser Mindeststrom (Haltestrom), so „zündet“ der Thyristor. Er bleibt auch nach Abschalten des Steuerstromes über G durchgeschaltet. Zum Zünden des Thyristors ist also nur ein kurzer positiver Steuer-Impuls notwendig. Der Thyristor geht erst dann wieder in den Sperrzustand über, wenn z. B. die Spannung an der Anode so weit gesenkt wird, daß der Haltestrom überschritten wird.

Nach dieser Funktionsbeschreibung könnte der Thyristor als Zustandsänderungsspeicher in einer Schaltung nach Bild 8.4 verwendet werden. Ordnet man den Eingängen x_1, x_2 und dem Ausgang y für positive Spannungen den Signalwert Eins und für Null Volt den Signalwert Null zu, dann erhält man das in der Tabelle im Bild 8.4 angegebene Schaltverhalten.

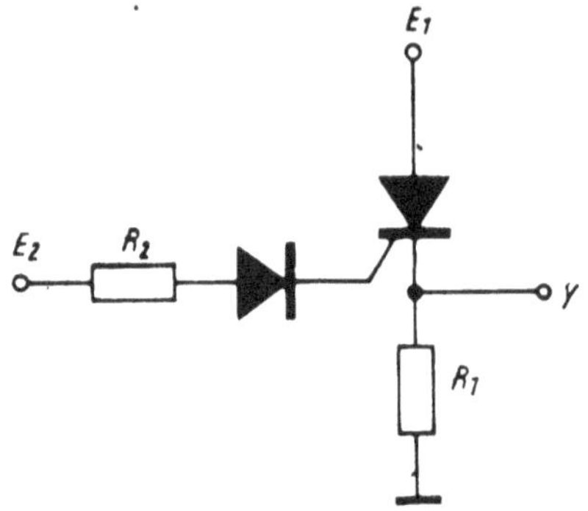

J	E1	E2	y
0	0	0	0
1	0	1	0
2	1	0	y
3	1	1	1

Bild 8.4: Thyristor-Speicherschaltung.

Bei den Eingangsbelegungen $j = 3$ ist der Thyristor gezündet. Da der Innenwiderstand des Thyristors im gezündeten Zustand sehr klein gegenüber R_1 ist, fällt die meiste Spannung zwischen x_2 und 0 an R_1 ab und y hat den Wert Eins. Dieser Zustand bleibt nun auch beim Übergang von $j = 3$ auf $j = 2$ erhalten. Voraussetzung dafür ist allerdings, daß ein bestimmter Mindeststrom zwischen Anode und Kathode nicht unterschritten wird. Ist der Thyristor gesperrt, dann wird beim Übergang auf die Eingangsbelegung $j = 2$ der Ausgang $y = 0$ beibehalten. Die Eingangsbelegung $j = 2$ ist also eine speichernde Belegung. Unter Voraussetzung daß $R_2 \gg R_1$ ist, herrscht bei der Eingangsbelegung $j = 1$ am Ausgang y Null-Signal, weil in diesem Fall der größte Teil des Spannungsabfalles zwischen x_2 und 0 am Widerstand R_2 auftritt.

Thyristoren werden in elektronischen Schaltkreissystemen vorwiegend in Ausgabestufen zum Schalten größerer Leistungen verwendet. Es sei noch erwähnt, daß bei diesen Schaltungen der Lastwiderstand im Gegensatz zur Schaltung nach Bild 8.4 im Anodenkreis liegt. Allerdings haben in der Informationsverarbeitung die Thyristoren bisher kaum Bedeutung erlangt.

8.2. Speicher mit Rückführung (Selbsthaltekreise)

Für die im vorhergehenden Abschnitt angeführten Speicher ohne Rückführung haben die Speichergleichungen nur beschreibenden Charakter. Die besprochenen Elemente besitzen bereits aufgrund ihrer inneren Struktur Speichereigenschaften, die nicht durch eigene Verschaltungsmaßnahmen hervorgerufen werden müssen. Es gibt allerdings nur wenige derartige Speicherelemente, die dann auch nur ganz bestimmte der im Abschn. 7.7 eingeführten Speicherfunktionen realisieren. In Abschn. 7.3 wurde hingegen gezeigt, daß der auf der rechten Seite der allgemeinen Speichergleichung Gl. (7.15) stehende Ausgang $y^{\varrho-1}$ als Rückführung des Ausgangs y^{ϱ} aufgefaßt werden darf. Damit ist es also möglich, mit Hilfe kombinatorischer Schaltelemente und Rückführungen alle Speicherkreise als Selbsthaltekreise aufzubauen.

8.2.1. Selbsthaltekreise mit statischen und dynamischen fluidischen Schaltelementen

8.2.1.1. Selbsthaltekreise mit statischen Elementen

Bei den statischen pneumatischen Logikelementen wurde hinsichtlich der Funktionsweise dieser Elemente nach Kolben-, Kugel- und Membranelementen unterschieden. Der Kolbenspeicher wurde bereits besprochen. Kugelelemente werden zumeist nur in Verbindung mit Kolben- oder Membranelementen eingesetzt. Selbsthaltekreise, die nur Kugelelemente verwenden sind deshalb kaum üblich. Insbesondere bei Membranelementen werden Speicherfunktionen durch Verschaltung einzelner Elemente zu Selbsthalte kreisen realisiert. Die einzelnen Logiksystemhersteller bieten zumeist fertig verschaltete Speicher-Bausteine an. In manchen Fällen kann ein Speicherkreis bereits aus einem einzigen Mehrfunktionen-Element gebildet werden.

So wie die Logikkapazität als die Gesamtheit der durch ein Mehrfunktionenelement realisierbaren kombinatorischen Funktionen definiert wird (siehe S. 81), kann in gleicher Weise eine sog. „Speicherkapazität" eingeführt werden. Sie ist die Gesamtheit der mit einem einzelnen Schaltelement durch entsprechende Rückführung realisierbaren Speicherfunktionen. Das in Abschn. 6.2.1.3 in seiner Funktion ausführlich besprochene Dreloba/Elliott-Doppelmembranrelais besitzt eine derartige Speicherkapazität, denn mit einem einzigen solchen Element können nach Bild 8.5 die beiden Speicherfunktionen $F_{2,1}(2)$ und $F_{3,4}(2)$ (s. Tab. 7.4) realisiert werden [41].

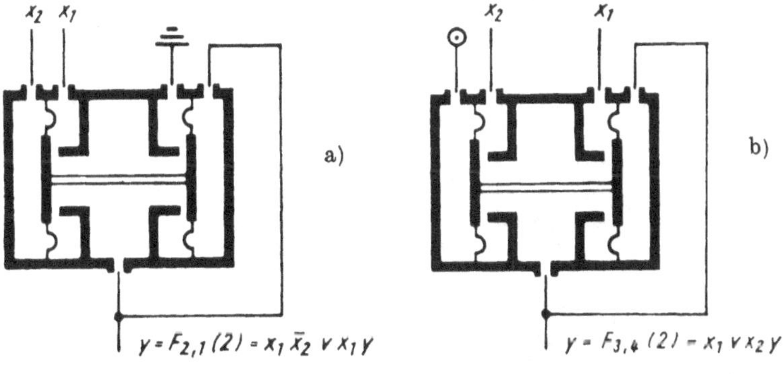

Bild 8.5: Selbsthaltekreise mit einem Dreloba/Elliott-Doppelmembranrelais

Als Beispiel für das in Abschn. 7.8 besprochene RS-Flip-Flop kann der sog. Speicherbaustein des Systems Dreloba/Elliott (Bild 8.6) angeführt werden. Dieser Baustein besteht aus zwei Doppelmembranrelais und zwei Doppelrückschlagventilen, die schlauchlos verschaltet sind. Den eigentlichen Speicherkreis bilden die beiden Doppelmembranelemente. Durch Weglassen der beiden vorgeschalteten Oder-Elemente läßt sich die Zahl der wesentlichen Eingänge auf zwei (x_1 und x_2) verringern und man kann das Schaltverhalten durch die Tabelle rechts im Bild 8.6 beschreiben. Die beiden Ausgangssignale sind bei allen Eingangsbelegungen mit Ausnahme der Belegung $j = 3$ stets zueinander negiert. Für $j = 3$ erscheint an beiden Ausgängen das Eins-Signal. Bei Einschalten der Versorgungsluft besitzt der Speicher kein definiertes Einschaltverhalten. Dieses kann aber durch Einsetzen einer Drossel in einen der beiden Rückführkreise oder durch einen Kurzimpuls an einen der beiden Eingänge gleichzeitig mit dem Einschalten der Luftversorgung erreicht werden.

Auch der ebenfalls in Abschn. 6.2.1.3 besprochene Samsomatic-Mikroschalter besitzt eine Speicherkapazität. Wie schon in Bild 7.8 gezeigt, kann mit diesem Schaltelement der dominierend setzende Speicher $F_{3,8}(2)$ verschaltet werden (Bild 8.7). Für Logiksysteme ist es besonders vorteilhaft, wenn mit einem einzigen normalen Schaltelement eine der am häufigsten verwendeten Speicherfunktionen verschaltet werden kann. Auf ähnliche Weise

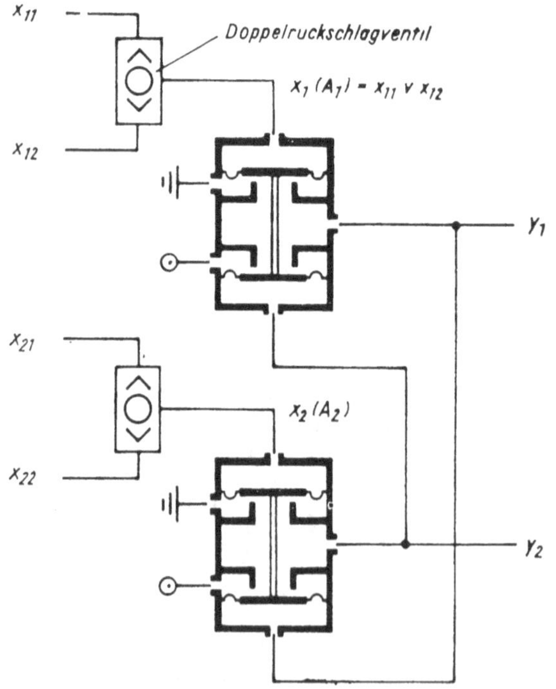

j	x_1	x_2	y_1	y_2
0	0	0	y_1	y_2
1	0	1	0	1
2	1	0	1	0
3	1	1	1	1

Bild 8.6: Schaltung des Dreloba/Elliott-Speicherbausteins

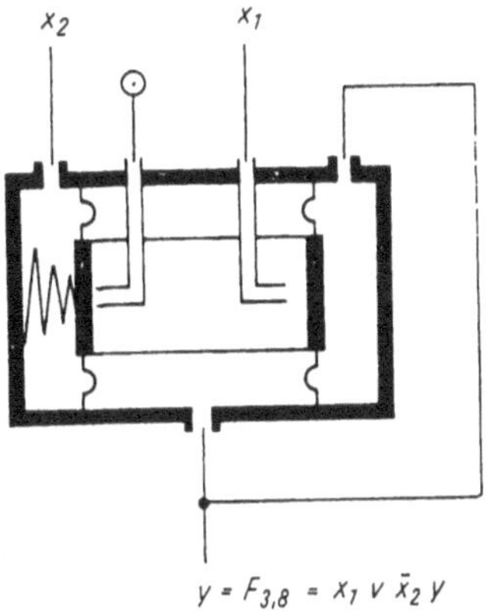

Bild 8.7: Verschaltung des SAMSOMATIC-Mikroschalters zum dominierend setzenden Speicher

kann mit einem einzigen Mikroschalter ebenso wie mit dem Doppelmembranrelais die Speicherfunktion $F_{2,1}(2)$ realisiert werden.

Das RS-Flip-Flop kann wieder unter Verwendung von zwei Mikroschaltern nach Bild 8.8 realisiert werden. Obwohl die Schalttabelle in diesem Bild die gleiche ist wie jene in Bild 8.6, bestehen doch hinsichtlich des Verhaltens dieser beiden Speicher gewisse Unterschiede. Die Eingänge x_{12} und x_{22} im Bild 8.8 sind im Gegensatz zu den Eingängen x_1 und x_2 im Bild 8.6 gesteuerte Eingänge, d. h. die mit ihnen verbundenen Ausgänge sind passiv. Dieser Unterschied macht sich allerdings nur dann bemerkbar, wenn am Ausgang größere Volumina aufgefüllt werden müssen. Ist dies der Fall, dann müssen bei derartigen Schaltungen am Ausgang Verstärker nachgeschaltet werden.

Als ein Beispiel für ein statisches Logiksystem mit mehreren Schaltelementen mit nur je einer Schaltfunktion wurde im Abschn. 6.2.1.3 das System FESTO 1000 erwähnt. Dieses System verwendet Und-, Oder- und Nicht-Elemente (Bild 6.14) und eine Verschaltungstechnik ähnlich der elektronischen Steckkartentechnik. Auf einer derartigen pneumatischen Steckkarte sind bereits vier Speicherkreise fertig verschaltet. Eine solche Karte beinhaltet vier „dominierend löschende“ und eine andere Karte beinhaltet vier „dominierend setzende“ Speicher.

Das Schaltelement des Systems SEMPRESS (Bild 6.15) erfüllt die Funktion Nor mit vier Eingängen. Mit Hilfe von zwei Nor-Elementen kann sehr einfach ein RS-Flip-Flop verschaltet werden, indem jeder der beiden Ausgänge in einen der Eingänge des anderen Elementes zurückgeführt wird.

8.2.1.2. Selbsthaltekreise mit dynamischen Elementen

Bei Systemen mit Wandstrahlelementen sind Rückführungen kaum anzutreffen. Das bistabile Wandstrahl-Speicherelement wurde bereits mit dem Beispiel in Bild 8.2 als Zustandsänderungsspeicher besprochen. Da dieses Element ebenso einfach ist wie ein kombinatorisches Schaltelement, werden

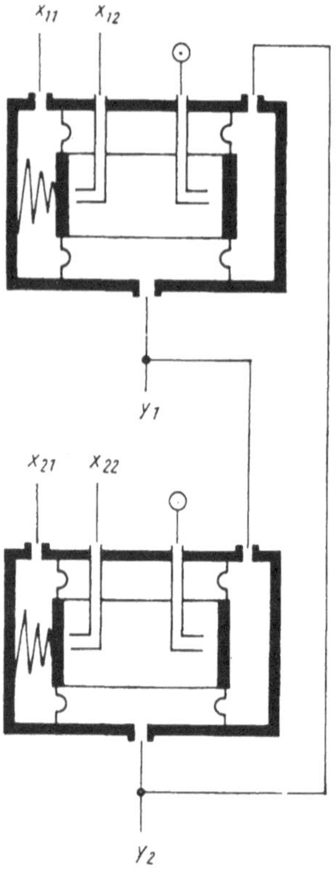

J	x_1	x_2	y_1	y_2
0	0	0	y_1	y_2
1	0	1	0	1
2	1	0	1	0
3	1	1	1	1

$x_1 = x_{11} \vee x_{12}$

$x_2 = x_{21} \vee x_{22}$

Bild 8.8: Verschaltung eines Speichers mit zwei Ausgängen aus zwei SAMSOMATIC-Mikroschaltern

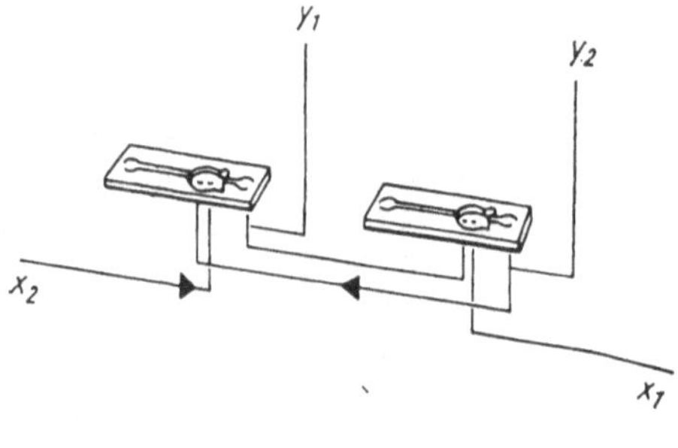

J	x_1	x_2	y_1	y_2
0	0	0	y_1	y_2
1	0	1	0	1
2	1	0	1	0
3	1	1	0	0

Bild 8.9: Speicherschaltung aus zwei Turbulenzverstärkern von MARTONAIR

bei Wandstrahlelementen im wesentlichen nur derartige Elemente als Speicher verwendet.

Die im Abschnitt 6.2.2.2 beschriebenen Turbulenzverstärker sind Nor-Elemente. Aus zwei Nor-Elementen kann sehr einfach ein RS-Flip-Flop durch Rückführung je eines Ausganges auf einen Eingang des anderen Elementes verschaltet werden. Bild 8.9 zeigt eine derartige Schaltung mit zwei

„Pneumistoren" von MARTONAIR (nach Bild 6.25). Die Verschaltung der beiden Elemente erfolgt schlauchlos durch zwei Steuerkanalplatten mit entsprechenden Verbindungskanälen. Bei der Eingangsbelegung $j = 1$ wird der Ausgang $y_1 = 0$ infolge des bei x_2 anstehenden Steuerstrahls. Da auch $x_1 = 0$ ist, sind die beiden Steuerkanäle des zweiten Pneumistors drucklos und am Ausgang y_2 ist Eins-Signal vorhanden. Für $j = 2$ gelten die gleichen Überlegungen. Bei $j = 3$ sind die Hauptstrahlen beider Pneumistoren durch je einen Steuerstrahl gestört und an beiden Ausgängen herrscht Null-Signal. Sind beide Eingänge Null ($j = 0$) so kommt es darauf an, welcher Hauptstrahl bei der vorhergehenden Eingangsbelegung gestört war. War der Hauptstrahl des ersten Elementes gestört, also $y_1 = 0$ und $y_2 = 1$, so bleibt beim Übergang auf $j = 0$ der erste Hauptstrahl durch die Rückführung des Ausganges y_2 weiterhin gestört. Entsprechendes gilt für den Übergang auf $j = 0$, wenn der Hauptstrahl des zweiten Elementes gestört ist.

8.2.2. Selbsthaltekreise mit elektromagnetischen und elektronischen Schaltelementen

Die Realisierung von Speicherfunktionen durch elektromagnetische und elektronische Schaltelemente erfolgt überwiegend in Form von Selbsthaltekreisen. Bei der Konstruktion der kombinatorischen Schaltungsteile werden die in Abschn. 6.3 bei der Realisierung kombinatorischer Schaltungen besprochenen Schaltungstechniken wie z. B. Serien und Parallelschaltung bei elektromagnetischen Kontaktschaltungen und RTL-, DTL-, TTL-Techniken usw. bei elektronischen Systemen verwendet.

8.2.2.1. Selbsthaltekreise in Relaistechnik

Im Abschn. 6.3.1 wurden einige Relaistypen und deren Eigenschaften besprochen. Insbesondere im Zusammenhang mit Selbsthaltekreisen werden auch spezielle Ausführungsformen von Relais verwendet. Es sind dies einerseits sogenannte Zeitrelais, bei denen zwischen Änderungen der Erregung der Spule und der dadurch hervorgerufenen Kontaktbewegung eine bestimmte, teilweise auch einstellbare Zeit vergeht. Diese Zeitspanne beträgt ein Vielfaches der bei normalen Relais auftretenden Schalt-Verzögerung. Andererseits werden auch sogenannte Wischrelais verwendet, die entweder bei Anziehen oder bei Abfall oder sowohl bei Anziehen als auch bei Abfall der Kontakte einen kurzen Impuls abgeben.

Der Selbsthaltekreis eines Relais entsteht, wenn am Kontaktnetz der Relais-Spule ein oder mehrere Kontakte des eigenen Relais beteiligt sind. Das Kontaktnetzwerk der Relaisspule stellt also die Eingänge und deren algebraische Verknüpfung dar, und der in diesem Netz vorhandene eigene Relaiskontakt bildet die Rückführung. Bild 8.10 zeigt ein Relais S in Selbsthalteschaltung. Die Kontakte $\bar{a}$ und b werden durch die Spulen A und B betätigt und außerdem wurde eine Ausgangsschaltung angenommen, bei der ein durch die Spule S betätigter Arbeitskontakt S ein weiteres Relais schaltet. Die

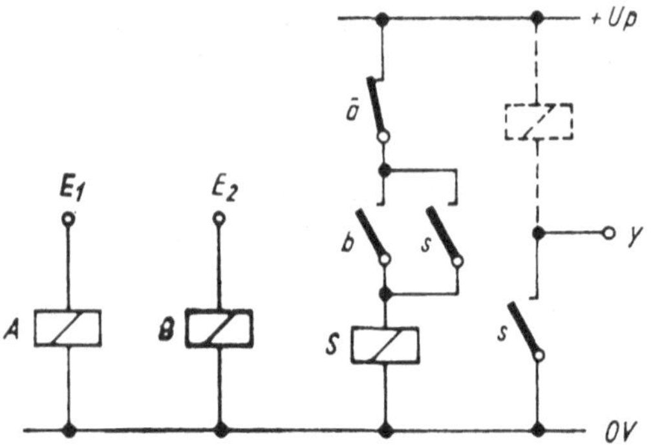

j	x_1	x_2	y
0	0	0	y
1	0	1	0
2	1	0	1
3	1	1	1

Bild 8.10: Dominierend setzender Speicher in Relaistechnik

Beschreibung des Schaltverhaltens erfolgt für positive Logik durch die Tabelle rechts im Bild 8.10, aus der man entnehmen kann, daß diese Schaltung den dominierend löschenden Speicher darstellt. Bei der Eingangsbelegung $j = 1$ ist die Spule A stromlos und der Ruhekontakt $\bar{a}$ ist geschlossen; die Spule B ist stromdurchflossen, wodurch der Kontakt b geschlossen und als Folge davon die Spule S stromdurchflossen ist. Die Arbeitskontakte der Spule S sind geschlossen, wodurch am Ausgang y eine Spannung von 0 Volt herrscht. Wird nun beim Übergang auf $j = 0$ die Spule B stromlos, so öffnet sich der Kontakt b, die Spule S bleibt aber weiterhin über den Ruhekontakt $\bar{a}$ und den eigenen Arbeitskontakt s stromdurchflossen. Die beiden Kontakte s bleiben in der Folge so lange geschlossen, bis der Kontakt $\bar{a}$ öffnet. Auf ähnliche Weise wird beim Übergang von $j = 2$ auf $j = 0$ das Ausgangssignal $y = 1$ beibehalten.

8.2.2.2. Selbsthaltekreise in Transistortechnik

Wegen der bei passiven Diodennetzwerken meist schon bei Kaskadierung von zwei Diodengattern notwendigen Signalregenerierung sind Diodennetzwerke als Selbsthaltekreise selten. Hauptelement elektronischer Speicherkreise ist daher der Transistor, der gemeinsam mit passiven Bauteilen verschaltet wird. Anhand der Schaltung Bild 6.38 wurde im Abschnitt 6 bereits die Funktion eines Nor-Gatters in RTL-Technik beschrieben. Zwei derartige Nor-Gatter sind im Bild 8.11 zu einem RS-Flip-Flop verschaltet. Der Aufbau dieser Schaltung ist vollkommen symmetrisch und je ein Eingang eines der beiden Gatter wird zur Kopplung mit dem anderen Gatter verwendet. Liegt an einem der Eingänge x_{11} oder x_{12} die Spannung U_p, so ist der Transistor T_1 leitend und der Ausgang $\bar{y}$ liegt an der niedrigen Kollektor-Restspannung (Null-Signal). Dieser Ausgangswert liegt über die Rückführung auch an einem der Eingänge des rechten Schaltungsteiles mit dem Transistor T_2. Liegen nun die beiden Eingänge x_{21} und x_{12} an 0 Volt, so ist der Transistor T_2 gesperrt und der Ausgang y liegt an der Spannung U_p. Durch die Rückführung liegt diese Spannung auch an einem der Basiswiderstände von T_1

und T_2 bleibt dadurch leitend, auch wenn die Eingänge x_{11} und x_{12} jetzt an 0 Volt gelegt werden. Ein Kippen der Ausgänge kann jetzt nur erreicht werden, wenn einer der Eingänge x_{21} oder x_{22} (oder beide) an U_p gelegt werden, wodurch T_2 leitend und der Ausgang Null wird. In der Folge wird T_1 gesperrt, wodurch der Ausgang y an U_p liegt. Durch die Kopplung wirkt $\bar{y}$ auf den Transistor T_2, der nun auch leitend bleibt, wenn beide Eingänge x_{21} und x_{22} wieder an 0 Volt gelegt werden. Durch die den Basis-Kollektor-Strecken der beiden Transistoren parallel geschalteten Gegenkopplungskondensatoren wird die Störsicherheit der Schaltung gegen hochfrequente Störungen verbessert. Andererseits wird aber dadurch die Grenzfrequenz sehr stark herabgesetzt.

Bild 8.12 zeigt das aus diskreten Bauelementen aufgebaute RS-Flip-Flop in DTL-Technik des Schaltsystems Simatic n. Dieses Flip-Flop besitzt im Prinzip den gleichen Aufbau und gleiches Schaltverhalten wie das Flip-Flop Bild 8.11. Durch die Dioden statt der Widerstände werden jedoch die Eingänge entkoppelt und es wird dadurch vor allem ein größerer Störabstand erreicht.

Um eine unerwünschte Rückwirkung des Flip-Flop auf die Spannungsquelle zu vermeiden, kann man eine Eingangstrennung wie in Bild 8.13 vornehmen. Die Rückkopplung der Ausgänge erfolgt über die Transistoren T_1 und T_2 während die Eingänge auf die Transistoren T_3 und T_4 wirken. Ist T_1 leitend, dann ist die Kollektorspannung von T_1 und T_3 gering und wegen der Rückführung an die Basis von T_2 ist letzterer gesperrt. Liegt an x_2 Null-Signal, so ist auch T_4 gesperrt und der Ausgang y hat Eins-Signal. Wird nun T_4 durch ein positives Spannungssignal bei x_2 leitend, so sinkt die Kollektorspannung ab, y wird Null und durch die Rückführung sperrt T_1. Ist nun auch gleichzeitig T_3 gesperrt, so hat $\bar{y}$ Eins-Signal. Das Flip-Flop hat also umgeschaltet.

Die bisher beschriebenen RS-Flip-Flop arbeiten mit gesättigten Transistoren. Die Schaltzeiten von Transistoren lassen sich erheblich verkürzen, wenn man durch geeignete Maßnahmen verhindert, daß die Transistoren bis in die Sättigung ausgesteuert werden. Dies kann durch sogenannte Antisättigungsdioden erreicht werden, die verhindern, daß die Kollektorspannung unter die Basisspannung sinkt. Eine andere Möglichkeit zur Verhinderung der Sättigung verwendet die ECL-Technik (emitter coupled logic). Bild 8.14 zeigt ein emittergekoppeltes RS-Flip-Flop mit der bereits bei Bild 8.13 beschriebenen Eingangstrennung. Durch einen gemeinsamen Widerstand R_1 liegen die Emitter von T_3 und T_4 an gleicher Spannung und durch einen weiteren Widerstand R_2 liegen auch die Emitter von T_1 und T_2 gemeinsam an etwas weniger negativer Spannung. Durch entsprechende Widerstandsdimensionierungen wird erreicht, daß bei maximal auftretenden Basisspannungen die Sättigungsspannungen nicht erreicht werden.

Bild 8.15 zeigt in Logiksymbolen und im gerätetechnischen Aufbau ein zwei-Speicher RS-Flip-Flop in TTL-Technik der Firma Texas-Instruments. Multiemitter-Transistoren, das Kennzeichen von TTL-Schaltkreisen,

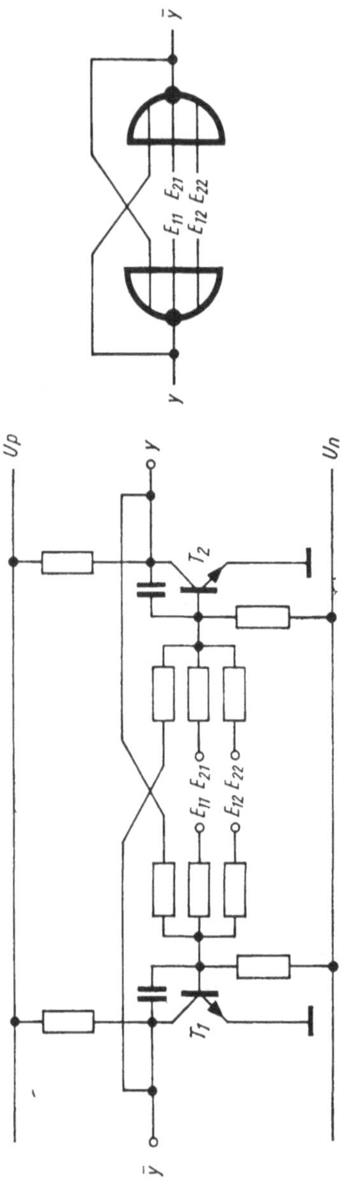

Bild 8.11: RS-Flip-Flop in RTL-Technik

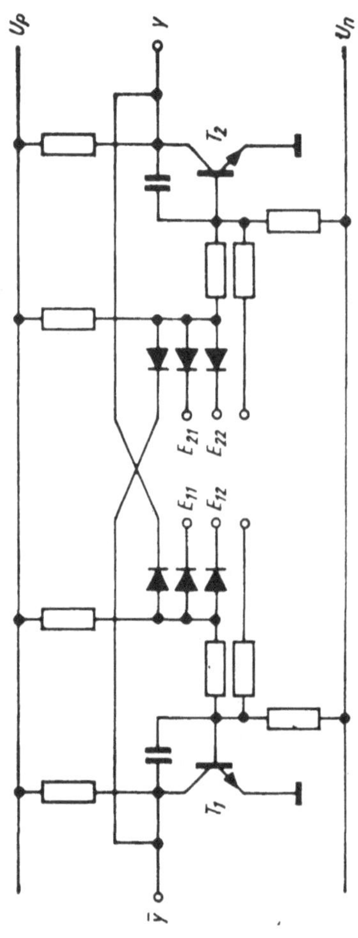

Bild 8.12: RS-Flip-Flop in DTL-Technik (SIMATIC N)

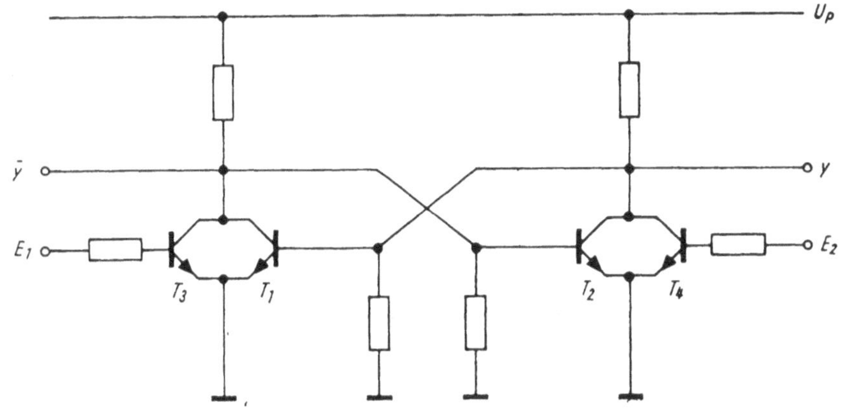

Bild 8.13: RS-Flip-Flop mit Eingangstrennung

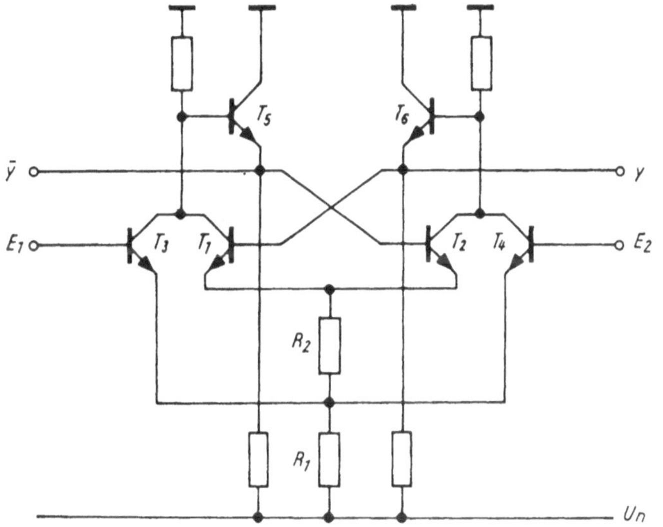

Bild 8.14: RS-Flip-Flop mit Eingangstrennung in ECL-Technik

werden sowohl im Eingangsspeicher, dem sog. „master“ als auch im Ausgangsspeicher dem sog. „slave“ verwendet. Diese bereits etwas aufwendige Schaltung wird als miniaturisierter integrierter Schaltkreis angeboten. Im Gegensatz zu den bisher beschriebenen elektronischen Speichern besitzt dieses zwei-Speicher-Flip-Flop alle Arten der auf S. 136 erläuterten Eingänge. Die Direkteingänge wirken direkt auf die Eingangs- und Ausgangsspeicher. Der Ausgangsspeicher besteht aus zwei gekoppelten TTL-Nand-Gattern mit Gegentaktausgang, deren Wirkungsweise mit Bild 6.42 erklärt wurde. So wird durch ein Null-Signal am Setz-Eingang der Ausgang y zu Eins und durch ein Null-Signal am Lösch-Eingang wird der Ausgang y zu Null. Die Eingänge x_{11} bis x_{23} sind Vorbereitungseingänge, die erst im Zu-

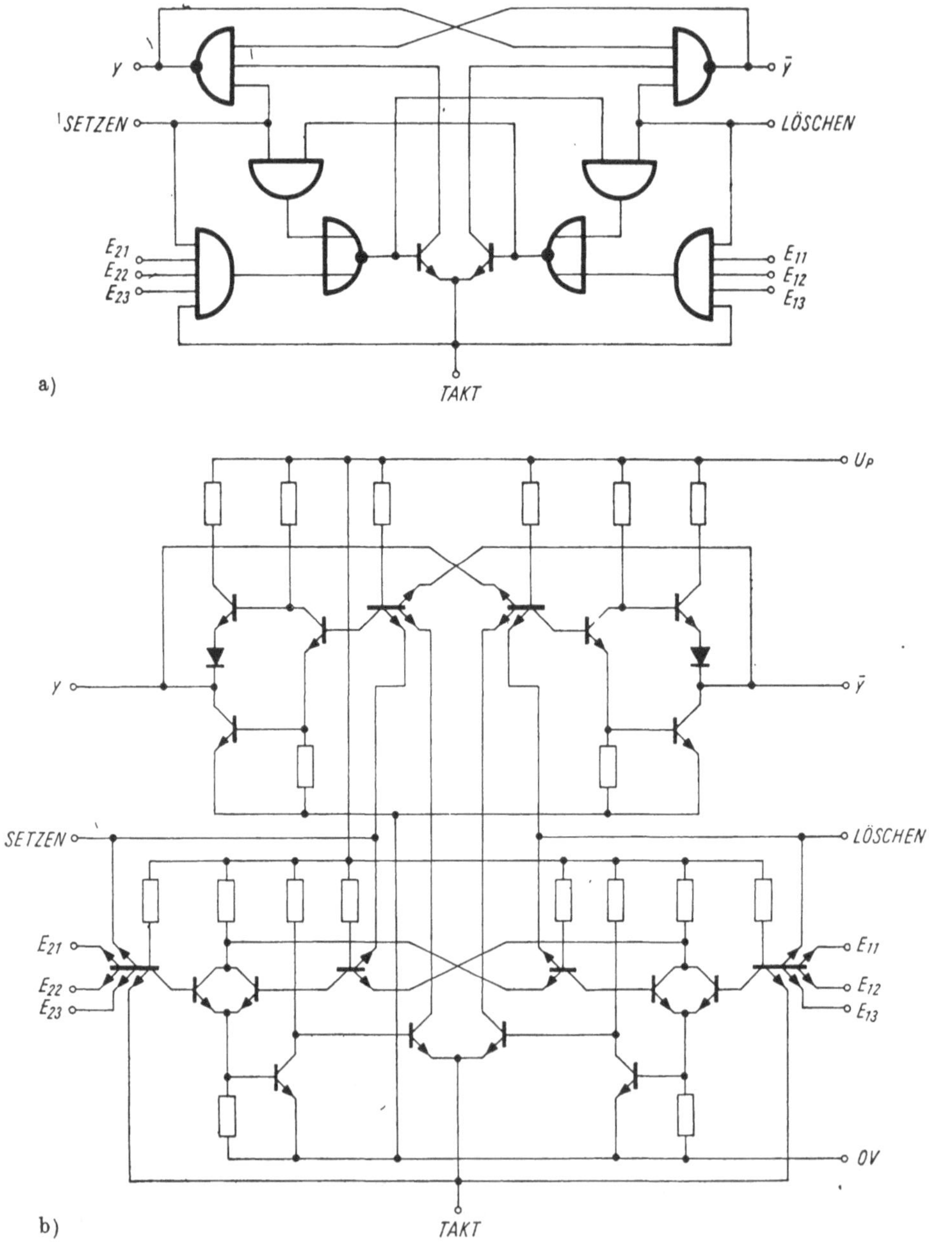

Bild 8.15: Getaktetes zwei Speicher-Flip-Flop in TTL-Technik vom TEXAS-Instruments (aus [168])

sammenwirken mit dem Taktimpulseingang eine Ausgangsänderung herbeiführen können. Der Signalverlauf (Bild 8.16) am Taktimpulseingang hat in bezug auf Eingangsinformation und Zusammenspiel zwischen master- und slave-Speicher eine Doppelfunktion. Bei 1 wird master von slave getrennt, zwischen 2 und 3 können Signale an den Eingängen x_{11} bis x_{23} den master-Speicher beeinflussen und bei 4 wird die Information vom master in den slave übertragen. Da die Eingänge während des Eins-Zustandes des Taktsignales wirksam sind, bezeichnet man diese Speicherart auch als Taktzustandsspeicher. Daß die Eingänge nur bei Eins-Signal am Takteingang wirksam werden, wird durch eine Beteiligung dieses Einganges an den Eingangskonjunktionen erreicht.

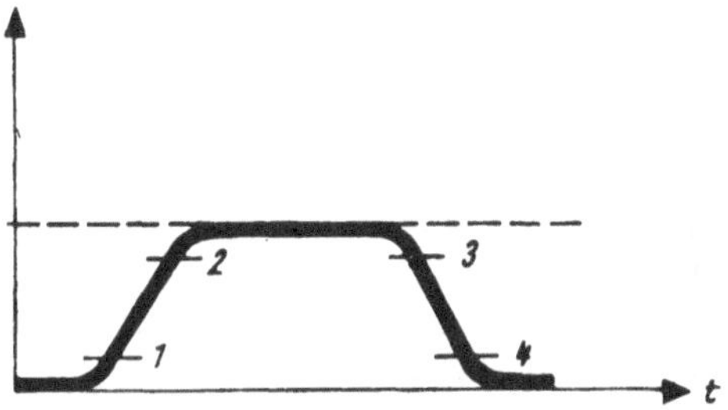

Bild 8.16: Wirkungsweise des Taktimpulseinganges zu Bild 8.15

Je nachdem, ob bei einem Speicherelement ein Taktimpulseingang vorhanden ist oder nicht, spricht man, wie schon erwähnt, von einem getakteten oder ungetakteten Speicher. Hinsichtlich des Wirksamwerdens der Eingänge ist aber noch eine weitere Unterscheidung zu treffen. Sollen die Eingangszustände nur „kurzzeitig" und zwar nur für den Augenblick des Signalwechsels an einem oder mehreren bestimmten Eingängen als sog. Flankenanstiegs- oder Flankenabfalls-Differentiation wirksam werden, dann kann der in seinem Prinzip auch noch später in Abschn. 9.5 besprochene sog. differenzierende Eingang verwendet werden. Bild 8.17 gibt dafür ein Beispiel. Liegt an x_1 positive Spannung (Eins-Signal), so sperrt die Diode und der Ausgang x ist Null. Auch bei Null-Signal an beiden Eingängen liegt vorerst am Ausgang Null-Signal. Bei einem Signalübergang an x_2 von Null auf Eins wird zwar ein positiver Impuls erzeugt, der aber durch die Diode gesperrt wird. Nur bei einem Übergang an x_2 von Eins auf Null kann die Diode leitend werden und ein negativer Impuls an den Ausgang gelangen. Dieser differenzie-

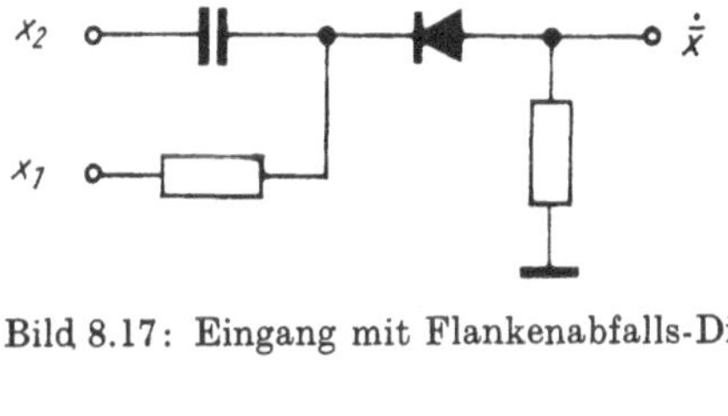

Bild 8.17: Eingang mit Flankenabfalls-Differentiation

rende Eingang liefert also dann am Ausgang einen negativen Spannungsimpuls, wenn x_1 Null ist und x_2 von Eins auf Null wechselt (Flankenabfall-Differentiation). Man bezeichnet x_1 als Vorbereitungseingang und x_2 als Auslöseeingang und derartige Eingänge allgemein als dynamische Eingänge. Dynamische Eingänge werden sowohl bei synchronen als auch bei asynchronen Schaltungen verwendet. Bei synchronen Schaltungen wird der Eingang

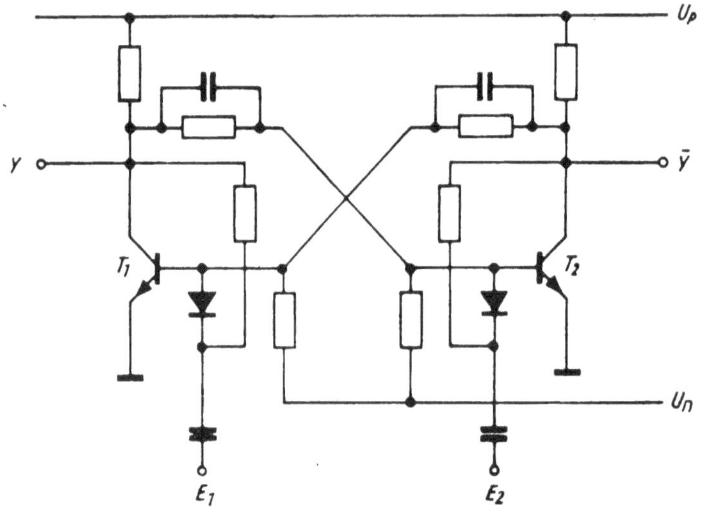

Bild 8.18: RS-Flip-Flop mit differenzierenden Eingängen

x_2 zumeist als Taktimpulseingang verwendet und man bezeichnet derartige Speicherelemente als taktflankengesteuert. Ein Beispiel für ein RS-Flip-Flop mit dynamischen Eingängen aber ohne Taktimpulseingang zeigt Bild 8.18. In dieser Schaltung werden zur Vorbereitung der Eingänge x_1 und x_2 die Kollektorpotentiale der Ausgänge y und $\bar{y}$ verwendet. Dadurch ist jeweils nur ein Eingang vorbereitet. Die beiden parallel zu den Rückführwiderständen geschalteten Kondensatoren dienen zur Erhöhung der Schaltgeschwindigkeit (s. Abschn. 6.3.3.2).

9. Einführung in den Begriff der sequentiellen Schaltungen

Die bisherigen Abschnitte haben die Besprechung der sequentiellen Schaltungen vorbereitet: In den Abschnitten 3 bis 6 wurden kombinatorische Schaltungen und in den letzten beiden Abschnitten wurden die Speicherschaltungen behandelt. Somit können wir uns jetzt eingehend mit den sequentiellen Schaltungen auseinandersetzen; diese bestehen nämlich sowohl aus kombinatorischen Schaltungen als auch aus Speichern. Durch die Verbindung dieser beiden Schaltungsarten zu einer Gesamtschaltung entsteht aber ein neuer Kreis von Problemen, die bei den einzelnen Komponenten für sich allein nicht auftreten. Einige dieser Probleme sollen zunächst anhand eines einfachen Beispieles besprochen werden, um auf diese Weise in das Wesen der sequentiellen Schaltungen einzuführen.

9.1. Darstellung sequentieller Schaltungen

Eine spezielle sequentielle Schaltung mit zwei Eingängen x_1, x_2, und einem Ausgang y sei wie folgt gegeben: ,,Das Ausgangssignal y soll genau dann Eins werden, sobald beide Eingangssignale Eins sind, jedoch nur dann, wenn ein bestimmtes bevorzugtes Eingangssignal (z. B. x_1) zuerst Eins geworden ist.“

An diesem Beispiel fällt sofort auf, daß das Zustandekommen einer Eins am Ausgang von der Reihenfolge abhängt, in der die Eingangssignale Eins geworden sind. Nun sind aber die bisher besprochenen Methoden zur Beschreibung kombinatorischer oder Speicherfunktionen nicht geeignet, eine zeitliche Reihenfolge des Auftretens von Eingangssignalen bzw. Eingangsbelegungen zu beschreiben. Es muß daher nach einer zweckmäßigen Darstellungsart für die Beschreibung sequentieller Schaltungen gesucht werden.

Bei erster Überlegung erscheint es naheliegend, ein sogenanntes Schaltfolgediagramm heranzuziehen, das den zeitlichen Verlauf der Ein- und Ausgangssignale darstellt. Das oben angeführte Beispiel ist also im Schaltfolgediagramm des Bildes 9.1 angegeben. Derartige Diagramme werden wohl für einfache Aufgaben sehr häufig verwendet. In diesem Diagramm wird jedesmal, wenn sich mindestens eine Eingangsvariable ändert, dies durch eine Zeitlinie t_0, t_1, t_2, . . . markiert. Das Ausgangssignal soll sich (entsprechend der allgemeinen Definition einer Schaltung; s. Abschn. 1) nur dann ändern dürfen, wenn sich mindestens eines der Eingangssignale ändert. Zwischen zwei benachbarten Zeitlinien kommt es demnach zu keiner Änderung, weder

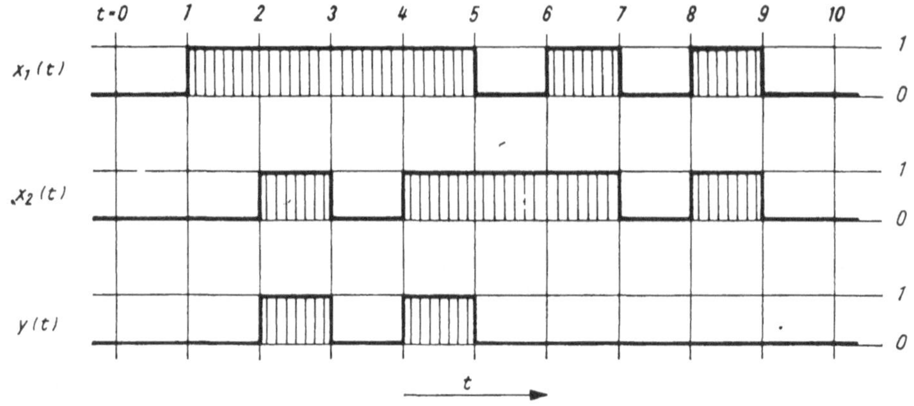

Bild 9.1: Schaltfolgediagramm

der Eingangs- noch der Ausgangssignale. Daraus folgt, daß es unwesentlich ist, in welchen Abständen die Zeitlinien eingetragen werden. Um die Zeichnung übersichtlich zu halten, wählt man die Abstände zwischen den Zeitlinien meist gleich lang: Es handelt sich dann um eine nicht-zeitproportionale Darstellung.

Für schon geringfügig kompliziertere Aufgaben als das hier gewählte Beispiel erweist sich das Schaltfolgediagramm aber als äußerst unhandlich und unübersichtlich. Hinzu kommt noch, daß die rechnerische Auswertung eines solchen Diagrammes auf große Schwierigkeiten stößt, die in erster Linie daher rühren, daß mit dem Parameter Zeit gerechnet wird, der jedoch für die Darstellung der Funktionsweise der Schaltung letztlich irrelevant ist. Das Schaltfolgediagramm muß also als beinahe ungeeignetes Mittel zur Beschreibung sequentieller Schaltungen bezeichnet werden. Im Gegensatz dazu werden in den späteren Abschnitten 10 und 11 zwei sehr verschiedene Darstellungen besprochen, die auch zu ebenso verschiedenen Rechenverfahren bei der Synthese sequentieller Schaltungen führen. Und es ist das Hauptanliegen dieses Buches, mit der im Abschnitt 10 dargestellten Methode bekannt zu machen.

9.2. Allgemeine Struktur einer sequentiellen Schaltung

Die Schaltung des vorhin auf S. 153 angegebenen Beispiels ist in Bild 9.2 gezeigt. An dieser Stelle soll aber nicht darauf eingegangen werden, wie diese Schaltung entworfen worden ist. Die Schaltung wird später in Abschn. 10.2.4 als Beispiel 10-4 berechnet und das Ergebnis ist mit Bild 9.2 vorweggenommen. Man kann durch eine Überlegung leicht nachprüfen, daß die dargestellte Schaltung die oben gestellte Aufgabe erfüllt: Das Und-Gatter am Ausgang liefert nur dann Eins, wenn $x_2 = 1$ und der Speicherausgang $s = 1$ ist. Da s nur dann Eins ist, wenn auch $x_1 = 1$ ist, bedeutet $x_1 = 1$ und $x_2 = 1$

eine notwendige (aber nicht hinreichende) Voraussetzung für $y = 1$. Wird nun x_2 vor x_1 zu Eins, dann kann der Speicher s nicht gesetzt werden, bei umgekehrter Reihenfolge aber schon. Somit ist bestätigt, daß die Schaltung die gestellte Aufgabe erfüllt.

Betrachtet man die Schaltung Bild 9.2 von einem verallgemeinernden Standpunkt und nicht vom internen Signalfluß aus, so fällt unmittelbar auf, daß die Schaltung aus zwei getrennten Teilen besteht, einem Speicher und einer nachgeschalteten kombinatorischen Schaltung (dem Und-Gatter). Für diese beiden Teile können wir aus Bild 9.2 die folgenden Gleichungen ablesen:

$$s = x_1(\bar{x}_2 \vee s) , \tag{9.1a}$$

$$y = x_2 s . \tag{9.1b}$$

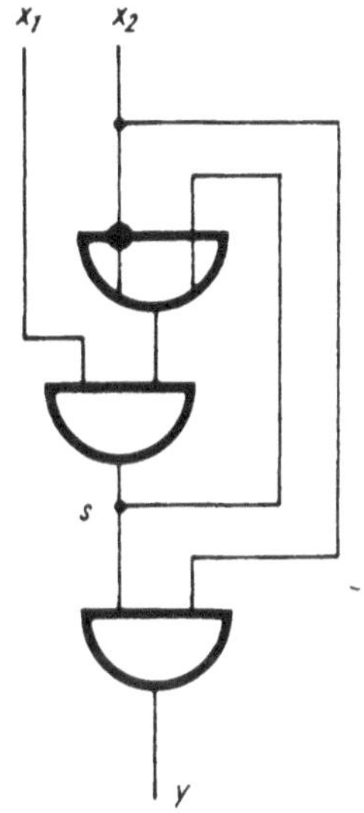

Bild 9.2: Beispiel einer zweidimensionalen sequentiellen Schaltung: „Eins vor Zwei-Schaltung"

Dieses Ergebnis verallgemeinernd stellen wir fest, daß s eine Funktion von x_1, x_2 und sich selbst ist, während y eine Funktion von x_2 und s ist und schreiben:

$$s = f(x_1, x_2; s) , \tag{9.2a}$$

$$y = g(x_2; s) . \tag{9.2b}$$

Wir haben ein Beispiel gewählt, bei dem nur zwei Eingänge und ein Ausgang vorhanden sind. Darüberhinaus war zur Realisierung dieser Aufgabe nur ein einziger Speicher nötig. Welche Gestalt nehmen aber die Gleichungen (9.2) an, wenn mehrere Eingänge $x_1, x_2, \ldots, x_m$ und mehrere Ausgänge $y_1, y_2, \ldots, y_n$ gegeben sind und wenn zur Verwirklichung der Schaltung mehrere Speicher $s_1, s_2, \ldots, s_l$ benötigt werden? Im allgemeinen Fall müssen wir annehmen, daß jeder Speicherausgang außer von den Eingängen, auch noch von allen anderen Speichern abhängt. Ebenso kann der Ausgang von allen Eingängen und von allen Speichern abhängen. Somit erhalten wir zur Beschreibung einer allgemeinen sequentiellen Schaltung folgendes Gleichungssystem:

$$s_p = f_p(x_1, x_2, \ldots, x_n;\ s_1, s_2, \ldots, s_p, \ldots, s_l)\,, \tag{9.3a}$$

$$y_q = g_q(x_1, x_2, \ldots, x_n;\ s_1, s_2, \ldots, s_p, \ldots, s_l)\,, \tag{9.3b}$$

mit $p \in \{1, 2, \ldots, l\}$ und $q \in \{1, 2, \ldots, m\}$.

Notieren wir die Eingangssignale $x_1, \ldots, x_n$ als Komponenten des Vektors $\boldsymbol{x}$, die Ausgangssignale $y_1, \ldots, y_m$ als Komponenten des Vektors $\boldsymbol{y}$ und ebenso die Speicherausgänge $s_1, \ldots, s_l$ als Komponenten des Vektors $\boldsymbol{s}$, dann können die Gln. (9.3) vereinfacht angeschrieben werden als

$$\boldsymbol{s} = \boldsymbol{F}(\boldsymbol{x}; \boldsymbol{s})\,, \tag{9.4a}$$

$$\boldsymbol{y} = \boldsymbol{G}(\boldsymbol{x}; \boldsymbol{s})\,, \tag{9.4b}$$

und durch Bild 9.3 graphisch veranschaulicht werden. Zu dieser Darstellungsweise wird speziell noch im Abschnitt 11 Stellung genommen. Sie führt nämlich, wie im folgenden gezeigt wird, zu prinzipiellen gravierenden Schwierigkeiten.

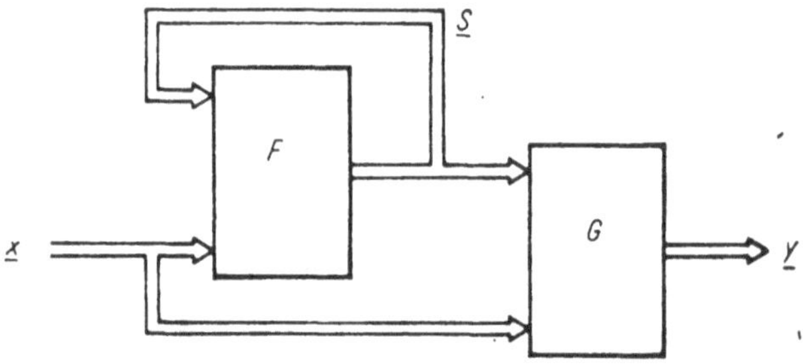

Bild 9.3: Allgemeine sequentielle Schaltung

9.3. Grenzen der Schaltalgebra

Auch in diesem Abschnitt wollen wir bei unserem bisherigen Beispiel bleiben. Wie fast jeder, der erstmals mit sequentiellen Schaltungen in Berührung kommt, wollen wir versuchen, das in Bild 9.2 angeführte Ergebnis durch Einsetzen von Gl. (9.1a) in Gl. (9.1b) zu vereinfachen. Man erhält dadurch

$$y = x_2\big(x_1(\bar{x}_2 \vee s)\big) = x_2 x_1 \bar{x}_2 \vee x_2 x_1 s = x_1 x_2 s\,. \tag{9.5}$$

Diese Formel stellt wohl das aus beiden Gleichungen (9.1) erhaltene Gesamtergebnis dar und sollte demnach für sich allein die Schaltung beschreiben. Dies tut sie jedoch keineswegs, weil ohne Zuhilfenahme von Gl. (9.1a) die Variable s in keiner Weise erklärt ist. In dem obigen Ergebnis ist, bildlich gesprochen, der Speicher herausgekürzt worden. Es ist jedoch dann kein falsches Ergebnis entstanden, wenn man zu Gl. (9.5) noch Gl. (9.1a) hinzunimmt. Die dadurch entstehende Schaltung besitzt nur eine unnötig aufwendige Ausgangskombinatorik (man spricht von einer redundanten Ausgangskombinatorik), aber dennoch erfüllt sie die Aufgabe.

Die Gleichung (9.5) sollte zwar das Gesamtverhalten der sequentiellen Schaltung unseres Beispiels beschreiben, ist jedoch nicht in der Lage dazu. Beim Übergang von den Gleichungen (9.1) auf Gl. (9.5) ist nämlich Information verlorengegangen. Um dies zu verhindern, werden beim Transduktions-Verfahren (Abschn. 10) der Anwendung der Gesetze der Schaltalgebra gewisse Einschränkungen auferlegt. Beim Syntheseverfahren nach HUFFMAN (Abschn. 11) werden üblicherweise Verzögerungen in der Schaltung eingeführt, um das „Herauskürzen" der Speicher zu vermeiden. Bei diesem Verfahren kann aber allgemein das Einsetzen von Gl. (9.4a) in Gl. (9.4b) erlaubt werden, wenn das Ergebnis entsprechend gedeutet wird. Darauf wird im Abschn. 11.1 ausführlich eingegangen.

9.4. Asynchrone und synchrone sequentielle Schaltungen

Man kann sequentielle Schaltungen nach verschiedenen Gesichtspunkten aufbauen bzw. unterteilen. Eines der wichtigsten Merkmale der Arbeitsweise einer Schaltung ist das der sogenannten asynchronen oder synchronen Signalverarbeitung. Man spricht demnach von asynchronen bzw. synchronen Schaltungen. Eine sequentielle Schaltung besteht, wie erwähnt, aus kombinatorischen Gattern und aus Speichern. Bei einer asynchronen Schaltung durchlaufen alle neu entstandenen Signale die jeweiligen kombinatorischen Elemente und die Speicherelemente so schnell, wie diese die Signalverarbeitung vornehmen können. Sollten bestimmte Schaltungsteile unerwartet langsam, andere hingegen unerwartet schnell arbeiten, dann kann dies zu erheblichen Schwierigkeiten, d. h. zu falschen Signalen am Ausgang führen. Diese Schwierigkeiten entstehen letztlich stets durch die Speicher: Wenn einem Speichereingang kurzzeitig (aber lange genug, um den Speicher reagieren zu lassen) eine falsche Information zur Verfügung gestellt wird, dann kann das nach Abklingen aller Eingangsänderungen entstehende Ausgangssignal falsch sein. Das Vermeiden von falschen Speicherausgangssignalen ist eines der wesentlichsten Gesichtspunkte beim Entwurf asynchroner sequentieller Schaltungen. Auf diesen Aspekt wird ganz besonders in Abschnitt 11 eingegangen.

Die synchrone Schaltung hingegen vermeidet die Nachteile der asynchronen Schaltung, indem die Signalverarbeitung der Speicher nur zu bestimmten Zeitpunkten, den sogenannten Taktzeiten, zugelassen wird. Bild 9.4 zeigt am Beispiel eines RS-Flip-Flop (s. Abschn. 7.8), wie dies bewerkstelligt wird. Der Speicher nimmt eine Änderung seiner Eingangssignale nur während der kurzdauernden Taktimpulse wahr. Der Zeitraum zwischen zwei Taktimpulsen wird (nach Erfahrung) so lange gewählt, daß sich in dieser Zeit ein stabiler und richtiger Eingang zu den Speichern einstellen kann. Beim nächsten Taktimpuls werden dann diese neuen Eingangssignale vom Speicher verarbeitet. Durch diese Methode kommt es zu keinen Fehlschaltungen infolge verschiedener Signallaufzeiten innerhalb einzelner Teile der sequentiellen Schaltung. Allerdings wurde dieses sichere Schalten durch ein relativ langsames Arbeiten der Gesamtschaltung erkauft. Sind nämlich mehrere Speicher in Serie angeordnet, dann müssen so viele Takte vergehen wie dafür notwendig sind, um die Information durch alle Speicher hindurchzubringen.

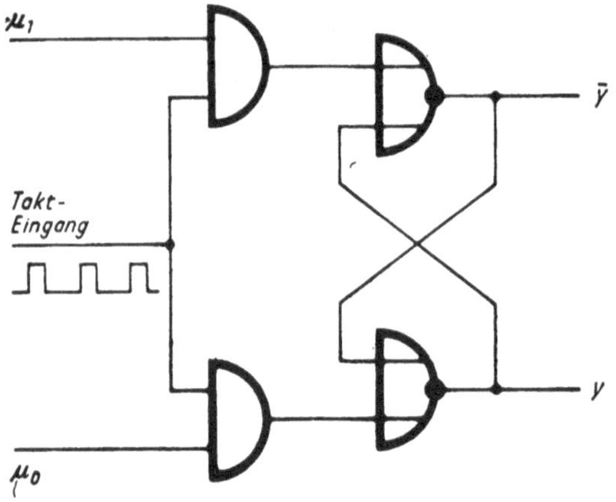

Bild 9.4: Getakteter Speicher zur Verwendung in einer synchronen sequentiellen Schaltung

Die Rechenverfahren zur Synthese asynchroner und synchroner Schaltungen unterscheiden sich voneinander in mancher Hinsicht. Gerade die Verfahren für synchrone Schaltungen sind schon sehr ausgebaut. Dies hat zweierlei Gründe. Erstens sind die synchronen Verfahren in gewisser Hinsicht leichter zu handhaben als die asynchronen (die Problematik bei der Behandlung der Speicher fällt weg) und zweitens ist bisher den synchronen Rechenverfahren mehr Aufmerksamkeit geschenkt worden, weil gerade diese Schaltungsart bei Großschaltungen, wie etwa in Computern, besonders gerne eingesetzt wurde. Erst in den letzten Jahren nimmt die Bedeutung der asynchron arbeitenden Schaltungen immer mehr zu und zwar u. a. in dem Maße, wie man mit ihrer Hilfe schnellere Computerschaltungen zu entwerfen versucht.

Auf einem ganz anderen Gebiet der Technik als im Computerbau wurden stets asynchrone Schaltungen eingesetzt, nämlich bei den Relaissteuerungen und bei pneumatischen Steuerungen nicht zu großen Umfangs, also in der sogenannten industriellen Steuerungstechnik. Das Gleiche gilt auch für entsprechende Halbleitersteuerungen. In dieses Gebiet fällt der große Bereich der Vorrichtungs- und Maschinensteuerungen, numerische Steuerungen meist ausgenommen.

9.5. Dynamische und statische Schaltungen

In der industriellen Schaltungstechnik ist die Verwendung des Schaltfolgediagramms sehr verbreitet. Nun ist es aber bis heute aus den in Abschnitt 9.1 erwähnten Gründen noch nicht gelungen, ein einfaches und leistungsfähiges Rechenverfahren zu entwickeln, das auf die Darstellung im Schaltfolgediagramm aufbaut. Das Diagramm wird aber seit jeher als Hilfsmittel zur intuitiven Lösungssuche verwendet und hat sich in dieser Hinsicht wohl wegen seiner Anschaulichkeit auch bewährt. Gerade aus der Betrachtung des Schaltfolgediagramms heraus hat sich sogar eine eigene Geräteart und ein eigener Schaltungstyp entwickelt. Anhand eines einfachen Beispiels soll diese Entwicklung gedanklich nachvollzogen werden.

Eine Schaltung mit zwei Eingängen x_1, x_2 und einem Ausgang y sei durch das Schaltfolgediagramm Bild 9.5a gegeben. Die Lösung dieser Aufgabe wird sofort augenfällig, wenn wir jedes der „Dauersignale" (statische Signale) $x_1 = 1$ und $x_2 = 1$ in Kurzimpulse (dynamische Signale) gemäß Bild 9.5b

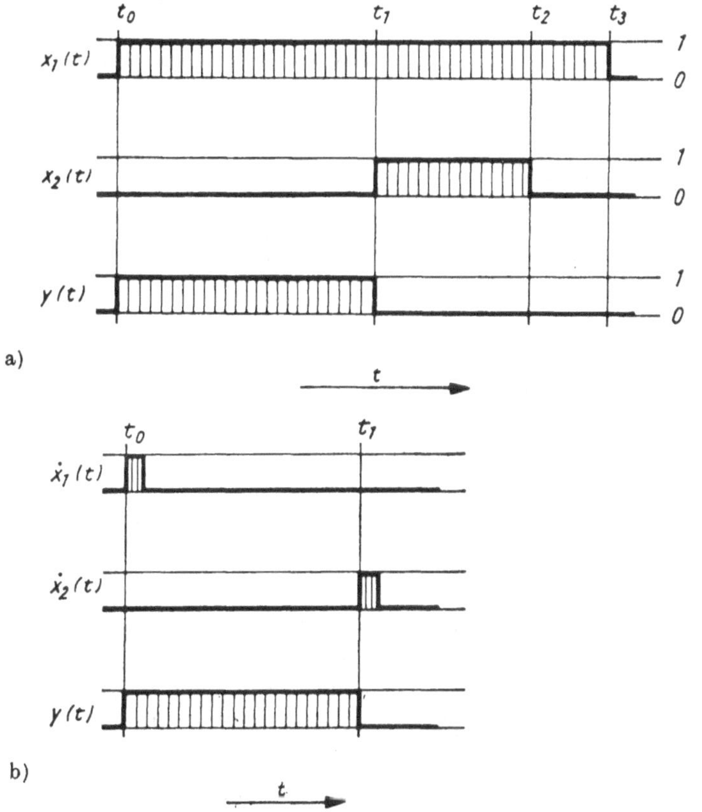

Bild 9.5: Schaltfolgediagramm
a) statische Darstellung der Schaltung
b) dynamische Darstellung der Schaltung

umformen: In diesem Fall kann nämlich y als Ausgang eines (z. B. dominierend setzenden, löschenden oder speichernden) Speichers aufgefaßt werden, der durch den Kurzimpuls $\dot{x}_1(t) = 1$ gesetzt und durch $\dot{x}_2(t) = 1$ gelöscht wird. Durch den Übergang von „statischen" Signalen $x_i(t)$ auf „dynamische" Signale $\dot{x}_i(t)$ ist also die gestellte Aufgabe zumindest gedanklich schnell gelöst worden. Doch muß noch gesagt werden, wie die für eine derartige Technik notwendigen dynamische Signale erzeugt werden.

Es gibt zwei Arten dynamischer Signale, die mit $\dot{x}$ und $\dot{\bar{x}}$ bezeichnet werden. (Der einfacheren Schreibweise wegen wird das Argument t im folgenden sowohl bei den statischen als auch bei den dynamischen Signalen weggelassen.) Das Signal $\dot{x}$ soll nur dann „kurzzeitig" Eins werden, wenn x von Null auf Eins übergeht (siehe Bild 9.6). Hingegen soll $\dot{\bar{x}}$ dann „kurzzeitig" Eins werden, wenn x von Eins auf Null übergeht (siehe ebenfalls Bild 9.6). Es hat sich eingebürgert, in diesem Zusammenhang von einer Differentiation zu sprechen, obwohl dies im mathematischen Sinn natürlich nicht exakt ist. So bezeichnet man $\dot{x}$ als die Flankenanstiegs-Differentiation und $\dot{\bar{x}}$ als die Flankenabfalls-Differentiation. Die Verwendung der Schreibweise $\dot{\bar{x}}$ für die Flankenabfallsdifferentiation ist aus Bild 9.6 offensichtlich: $\dot{\bar{x}}$ stellt die Flankenanstiegs-Differentiation des negierten statischen Signals $\bar{x}$ dar.

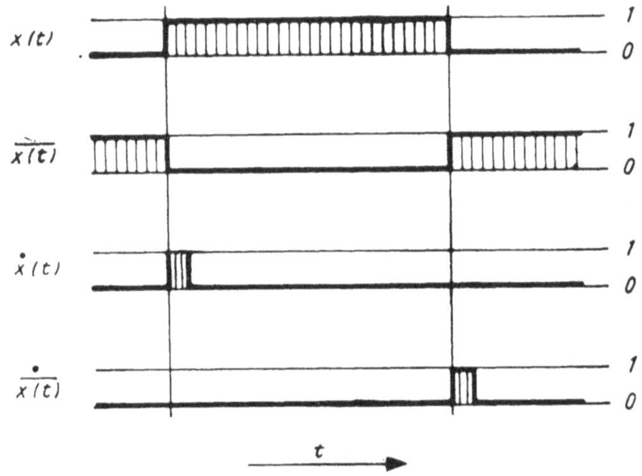

Bild 9.6: Definition der dynamischen Signale $\dot{x}(t)$ und $\dot{\overline{x(t)}}$

Eine mögliche Realisierung der dynamischen Signale ist gemeinsam mit den verwendeten graphischen Symbolen in Bild 9.7 dargestellt. Die hier angegebene Realisierung wird besonders gerne in der Pneumatik verwendet. Die graphischen Symbole für $\dot{x}$ und $\dot{\bar{x}}$ werden im Zusammenhang mit anderen Schaltelementen analog dem Negations-Symbol verwendet: Wie in Bild 9.8 gezeigt, werden (analog dem Negations-Punkt) nur die nicht-ausgefüllten oder ausgefüllten Dreiecke verwendet.

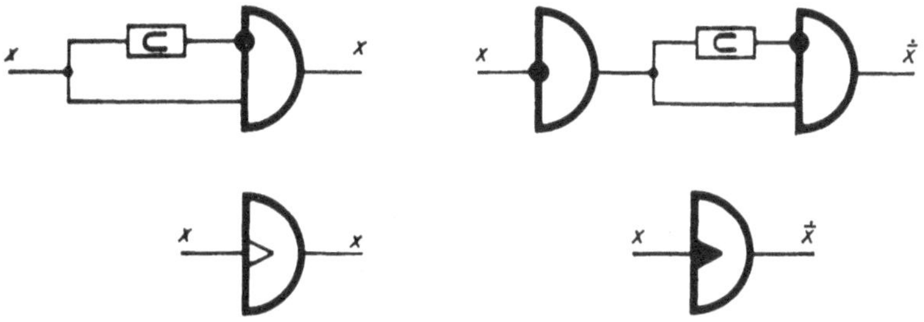

a) b)

Bild 9.7: Realisierung und Symbole der dynamischen Eingänge

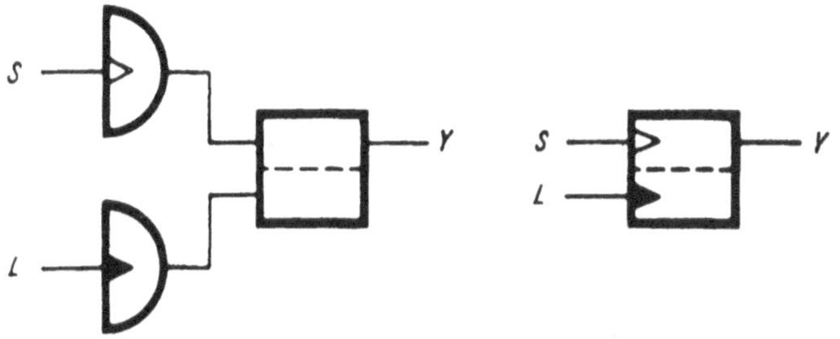

Bild 9.8: Vereinfachte Darstellung dynamischer Eingänge

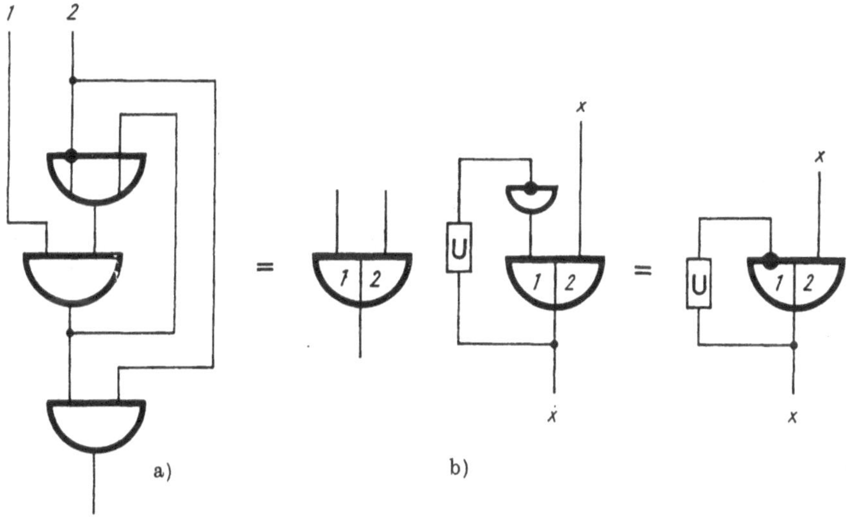

a) b)

Bild 9.9: Die „Eins vor Zwei-Schaltung“ und ihre Verwendung zur Erzeugung der Flankenanstiegs-Differentiation

In [39] wird eine Anwendung der Schaltung des Bildes 9.2 angegeben. Diese in Bild 9.9a nochmals dargestellte Schaltung wird in [39] „Eins vor Zwei-Schaltung“ genannt und mit dem in Bild 9.9a angegebenen Symbol bezeichnet. In Bild 9.9b wird gezeigt, wie nun mit dieser „1 vor 2“-Schaltung eine Flankenanstiegs-Differentiation erzeugt werden kann. Wird in Bild 9.9b

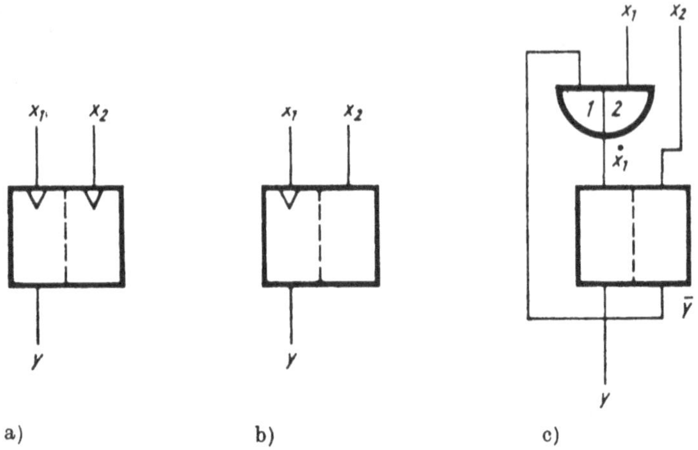

Bild 9.10: Dynamische Lösungen der in Bild 9.5 gestellten Aufgabe

ein Negator vor den Eingang 2 geschaltet, so entsteht natürlich ein Flankenabfall-Differentiator.

Die Lösung der in Bild 9.5a gestellten Aufgabe kann nun, wie in Bild 9.10 gezeigt, leicht graphisch dargestellt werden. Entsprechend der dynamischen Darstellung des Bildes 9.5b ergibt sich die Schaltung des Bildes 9.10a, bei der jedes Eingangssignal differenziert wird. Aus dem statischen Schaltfolgediagramm ist jedoch ersichtlich, daß x_2 nicht notwendigerweise differenziert werden muß. Daher stellt auch Bild 9.10b eine Lösung unserer Aufgabe dar. Gerade im Zusammenhang mit Speichern (womöglich mit zwei zueinander negierten Ausgängen) kann die „1 vor 2“-Schaltung vorteilhaft zur Erzeugung von Eingangsimpulsen verwendet werden: Die externe Rückführung bei der „1 vor 2“-Schaltung (Bild 9.9b), die zur Erzeugung des Kurzimpulses benötigt wird, wird nun direkt vom Speicher genommen, wobei das Verzögerungsglied nicht benötigt wird (Bild 9.10c). Durch diese Anordnung wird sichergestellt, daß der aus x_1 erzeugte Kurzimpuls $\dot{x}_1$ nur solange währt, als der Speicher zum Setzen benötigt.

Besonders bei industriellen elektronischen Schaltungen wird gerne von „dynamischen Speichern“ (s. etwa die Bilder 9.8 und 9.10a) Gebrauch gemacht, weil in der Elektronik die Differentiation besonders leicht zu realisieren ist. Die sicherste und zugleich schnellste Art, dynamische Speicher zu realisieren, ist aber jene entsprechend der Schaltung des Bildes 9.10c. Wir werden uns im weiteren jedoch nicht mehr mit dynamischen, sondern ausschließlich statischen Schaltungen befassen. Im allgemeinen arbeiten nämlich elektronische statische Schaltungen sicherer als dynamische. Dies liegt daran, daß den normalen Stromnetzen Spannungsspitzen überlagert sind, die in einer dynamischen Schaltung u. U. das Ansprechen von Speichern mit dynamischen Eingängen verursachen können. Aus diesem Grund muß der Stromversorgung besonders einer dynamischen Schaltung sehr große Aufmerksamkeit zugewendet werden.

10. Das Transduktions-Verfahren zur Synthese sequentieller Schaltungen

Das erste Syntheseverfahren für sequentielle Schaltungen wurde 1954 von D. A. HUFFMAN entwickelt; es soll später in Abschn. 11 besprochen werden. Das HUFFMANsche Verfahren ist im Gegensatz zum Fundamentalsatz kombinatorischer Schaltungen (Abschn. 4.2) und auch im Gegensatz zu der aus dem Gedankengut der Kombinatorik entstandenen allgemeinen Speichergleichung (Abschn. 7.2) kein algebraisches Syntheseverfahren. Unter einem solchen Verfahren wollen wir einen geschlossenen algebraischen Ausdruck verstehen, in den bestimmte Schaltwerte (eben jene, welche die sequentielle Schaltung eindeutig definieren können) nur eingesetzt werden müssen, um die gesuchte sequentielle Funktion zu erhalten. Eine derartige algebraische Methode zur Synthese sequentieller Schaltungen soll als konsequente Weiterentwicklung der im Abschn. 7 dargelegten Speichertheorie nachfolgend besprochen werden. Die Darstellungen dieses Hauptabschnittes werden sich dabei auf die einfachsten sequentiellen Schaltungen, nämlich auf die sog. „zweidimensionalen" Schaltungen beschränken. Das hier entwickelte Transduktions-Verfahren soll im folgenden kurz als „T-Verfahren" bezeichnet werden.

10.1. Die Transduktions-Tabelle

Der erste und wichtigste Schritt bei der Synthese von Schaltungen ist die eindeutige Formulierung der gestellten Aufgabe. Sowohl bei kombinatorischen Funktionen als auch bei Speicherfunktionen geschieht dies durch Aufstellen etwa der Funktionstabelle. Bei sequentiellen Schaltungen kann die Aufgabe ebenso eindeutig durch eine sogenannte Transduktions-Tabelle (T-Tabelle) beschrieben werden. Nachfolgend werden der Aufbau und die Eigenschaften dieser Tabelle ausführlich untersucht.

10.1.1. Das Konzept der T-Tabelle

Das charakteristische Merkmal kombinatorischer Schaltungen ist die Eindeutigkeit, mit der die momentan vorhandene Eingangsbelegung den gegenwärtigen Ausgangswert bestimmt. Demgegenüber wird der momentane Ausgangswert eines Speichers, wenn gerade eine speichernde Eingangsbelegung ansteht, nicht allein durch diese, sondern auch noch von der vorhergehenden Eingangsbelegung bestimmt.

Es seien j und l unbestimmte („beliebige“) Eingangsbelegungen der Menge M

$$j, l \in M := \{0, 1, 2, ..., 2^n - 1\} . \tag{10.1}$$

Die Reihenfolge oder Sequenz, in der zwei Eingangsbelegungen j und l auftreten, soll (j, l) oder (l, j) geschrieben werden, je nachdem ob die mit j bezeichnete Eingangsbelegung als erste und die mit l bezeichnete als zweite vorkommt oder umgekehrt. Allgemein gibt die als erste in der runden Klammer angeführte Eingangsbelegung (und zwar unabhängig von ihrer Bezeichnung) die zuerst auftretende Eingangsbelegung an. Die alphabetische Reihenfolge der Eingangsbelegungen j und l steht also in keinem Zusammenhang mit der Reihenfolge, in der sie am Eingang der Steuerung auftreten.

Mengentheoretisch stellt (j, l) ein geordnetes Paar (s. Abschn. 2.2.6) dar. Das cartesische Produkt oder Mengenprodukt (kurz: Produkt)

$$M^1 \times M^2 := \{(j, l) \mid j \in M^1 \wedge l \in M^2\} \tag{10.2}$$

ist die Menge aller zweistelligen Sepuenzen (j, l); dabei bedeutet M^1 die Menge aller an erster und M^2 die Menge aller an zweiter Stelle stehenden Eingangsbelegungen:

$$M^1 := \{j \mid j \in M \wedge (j, l)\} , \tag{10.3}$$

$$M^2 := \{l \mid l \in M \wedge (j, l)\} . \tag{10.4}$$

Die Mengen M^1 und M^2 sollen jeweils erster und zweiter Zustand der Steuerung heißen. Entsprechend stellt der hochgestellte Index den schon in Abschnitt 7 eingeführten Zustandsindex ϱ dar.

So wie eine Eingangsbelegung j bei kombinatorischen Schaltungen einen Schaltwert y_j erzeugt,

$$j \to y_j ,$$

möge die Sequenz (j, l) einen Schaltwert y_{jl} erzeugen

$$(j, l) \to y_{jl} , \tag{10.5}$$

unter dem jener (momentane) Ausgangs- oder Schaltwert verstanden wird, der dann durch $l \in M^2$ hervorgerufen wird, wenn vorher $j \in M^1$ vorhanden war.

Eine Schaltung, die durch alle Sequenzen (j, l) von Eingangsbelegungen, also durch $M^1 \times M^2$ bestimmt wird, kann durch eine quadratisch angeordnete Tabelle (Tab. 10.1) dargestellt werden. Die Anordnung ist so gewählt, daß die Eingangsbelegungen des ersten Zustands M^1 den Zeilen, die des zweiten Zustandes M^2 den Spalten zugeordnet werden. In den einzelnen Feldern werden die Schaltwerte y_{jl} eingetragen.

Da Tab. 10.1 das Ein- und Ausgabeverhalten, das sogenannte Transduktionsverhalten beschreibt, sei sie Transduktions-Tabelle (kurz: „T-Tabelle“) genannt. Diese zweidimensionale Darstellung des Produkts $M^1 \times M^2$ regt dazu an, von einer „zweidimensionalen“ (sequentiellen)

Tabelle 10.1
Aufbau der Transduktion-Tabelle

M_1 \ M_2	0	1		l		2^n-1
0	y_{00}	y_{01}				$y_{0,2^n-1}$
1	y_{10}	y_{11}				$y_{1,2^n-1}$
j				y_{jl}		
2^n-1	$y_{2^n-1,0}$	$y_{2^n-1,1}$				$y_{2^n-1,2^n-1}$

Schaltung zu sprechen. Das Produkt $M^1 \times M^2$ soll einen zweidimensionalen „Zustandsraum" aufspannen, der durch die T-Tabelle dargestellt wird.

Allgemein soll die Anzahl δ der Zustände M^ϱ (mit $\varrho = 1, 2, ..., \delta$), die zur Beschreibung einer Schaltung durch das Produkt $M^1 \times M^2 \times \cdots \times M^\delta$ mindestens notwendig sind, als die Dimension der Schaltung (des Zustandsraumes) bezeichnet werden. Demnach sind kombinatorische Schaltungen und Speicherfunktionen eindimensionale Schaltungen, weil die sie beschreibenden Schalttabellen als eindimensionale T-Tabellen aufgefaßt werden können. Alle Schaltungen, deren Dimension $\delta \geqq 2$ ist, werden als sequentielle Schaltungen bezeichnet.

10.1.2. Die Spalten und die Hauptdiagonalfelder der T-Tabelle

Ein Übergang von einer (vorherigen) Eingangsbelegung $j \in M^1$ auf eine andere, momentane Eingangsbelegung $l \in M^2$ wird genau durch jene Felder der T-Tabelle repräsentiert, für die $j \neq l$ ist. Diesen Feldern wird der von j vorbereitete und schließlich von l hervorgerufene Schaltwert y_{jl} eingeschrieben. Unerklärt bleibt dabei zunächst, welche Bedeutung die sogenannten Hauptdiagonalfelder haben, also jene Felder, für die $j = l$ ist. Gerade diese Frage zu klären, ist das Ziel des vorliegenden Abschnitts.

Wir gehen davon aus, daß eine bestimmte momentane Eingangsbelegung $l \in M^2$ am Eingang der Steuerung ansteht und daß nicht bekannt ist, welche vorherige Eingangsbelegung $j \in M^1$ vorhanden war. Aus dem Aufbau der

T-Tabelle (Tab. 10.1) geht hervor, daß einer der Schaltwerte der gerade betrachteten l-ten Spalte sich sicher einstellen wird, also einer der Werte $y_{0l}, y_{1l}, y_{2l}, \ldots, y_{ll}, \ldots, y_{2^n-1,l}$. Ohne Kenntnis der vorherigen Eingangsbelegung $j \in M^1$ kann allerdings nicht entschieden werden, welcher dieser Schaltwerte auftreten wird. Stellvertretend für einen beliebigen der Schaltwerte der l-ten Spalte wollen wir die Bezeichnung y_l einführen, so daß definitionsgemäß gilt:

$$y_l \in \{y_{0l}, y_{1l}, y_{2l}, \ldots, y_{ll}, \ldots, y_{2^n-1,l}\}\,, \tag{10.6}$$

oder, was letztlich dasselbe bedeutet:

$$y_l := y_{jl}; \quad \text{für} \quad j \in \{0, 1, 2, \ldots, l, \ldots, 2^n - 1\}\,. \tag{10.6'}$$

Im Sinne der Kombinatorik kann dann y_l als jener Schaltwert gedeutet werden, der von der momentanen Eingangsbelegung $l \in M^2$ impliziert wird. Es gilt also zusätzlich zur Beziehung (10.6) noch

$$(l \in M^2) \rightarrow y_l\,. \tag{10.7}$$

Wenden wir uns nun von den Schaltwerten der l-ten Spalte dem in seiner Bedeutung noch nicht geklärten Schaltwert y_{ll} des Hauptdiagonalfeldes zu: Für dieses Feld gilt $j = l$, womit aus Gl. (10.6) folgt:

$$y_l = y_{ll}\,. \tag{10.8}$$

Diese Beziehung besagt, daß der Schaltwert y_{ll} des Hauptdiagonalfeldes der l-ten Spalte jener Schaltwert ist, den die Eingangsbelegung $l \in M^2$ hervorruft, und daß er auch gleichzeitig jener Wert ist, der stellvertretend für einen der Schaltwerte der l-ten Spalte geschrieben wird. Die Hauptdiagonalfelder (l, l) werden daher als kombinatorische oder „geschichtslose" Felder bezeichnet.

Die Gl. (10.8) wird sich im weiteren als sehr bedeutsam herausstellen. Letztlich ermöglicht es gerade diese Gleichung, die Spalten der T-Tabelle als Speicher aufzufassen. Hierauf wird später bei der Ableitung des Theorems für zweidimensionale Schaltungen (Abschn. 10.2.1) eingegangen. Darüberhinaus spielt sie eine wichtige Rolle beim Ausfüllen der T-Tabelle, wie im folgenden Abschnitt 10.1.3 gezeigt wird. Aus Gründen, die erst beim praktischen Rechnen mit der T-Tabelle ersichtlich werden, wird aber für den allgemeinen Schaltwert des Hauptdiagonalfeldes doch „y_{ll}" geschrieben und nicht der einfachere Ausdruck „y_l". Die Schreibweise „y_l" soll im Sinne von Gl. (10.6) für einen der Schaltwerte y_{jl} ($l =$ konst) der l-ten Spalte vorbehalten bleiben.

10.1.3. Ausfüllen der T-Tabelle

Jeder Schaltwert y_{jl} kann entweder Null oder Eins sein. Dennoch wäre es falsch anzunehmen, daß jedes der Felder der T-Tabelle unbedingt entweder eine Null oder eine Eins eingeschrieben haben muß. Dies wird bei einer entsprechenden Einteilung der Sequenzen (j, l) der Eingangsbelegungen sofort verständlich. Für eine solche Einteilung soll die Einteilung der Menge M (Gl. (4.23)) in die Untermengen M_0 der löschenden, M_1 der setzenden und M_y der speichernden Eingangsbelegungen als Vorbild dienen (s. Abschn. 4.2.3. und 7.1). Es sei $M(2)$ die Menge aller geordneten Paare (j, l):

$$M(2) := M^1 \times M^2 \; ; \tag{10.9}$$

und es sollen Untermengen $M_0(2)$, $M_1(2)$, $M_y(2)$ und $M_{\bar{y}}(2)$ von $M(2)$ gebildet und besprochen werden, wobei $j \neq l$ gelten möge:

$M_0(2)$ sei die Menge der („löschenden") Sequenzen (j, l), die den Schaltwert $y_{jl} = 0$ erzeugen:

$$M_0 := \{(j, l) \mid y_{jl} = 0\} \; , \tag{10.10}$$

$M_1(2)$ sei die Menge der („setzenden") Sequenzen (j, l), die den Schaltwert $y_{jl} = 1$ erzeugen:

$$M_1 := \{(j, l) \mid y_{jl} = 1\} \; . \tag{10.11}$$

Diese beiden Definitionen besagen letztlich nur, daß jene Felder der T-Tabelle, denen Nullen (Einsen) eingeschrieben sind, sogenannte löschende (setzende) Eingangssequenzen repräsentieren. Noch immer unter der Voraussetzung $j \neq l$ sei mit (M, l) die Menge der geordneten Paare (j, l) der l-ten Spalten bezeichnet. Mit den Untermengen $M_0(2)$ und $M_1(2)$ lassen sich dann drei wichtige Fälle unterscheiden:

Fall 1: Alle Felder der l-ten Spalte (vorerst mit Ausnahme des Feldes (l, l) der Hauptdiagonale) mögen Nullen enthalten:

$$(M, l) \in M_0(2) \; .$$

Da die Eingangsbelegung l also stets $y_l = 0$ werden läßt, ist wegen Gl. (10.8) auch dem Hauptdiagonalfeld eine Null einzuschreiben. Wegen der Umkehrbarkeit dieser Überlegung gilt:

$$(M, l) \in M_0(2) \leftrightarrow y_{ll} = 0 \; . \tag{10.12}$$

Dies besagt: Enthält eine Spalte (außer im Hauptdiagonalfeld) lauter Nullen, so ist auch dem Hauptdiagonalfeld eine Null einzuschreiben; bzw. wenn dem Hauptdiagonalfeld eine Null eingeschrieben worden ist, so sind der ganzen Spalte Nullen einzuschreiben. Eine Spalte l, die nur Nullen enthält, heißt „löschende Spalte" oder „löschende Eingangsbelegung".

Fall 2: Analog zum obigen Fall 1 gilt, daß einer Spalte, die vorerst außer im Hauptdiagonalfeld nur Einsen enthält, auch in dem Hauptdiagonalfeld eine Eins einzuschreiben ist und umgekehrt:

$$(M, l) \in M_1(2) \leftrightarrow y_{ll} = 1 \; . \tag{10.13}$$

Die l-te Spalte bzw. l-te Eingangsbelegung heißt „setzend“, wenn diese Spalte lauter Einsen enthält.[1])

Fall 3: Mit Ausnahme des Feldes (l, l) möge die l-Spalte (nur) Nullen und Einsen enthalten.[2]) Da in diesem Fall der von der Eingangsbelegung l hervorgerufene Schaltwert y_l nicht stets Null oder Eins ist, sondern dessen Zahlenwert von der gerade vorhergehenden Eingangsbelegung j bestimmt wird, bleibt das Feld (l, l) mit y_{ll} eingeschrieben.

Die noch zu definierenden Untermengen $M_y(2)$ und $M_{\bar{y}}(2)$ führen zu einigen weiteren typischen Fällen:

$M_y(2)$ sei die Menge der Sequenzen (j, l), die jenen Funktionswert y_j beibehalten, den die vorherige Eingangsbelegung $j \in M^1$ erzeugt hatte:

$$M_y(2) := \{(j, l) \mid y_{jl} = y_j\} \,. \tag{10.14}$$

Eine solche Sequenz $(j, l) \in M_y(2)$ bzw. ein dieser Sequenz in der T-Tabelle entsprechendes Feld soll „speichernd“ genannt werden. Die Gl. (10.14) wird mit Bild 10.1 veranschaulicht. Wie das Bild zeigt, wird einem speichernden Feld unter Verwendung von Gl. (10.8) in der Form $y_{jj} = y_j$ jener Schaltwert y_j eingeschrieben, der aus dem Hauptdiagonalfeld (j, j) derselben Zeile j abgelesen werden kann. Bild 10.1a veranschaulicht jenen Fall, in dem das speichernde Feld (j, l) oberhalb, Bild 10.1b jenen, in dem (j, l) unterhalb der Hauptdiagonale liegt.

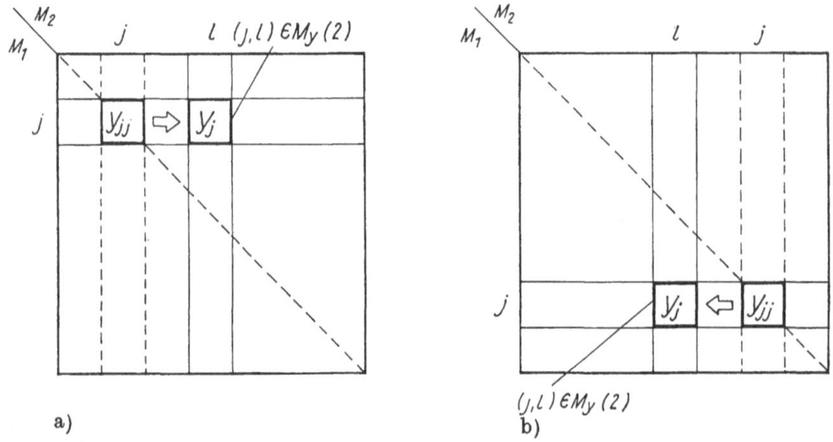

Bild 10.1: T-Tabellen

[1]) Bei der Darstellung kombinatorischer Schaltungen durch T-Tabellen kommen ausschließlich löschende und setzende Spalten vor (und von jeder mindestens eine). Obwohl also auch kombinatorische Schaltungen durch zweidimensionale T-Tabellen dargestellt werden können, ist diese Schaltungsart nicht zwei-, sondern eben nur eindimensional. Bei der Definition der Dimension einer Schaltung (S. 27) wird nämlich verlangt, daß die Mindestzahl der Zustände anzugeben sei, die zur eindeutigen Bestimmung der Schaltung notwendig sind: Und zur Beschreibung einer kombinatorischen Schaltung genügt ein einziger Zustand.

[2]) Daß einem Feld (j, l) mit $j \neq l$ der T-Tabelle auch andere Symbole als nur Null oder Eins eingeschrieben werden können, wird im folgenden gezeigt.

Im Zusammenhang mit speichernden Sequenzen $(j, l) \in M_y(2)$ sind sodann folgende Fälle von Bedeutung:

Fall 4: Sowohl das Hauptdiagonalfeld (j, j) als auch das in derselben Zeile j befindliche Feld (j, l) seien mit Null belegt (Bild 10.2a). (Gemäß Fall 1, Gl. (10.12) ist dann die ganze j-Spalte mit Null belegt; löschende Spalte). Da das Feld (j, l) den Wert Null enthält, muß nach Gl. (10.10), die Sequenz (j, l) als eine löschende bezeichnet werden. Andererseits kann, wegen der Gleichheit der Werte $y_{jl} = 0$ und $y_{jj} = y_j = 0$, also wegen $y_{jl} = y_j$, dem Feld (j, l) auch die „Variable" y_j eingeschrieben werden (Bild 10.2b). Wegen der Beziehung $y_{jl} = y_j$ ist nach Gl. (10.14) die Sequenz (j, l) als speichernd zu bezeichnen. Und da diese Sequenz sowohl zu den löschenden als auch zu den speichernden gezählt werden kann, sind die Darstellungen der Bilder 10.2a und 10.2b einander äquivalent.

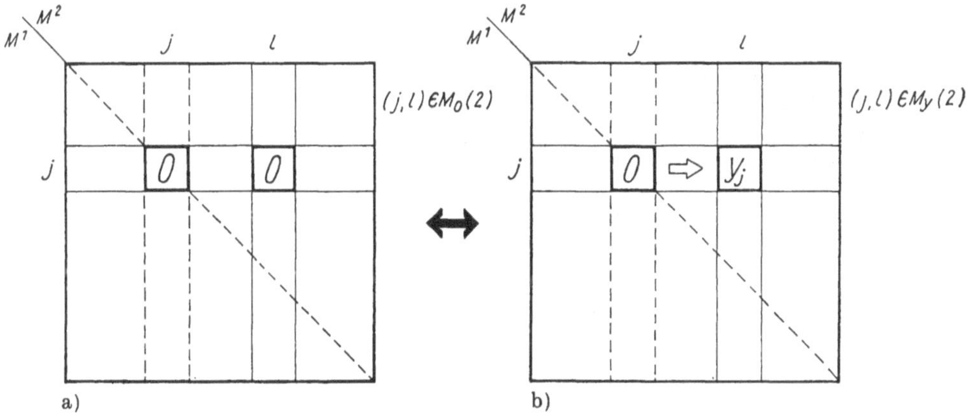

Bild 10.2: T-Tabellen

Es ist interessant schon jetzt festzustellen, daß der schaltungstechnische Aufwand bei der Realisierung der beiden äquivalenten Darstellungen nicht gleich ist. Umformungen einer T-Tabelle in der einen oder anderen Pfeilrichtung des Bildes 10.2 werden später also Bestandteile eines Minimierungsprozesses sein.

Der eben besprochene Fall ist darüberhinaus auch eine deutliche Veranschaulichung des Unterschiedes zwischen ein- und zweidimensionalen Schaltungen: Das KARNAUGH-Diagramm einer Speicherschaltung (als komplizierteste Schaltung, die noch eindimensional dargestellt werden kann) enthält nur 0, 1 und y als eingeschriebene Schaltwerte. Faßt man nun die entsprechenden Eingangsbelegungen j dieser Schaltwerte zu den Untermengen M_0, M_1 und M_y zusammen, so entsteht hierdurch die einzige mögliche Partition der Menge M aller Eingangsbelegungen. Bei zweidimensionalen Schaltungen zeigt hingegen der eben besprochene Fall 4, daß mehrere Partitionen gebildet werden können: die Sequenz (j, l) kann ebenso der Menge $M_0(2)$

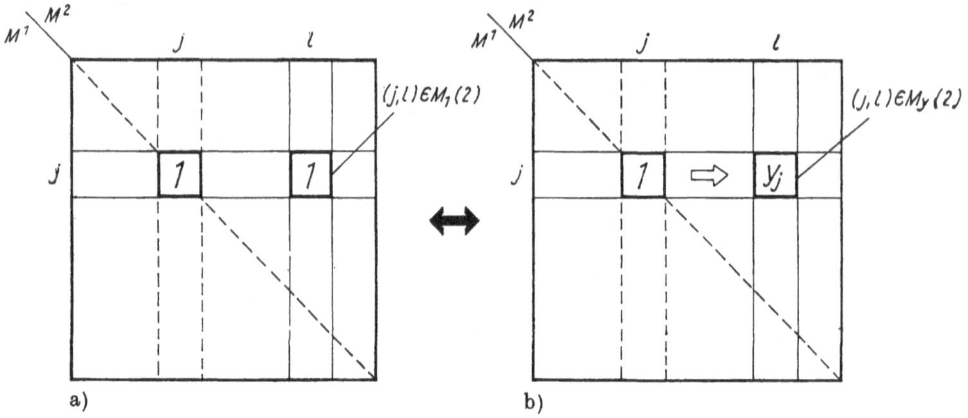

Bild 10.3: T-Tabellen

(nach Bild 10.2a) wie der Menge $M_y(2)$ (nach Bild 10.2b) zugeordnet werden. Die Tatsache, daß es für die Menge $M(2)$ mehrere Partitionen nach den genannten Untermengen gibt, ist für die große Vielfalt der errechenbaren Lösungen einer gegebenen zweidimensionalen T-Tabelle verantwortlich.

Fall 5: Dieser Fall entspricht dem vorangehenden Fall 4, wenn anstelle des Schaltwerts Null der Schaltwert Eins betrachtet wird. Zur Veranschaulichung dient Bild 10.3.

Fall 6: Alle Felder der l-Spalte (mit Ausnahme des Hauptdiagonalfeldes (l, l)) seien speichernde Felder:

$$(M, l) \in M_y(2) \leftrightarrow \forall_{j(\neq l)} (y_{jl} = y_j) . \tag{10.15}$$

Diese Gleichung führt zu einem Ausfüllen der l-Spalte gemäß Bild 10.4a.

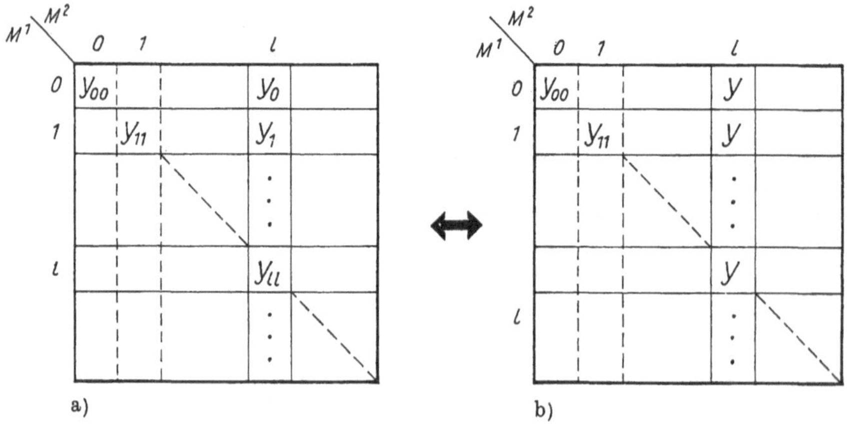

Bild 10.4: T-Tabellen

Da jedes Feld (j, l) der l-Spalte speichernd ist, speichert die Eingangsbelegung l stets den vorherigen Ausgangswert y der Schaltung, so daß gilt $y_l = y$, bzw. nach Gl. (10.8): $y_{jl} = y$. Somit gilt die Beziehung

$$(M, l) \in M_y(2) \leftrightarrow \underset{j}{\forall} (y_{jl} = y) . \tag{10.16}$$

Dies bedeutet, daß jedem Feld der l-Spalte die Variable y einzuschreiben ist (Bild 10.4b). Und wegen der Gleichheit der linken Seiten der Gleichungen (10.15) und (10.16) sind die die rechten Seiten dieser Gleichungen darstellenden Bilder 10.4a und 10.4b einander äquivalent.

Erweist es sich als möglich, allen Feldern einer bestimmten Spalte l den Ausgang y einzuschreiben, so führt dies zu einer wesentlichen Vereinfachung der zu synthetisierenden Schaltung. Um festzustellen, ob dies möglich ist, wird die gegebene Tabelle gemäß den Fällen 4 und 5 durchgeprüft.

Abschließend bleibt noch die Untermenge $M_{\bar{y}}(2)$ zu besprechen: $M_{\bar{y}}(2)$ sei die Menge jener Sequenzen (j, l), die den Funktionswert y_j in negierter Form beibehalten, den die vorherige Eingangsbelegung $j \in M^1$ erzeugt hatte:

$$M_{\bar{y}}(2) := \{(j, l) \mid y_{jl} = \bar{y}_j\} . \tag{10.17}$$

Eine solche Sequenz $(j, l) \in M_{\bar{y}}(2)$ soll als „Wechselsequenz“ und das ihr in der T-Tabelle entsprechende Feld soll als „Wechselfeld“ bezeichnet werden. Einem derartigen Wechselfeld wird gemäß Gl. (10.17) jener Schaltwert y_j in negierter Form eingeschrieben ($y_{jl} = \bar{y}_j$), der aus dem Hauptdiagonalfeld (j, j) derselben Zeile j abgelesen werden kann (Bild 10.5).

Die folgenden beiden Fälle 7 und 8 sind völlig analog den Fällen 4 und 5, so daß es genügen möge (wie dies schon mit Fall 5 geschehen ist) sie nur bildlich darzustellen.

Fall 7: Im Gegensatz zum Hauptdiagonalfeld (j, j), dem eine Null eingeschrieben ist, ist dem in derselben Zeile j befindlichen Feld (j, l) eine Eins

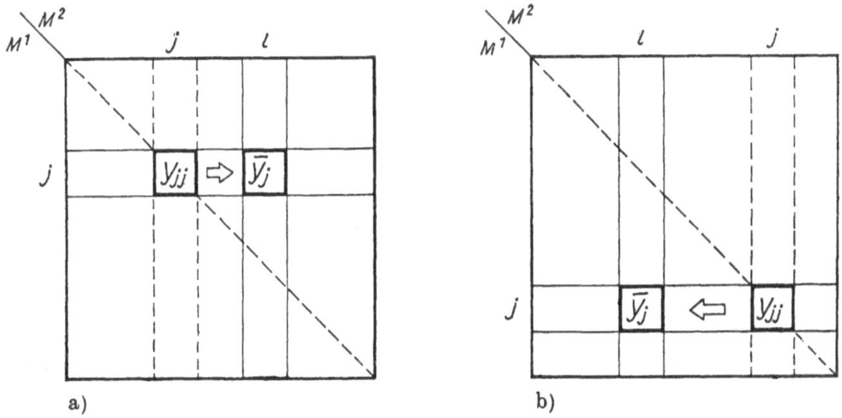

Bild 10.5: T-Tabellen

eingetragen (Bild 10.6a). Dann ist die Darstellung des Bildes 10.6a äquivalent der des Bildes 10.6b.

Fall 8: Dieser Fall entspricht dem vorherigen Fall 7, wenn die Nullen durch Einsen ersetzt werden und umgekehrt. Er wird durch Bild 10.7 dargestellt.

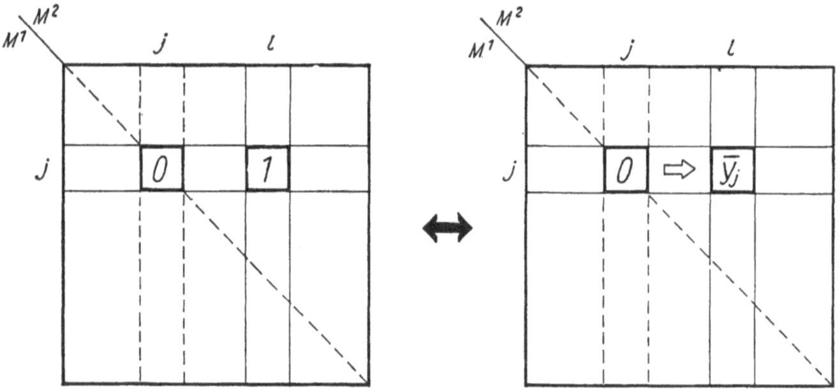

a) b)

Bild 10.6: T-Tabellen

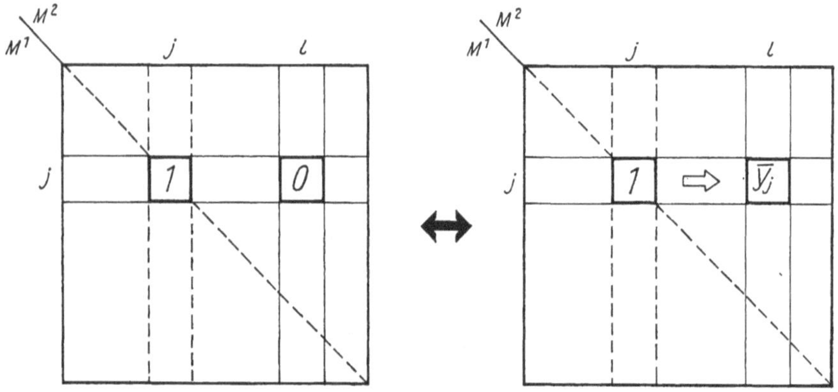

a) b)

Bild 10.7: T-Tabellen

Fall 9: Alle Felder der l-Spalte (das Hauptdiagonalfeld (l, l) ausgenommen) seien Wechselfelder, so daß gilt

$$(M, l) \in M_{\bar{y}}(2) \leftrightarrow \underset{j(\neq l)}{\forall} (y_{jl} = \bar{y}_j) . \tag{10.18}$$

Die rechte Seite dieser Beziehung besagt, daß der l-Spalte von oben nach unten die Werte

$$(\bar{y}_0, \bar{y}_1, \ldots, \overline{y_{l-1}}, y_{ll}, \overline{y_{l+1}}, \ldots, \overline{y_{2^n-1}})$$

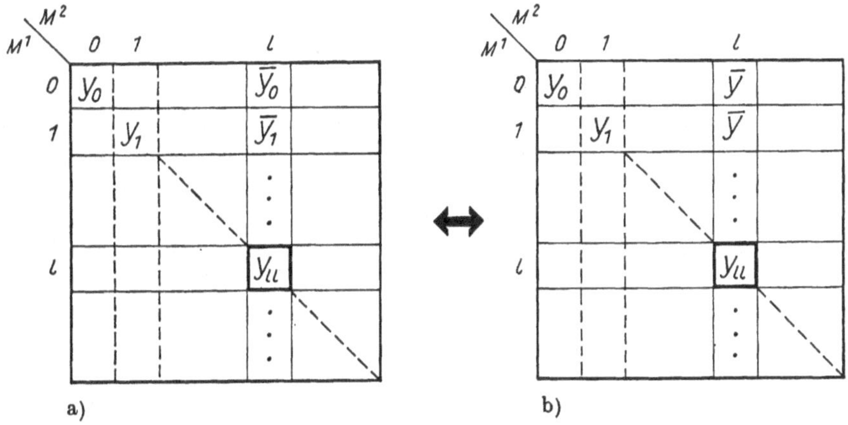

Bild 10.8: T-Tabellen

eingetragen werden, wobei über das Hauptdiagonalfeld (l, l) nichts ausgesagt wird, so daß ihm der Schaltwert y_{ll} eingeschrieben wird. Dieser Sachverhalt ist in Bild 10.8a dargestellt.

Da jedes Feld (j, l) der l-Spalte (das geschichtslose Feld (l, l) ausgenommen) ein wechselndes Feld ist, speichert die Eingangsbelegung l stets den vorherigen Ausgangswert der Schaltung in negierter Form: also $\bar{y}$. Dies wird durch die Beziehung

$$(M, l) \in M_{\bar{y}}(2) \leftrightarrow \underset{j(\neq l)}{\forall} (y_{jl} = \bar{y}) \tag{10.19}$$

zum Ausdruck gebracht und bedeutet, daß jedem Feld der l-Spalte (mit Ausnahme des Hauptdiagonalfeldes) die Variable $\bar{y}$ eingeschrieben wird (Bild 10.8b).

Ein Vergleich der Bilder 10.8b und 10.4b (Fall 6) läßt sofort die Frage aufkommen, ob nicht in Bild 10.8b die Eintragung y_{ll} des Hauptdiagonalfeldes durch $\bar{y}$ (damit eine durchgehend gleiche Eintragung entsteht) oder zumindest durch y ersetzt werden kann. Wird dem Hauptdiagonalfeld (l, l) der negierte Ausgang $\bar{y}$ eingeschrieben, so wird damit verlangt, daß der jeweilige Wert des Ausgangs stets negiert wird, wenn die Eingangsbelegung l ansteht. Dies bedeutet aber einerseits ein Schwingen der Schaltung und stellt andererseits einen formalen Widerspruch dar (s. Abschn. 7.5). Aber ebenso darf in Bild 10.8b y_{ll} nicht durch y ersetzt werden, weil dies im Widerspruch zu Fall 6, Bild 10.4b wäre. y im Hauptdiagonalfeld bedeutet nämlich, daß jeder vorherige Ausgangswert zu speichern (und nicht in negierter Form zu speichern) ist, wenn die Eingangsbelegung l vorliegt.

10.1.4. Darstellung von Eingangs- und Ausgangsketten in T-Tabellen

Die Aufeinanderfolge verschiedener Eingangsbelegungen soll als eine „Kette von Eingangsbelegungen“ oder kurz „Eingangskette“ angesprochen werden. Die einzelnen Eingangsbelegungen (bildlich: die Glieder) der Eingangskette sollen fortlaufend durch einen sogenannten „Taktparameter" τ gekennzeichnet werden:

$$j(1), j(2), j(3), \ldots, j(\tau), \ldots .$$

Eine Schaltung (ob kombinatorisch oder sequentiell, also ganz unabhängig von ihrer Dimension) reagiert auf eine Eingangskette mit einer „Ausgangskette", also mit einer Aufeinanderfolge von Ausgangswerten $y(\tau)$.

Mit einer T-Tabelle (Tab. 10.1), die nach den Regeln des vorangehenden Abschnitts ausgefüllt ist, wird eine zweidimensionale Schaltung eindeutig beschrieben. Also muß es auch möglich sein, das Verhalten der zweidimensionalen Schaltung für eine beliebige Eingangskette aus der T-Tabelle herauszulesen. In Bild 10.9 werden zwei Arten gezeigt, wie die von einer vorgegebenen Eingangskette $j(1) = 0$, $j(2) = 1$, $j(3) = 3$, $j(4) = 2$ erzeugte Ausgangskette aus der allgemeinen T-Tabelle für zweidimensionale Schaltungen mit zwei Eingängen und einem Ausgang abgelesen werden kann. Diesem Aspekt soll aber im Rahmen des Buches keine weitere Aufmerksamkeit geschenkt werden, obwohl sie für das Analyseproblem von großer Bedeutung ist.

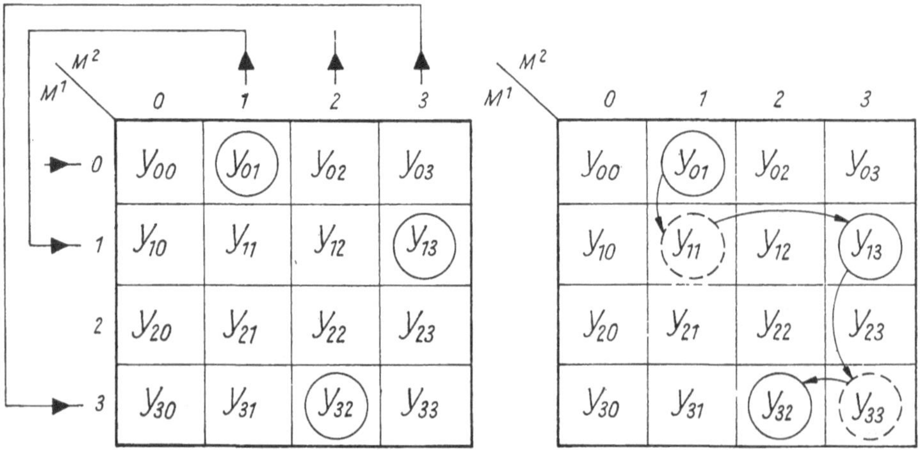

Bild 10.9: Darstellung von Eingangs- und Ausgangsketten in T-Tabellen

10.1.5. Die Nebendiagonalfelder der T-Tabelle; Benutzung nicht belegter Felder

Die Nebendiagonale der T-Tabelle besteht aus den Feldern $(j, 2^n - 1 - j)$, sie läuft also von der linken unteren Ecke zur rechten oberen Ecke. Das Dezimaläquivalent der Zahl j ist durch

$$j := \sum_{i=1}^{n} \sigma_i \cdot 2^{n-i} \tag{4.2}$$

erklärt worden. Werden in der zugehörigen Binärzahl j alle Nullen durch Einsen ersetzt und umgekehrt, wird also definiert: $\bar{\sigma}_i := 1 - \sigma_i$, so wird eine neue, $\bar{j}$ genannte Eingangsbelegung erhalten:

$$\bar{j} := \sum_{i=1}^{n} (1 - \sigma_i) \cdot 2^{n-i} = \sum_{i=1}^{n} 2^{n-i} - \sum_{i=1}^{n} \sigma_i \cdot 2^{n-i}$$
$$= (2^n - 1) - j\,. \qquad (10.20)$$

(Siehe dazu auch Gl. (4.3).) Da also nach Gl. (10.20) die zweite Koordinate der Nebendiagonale gleich $\bar{j}$ ist, charakterisiert jedes Feld $(j, \bar{j})$ der Nebendiagonale die Tatsache, daß alle Belegungen σ_i der Eingangsvariablen x_i in ihr Komplement $(1 - \sigma_i)$ umgekehrt werden.

Bei Schaltungen mit nur zwei Eingangsvariablen x_1 und x_2 stellt die Nebendiagonale die Felder mit doppeltem Signalwechsel dar. Bei Schaltungen mit drei Eingangsvariablen stellt die Nebendiagonale jene Felder dar, bei denen sich die Belegungen aller drei Variablen gleichzeitig ändern.

Manche Schaltungen mit zwei Eingängen werden so verwendet, daß es an ihrem Eingang nicht zu doppeltem Signalwechsel kommen kann. Dies trifft beispielsweise für eine Ein-Bit-Stufe eines in getakteter Betriebsweise arbeitenden Schieberegisters zu. Da in einem solchen Fall $(n = 2)$ die vier Eingangssequenzen $(j, 3 - j)$ nicht vorkommen, dürfen die Felder der Nebendiagonale beliebig belegt werden. Dadurch können, wie bei kombinatorischen Steuerungen, Vereinfachungen von Schaltungen durch zweckmäßige Verwendung dieser („don't care") Felder erzielt werden. Frei verfügbare redundante Felder werden durch ein r gekennzeichnet.

10.1.6. Beispiele für die Darstellung von Schaltungen durch T-Tabellen

Zur Verdeutlichung der bisherigen Ausführungen werden die nachstehend angeführten Schaltungsaufgaben durch T-Tabellen dargestellt.

Beispiel 10-1: Ein sogenannter Trigger-Flip-Flop ist eine Schaltung mit einem einzigen Eingang x und einem Ausgang y. Wenn x seinen Wert von Null auf Eins ändert, soll auch y seinen Wert ändern, hingegen soll y seinen Wert beibehalten, wenn sich x von Eins auf Null ändert. Da nur eine Eingangsvariable vorhanden ist, steht $x = 0$ für $j = 0$ und $x = 1$ für $j = 1$. Die T-Tabelle des Bildes 10.10a wird so ausgefüllt, daß zuerst den Diagonalfeldern die Variablen y_{00} und y_{11} eingetragen werden. Die Angabe bezeichnet das Feld (1, 0) als ein speicherndes Feld, dem also (siehe Bild 10.1, bzw. Gl. (10.14)) der Wert y_1 einzutragen ist. Das Feld (0, 1) stellt laut Angabe ein Wechselfeld dar, dem daher (s. Bild 10.5a oder Gl. (10.17)) $\bar{y}_0$ einzutragen ist.

Aus der T-Tabelle des Bildes 10.10a wird jene des Bildes 10.10b entwickelt: Gemäß Fall 6 (Bild 10.4b) können den Feldern der 0-Spalte durchgehend y eingetragen werden und gemäß Fall 9 (Bild 10.8b) kann dem Feld (0, 1) der Wert $\bar{y}$ statt $\bar{y}_0$ eingetragen werden.

$M^1 \backslash M^2$	0	1
0	y_{00}	$\overline{y}_0$
1	y_1	y_{11}

a)

$M^1 \backslash M^2$	0	1
0	y	$\overline{y}$
1	y	y_{11}

b)

Bild 10.10: T-Tabellen zum Beispiel 10-1

Beispiel 10-2: Eine sogenannte Zweihandsicherheitsschaltung hat zwei (von Handtasten erzeugte) Eingangssignale x_1, x_2 und ein Ausgangssignal y. Dieses soll genau dann Eins werden, wenn beide Eingangssignale gleichzeitig von Null auf Eins wechseln, also beide Handtaster gleichzeitig betätigt werden. Der gleichzeitige Wechsel der Eingangssignale von Null auf Eins wird durch die Sequenz $(j, l) = (0, 3)$ dargestellt. Da genau bei diesem Wechsel der Ausgang Eins wird, ist dem Feld (0, 3), und nur diesem, eine Eins einzuschreiben (Bild 10.11). Den Hauptdiagonalfeldern der ersten drei Spalten sind wegen Gl. (10.12) Nullen einzuschreiben, wogegen dem Feld (3, 3) deswegen die unbestimmte Variable y_{33} eingeschrieben wird, weil die dritte Spalte sowohl Nullen als auch Einsen enthält (siehe Fall 3).

$M^1 \backslash M^2$	0	1	2	3
0	0	0	0	1
1	0	0	0	0
2	0	0	0	0
3	0	0	0	y_{33}

Bild 10.11 T-Tabelle zum Beispiel 10-2

Beispiel 10-3: Von CALDWELL [26] wird als „Beispiel 14-3“ eine Schaltung mit zwei Eingängen und einem Ausgang wie folgt formuliert: „Es können sich nicht beide Eingaben gleichzeitig ändern. Jedesmal wenn sich x_2 ändert, und nur dann, soll der Ausgang den Wert von x_1 annehmen und diesen Wert solange festhalten, bis sich x_2 wieder ändert.“ Zur Erinnerung an den Zusammenhang zwischen der Belegung σ_i der Eingangssignale und den Eingangsbelegungen j soll das KARNAUGH-Diagramm Bild 10.12a, dem die Eingangsbelegungen j eingeschrieben sind, dienen. Sich diesen Zusammenhang in Erinnerung zu rufen ist zweckmäßig, weil in der Angabe von Eingangssignalen gesprochen wird, während die T-Tabelle Eingangsbelegungen benützt.

$x_2 \backslash x_1$	0	1
0	0	2
1	1	3

a)

$M^1 \backslash M^2$	0	1	2	3
	y_{00}	0	y_0	r
	0	y_{11}	r	y_1
	y_2	r	y_{22}	1
	r	y_3	1	y_{33}

b)

Bild 10.12: a) KARNAUGH-Diagramm und b) T-Tabelle zum Beispiel 10-3

Beim Ausfüllen der T-Tabelle wird so vorgegangen, daß zuerst der Hauptdiagonale die Werte $y_{00}, y_{11}, y_{22}, y_{33}$ eingetragen werden. Da gemäß der Aufgabenstellung doppelte Signalwechsel nicht vorkommen, wird den Feldern der Nebendiagonale nach Abschn. 10.15 jeweils ein r eingeschrieben, um dadurch beliebig wählbare Eintragungen anzudeuten.

Folgender Teil der Angabe führt zu den eingetragenen Konstanten des Bildes 10.12b: „Jedesmal, wenn sich x_2 ändert, und nur dann, soll die Ausgabe den Wert von x_1 annehmen ...“. Aus dem KARNAUGH-Diagramm ist ersichtlich, daß bei den Sequenzen (0, 1) und (1, 0) sich nur x_2 ändert und weil hierbei $x_1 = 0$ ist, werden den Feldern (0, 1) und (1, 0) der T-Tabelle Nullen eingeschrieben. Aus einer analogen Betrachtung werden den Feldern (2, 3) und (3, 2) Einsen zugeordnet.

Die jetzt noch nicht ausgefüllten Felder (0, 2), (2, 0), (1, 3) und (3, 1) sind, wie ein Vergleich mit dem KARNAUGH-Diagramm zeigt, jene Übergänge bzw. Sequenzen, bei denen x_2 konstant bleibt. Und da laut Angabe diese Sequenzen den vorherigen Schaltwert beibehalten, handelt es sich um speichernde Sequenzen, die nach Gl. (10.14) bzw. Bild 10.1 auszufüllen sind.

Dies liefert schließlich die vollständige T-Tabelle des Bildes 10.12b. In ihr können die Felder der Nebendiagonale beliebig ausgefüllt werden, beispielsweise auch so, daß die T-Tabelle des Bildes 10.13 erhalten wird. Durch diese getroffene Wahl der Belegungen der Nebendiagonale sind (unter

Berücksichtigung von Gl. (10.8)) die Eintragungen der 0-ten und 2-ten Spalte, sowie die der 1-ten und 3-ten Spalte einander gleich. Die Spalten der T-Tabelle und besonders gleich ausgefüllte Spalten spielen im nächsten Abschnitt eine ausgezeichnete Rolle und werden ausführlich behandelt. Vorweg sei nur festgestellt, daß möglichst viele gleiche Spalten angestrebt werden.

M^1 \ M^2	0	1	2	3
0	y_{00}	0	y_0	0
1	0	y_{11}	0	y_1
2	y_2	1	y_{22}	1
3	1	y_3	1	y_{33}

Bild 10.13: T-Tabelle zum Beispiel 10-3

10.2. Die Theorie zweidimensionaler Schaltungen

Es soll nun gezeigt werden, wie die Schaltwerte y_{jl} einer T-Tabelle zur direkten Berechnung der gesuchten Schaltung angewendet werden. Diese Berechnung wird so erfolgen, daß die Werte y_{jl} in ein Formelsystem, das Theorem für zweidimensionale Schaltungen, eingesetzt werden. Dieses Theorem liefert dann direkt die gesuchte Schaltung. In Anlehnung an den Matrizenkalkül kann das Theorem schließlich in eine sehr handliche Form gebracht werden.

10.2.1. Das Theorem für zweidimensionale Schaltungen

Bei der jetzt vorzunehmenden Berechnung von Schaltungen muß von den Eingangsbelegungen auf die Minterme übergegangen werden. Es genügt allerdings nicht, entsprechend der Äquivalenz zwischen j und k_j das geordnete Paar (j, l) als (k_j, k_l) anzuschreiben, weil mit dem geordneten Paar als solches nicht gerechnet werden kann. Beim Rechnen müssen die Minterme k_j und k_l einzeln verwendet werden, so daß es jetzt notwendig sein wird, die Reihenfolge ihres Auftretens durch den Zustandsindex $\varrho \in \{1, 2\}$ anzugeben. Wie schon in Abschnitt 10.1.1 wird auch hier die Reihenfolge von k_j und k_l nicht durch die alphabetische Reihenfolge der Indizes j und l bestimmt, d. h.

$$k_j^1 \leftrightarrow k_j^1 \in M^1 \; ; \quad k_l^2 \leftrightarrow k_l^2 \in M^2$$

bzw.

$$k_l^1 \leftrightarrow k_l^1 \in M^1; \quad k_j^2 \leftrightarrow k_j^2 \in M^2 \, .$$

Der Ableitung des Fundamentalsatzes kombinatorischer Schaltungen (Abschn. 4.2) folgend, soll nun das sog. Theorem für zweidimensionale Schaltungen abgeleitet werden. Der Einfachheit halber wird dabei im folgenden k_j anstelle von $k_j(n)$ und d_j anstelle von $d_j(n)$ geschrieben.

Wird der gegenwärtige Minterm mit k_l^2 bezeichnet, so kann gemäß Gl. (10.7)

$$k_l^2 \to y_l \tag{10.21}$$

geschrieben werden. Der T-Tabelle (Tab. 10.1) ist zu entnehmen, daß (bei fest gegebenem l) der vorherige Minterm k_j^1 den Schaltwert y_{jl} hervorruft:

$$k_j^1 \to y_{jl} \, . \tag{10.22}$$

Die Richtigkeit der Implikation Gl. (10.22) für alle j und ein bestimmtes l muß gerade die Funktion y_l liefern. Und da alle Implikationen Gl. (10.22) genau dann wahr sind, wenn ihre Konjunktion über j wahr ist, erhält man:

$$y_l = \bigwedge_j \, (k_j^1 \to y_{jl}) \, . \tag{10.23a}$$

Wie bei der Ableitung des Fundamentalsatzes wird schließlich festgestellt: Damit die gesuchte Funktion y wahr ist, müssen alle Implikationen Gl. (10.21) wahr sein, was genau dann der Fall ist, wenn ihre Konjunktion über alle l wahr ist:

$$y = \bigwedge_l \, (k_l^2 \to y_l) \, . \tag{10.23b}$$

Durch die Gln. (10.23) ist die betreffende zweidimensionale sequentielle Schaltung festgelegt.

Das aus den Gln. (10.23a) und (10.23b) bestehende Gleichungssystem soll als „Theorem für zweidimensionale Schaltungen" bezeichnet werden.

Wie auf S. 34 (in Abschn. 4.2) werden die Implikationen durch Gl. (2.3) ersetzt, so daß das Theorem unter Anwendung von Gl. (4.5) eine handlichere Form

$$y_l = \bigwedge_j \, (d_j^1 \vee y_{jl}) \, , \tag{10.24a}$$

$$y = \bigwedge_l \, (d_l^2 \vee y_l) \tag{10.24b}$$

annimmt, die als die Maxtermform des Theorems bezeichnet werden soll.

Da jede einzelne dieser Gleichungen innerhalb eines bestimmten Zustands gilt, ist es möglich, die rechte Seite jeder der Gleichungen so zu negieren wie eine kombinatorische Funktion oder eine Speicherfunktion. Die Negation einer zweidimensionalen Schaltung wird also dadurch gebildet, daß entweder die rechten Seiten nach DE MORGAN negiert, oder die rechts stehenden Schaltwerte negiert werden. Es gilt also

$$\bar{y}_l := \bigwedge_j (d_j^1 \vee \bar{y}_{jl}) = \bigvee_j (k_j^1 \wedge \bar{y}_{jl}) , \tag{10.25a}$$

$$\bar{y} := \bigwedge_l (d_l^2 \vee \overline{y_l}) = \bigvee_j (k_j^2 \wedge \overline{y_l}) , \tag{10.25b}$$

wobei abermals von Gl. (4.5) Gebrauch gemacht wurde.

Durch zweimaliges Negieren der Gln. (10.24), einmal nach DE MORGAN, dann durch Negieren der Schaltwerte, wird somit das Gleichungssystem

$$y_l = \bigvee_j k_j^1 y_{jl} , \tag{10.26a}$$

$$y = \bigvee_l k_l^2 y_l \tag{10.26b}$$

erhalten, welches die Mintermform des Theorems für zweidimensionale Schaltungen darstellt.

Bild 10.14 stellt eine Veranschaulichung des Gleichungssystems (10.26) dar. Die strichpunktiert eingerahmten rechteckigen Kästchen stellen für alle l die einzelnen Schaltungen von Gl. (10.26a) dar. Im nächsten Abschnitt wird gezeigt, daß diese einzelnen Schaltungen entweder kombinatorische Funktionen oder auch Speicherfunktionen sein können. Desweiteren kann noch eine gegenseitige Abhängigkeit gegeben sein. Die gestrichelt eingerahmte Schaltung stellt dann Gl. (10.26b) dar.

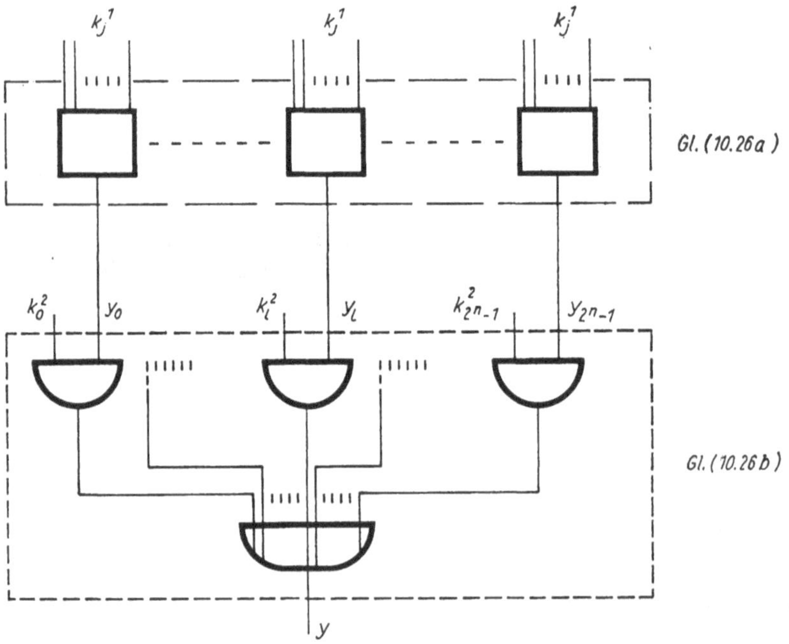

Bild 10.14: Zur Veranschaulichung der Gln. (10.26)

Für das praktische Rechnen wird das Theorem für zweidimensionale Schaltungen stets in der Max- bzw. Mintermform der Gln. (10.24) bzw. (10.26) verwendet. Für diese zwei Formen wollen wir jeweils die mit *a* bezeichneten Gleichungen in die mit *b* bezeichneten einsetzen und erhalten dadurch aus Gln. (10.24a) und (10.24b):

$$y = \bigwedge_l (d_l^2 \vee \langle \bigwedge_j (d_j^1 \vee y_{jl}) \rangle) , \qquad (10.27)$$

aus Gln. (10.26a) und (10.24b):

$$y = \bigwedge_l (d_l^2 \vee \langle \bigvee_j k_j^1 y_{jl} \rangle) , \qquad (10.28)$$

aus Gln. (10.24a) und (10.26b):

$$y = \bigvee_l k_l^2 \wedge \langle \bigwedge_j (d_j^1 \vee y_{jl}) \rangle) , \qquad (10.29)$$

aus Gln. (10.26a) und (10.26b):

$$y = \bigvee_l k_l^2 \wedge \langle \bigvee_j k_j^1 y_{jl} \rangle . \qquad (10.30)$$

Weshalb wurde nun in den obigen Gleichungen die spitze Klammer eingeführt? Schon in Abschnitt 9.3 wurde beim Versuch, eine sequentielle Schaltung zu vereinfachen, ein Speicher so unglücklich herausgekürzt, daß die neu entstandene Schaltung nicht mehr der ursprünglichen entsprach. Um ähnliche Fehler bei der Anwendung des Theorems für zweidimensionale Schaltungen zu vermeiden, muß dafür Sorge getragen werden, daß niemals Max- und/oder Minterme, die verschiedenen Zuständen M^1 bzw. M^2 angehören, nach den Gesetzen der Booleschen Algebra miteinander verknüpft werden! Wir legen also fest:

a) Innerhalb einer spitzen Klammer dürfen nur entweder Min- oder Maxterme ein und desselben Zustands M^ϱ stehen.

b) Eine Verknüpfung im Sinne der Booleschen Algebra zwischen zwei Min- bzw. Maxtermen verschiedener Zustände soll als nicht erklärt gelten. In anderen Worten bedeutet dies: die Boolesche Algebra gilt nur jeweils innerhalb ein und desselben Zustands.

Die obigen Festlegungen bedeuten, daß etwa in Gl. (10.30) mit k_l^2 nicht in die spitze Klammer „hineinkonjungiert“ werden darf. Lassen wir aber vorübergehend in Gl. (10.30) die Zustandsindizes weg, so geht diese Gleichung (jetzt bei voller Verwendbarkeit der Booleschen Gesetze) über in

$$y = \bigvee_l k_l y_{ll} = \{\text{Gl. } (10.8)\} = \bigvee_l k_l y_l .$$

Somit erhält man bestenfalls eine Beziehung, die als Gl. (10.26b) gedeutet werden kann, die aber niemals das Gesamtverhalten der sequentiellen Schaltung zu charakterisieren vermag.

10.2.1.1. Die inneren Speicher

Schon in Abschnitt 9 wurde betont, daß eine sequentielle Schaltung sowohl aus kombinatorischen Schaltelementen als auch aus Speicherfunktionen aufgebaut ist. Wir wollen nun vor allem zeigen, wie die Speicher einer sequentiellen Schaltung im eben hergeleiteten Theorem zum Ausdruck kommen und diese Speicher auch schon in der T-Tabelle erkannt werden können. Das Theorem für zweidimensionale Schaltungen Gl. (10.23) liegt in zwei verschiedenen, aber gleichermaßen handhabbaren Formen vor: in der Maxtermform und in der Mintermform. Um unmittelbar auf die Speichertheorie aufbauen zu können, wollen wir uns mit der Mintermform und hiervon speziell mit Gl. (10.26a) befassen.

Da in Gl. (10.26a) für ein gegebenes l über alle j disjungiert wird, stellt diese Gleichung die Auswertung der l-ten Spalte der T-Tabelle dar. Und da der im Hauptdiagonalfeld (l, l) eingetragene Schaltwert y_{ll} nach Gl. (10.8) der Schaltfunktion y_l gleich ist, die der l-ten Spalte als Ganzes zugeschrieben wird, kann Gl. (10.26a) als Speicherfunktion aufgefaßt werden. Dies wurde schon früher angedeutet. Die durch Gl. (10.26a) bzw. durch die einzelnen Spalten der T-Tabelle dargestellten Speicher sollen als „innere Speicher" der zweidimensionalen Schaltung bezeichnet werden.

Nicht immer ist es unbedingt augenfällig, daß die Spalten der T-Tabelle als Speicher aufgefaßt werden können, weshalb die Beispiele von Abschn. 10.1.6 daraufhin betrachtet werden sollen. Wenden wir uns zuerst dem Beispiel 10-2 zu; hier ist es offensichtlich, daß die letzte Spalte des Bildes 10.11 einen Speicher darstellt: die Eins des Feldes (0,3) legt k_0^1 als setzenden Minterm fest, während die Nullen der Felder (1,3) und (2,3) die Minterme k_1^1 und k_2^1 als löschende Minterme festlegen; die Eintragung y_{33} des Feldes (3,3) bedeutet, daß k_3^1 ein speichernder Minterm ist. Solange noch nicht gezeigt wurde, wie man Spalten zusammenfassen kann (s. Abschn. 10.2.1.2), legt jede Spalte nur einen einzigen speichernden Minterm fest und zwar jenen, der dem Hauptdiagonalfeld der betrachteten l-ten Spalte entspricht, also k_l^1. Wird nun in Gl. (10.26a) $l = 3$ gesetzt, so kann der Speicher der dritten Spalte berechnet werden:

$$y_3 = \bigvee_j k_j^1 y_{j3} = (k_0^1 \wedge 1) \vee (k_1^1 \wedge 0) \vee (k_2^1 \wedge 0) \vee (k_3^1 \wedge y_{33})$$
$$= k_0^1 \vee k_3^1 y_{33} = (\bar{x}_1 \bar{x}_2)^1 \vee (x_1 x_2)^1 \, y_{33} \, .$$

Die übrigen drei Spalten des Bildes 10.11 (also die Spalten 0, 1, 2) stellen entartete Speicher, nämlich löschende Speicher dar. Dies entspricht Speichern, deren Menge M_1 der setzenden Eingangsbelegungen leer ist. Ebenso wären Spalten, die nur Einsen enthalten, als entartete Speicher aufzufassen (siehe hierzu die Fälle 1 und 2 von Abschn. 10.1.3). Die Schaltwerte jeder der drei Spalten 0, 1, 2 des Bildes 10.11 in Gl. (10.26a) eingesetzt ergeben $y_0 = y_1 = y_2 = 0$.

Betrachten wir nun das Beispiel 10-3 von Abschn. 10.1.6 und hier zuerst die nullte Spalte des Bildes 10.13. Nach dem Vorhergehenden ist es klar, daß die Schaltwerte y_{j0} der nullten Spalte folgende Einteilung der Eingangsbelegungen bzw. der Minterme festlegen: $k_0^1 \in M_\psi$, $k_1^1 \in M_0$, $k_3^1 \in M_1$.[1]) Doch in welche Untermenge soll der den Schaltwert y_2 des Feldes (2,0) implizierende Minterm k_2^1 eingeordnet werden? Um diese Frage zu beantworten, wollen wir uns anschaulich die Bedeutung der Eintragung y_2 im Feld (2,0) vor Augen führen. Ist $y_2 = 1$, so muß dieses Einssignal den inneren Speicher y_0 setzen, und ist $y_2 = 0$, so muß hierdurch y_0 gelöscht werden. Im Einklang hiermit kann k_2^1 dann der setzenden Menge M_1 zugeordnet werden, wenn $y_2 = 1$ ist, und der löschenden M_0, wenn $y_2 = 0$ ist. Die Eintragung y_2 des Feldes (2,0) stellt also die Beeinflussung des inneren Speichers y_0 der Spalte 0 durch den inneren Speicher y_2 der Spalte 2 dar. Eine solche Beeinflussung eines Speichers durch einen anderen kommt in Abschnitt 7 naturgemäß nicht vor, weil dort stets nur ein einziger Speicher untersucht wird. Aus der Spalte $l = 2$ des Bildes 10.13 ist ersichtlich, daß der innere Speicher y_0 (siehe Feld (0,2)) als Setzeingang für den inneren Speicher y_2 dient. Die beiden Speicher y_0 und y_2 beeinflussen sich also gegenseitig. Der Ausgang jedes dieser Speicher dient als Eingang für den jeweils anderen. Nach Gl.(10.26a) lassen sich für $l \in \{0, 2\}$ die beiden Speicher y_0 und y_2 berechnen:

$$y_0 = (k_2^1 y_2 \vee k_3^1) \vee k_0^1 y_{00} ,$$

$$y_2 = (k_0^1 y_0 \vee k_3^1) \vee k_2^1 y_{22} .$$

Diese beiden Gleichungen können mit Hilfe der Beziehung $y_l = y_{ll}$ lt. Gl, (10.8) in Bild 10.15 dargestellt werden. Im nächsten Abschnitt wird gezeigt

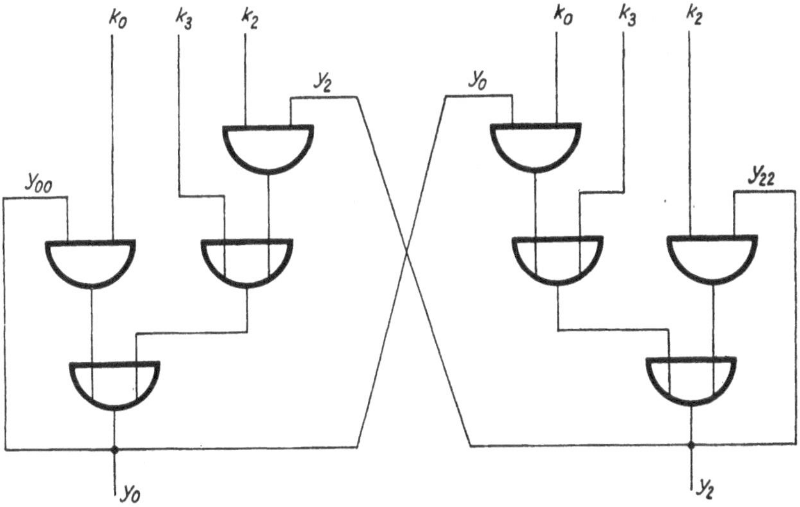

Bild 10.15: Schaltung zum Beispiel 10-3

[1]) Es handelt sich bei den Untermengen M_0, M_1, M_ψ um die für den eindimensionalen Fall definierten Untermengen, weil nur eine bestimmte Spalte, also ein einziger Zustand, betrachtet wird.

daß diese beiden Speicher zu einem einzigen zusammengefaßt werden können; doch nicht alle sich gegenseitig beeinflußenden Speicher lassen sich zusammenfassen.

Einen in mancher Hinsicht ähnlichen Sachverhalt wie eben für Beispiel 10-3 besprochen, finden wir in Bild 10.10 des Beispiels 10-1 wieder. Obwohl es sich bei diesem Beispiel um eine Schaltung mit nur einer einzigen Eingangsvariablen handelt, kann (und muß) die Spalte 1 als Speicher gedeutet werden. Der Minterm $k_1 \in M^1$ (also x) stellt für den Speicher y_1 der Spalte 1 den speichernden Minterm dar, während der Minterm $k_0 \in M^1$ (also $\bar{x}$) dann ein setzender Minterm ist, wenn $\bar{y} = 1$ ist und ein löschender, wenn $\bar{y} = 0$ ist. Die Bedeutung der Spalte 0 des Bildes 10.10 kann erst später besprochen werden.

10.2.1.2. Reduzieren der Anzahl der inneren Speicher

Für zwei gleich ausgefüllte Spalten $p, q \in M^2$ der T-Tabelle (s. z. B. die Spalten 0 und 2 bzw. 1 und 3 des Bildes 10.13) gilt voraussetzungsgemäß $y_{jp} = y_{jq}$ und ebenso $y_{pp} = y_p$ bzw. $y_{qq} = y_q$ nach Gl. (10.8). Die Gleichungen der inneren Speicher der Spalten p und q lauten etwa nach Gl. (10.26a)

$$y_p = \bigvee_j k_j^1 y_{jp} \,,$$

$$y_q = \bigvee_j k_j^1 y_{jq} \,,$$

und wegen der Gleichheit $y_{jp} = y_{jq}$ erhält man daraus

$$y_p = q_q \,. \tag{10.31}$$

Diese Gleichheit der inneren Speicher bedeutet gemäß Gl. (10.8) auch die Gleichheit der in den Hauptdiagonalfeldern der beiden Spalten stehenden Schaltwerte:

$$y_{pp} = y_{qq} \,. \tag{10.32}$$

Die Gln. (10.31) und (10.32) gestatten es nun, die T-Tabelle des Bildes 10.13 (sie ist in Bild 10.16a nochmals angegeben) etwa in die T-Tabelle des Bildes 10.16b überzuführen. In diesem Bild kommt jetzt deutlich zum Ausdruck, daß jede Spalte zwei speichernde Eingangsbelegungen aufweist. Setzt man die Schaltwerte y_{jl} von Bild 10.16b in Gl. (10.26a) ein, so erhält man eine Schaltung mit nur zwei inneren Speichern.

10.2.1.3. Ausgangskombinatorik und Ausgangsspeicher

In den vorangegangenen Abschnitten hatten wir uns im wesentlichen mit Gl. (10.26a) befaßt und gezeigt, daß durch sie die inneren Speicher der zweidimensionalen Schaltung dargestellt werden. Nun befassen wir uns mit der Bedeutung von Gl. (10.26b); sie wird durch die gestrichelt eingerahmte Schaltung des Bildes 10.14 veranschaulicht. Diese graphische Darstellung legt es nahe, von einer „Ausgangskombinatorik" zu sprechen. Oft wird auch der Ausdruck „Ausgangszuordner" verwendet. Nun gibt es einen bestimmten

$M^1 \backslash M^2$	0	1	2	3
0	y_{00}	0	y_0	0
1	0	y_{11}	0	y_1
2	y_2	1	y_{22}	1
3	1	y_3	1	y_{33}

a)

$M^1 \backslash M^2$	0	1	2	3
0	y_{00}	0	y_{00}	0
1	0	y_{11}	0	y_{11}
2	y_{00}	1	y_{00}	1
3	1	y_{11}	1	y_{11}

b)

Bild 10.16: Reduzieren der Anzahl der inneren Speicher in der T-Tabelle

Fall, bei dem auch Gl. (10.26b) nicht eine kombinatorische, sondern ebenfalls eine Speicherschaltung beschreibt. Man spricht dann von einem „Ausgangsspeicher". Dieser Fall tritt auf, wenn (mindestens) eine Spalte der T-Tabelle (gemäß Abschn. 10.1.3, Fall 6, Bild 10.4) nur y enthält. Um dies zu zeigen, bezeichnen wir mit p jene Spalte, die nur y eingeschrieben hat. Es gilt also $y_p = y_{pp} = y$. Aus der Mehrfachdisjunktion von Gl. (10.26b) spalten wir die p-te Spalte ab,

$$y = \bigvee_{l} k_l y_l = \bigvee_{l \neq p} k_l y_l \vee k_p y \,,$$

und erhalten tatsächlich eine Speichergleichung! Das Bild 10.10b (Beispiel 10-1, Abschn. 10.1.6) liefert ein einfaches Beispiel für eine Schaltung, die einen Ausgangsspeicher haben muß. Diese Schaltung wird später in Abschnitt 10.2.4 als Beispiel 10-6 berechnet und graphisch dargestellt.

10.2.1.4. Hazardfreiheit zweidimensionaler Schaltungen

Für kombinatorische Schaltungen wurde in Abschn. 5.4 die statische Hazardfreiheit behandelt. Darauf aufbauend wurde für Speicher der Begriff der teilweisen und vollständigen Hazardfreiheit eingeführt (Abschn. 7.4). Wir wollen jetzt im weiteren Verlauf dieses Abschnittes eine zweidimensionale Schaltung dann als teilweise hazardfrei bezeichnen, wenn ihre kombinatorischen Schaltungen statisch hazardfrei und ihre Speicher teilweise hazardfrei sind. Werden hingegen alle ihre Speicher so entworfen, daß diese vollständig hazardfrei sind, so soll die zweidimensionale Schaltung dann auch vollständig hazardfrei genannt werden.

10.2.2. Der Matrixkalkül

Eine besonders handliche Form nimmt das Theorem für zweidimensionale Schaltungen in einer Matrixdarstellnug an. Um zu einer solchen Darstellung zu gelangen, wird die T-Tabelle als quadratische Matrix aufgefaßt. Sie soll dann „Transduktions-Matrix“ (kurz: T-Matrix) genannt und mit $\boldsymbol{Y}$ bezeichnet werden. Weiterhin sollen $\boldsymbol{d}^1$ und $\boldsymbol{k}^1$ Zeilenvektoren bezeichnen, deren Elemente die Maxterme bzw. Minterme d_j^1 bzw. k_j^1 des ersten Zustandes sind:

$$\begin{aligned}\boldsymbol{d}^1 &:= [d_0^1, d_1^1, d_2^1, \ldots, d_{2^n-1}^1] \\ &:= [d_0, d_1, d_2, \ldots, d_{2^n-1}]^1 , \\ \boldsymbol{k}^1 &:= [k_0^1, k_1^1, k_2^1, \ldots, k_{2^n-1}^1] \\ &:= [k_0, k_1, k_2, \ldots, k_{2^n-1}]^1 .\end{aligned}$$

$\boldsymbol{d}^2$ und $\boldsymbol{k}^2$ stellen die entsprechenden Spaltenvektoren dar, deren Elemente die Maxterme bzw. Minterme d_l^2 bzw. k_l^2 des zweiten Zustandes sind. ,

$$\boldsymbol{d}^2 := \begin{bmatrix} d_0^2 \\ d_1^2 \\ \vdots \\ d_{2^n-1}^2 \end{bmatrix} := \begin{bmatrix} d_0 \\ d_1 \\ \vdots \\ d_{2^n-1} \end{bmatrix}^2 \quad \boldsymbol{k}^2 := \begin{bmatrix} k_0^2 \\ k_1^2 \\ \vdots \\ k_{2^n-1}^2 \end{bmatrix} := \begin{bmatrix} k_0 \\ k_1 \\ \vdots \\ k_{2^n-1}^2 \end{bmatrix}^2$$

Mit diesen Bezeichnungen gehen die Gln. (10.27) bis (10.30) unmittelbar über in die folgenden Matrixdarstellungen des Theorems über zweidimensionale Schaltungen:

$$y = \langle \boldsymbol{d}^1 \nabla \boldsymbol{Y} \rangle \nabla \boldsymbol{d}^2 , \tag{10.33}$$

$$y = \langle \boldsymbol{k}^1 \Delta \boldsymbol{Y} \rangle \nabla \boldsymbol{d}^2 , \tag{10.34}$$

$$y = \langle \boldsymbol{d}^1 \nabla \boldsymbol{Y} \rangle \Delta \boldsymbol{k}^2 , \tag{10.35}$$

$$y = \langle \boldsymbol{k}^1 \Delta \boldsymbol{Y} \rangle \Delta \boldsymbol{k}^2 . \tag{10.36}$$

Delta Δ und Nabla ∇ stellen hier zweistellige Verknüpfungen dar und nicht die aus der Analysis bekannten Operatoren. Delta Δ und Nabla ∇ wurden wegen ihrer optischen Ähnlichkeit mit dem Konjunktionszeichen $\wedge$ und Disjunktionszeichen $\vee$ gewählt. Hierbei ist die Verknüpfung Δ analog zur konventionellen Matrixmultiplikation zu verstehen, bei der das Multiplizieren durch Konjugieren und das Addieren durch Disjungieren ersetzt wird. Auch das Verknüpfungszeichen ∇ ist analog zur konventionellen Matrixmultiplikation aufzufassen, bei der aber das Multiplizieren durch Disjungieren und das Addieren durch Konjugieren zu ersetzen ist. Die spitze Klammer in den obigen Gleichungen wurde formal von den Gln. (10.27) bis (10.30) übernommen und hat dieselbe Bedeutung wie dort.

Weder für die Verknüpfung Δ noch für die Verknüpfung ∇ gelten das kommutative bzw. assoziative Gesetz. Ebenso ist keines der distributiven Gesetze für die Verknüpfung Δ und ∇ gültig. Die Ungültigkeit des kommutativen Gesetzes ist z. B. schon daraus ersichtlich, daß das Vertauschen von $\boldsymbol{k}^1$ und $\boldsymbol{Y}$ in Gl. (10.36) nicht mehr die Funktion y_l der Gl. (10.26a) liefert; ebenso kann die Ungültigkeit des assoziativen Gesetzes schon daran gezeigt werden, daß die Verknüpfung $\boldsymbol{Y} \Delta \boldsymbol{k}^2$ keine Funktion liefert, die im Gleichungssystem (10.26) vorkommt. Die Ungültigkeit der beiden distributiven Gesetze folgt aus der gemischten Schreibweise des Matrixkalküls. Wäre die Verknüpfung Δ distributiv, so entstünde etwa aus Gl. (10.35)

$$\langle \boldsymbol{d}^1 \Delta \boldsymbol{k}^2 \rangle \nabla \langle \boldsymbol{Y} \Delta \boldsymbol{k}^2 \rangle .$$

Die erste Klammer ist nicht erklärt, weil zwei verschiedene Zustände miteinander zu verknüpfen wären, während die zweite Klammer (wie schon bei der Besprechung der Ungültigkeit des assoziativen Gesetzes) eine Funktion liefert, die nicht im Gleichungssystem (10.26) enthalten ist.

Die Matrixschreibweise kann auch zur Darstellung eindimensionaler Schaltungen (kombinatorischer Schaltungen oder Speicherfunktionen) verwendet werden. Zu diesem Zweck ordnet man die Schaltwerte y_j einer Schalttabelle in Form einer Spaltenmatrix $\boldsymbol{Y}$ an:

$$\boldsymbol{Y} = \begin{bmatrix} y_0 \\ y_1 \\ y_2 \\ \vdots \\ y_{2^n-1} \end{bmatrix} .$$

Eine eindimensionale Schaltung läßt sich dann in der Max- bzw. Mintermform wie folgt anschreiben:

$$y = \boldsymbol{d}^1 \nabla \boldsymbol{Y} , \tag{10.37}$$

$$y = \boldsymbol{k}^1 \Delta \boldsymbol{Y} . \tag{10.38}$$

Darauf sollte jedoch nur nebenbei verwiesen werden. Im weiteren Verlauf werden wir unter der Matrix $\boldsymbol{Y}$ stets eine zweidimensionale T-Matrix verstehen, sofern nicht ausdrücklich das Gegenteil angenommen wird.

10.2.3. Das Umformen der T-Matrix

Es sollen nun zwei Beziehungen zwischen T-Matrizen angeführt werden, die das Vereinfachen (Minimieren) von zweidimensionalen Schaltungen ermöglichen. Beide Beziehungen beruhen auf der Tatsache, daß die Elemente der T-Matrix Elemente der Schaltalgebra (Variable oder Funktionen) sind. Dann gilt: Auf jedes Element einer T-Matrix, welches konstant, also identisch gleich Null oder identisch gleich Eins ist, können die Theoreme für die Schaltwerte

$$A \wedge 0 = 0 , \tag{3.6a}$$

$$A \vee 1 = 1 \tag{3.6b}$$

angewendet werden. Gl. (3.6b) besagt beispielsweise: Wird die rechts stehende Eins als Matrixelement aufgefaßt, so kann dieses gemäß der linken Seite durch eine beliebige Größe disjunktiv erweitert werden. Daher sind z. B. die beiden folgenden Matrizen einander gleich:

$$\begin{bmatrix} 0 & 0 & 1 & 0 \\ 0 & 0 & 1 & 1 \\ 0 & 0 & 1 & 0 \\ 0 & 0 & 1 & y_3 \end{bmatrix} = \begin{bmatrix} 0 & 0 & 1 \vee 0 & 0 \\ 0 & 0 & 1 \vee 1 & 1 \\ 0 & 0 & 1 \vee 0 & 0 \\ 0 & 0 & 1 \vee y_3 & y_3 \end{bmatrix} .$$

Es wird sich später zeigen, daß hier die rechte Matrix die einfachere (!) Schaltung liefert.

Weiterhin gilt: Für jedes Element (ob Variable oder Funktion) einer T-Matrix gelten die beiden Axiome (Gln. (Ax. 3.1)):

$$y_{jl} \wedge 1 = y_{jl}\,, \tag{10.39}$$

$$y_{jl} \vee 0 = y_{jl}\,. \tag{10.40}$$

Die Gln. (3.6) und (Ax. 3.1) bzw. Gl. (10.39) und Gl. (10.40) sind der Grund dafür, daß zwei T-Matrizen miteinander konjugiert bzw. disjungiert werden können. Es seien $\boldsymbol{A}$, $\boldsymbol{B}$, $\boldsymbol{C}$ T-Matrizen mit den entsprechenden Kleinbuchstaben (anstelle des sonst üblichen Schaltwertes y_{jl}) als Elemente. Dann gilt:

$$(\boldsymbol{A} \vee \boldsymbol{B} = \boldsymbol{C}) \leftrightarrow \underset{j}{\forall}\, \underset{l}{\forall}\, (a_{jl} \vee b_{jl} = c_{jl})\,, \tag{10.41}$$

$$(\boldsymbol{A} \wedge \boldsymbol{B} = \boldsymbol{C}) \leftrightarrow \underset{j}{\forall}\, \underset{l}{\forall}\, (a_{jl} \wedge b_{jl} = c_{jl})\,. \tag{10.42}$$

Ohne Beweis seien noch die beiden folgenden Gleichungen angegeben, wobei für die erste $\boldsymbol{C} = \boldsymbol{A} \vee \boldsymbol{B}$ und für die zweite $\boldsymbol{C}' = \boldsymbol{A}' \wedge \boldsymbol{B}'$ vorausgesetzt wird:

$$\begin{aligned} y &= \langle \boldsymbol{k}^1 \,\Delta\, \boldsymbol{C}\rangle \,\Delta\, \boldsymbol{k}^2 \\ &= (\langle \boldsymbol{k}^1 \,\Delta\, \boldsymbol{A}\rangle \,\Delta\, \boldsymbol{k}^2) \vee (\langle \boldsymbol{k}^1 \,\Delta\, \boldsymbol{B}\rangle \,\Delta\, \boldsymbol{k}^2)\,, \end{aligned} \tag{10.43}$$

$$\begin{aligned} y &= \langle \boldsymbol{k}^1 \,\Delta\, \boldsymbol{C}'\rangle \,\Delta\, \boldsymbol{k}^2 \\ &= (\langle \boldsymbol{k}^1 \,\Delta\, \boldsymbol{A}'\rangle \,\Delta\, \boldsymbol{k}^2) \wedge (\langle \boldsymbol{k}^1 \,\Delta\, \boldsymbol{B}'\rangle \,\Delta\, \boldsymbol{k}^2)\,. \end{aligned} \tag{10.44}$$

10.2.4. Einige erläuternde Beispiele

Beispiel 10-4: Eine Schaltung [39] mit zwei Eingängen x_1, x_2 und einem Ausgang y soll so beschaffen sein, daß ein Ausgangssignal nur dann vorhanden ist, wenn beiden Eingangssignale anstehen, jedoch ein bestimmtes bevorzugtes Eingangssignal (z. B. x_1)zuerst angekommen ist.

Die T-Tabelle ist ähnlich derjenigen aus Bild 10.11; nur eine einzige Sequenz, nämlich $(j, l) = (2, 3)$ läßt den Ausgang der gesuchten Schaltung zu Eins werden. Wegen Gl. (10.12) enthalten die Spalten für $l = 0, 1, 2$ ausschließlich Nullen, dem Hauptdiagonalfeld der letzten Spalte wird wieder die unbestimmte Variable y_{33} eingeschrieben. Die T-Tabelle wird gleich als T-Matrix angeschrieben, und man erhält gemäß Gl. (10.36) die gesuchte Funktion zu

$$y = \langle \overset{1}{[k_0, k_1, k_2, k_3]} \,\Delta \begin{bmatrix} 0 & 0 & 0 & 0 \\ 0 & 0 & 0 & 0 \\ 0 & 0 & 0 & 1 \\ 0 & 0 & 0 & y_{33} \end{bmatrix} \rangle \,\Delta \overset{2}{\begin{bmatrix} k_0 \\ k_1 \\ k_2 \\ k_3 \end{bmatrix}}$$

$$= [0, 0, 0, k_2(1 \vee y_{33}) \vee k_3 y_{33}] \,\Delta \overset{2}{\begin{bmatrix} k_0 \\ k_1 \\ k_2 \\ k_3 \end{bmatrix}}.$$

Dabei wurde von Gl. (3.6b) (siehe S. 187) Gebrauch gemacht. Es ist nicht unbedingt notwendig, eine solche Erweiterung in der Matrix selbst zu kennzeichnen. Die Verknüpfung des Zeilenvektors mit dem Spaltenvektor liefert sodann

$$y = \langle k_2 \vee k_2 y_{33} \vee k_3 y_{33} \rangle^1 \, k_3^2$$
$$= \langle k_2 \vee (k_2 \vee k_3) \, y_{33} \rangle^1 \, k_3^2 \, .$$

Der Zusammenhang zwischen den Mintermen und den Eingangssignalen führt schließlich zur Beziehung

$$y = \langle x_1 \bar{x}_2 \vee x_1 y_{33} \rangle^1 \, (x_1 x_2)^2$$
$$= \langle (\bar{x}_2 \vee y_{33}) \, x_1 \rangle^1 \, (x_1 x_2)^2 \, . \qquad (10.45)$$

Die eingangs benutzte Erweiterung $1 = 1 \vee y_3$ hatte den Zweck, solche Minterme zusammenzufassen, die einer einfachen algebraischen Beschreibung durch die Eingangsvariablen zugänglich sind. Gemäß Abschn. 7.4 ist durch diese Zusammenfassung der in der spitzen Klammer stehende Speicher vollständig hazardfrei. Die aufgrund der oben formulierten Aufgabenstellung durch Anwendung des Matrix-Kalküls somit synthetisierte Schaltung ist nach Gl. (10.45) in Bild 10.17a dargestellt. Sowohl in Gl. (10.45) als auch in Bild 10.17a ist augenfällig, daß x_1^2 redundant ist: x_1^2 hat auf das Ergebnis keinen Einfluß, kann also weggelassen werden (Bild 10.17b) . Es ist ein Mangel der bisher entwickelten Theorie, diese Vereinfachung nicht aufgezeigt zu haben. (Dieses Problem wird erst in Absch. 10.2.6 behandelt.)

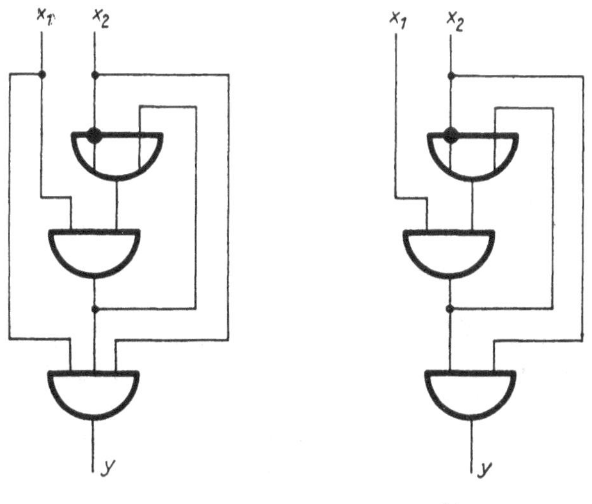

a) b)

Bild 10.17: Schaltungen des Beispiels 10-4

Beispiel 10-5: Es ist die Schaltung zum früheren Beispiel 10-3 zu berechnen. Hierbei wird von der T-Tabelle des Bildes 10.16b ausgegangen und wieder nach Gl. (10.36) gerechnet:

$$y = < \boldsymbol{k}^1 \Delta \begin{bmatrix} y_{00} & 0 & y_{00} & 0 \\ 0 & y_{11} & 0 & y_{11} \\ y_{00} & 1 & y_{00} & 1 \\ 1 & y_{11} & 1 & y_{11} \end{bmatrix} > \Delta\, \boldsymbol{k}^2$$

$$= [k_0 y_{00} \vee k_2 y_{00} \vee k_3\,,\ k_1 y_{11} \vee k_2 \vee k_3 y_{11}\,,$$

$$k_0 y_{00} \vee k_2 y_{00} \vee k_3\,,\ k_1 y_{11} \vee k_2 \vee k_3 y_{11}]^1 \Delta\, \boldsymbol{k}^2$$

$$= \langle k_3 \vee (k_0 \vee k_2)\, y_{00}\rangle^1 (k_0 \vee k_2)^2 \vee \langle k_2 \vee (k_1 \vee k_3)\, y_{11}\rangle^1 (k_1 \vee k_3)^2\,. \tag{10.46}$$

Die spitzen Klammern stellen Speicher dar. Das Umschreiben auf die Eingangssignale liefert

$$y = \langle x_1 x_2 \vee x_2 y_{00}\rangle^1\, \overline{x_2^2} \vee (x_1 \bar{x}_2 \vee x_2 y_{11}\rangle^1\, x_2^2\,. \tag{10.47}$$

Diese Schaltung ist in Bild 10.18 dargestellt; sie ist nicht hazardfrei. Um sie hazardfrei zu machen, muß (nach Abschn. 10.2.1.4) jeder Speicher y_0 und y_1 sowie das kombinatorische Netzwerk $y = y_0 \bar{x}_2 \vee y_1 x_2$ hazardfrei gemacht werden. Man erhält für vollständige Hazardfreiheit:

$$\begin{aligned} y_0 &= \langle x_1 x_2 \vee (x_1 \vee \bar{x}_2)\, y_{00}\rangle^1\,, \\ y_1 &= \langle x_1 \bar{x}_2 \vee (x_1 \vee x_2)\, y_{11}\rangle^1\,, \\ y &= y_0 \overline{x_2^2} \vee y_1 x_2^2 \vee y_0 y_1\,. \end{aligned} \tag{10.48}$$

Beispiel 10-6: Es ist die Schaltung zum früheren Beispiel 10-1 zu berechnen und von der T-Tabelle des Bildes 10.10b auszugehen. Es sei daran erinnert, daß für eine einzige Eingangsvariable $k_0 = \bar{x}$ und $k_1 = x$ ist. Somit nimmt Gl. (10.36) die folgende Gestalt an:

$$y = \langle [\bar{x}, x]^1 \Delta \begin{bmatrix} y & \bar{y} \\ y & y_{11} \end{bmatrix} \rangle \Delta \begin{bmatrix} \bar{x} \\ x \end{bmatrix}^2$$

$$= [y, \bar{x}\bar{y} \vee x y_{11}]^1 \Delta \begin{bmatrix} \bar{x} \\ x \end{bmatrix}^2 = \langle \bar{x}\bar{y} \vee x y_{11}\rangle^1 x^2 \vee \bar{x}^2 y\,.$$

Die Übersichtlichkeit wird gefördert, wenn auch der äußere Speicher in spitze Klammern gesetzt wird, was von nun an auch gemacht werden soll. Da spitze Klammern verschiedene Zustände trennen sollen, genügt es auch für den äußeren Speicher, einen einheitlichen Zustandsindex an der äußersten spitzen Klammer vorzusehen. Die obige Gleichung kann also umgeschrieben werden zu

$$y = \langle\langle \bar{x}\bar{y} \vee x y_{11}\rangle^1 x \vee \bar{x} y\rangle^2\,. \tag{10.49}$$

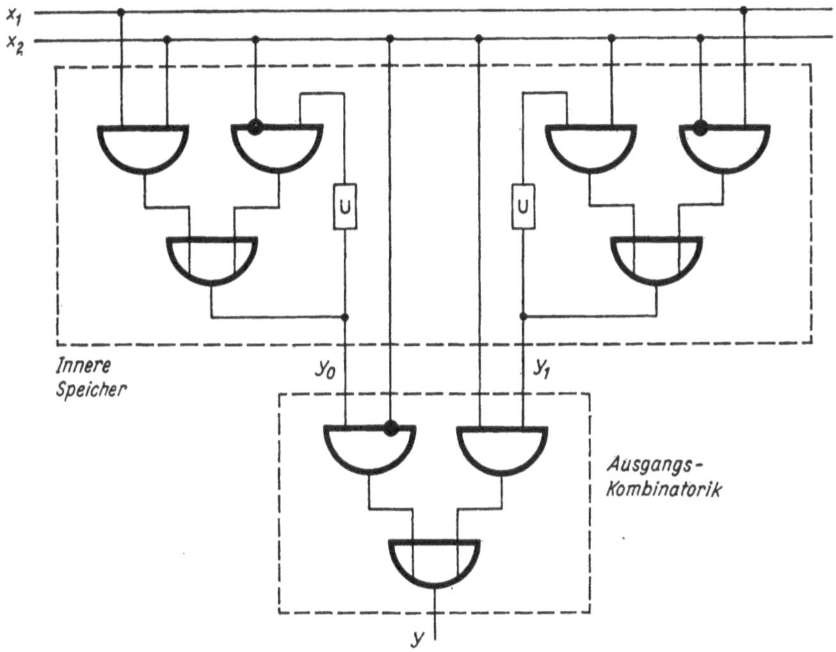

Bild 10.18: Schaltung des Beispiels 10-5

Bei vollständiger Hazardfreiheit lautet die Lösung

$$y_1 = \langle \bar{x}\bar{y} \vee (x \vee \bar{y})\, y_{11} \rangle^1 , \qquad (10.50)$$
$$y = \langle y_1 x \vee (\bar{x} \vee y_1)\, y \rangle^2 .$$

Die Schaltung der Lösung bei vollständiger Hazardfreiheit ist in Bild 10.19 wiedergegeben.

Beispiel 10-7: Aus der Formulierung eines Speichers als T-Tabelle ist die Speichergleichung abzuleiten. Wird die T-Tabelle nicht mit den Mintermen, sondern mit den Funktionen μ_0, μ_1 und μ_y aufgebaut, so kann ein Speicher durch die T-Tabelle (Bild 10.20a) erklärt werden. Bild 10.20b gibt die entsprechende T-Matrix an. Beim Übergang von der T-Tabelle zur T-Matrix wurde Fall 6 von Abschn. 10.1.3 angewendet. Zur Berechnung der T-Matrix kann Gl. (10.36) dann verwendet werden, wenn als Komponenten der Zeilen- und Spaltenvektoren die Funktionen μ_0, μ_1, μ_y genommen werden:

$$y = \langle \overset{1}{[\mu_0, \mu_1, \mu_y]}\, \Delta \begin{bmatrix} 0 & 1 & y \\ 0 & 1 & y \\ 0 & 1 & y \end{bmatrix} \rangle\, \Delta \begin{bmatrix} \mu_0 \\ \mu_1 \\ \mu_y \end{bmatrix}^{2}$$

$$= [0, 1, y]\, \Delta \begin{bmatrix} \mu_0 \\ \mu_1 \\ \mu_y \end{bmatrix}^{2}$$

$$= \mu_1^2 \vee \mu_y^2 y .$$

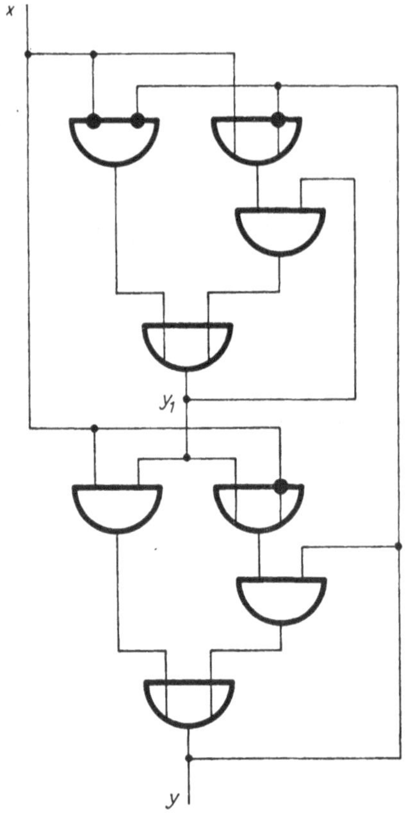

Bild 10.19: Schaltung des Beispiels 10-6

$M^1 \backslash M^2$	μ_0	μ_1	μ_y
μ_0	0	1	0
μ_1	0	1	1
μ_y	0	1	y_3

a)

$$\underline{Y_{r,s}} = \begin{bmatrix} 0 & 1 & y \\ 0 & 1 & y \\ 0 & 1 & y \end{bmatrix}$$

b)

Bild 10.20: a) T-Tabelle und b) T-Matrix zum Beispiel 10-7

Durch Anwenden von Gl. (3.6b) wird auch die vollständig hazardfreie Speichergleichung erhalten:

$$y = [0, 1 \vee y, y] \,\Delta \begin{bmatrix} \mu_0 \\ \mu_1 \\ \mu_y \end{bmatrix}^2$$

$$= \mu_1^2 \vee \mu_1^2 y \vee \mu_y^2 y = \mu_1^2 \vee (\mu_1^2 \vee \mu_y^2)\, y \,.$$

Dieses Beispiel zeigt einerseits, daß es auch mit dem Matrix-Kalkül möglich ist, die in Abschnitt 7 aufgrund ganz anderer Überlegungen abgeleitete Speichergleichung zu entwickeln. Andererseits zeigt das Beispiel, daß alle Speicher tatsächlich auf eine eindimensionale Schaltung zurückgeführt werden können, weil die Zeilenmatrix $[0, 1, y]$ nur Elemente der T-Matrix und keine der Funktionen μ_0, μ_1 oder μ_y enthält.

10.2.5. Negieren zweidimensionaler Schaltungen und innerer Speicher

Die ausführliche Besprechung des Negierens einer zweidimensionalen (sequentiellen) Schaltung erscheint schon deshalb notwendig, weil es wesentliche Unterschiede zum Negieren einer eindimensionalen kombinatorischen Schaltung gibt. Dazu kommt noch ein weiteres Problem: Das Negieren einzelner oder aller innerer Speicher einer gegebenen Schaltung.

10.2.5.1. Das Negieren zweidimensionaler Schaltungen

Die zu einer gegebenen zweidimensionalen Schaltung y negierte Funktion $\bar{y}$ wurde bereits durch das Gleichungssystem

$$\bar{y}_l = \bigwedge_j (d_j^1 \vee \overline{y_{jl}}) = \bigvee_j k_j^1 \overline{y_{jl}}\,, \qquad (10.25\text{a})$$

$$\bar{y} = \bigwedge_l (d_l^2 \vee \overline{y_l}) = \bigvee_l k_l^2 \overline{y_l} \qquad (10.25\text{b})$$

definiert. Doch näher betrachtet wird die negierte Funktion $\bar{y}$ nicht durch beide Gln. (10.25) definiert, sondern ausschließlich durch die Gln. (10.25b). Denn die in den Gln. (10.25b) vorkommenden negierten inneren Speicher $\overline{y_l}$ (mit $l \in \{0, 1, 2, \ldots, 2^{n-1}\}$) müssen nicht notwendigerweise aus den Gln. (10.25a) bestimmt werden, sondern sie können ebenso aus

$$y_l = \bigwedge_j (d_j^1 \vee y_{jl}) = \bigvee_j k_j^1 y_{jl} \qquad (10.24\text{a}),\ (10.26\text{a})$$

errechnet werden. In diesem letzten Fall müssen nur die unnegiert errechneten inneren Speicher y_l negiert in die Gln. (10.25b) eingesetzt werden. Schaltungstechnisch bedeutet dies, daß die Ausgänge der unnegiert berechneten inneren Speicher y_l über Negatoren in die Ausgangskombinatorik (Gln. (10.25b)) geleitet werden. Dieser Sachverhalt soll anschließend durch ein Beispiel veranschaulicht werden, wobei wir uns (um eine zu große Vielfalt der Rechenmöglichkeiten zu vermeiden) auf die Mintermformen der obigen Gleichungen beschränken.

Es soll die durch das Beispiel 10-4 (Abschnitt 10.2.4) festgelegte Funktion y negiert werden. Die Funktion y wird durch die T-Tabelle bzw. durch die T-Matrix

$$\boldsymbol{Y} = \begin{bmatrix} 0 & 0 & 0 & 0 \\ 0 & 0 & 0 & 0 \\ 0 & 0 & 0 & 1 \\ 0 & 0 & 0 & y_{33} \end{bmatrix}$$

beschrieben. Durch Negieren aller Schaltwerte y_{jl} der Matrix $\boldsymbol{Y}$ erhält man

$$\overline{\boldsymbol{Y}} = \begin{bmatrix} 1 & 1 & 1 & 1 \\ 1 & 1 & 1 & 1 \\ 1 & 1 & 1 & 0 \\ 1 & 1 & 1 & \overline{y_{33}} \end{bmatrix}_{\overline{}}$$

Der Negationsstrich unterhalb der rechten eckigen Klammer der Matrix soll andeuten, daß ihre Schaltwerte zu denen der gegebenen Matrix $\boldsymbol{Y}$ negiert sind. Mit den Gln. (10.26a) werden nur die folgenden (unnegierten) inneren Speicher unter Verwendung der Schaltwerte der Matrix $\boldsymbol{Y}$ errechnet:

$$y_0 = 0\,,\quad y_1 = 0\,,\quad y_2 = 0\,,\quad y_3 = \langle(\bar{x}_2 \vee y_{33})\, x_1\rangle^1\,. \tag{10.51}$$

Das Einsetzen der Schaltwerte der Matrix $\overline{\boldsymbol{Y}}$ in die Gln. (10.25a) liefert die inneren Speicher in negierter Form:

$$\overline{y_0} = 1\,,\quad \overline{y_1} = 1\,,\quad \overline{y_2} = 1\,,\quad \overline{y_3} = \langle\overline{x_1} \vee x_2\overline{y_{33}}\rangle^1\,. \tag{10.52}$$

Sowohl das Einsetzen von Gl. (10.51) als auch von Gl. (10.52) in Gl. (10.25b) ergibt (wie nicht anders zu erwarten) die gleiche negierte Funktion, nämlich

$$\bar{y} = (k_0^2 \vee k_1^2 \vee k_2^2) \vee k_3^2\overline{y_3} = \overline{k_3^2} \vee k_3^2\overline{y_3} = \overline{k_3^2} \vee \overline{y_3} = (\overline{x_1} \vee \overline{x_2})^2 \vee \overline{y_3}\,. \tag{10.53}$$

In diese Gleichung ist $\overline{y_3}$ entweder aus den Gln. (10.51) oder (10.52) einzusetzen, womit $\bar{y}$ eine der beiden nachstehenden Formen annimmt:

$$\bar{y} = (\overline{x_1} \vee \overline{x_2})^2 \vee \overline{\langle(\overline{x_2} \vee y_{33})\, x_1\rangle^1}\,, \tag{10.55}$$

$$\bar{y} = (\overline{x_1} \vee \overline{x_2})^2 \vee \langle\overline{x_1} \vee x_2\overline{y_{33}}\rangle^1\,.$$

Diese Schaltungen sind in den Bildern 10.21b und c dargestellt, während Bild 10.21a die nicht negierte Funktion y (also die Schaltung des Bildes 10.17a) wiederholt.

10.2.5.2. Der Matrixkalkül und das Negieren zweidimensionaler Schaltungen

Der Matrixkalkül erweist sich als sehr handliche Schreibweise für das Errechnen negierter zweidimensionaler Schaltungen. Dabei gelten folgende Regeln:

1. Eine Matrix wird negiert, indem ihre Elemente negiert werden. Demnach gilt beispielsweise

$$\overline{\boldsymbol{d}^\varrho} = \boldsymbol{k}^\varrho\,,\quad \overline{\boldsymbol{k}^\varrho} = \boldsymbol{d}^\varrho\,,\quad \overline{\boldsymbol{Y}} = [\overline{a_{ij}}]\,.$$

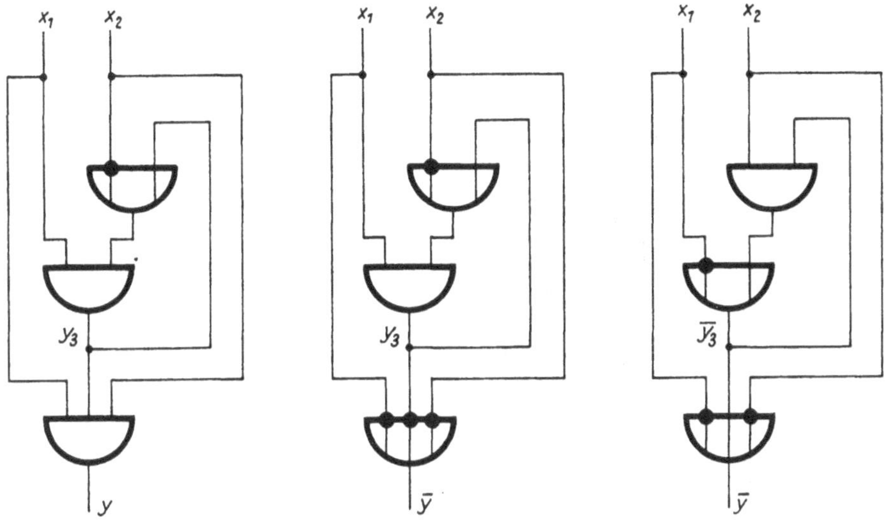

a) b) c)

Bild 10.21: a) Schaltung Bild 10.17a
b) und c) Möglichkeiten der Negation dieser Schaltung

2. Es gilt sinngemäß das SHANNONsche Gesetz, was durch folgende Schreibweise zum Ausdruck gebracht wird:

$$\overline{f(\boldsymbol{d}^\varrho, \boldsymbol{k}^\varrho, \boldsymbol{Y}; \Delta, \nabla)} = f(\boldsymbol{k}^\varrho, \boldsymbol{d}^\varrho, \overline{\boldsymbol{Y}}; \nabla, \Delta)\,. \tag{10.56}$$

Zur Veranschaulichung wollen wir die Funktion

$$y = \langle \boldsymbol{k}^1 \,\Delta\, \boldsymbol{Y} \rangle \,\Delta\, \boldsymbol{k}^2$$

negieren:

$$\bar{y} = \overline{\langle \boldsymbol{k}^1 \,\Delta\, \boldsymbol{Y} \rangle \,\Delta\, \boldsymbol{k}^2} = \langle \boldsymbol{d}^1 \,\nabla\, \overline{\boldsymbol{Y}} \rangle \,\nabla\, \boldsymbol{d}^2\,.$$

Ebenso kann dies Ergebnis schrittweise erhalten werden:

$$\bar{y} = \overline{\langle \boldsymbol{k}^1 \,\Delta\, \boldsymbol{Y} \rangle \,\Delta\, \boldsymbol{k}^2} \doteq \overline{\langle \boldsymbol{k}^1 \,\Delta\, \boldsymbol{Y} \rangle} \,\nabla\, \boldsymbol{d}^2 = \langle \boldsymbol{d}^1 \,\nabla\, \overline{\boldsymbol{Y}} \rangle \,\nabla\, \boldsymbol{d}^2\,.$$

In Tab. 10.2 sind alle Matrixgleichungen für die nichtnegierten und negierten Funktionen y und $\bar{y}$ angegeben.

10.2.5.3. Das Negieren einzelner innerer Speicher

In der Praxis ist das Negieren einzelner innerer Speicher einer gegebenen Schaltfunktion y (und zwar ohne diese Funktion y als solche zu ändern) häufig wichtiger als das Bilden der negierten Funktion $\bar{y}$. Dies vor allem deshalb, weil durch das Negieren etwa eines bestimmten inneren Speichers eine einfachere Gesamtfunktion y erhalten werden kann. Es kann oft schon aus der gegebenen T-Matrix erkannt werden, daß das Negieren eines bestimmten inneren Speichers eine solche Vereinfachung bringen wird.

Tabelle 10.2
Matrixgleichungen für die nichtnegierten Funktionen y und die negierten Funktionen $\bar{y}$

	$y = \bigwedge_l (d_l^2 \vee y_l)$	$y = \bigvee_l k_l^2 y_l$	$\bar{y} = \bigwedge_l (d_l^2 \vee \bar{y}_l)$	$\bar{y} = \bigvee_l k_l^2 \bar{y}_l$
$y_l = \bigwedge_j (d_j^1 \vee y_{jl})$	$y = \langle \boldsymbol{d}^1 \nabla \boldsymbol{Y}) \nabla \boldsymbol{d}^2$	$y = \langle \boldsymbol{d}^1 \nabla \boldsymbol{Y} \rangle \Delta \boldsymbol{k}^2$	$\bar{y} = \langle \overline{\boldsymbol{d}^1 \nabla \boldsymbol{Y}} \rangle \nabla \boldsymbol{d}^2$	$\bar{y} = \langle \overline{\boldsymbol{d}^1 \nabla \boldsymbol{Y}} \rangle \Delta \boldsymbol{k}^2$
$y_l = \bigvee_j k_j^1 y_{jl}$	$y = \langle \boldsymbol{k}^1 \Delta \boldsymbol{Y}) \nabla \boldsymbol{d}^2$	$y = \langle \boldsymbol{k}^1 \Delta \boldsymbol{Y} \rangle \Delta \boldsymbol{k}^2$	$\bar{y} = \langle \overline{\boldsymbol{k}^1 \Delta \boldsymbol{Y}} \rangle \nabla \boldsymbol{d}^2$	$\bar{y} = \langle \overline{\boldsymbol{k}^1 \Delta \boldsymbol{Y}} \rangle \Delta \boldsymbol{k}^2$
$\bar{y}_l = \bigwedge_j (d_j^1 \vee \overline{y_{jl}})$	$y = \langle \overline{\boldsymbol{d}^1 \nabla \overline{\boldsymbol{Y}}} \rangle \nabla \boldsymbol{d}^2$	$y = \langle \overline{\boldsymbol{d}^1 \nabla \overline{\boldsymbol{Y}}} \rangle \Delta \boldsymbol{k}^2$	$\bar{y} = \langle \boldsymbol{d}^1 \nabla \overline{\boldsymbol{Y}} \rangle \nabla \boldsymbol{d}^2$	$\bar{y} = \langle \boldsymbol{d}^1 \nabla \overline{\boldsymbol{Y}} \rangle \Delta \boldsymbol{k}^2$
$\bar{y}_l = \bigvee_j k_j^1 \overline{y_{jl}}$	$y = \langle \overline{\boldsymbol{k}^1 \Delta \overline{\boldsymbol{Y}}} \rangle \nabla \boldsymbol{d}^2$	$y = \langle \overline{\boldsymbol{k}^1 \Delta \overline{\boldsymbol{Y}}} \rangle \Delta \boldsymbol{k}^2$	$\bar{y} = \langle \boldsymbol{k}^1 \Delta \overline{\boldsymbol{Y}} \rangle \nabla \boldsymbol{d}^2$	$\bar{y} = \langle \boldsymbol{k}^1 \Delta \overline{\boldsymbol{Y}} \rangle \Delta \boldsymbol{k}^2$

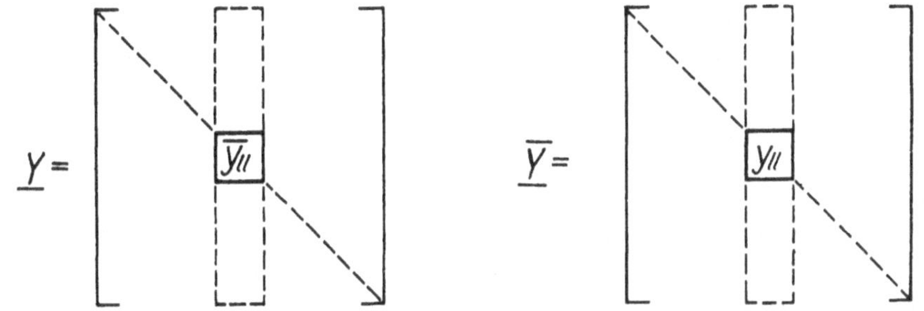

Bild 10.22: Das Negieren der T-Matrix

Eine nicht-negierte Matrix $\boldsymbol{Y} = [y_{jl}]$ ist dadurch charakterisiert, daß die Hauptdiagonale ausschließlich nicht-negierte Schaltwerte y_{ll} enthält. Bei den Matrizen des Abschnitts 10.1.3 handelt es sich also um nicht-negierte T-Tabellen bzw. T-Matrizen. Eine negierte Matrix $\overline{\boldsymbol{Y}} = [\overline{y_{jl}}]$ hingegen enthält ausschließlich negierte Schaltwerte $\overline{y_{ll}}$ in der Hauptdiagonale. Soll nun ein bestimmter innerer Speicher einer gegebenen T-Matrix in negierter Form berechnet werden, so kann dies in der T-Matrix dadurch verdeutlicht werden, daß die entsprechende Spalte (und nur diese) negiert angeschrieben wird. Es ist dann bei Betrachtung der T-Matrix leicht zu erkennen, daß nur eine bestimmte Spalte negiert wurde, weil eben nur der Schaltwert des Hauptdiagonalfeldes der fraglichen Spalte negiert ist in bezug auf die Bezeichnung der Matrix (siehe Bild 10.22). Für die Berechnung der inneren Speicher solcherart „gemischter" Matrizen gilt das folgende:

a) Die nicht-negierten Spalten einer nicht-negierten Matrix werden (wie bisher) nach den Gln. (10.24a) und (10.26a) berechnet. Die negierten Spalten der nicht-negierten Matrix sind (wie beim Negieren) nach den Gln. (10.25a) zu berechnen.

b) Jene Spalten einer negierten Matrix, deren Hauptdiagonalfelder ebenfalls negierte Schaltwerte $\overline{y_{ll}}$ enthalten, werden nach den Gln. (10.25a) berechnet. Enthält jedoch ein Hauptdiagonalfeld einer negierten Matrix einen nicht-negierten Schaltwert y_{ll}, so wird die zugehörige Spalte nach den Gln. (10.24a) oder (10.26a) berechnet.

c) Um das Rechenverfahren nicht unnötig zu komplizieren soll vereinbart werden, daß beim Negieren einzelner (aber nicht aller) Spalten von T-Matrizen niemals kombinatorische Spalten (also solche, die nur Nullen oder nur Einsen enthalten) negiert werden. Das später berechnete JK-Flip-Flop soll als Veranschaulichung des besprochenen Sachverhalts dienen.

10.2.6. Kürzungsregeln für zweidimensionale Schaltungen

Bei der Ableitung der Gleichung

$$y = \bigvee_{l} k_l^2 \langle \bigvee_{j} k_j^1 y_{jl} \rangle \tag{10.30}$$

wurde es ausdrücklich untersagt, mit dem in zweiten Zustand befindlichen Minterm k_l^2 in die spitze Klammer (in der nur Minterme k_j^1 des ersten Zustands vorkommen) „hineinzukonjungieren“. Dies muß deshalb untersagt werden, weil eine Verknüpfung im Sinne der Schaltalgebra zwischen zwei Mintermen verschiedener Zustände nicht erklärt werden kann. Würde eine solche Verknüpfung zugelassen, so würden wegen der Gln. (4.7) und (4.8) sämtliche innere Speicher verschwinden! Und gerade dies würde zu einer technisch sinnlosen Lösung führen. Diese strenge Trennung der einzelnen Zustände bedingt es aber, daß letztlich redundante Lösungen entstehen. Schon das Beispiel 10-4 des Abschnittes 10.2.4 hat dies durch die beiden Bilder 10.17a und 10.17b deutlich werden lassen. Im Folgenden sollen nun sogenannte Kürzungsregeln angegeben werden, durch die Redundanzen behoben werden können. Die Vermeidung redundanter Gatter ist weniger aus Einsparungs- als aus Verläßlichkeitsgründen wichtig.

Um die Kürzungsregeln in möglichst allgemeiner Form angeben zu können, sollen sie durch die Funktionen

$$\mu_1^\varrho := \bigvee_{j\in M_1} k_j^\varrho\,, \tag{4.30}$$

$$\mu_{1u}^\varrho := \bigvee_{j\in M_{1u}} k_j^\varrho\,, \tag{7.11}$$

$$\mu_y^\varrho := \bigvee_{j\in M_y} k_j^\varrho \tag{7.2}$$

dargestellt werden. Es sei daran erinnert, daß diese Funktionen voneinander abhängig sind und daß Belegungen derselben mit Nullen und Einsen nur gemäß Tab. 7.2 (S. 113) möglich sind.

Der Beweis der Kürzungsregeln erfolgt durch Wahrheitstabellen. Dies bedeutet, daß eine Kürzungsregel für jede zulässige Belegung der Funktionen μ_1, μ_{1u}, μ_y verifiziert wird. Aus der graphischen Darstellung der Kürzungsregeln ist ersichtlich, daß sie Vereinfachungen darstellen, die in der Praxis ohnehin oft Verwendung finden. Bei allen Kürzungsregeln wird von Gl. (10.8) Gebrauch gemacht.

1. Kürzungsregel:

$$\begin{aligned} y_1 &= \mu_1^2 \vee \langle \mu_1 \vee (\mu_{1u} \vee \mu_y)\, y\rangle^1\, \mu_y^2 \\ &= \langle \mu_1 \vee (\mu_{1u} \vee \mu_y)\, y\rangle^1 = y\,. \end{aligned} \tag{10.57}$$

Die graphische Darstellung dieser Kürzungsregel kommt in Bild 10.23 durch die Äquivalenz der beiden Schaltungen a) und b) zum Ausdruck. Da der in Gl. (10.57) rechts vom Gleichheitszeichen vorkommende Speicher auch auf der linken Seite vorhanden ist, genügt das Anschreiben einer gekürzten Wahrheitstabelle für die linke Seite (Tab. 10.3). In Spalte 2 sind die Ergebnisse der linken Seite der 1. Kürzungsregel Gl. (10.57) und in Spalte 4 diejenigen der rechten Seite zusammengefaßt. Die Gleichheit dieser beiden Spalten stellt den Beweis von Gl. (10.57) dar. Selbstverständlich gilt Gl. (10.57) für alle zulässigen Werte von μ_{1u}, also auch für $\mu_{1u} = 0$ und für $\mu_{1u} = \mu_1$. Dies folgt schon aus der allgemeinen Speichergleichung (7.15).

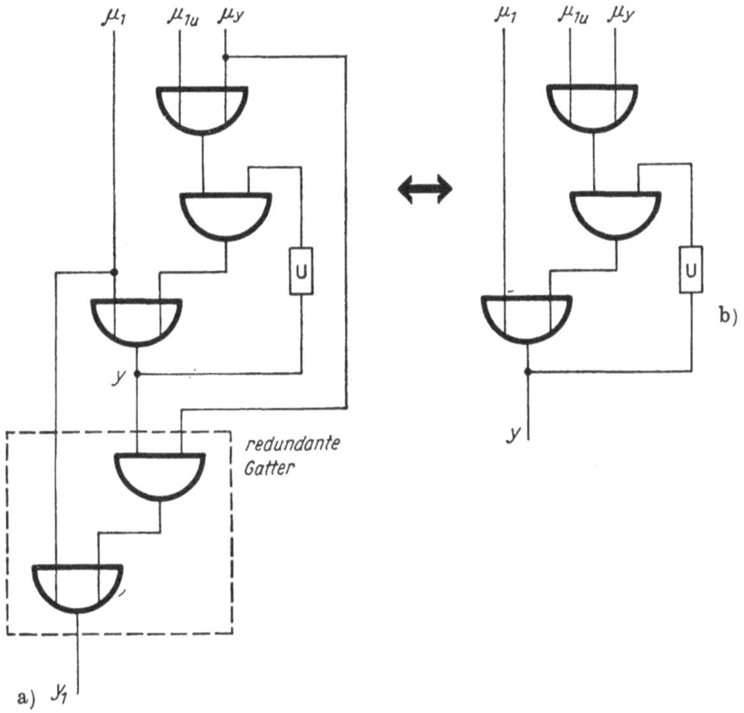

Bild 10.23: Veranschaulichung der ersten Kürzungsregel

Tabelle 10.3

μ_1^2	$\vee$	$\langle\mu_1$	$\vee$	$(\mu_{1u}$	$\vee$	$\mu_y)$	$\wedge$	$y\rangle^1$	$\wedge$	μ_y^2
0	0	0	0	0	0	0	0	y	0	0
0	y	0	y	0	1	1	y	y	y	1
1	1	1	1	0	0	0	0	y	0	0
1	1	1	1	1	1	1	y	y	1	1
1	*2*	*3*	*4*	*5*	*6*	*7*	*8*	*9*	*10*	*11*

2. *Kürzungsregel:*

$$\mu_1^2 \vee \langle\mu_1 \vee (\mu_{1u} \vee \mu_y)\, y\rangle^1 = \langle\mu_1 \vee (\mu_{1u} \vee \mu_y)\, y\rangle^1 \,. \qquad (10.58)$$

Die äquivalenten Schaltungen des Bildes 10.24 sind die graphische Darstellung der 2. Kürzungsregel.

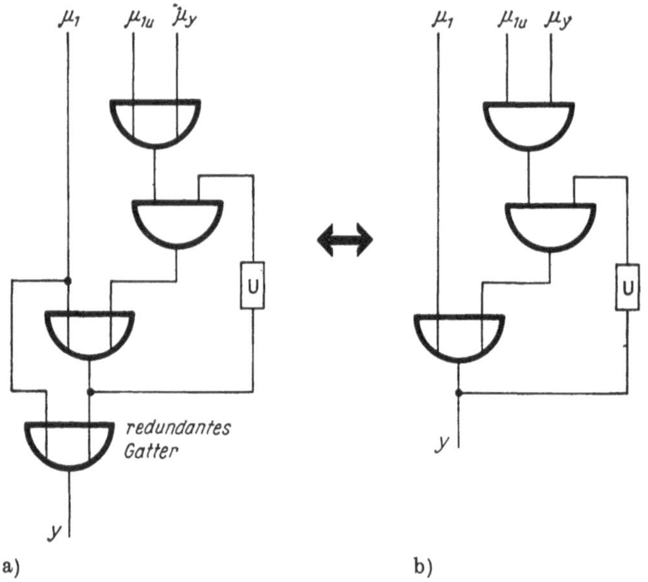

Bild 10.24: Veranschaulichung der zweiten Kürzungsregel

Der Beweis dieser Kürzungsregel folgt ebenfalls aus Tab. 10.3. Die disjunktive Verknüpfung der 1. und 4. Spalte liefert die 2. Spalte, die nun die linke Seite der 2. Kürzungsregel darstellt. Die rechte Seite der 2. Kürzungsregel wird durch die 4. Spalte vertreten. Somit stellt die Gleichheit der 2. und 4. Spalte auch den Beweis der 2. Kürzungsregel dar. Aus der Gleichheit der rechten Seiten der Gln. (10.57) und (10.58) folgt natürlich auch die Gleichheit der linken Seiten dieser Gleichungen. Dies ist jedoch von geringer praktischer Bedeutung.

3. Kürzungsregel:

Als erster Schritt bei der Synthese einer zweidimensionalen Schaltung werden die inneren Speicher berechnet. Bei einem bestimmten inneren Speicher (der Spalte l) tritt dabei der Term $k_l^2 y_l$ auf. Beim zweiten Schritt der Synthese wird der gerade betrachtete innere Speicher y_l mit k_l^1 konjungiert: $k_l^2 y_l$. Da beim Zeichnen der Schaltung zwischen den Mintermen der einzelnen Zustände nicht unterschieden wird, stellt das zweimalige Vorkommen der Terme $k_l y_l$ eine offensichtliche Redundanz dar. Wie diese Redundanz vermieden werden kann, zeigt die 3. Kürzungsregel, die im folgenden abgeleitet wird.

Es sei daran erinnert, daß die in Abschn. 7.8 eingeführte Variable y_l^* den in Bild 10.25 dargestellten „Abgriff" des Selbsthaltekreises bedeutet. Da eine bestimmte Spalte l der T-Matrix betrachtet wird, stellt k_l den speichernden Minterm dar.

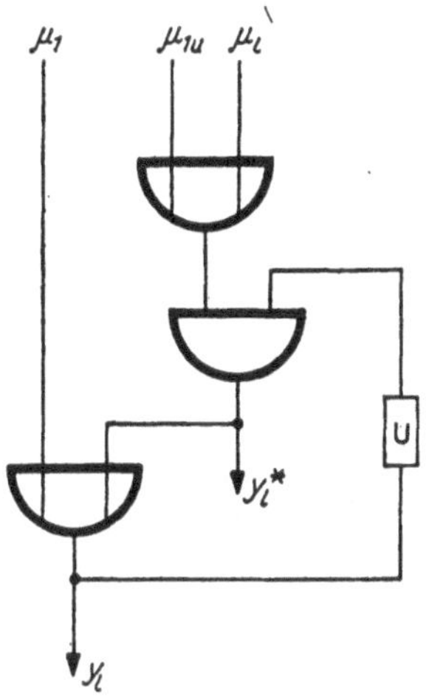

Bild 10.25: Zur dritten Kürzungsregel

Nach Gl. (7.39) bzw. nach Bild 10.25 wird der Abgriff y_l^* durch die Beziehung

$$y_l^* = (\mu_{1u}^1 \vee k_l^1)\, y_l \tag{10.59}$$

beschrieben. Der innere Speicher y_l selbst wird durch

$$y_l = \langle \mu_1^1 \vee (\mu_{1u}^1 \vee k_l^1)\, y_l \rangle \tag{10.60}$$

dargestellt. Damit errechnet sich der Term $k_l^2 y_l$ zu

$$k_l^2 y_l = k_l^2 \langle \mu^2 \vee (\mu_{1u}^1 \vee k_l^1)\, y_l \rangle\,. \tag{10.61}$$

Durch Einsetzen von Gl. (10.59) in die rechte Seite von Gl. (10.61) ergibt sich die 3. Kürzungsregel:

$$k_l^2 \langle \mu_1^1 \vee (\mu_{1u}^1 \vee k_l^1)\, y_l \rangle = k_l^2 \langle \mu_1^1 \vee y_l^* \rangle\,. \tag{10.62}$$

Entsprechend der Bedeutung von y_l^* stellt Bild 10.26 die graphische Darstellung der 3. Kürzungsregel dar. Für manche Realisierungen ist eine Schaltung nach Bild 10.27 günstiger als nach Bild 10.26b.

4. Kürzungsregel:

$$\mu_y^2 \langle \mu_1^1 \vee (\mu_{1u}^1 \vee \mu_y^1)\, y_l \rangle = \mu_y^2 \langle \mu_1^1 \vee y_l^* \rangle\,. \tag{10.63}$$

Diese Kürzungsregel ist eine formale Erweiterung der vorhergehenden und kann dann zur Anwendung kommen, wenn eine T-Matrix mehrere identische Spalten aufweist. Beispiel 10-5 des Abschnitts 10.2.4 genügt diesen Voraussetzungen.

Wird in Bild 10.26 k_l durch μ_y ersetzt, so erhält man eine graphische Darstellung von Gl. (10.63). Aus den graphischen Darstellungen wird besonders deutlich, daß die dritte und vierte Kürzungsregel den Forderungen, die an hazardfreie Steuerungen gestellt werden, entgegengesetzt sind. Dies kommt schon durch die Notwendigkeit und Lage der Verzögerung im Bild 10.26b zum Ausdruck.

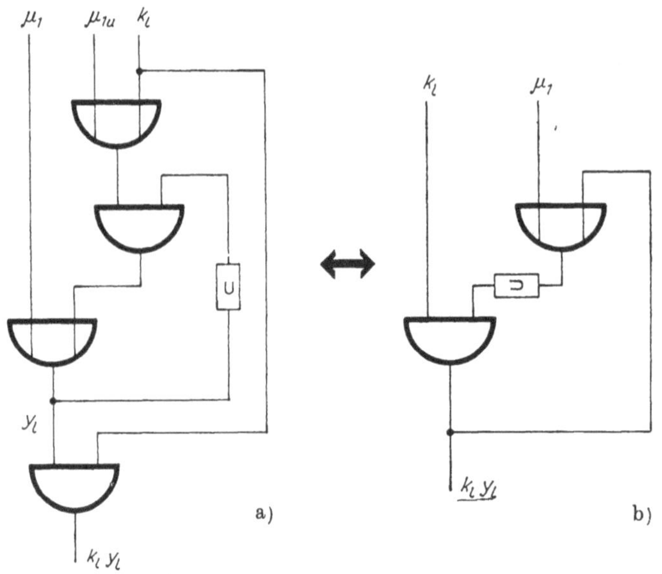

Bild 10.26: Veranschaulichung der dritten Kürzungsregel

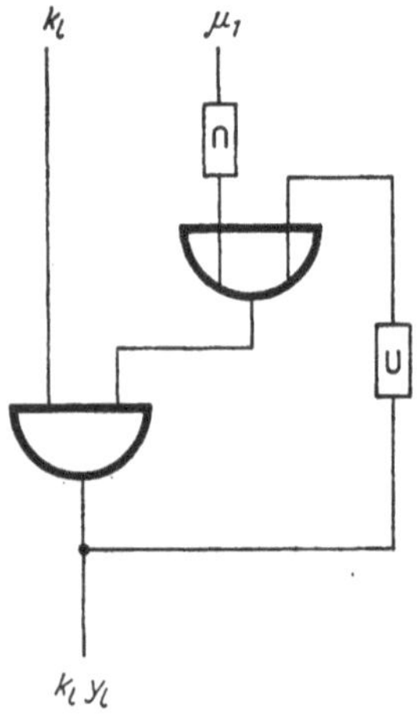

Bild 10.27: Variante der Schaltung 10.26 b

5. Kürzungsregel:

Unter bestimmten Voraussetzungen sind Vereinfachungen auch dann noch möglich, wenn vollständig hazardfreie Selbsthaltekreise verlangt werden. Aus der allgemeinen Speichergleichung

$$y_l = \mu_1^1 \vee [(\mu_{1u}^1 \vee \mu_y^1)\, y_l] \tag{7.15}$$

ergibt sich durch „Hineindisjungieren" in die rechteckige Klammer eine vollständig hazardfreie Speicherdarstellung (s. auch Gl. (7.31) für $\mu_{0u} = 0$):

$$y_l = (\mu_1^1 \vee \mu_y^1)\,(\mu_1^1 \vee y_l)\,. \tag{7.31'}$$

Wird nun dieser Speicher mit $(\mu_1^2 \vee \mu_y^2)$ konjungiert, so erhält man folgende 5. Kürzungsregel:

$$(\mu_1^2 \vee \mu_y^2) \langle(\mu_1^1 \vee \mu_y^1)(\mu_1^1 \vee y_1)\rangle$$
$$= \langle(\mu_1^1 \vee \mu_y^1)(\mu_1^1 \vee y_l)\rangle \tag{10.64}$$

mit der graphischen Darstellung nach Bild 10.28. Diese Kürzungsregel ist so offensichtlich, daß auf den Beweis durch die Wahrheitstabelle verzichtet werden soll.

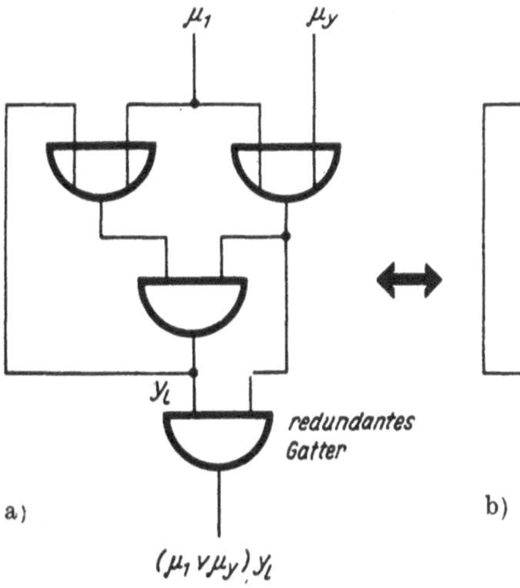

Bild 10.28: Veranschaulichung der fünften Kürzungsregel

6. Kürzungsregel:

$$(\mu_1^2 \vee \mu_y^2)\langle(\mu_1^1 \vee \mu_y^1)(\mu_1^1 \vee \mu_{0u}^1 \vee y_l)\rangle$$
$$= \langle(\mu_1^1 \vee \mu_y^1)(\mu_1^1 \vee \mu_{0u}^1 \vee y_l)\rangle\,. \tag{10.65}$$

Diese Kürzungsregel ist eine Verallgemeinerung der vorherigen, bei der Gl. (7.31) statt Gl. (7.31') verwendet wird.

Bemerkung zu den Kürzungsregeln: Der Wert der Kürzungsregeln besteht darin, daß sie sowohl auf Minterme als auch (und dies ist letztlich entscheidend) auf Eingangsvariable angewendet werden können.

10.2.7. Weitere erläuternde Beispiele

Beispiel 10-8: Das Beispiel 10-4 (Abschn. 10.2.4) endet mit der Formel

$$y = \langle(\bar{x}_2 \vee y_{33})\, x_1\rangle^1\, x_1^2 x_2^2\,. \tag{10.45}$$

Diese Formel ist nach den Kürzungsregeln weiter zu vereinfachen. Gl. (10.45) kann als die linke Seite der 6. Kürzungsregel gedeutet werden; damit ergibt sich für y

$$y = \langle(\bar{x}_2 \vee y_{33})\, x_1\rangle^1\, x_2^2\,, \tag{10.66}$$

also jene Gleichung, die schon in Bild 10.17b dargestellt ist.

Beispiel 10-9: Es ist die Zweihand-Sicherheitsschaltung des Beispiels 10-2 (s. Abschn. 10.1.6) gemäß der dort angegebenen T-Tabelle (Bild 10.11) zu berechnen.

$$y = \langle \boldsymbol{k}^1 \,\Delta \begin{bmatrix} 0 & 0 & 0 & 1 \\ 0 & 0 & 0 & 0 \\ 0 & 0 & 0 & 0 \\ 0 & 0 & 0 & y_{33} \end{bmatrix} \rangle \,\Delta\, \boldsymbol{k}^2$$

$$= \langle k_0^1 \vee k_3^1 y_{33} \rangle\, k_3^2 = \{3.\ \text{Kürzungsregel}\}$$

$$= k_3^2 \langle k_0^1 \vee y_3^* \rangle\,,$$

$$y = (x_1 x_2)^2 \langle \overline{x_1 \vee x_2} \vee y_3^* \rangle^1\,. \tag{10.67}$$

Die Schaltung Gl. (10.67) ist in Bild 10.29a durch Logiksymbole dargestellt und in Bild 10.29b mit pneumatischen Logikelementen des Systems Dreloba/Elliott (s. Abschn. 6.2.1.3) realisiert.

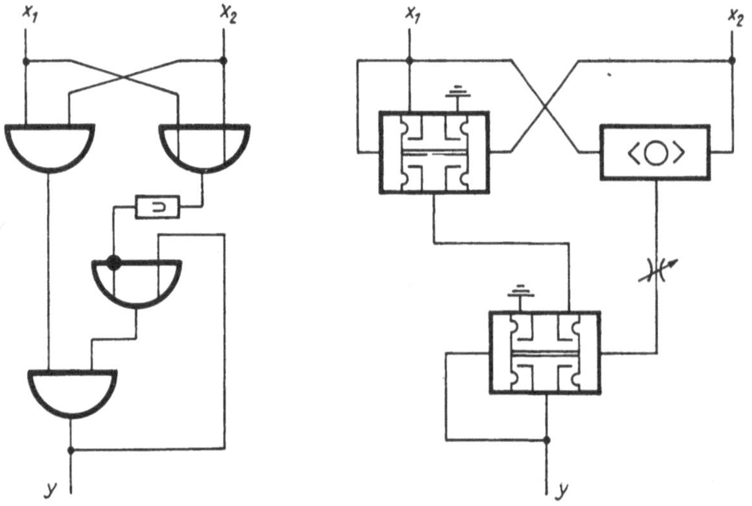

a) b)

Bild 10.29: a) Schaltung zum Beispiel 10-9
b) Realisierung dieser Schaltung mit Dreloba/Elliott-Schaltelementen

Beispiel 10-10: Die durch die T-Matrix

$$\boldsymbol{Y} = \begin{bmatrix} 0 & 0 & 1 & 1 \\ 0 & y_{11} & 1 & 0 \\ 0 & 0 & 1 & 1 \\ 0 & y_3 & 1 & y_{33} \end{bmatrix}$$

beschriebene Schaltung wird auf zwei verschiedene Arten berechnet.

a) Berechnung der zweidimensionalen Funktion y durch direkte Anwendung von Gl. (10.36):

$$y = \langle \boldsymbol{k}^1 \varDelta \begin{bmatrix} 0 & 0 & 1 & 1 \\ 0 & y_{11} & 1 & 0 \\ 0 & 0 & 1 & 1 \\ 0 & y_3 & 1 & y_{33} \end{bmatrix} \rangle \varDelta \boldsymbol{k}^2$$

$$= [0, k_1 y_{11} \vee k_3 y_3, 1, (k_0 \vee k_2) \vee (k_2 \vee k_3)\, y_{33}]^1 \varDelta \boldsymbol{k}^2$$

$$= \langle k_3 y_3 \vee (k_3 y_3 \vee k_1)\, y_{11} \rangle^1\, k_1^2 \vee k_2^2 \vee$$

$$\vee \langle (k_0 \vee k_2) \vee (k_2 \vee k_3)\, y_{33} \rangle^1\, k_3^2$$

$$= \langle x_1 x_2 y_3 \vee (\bar{x}_1 x_2 \vee x_1 x_2 y_3)\, y_{11} \rangle^1\, (\bar{x}_1 x_2)^2 \vee (x_1 \bar{x}_2)^2 \vee$$

$$\vee \langle \bar{x}_2 \vee x_1 y_{33} \rangle^1\, (x_1 x_2)^2 = y = \cdots .$$

Unter Anwendung der 6. Kürzungsregel auf den inneren Speicher y_1 (das ist gemäß Gl. (10.8) der Ausdruck in der spitzen Klammer, in dem y_{11} vorkommt) erhält man weiter:

$$y = \langle \big(x_1 y_3 \vee (\bar{x}_1 \vee x_1 y_3)\, y_{11}\big)\, x_2 \rangle^1\, \bar{x}_1^2 \vee (x_1 \bar{x}_2)^2 \vee$$

$$\vee \langle \bar{x}_2 \vee x_1 y_{33} \rangle^1\, (x_1 x_2)^2$$

$$= \langle \big(x_1 y_3 \vee (\bar{x}_1 \vee y_3)\, y_{11}\big)\, x_2 \rangle^1\, \bar{x}_1^2 \vee (x_1 \bar{x}_2)^2 \vee$$

$$\vee \langle \bar{x}_2 \vee x_1 y_{33} \rangle^1\, (x_1 x_2)^2 . \tag{10.68}$$

Eine wesentlich einfachere Funktion wird erhalten, wenn die gegebene T-Matrix zuerst umgeformt wird.

b) Disjunktives Aufspalten der gegebenen T-Matrix nach Abschn. 10.2.3:

$$\begin{bmatrix} 0 & 0 & 1 & 1 \\ 0 & y_{11} & 1 & 0 \\ 0 & 0 & 1 & 1 \\ 0 & y_3 & 1 & y_{33} \end{bmatrix} = \begin{bmatrix} 0 & 0 & 1 & 0 \\ 0 & 0 & 1 & 0 \\ 0 & 0 & 1 & 0 \\ 0 & 0 & 1 & 0 \end{bmatrix} \vee \begin{bmatrix} 0 & 0 & 0 & 1 \\ 0 & y_{11} & 0 & 0 \\ 0 & 0 & 0 & 1 \\ 0 & y_3 & 0 & y_{33} \end{bmatrix} .$$

Die erste Matrix rechts vom Gleichheitszeichen soll mit $\boldsymbol{A}$, die zweite mit $\boldsymbol{B}$ bezeichnet werden und die entsprechenden Funktionen mit y_A und y_B. Durch diese Aufspaltung kann $\boldsymbol{B}$ weiter umgeformt werden (vgl. Abschn. 10.1.3, Fall 4 und Fall 6):

$$\boldsymbol{B} = \begin{bmatrix} 0 & y_0 & 0 & 1 \\ 0 & y_{11} & 0 & 0 \\ 0 & y_2 & 0 & 1 \\ 0 & y_3 & 0 & y_{33} \end{bmatrix} = \begin{bmatrix} 0 & y_B & 0 & 1 \\ 0 & y_B & 0 & 0 \\ 0 & y_B & 0 & 1 \\ 0 & y_B & 0 & y_{33} \end{bmatrix} .$$

Die Funktion y wird nun nach Gl. (10.43) errechnet:

$$y = y_A \vee y_B , \tag{10.69}$$

$$y_A = (x_1 \bar{x}_2)^2 , \tag{10.70}$$

$$\begin{aligned} y_B &= [0, y_B, 0, (k_0 \vee k_2) \vee (k_2 \vee k_3)\, y_{33}]^{1} \,\Delta\, \boldsymbol{k}^2 \\ &= \langle \overline{x_2} \vee x_1 y_{33} \rangle^1 (x_1 x_2)^2 \vee (\overline{x_1} x_2)^2\, y_B \\ &= (\langle \overline{x_2} \vee x_1 y_{33} \rangle^1 x_1^2 \vee \overline{x_1^2} y_B)\, x_2^2 \,. \end{aligned} \quad (10.71)$$

Die zugehörige Schaltung ist in Bild 10.30 wiedergegeben.

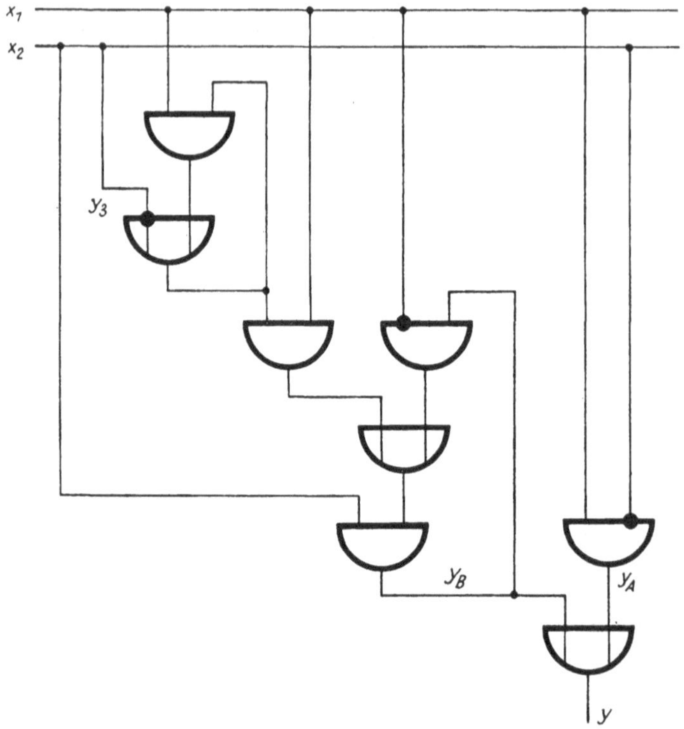

Bild 10.30: Schaltung zum Beispiel 10-10

Beispiel 10-11: Das sogenannte JK-Flip-Flop soll durch die T-Matrix

$$\boldsymbol{Y} = \begin{bmatrix} y & 0 & 1 & \bar{y} \\ y & 0 & 1 & \bar{y} \\ y & 0 & 1 & \bar{y} \\ y & 0 & 1 & y_{33} \end{bmatrix}$$

erklärt werden. Nach Abschn. 10.1.3 (Fall 7 und 8) kann diese Matrix folgendermaßen umgeformt werden:

$$\boldsymbol{Y} = \begin{bmatrix} y & 0 & 1 & \bar{y} \\ y & 0 & 1 & 1 \\ y & 0 & 1 & 0 \\ y & 0 & 1 & y_{33} \end{bmatrix}.$$

Nach Abschn. 10.2.5.3 kann die letzte Spalte dieser Matrix negiert werden, um den inneren Speicher y_3 negiert darzustellen:

$$\boldsymbol{Y} = \begin{bmatrix} y & 0 & 1 & y \\ y & 0 & 1 & 0 \\ y & 0 & 1 & 1 \\ y & 0 & 1 & \overline{y_{33}} \end{bmatrix}.$$

Es ist offensichtlich, daß diese Darstellung der Matrix eine einfache Schaltung liefern wird, weil die Eintragungen der ersten drei Zeilen der letzten Spalte sich mit den Eintragungen in den ersten drei Spalten decken. Hierdurch werden nämlich bei der Δ-Verknüpfung mit den Vektoren $\boldsymbol{k}^1$ und $\boldsymbol{k}^2$ des ersten und zweiten Zustands weitgehend gleiche Funktionen erreicht. Für die eigentliche Berechnung wird noch die Matrix nach Gl. (3.6b) wie folgt erweitert:

$$Y = \begin{bmatrix} y, 0, y \vee 1 \vee y, & y \\ y, 0, y \vee 1 \vee 0, & 0 \\ y, 0, y \vee 1 \vee 1, & 1 \\ y, 0, y \vee 1 \vee \overline{y_3}, & \overline{y_{33}} \end{bmatrix}.$$

Das Ergebnis kann nun direkt angeschrieben werden:

$$y = (k_0 \vee k_2)^2\, y \vee k_2^2 \vee (k_2 \vee k_3)^2\, y_3\,,$$
$$\overline{y_3} = (k_0 \vee k_2)^1\, y \vee k_2^1 \vee (k_2 \vee k_3)^1\, \overline{y_{33}}\,.$$

Wird auf die Eingangsvariablen übergegangen, so erhält man:

$$y = \overline{x_2}y \vee x_1\overline{x_2} \vee x_1 y_3\,, \tag{10.72}$$
$$\overline{y_3} = \overline{x_2}y \vee x_1\overline{x_2} \vee x_1\overline{y_{33}}\,. \tag{10.73}$$

Die zugehörige Schaltung ist im nachfolgenden Bild 10.31 wiedergegeben. Es ist eine nicht vollständig hazardfreie Schaltung.

Beispiel 10-12: Bild 10.32 zeigt ein Schieberegister. Ein solches Register besteht aus identischen Teilschaltungen, den einzelnen „Stufen" des Registers. Das Ausgangssignal jeder Stufe stellt eines der Eingangssignale der jeweils folgenden Stufe dar: In diesem Sinne arbeitet das Register als Serienschaltung. Das zweite Eingangssignal (das sogenannte Taktsignal t) wird allen Stufen gleichzeitig zugeführt, so daß das Register in bezug auf dieses Signal eine parallele Arbeitsweise zeigt. Das Schieberegister wird nun durch folgende Zusammenhänge zwischen den Ein- und Ausgangssignalen jeder Stufe charakterisiert:

1. Ändert sich das Taktsignal von $t = 0$ auf $t = 1$, so nimmt der Ausgang jeder Stufe nach dem Wechsel von t jenen Wert an, den der Ausgang der jeweils vorangehenden Stufe vor dem Wechsel hatte.

2. Ändert sich das Taktsignal hingegen von $t = 1$ auf $t = 0$, so behält jeder Ausgang einer Stufe nach dem Wechsel jenen Wert bei, den er vor dem Wechsel hatte.

Um diese Aufgabenstellung in eine T-Tabelle übertragen zukönnen, müssen etwa nach Bild 10.33a zunächst die Eingangsbelegungen erklärt werden. Als-

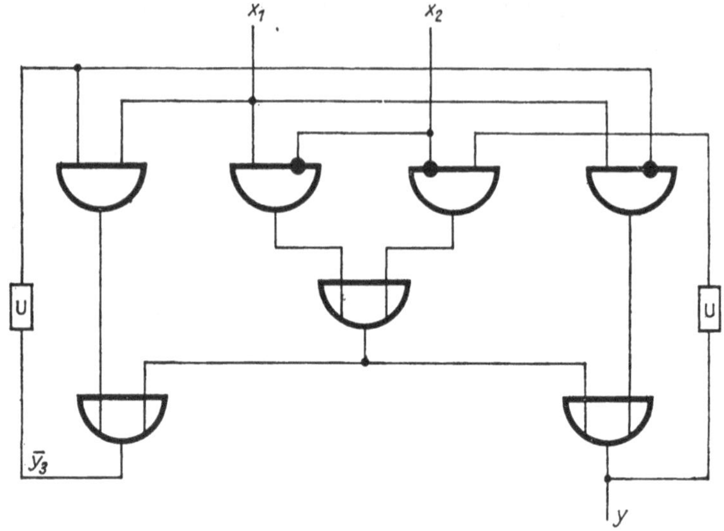

Bild 10.31: Schaltung zum Beispiel 10-11

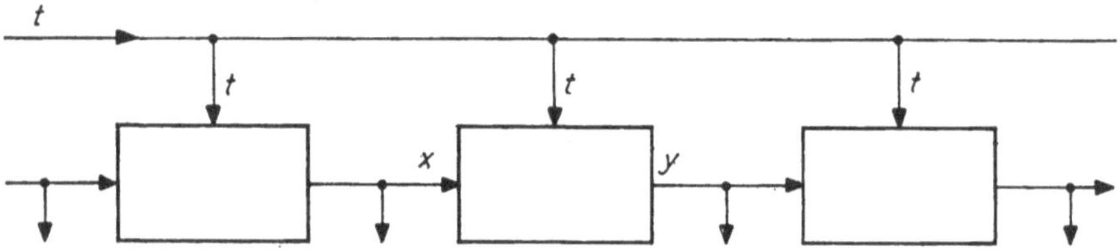

Bild 10.32: Blockschaltbild eines Schieberegisters

dann ist zu klären, welche Eingangssequenzen (j, l) möglich sind. Entsprechend Punkt 1 der Aufgabenstellung können die in Bild 10.33b durch die Pfeile a, b, c, d bezeichneten Eingangssequenzen (j, l) auftreten. In Bild 10.33c deuten die Pfeile e und f die möglichen Eingangssequenzen an, die nach Punkt 2 der Aufgabenstellung auftreten können.

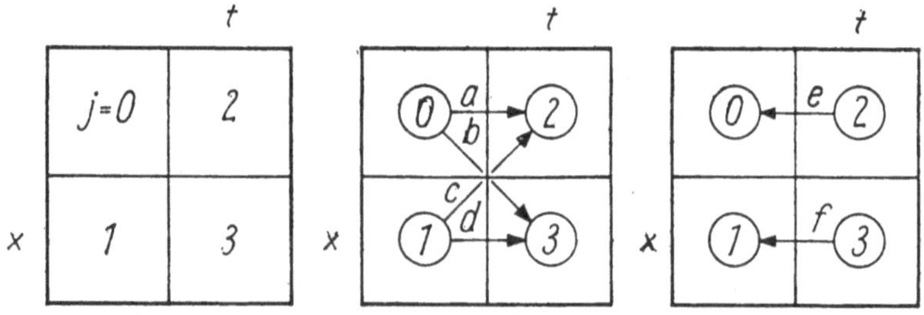

a) b) c)

Bild 10.33: Zum Beispiel 10-12:
a) Definition der Eingangsbelegungen
b) und c) mögliche Eingangssequenzen

Jeder möglichen Eingangssequenz (j, l) ist nun der von ihr implizierte Schaltwert y_{jl} in einer T-Tabelle einzutragen. Die Übergänge des Bildes 10.33b erzeugen Schaltwerte y_{jl}, die nach Punkt 1 der Aufgabe jenem Wert von x gleich sind, der vor dem Wechsel von t geherrscht hat, der also am Anfang der eingezeichneten Pfeile vorliegt. So ist den Feldern (0,2) und (0,3) der T-Tabelle des Bildes 10.34a eine Null, den Feldern (1,2) und (1,3) eine Eins einzuschreiben. Die Übergänge (2,0) und (3,1) des Bildes 10,33c erzeugen Schaltwerte, die dem jeweils vorhergehenden gleich sind: $y_{2,0} = y_2$ und $y_{3,1} = y_3$. Diese Schaltwerte sind in den Feldern (2,0) und (3,1) des Bildes 10.34a eingetragen. Nach dem Eintragen der Schaltwerte y_{00}, y_{11}, y_{22} und y_{33} der Hauptdiagonale wird den restlichen Feldern r eingetragen, um anzudeuten, daß hier frei wählbare Schaltwerte eingesetzt werden können. Es ist leicht zu erkennen, daß die frei belegbaren Felder so ausgefüllt werden können, daß die ersten und die letzten beiden Speicher einander gleich werden (Bild 10.34b). Die T-Matrix führt schließlich zur Matrix Bild 10.34c,

M_1 \ M_2	0	1	2	3
0	y_{00}	r	0	0
1	r	y_{11}	1	1
2	y_2	r	y_{22}	r
3	r	y_3	r	y_{33}

a)

$$\begin{bmatrix} y_{00} & y_0 & 0 & 0 \\ y_1 & y_{11} & 1 & 1 \\ y_2 & y_2 & y_{22} & y_2 \\ y_3 & y_3 & y_3 & y_{33} \end{bmatrix}$$

b)

$$\begin{bmatrix} y & y & 0 & 0 \\ y & y & 1 & 1 \\ y & y & y_{22} & y_{22} \\ y & y & y_{22} & y_{22} \end{bmatrix}$$

c)

Bild 10.34: Zum Beispiel 10-12:
a) T-Tabelle
b) und c) T-Matrizen

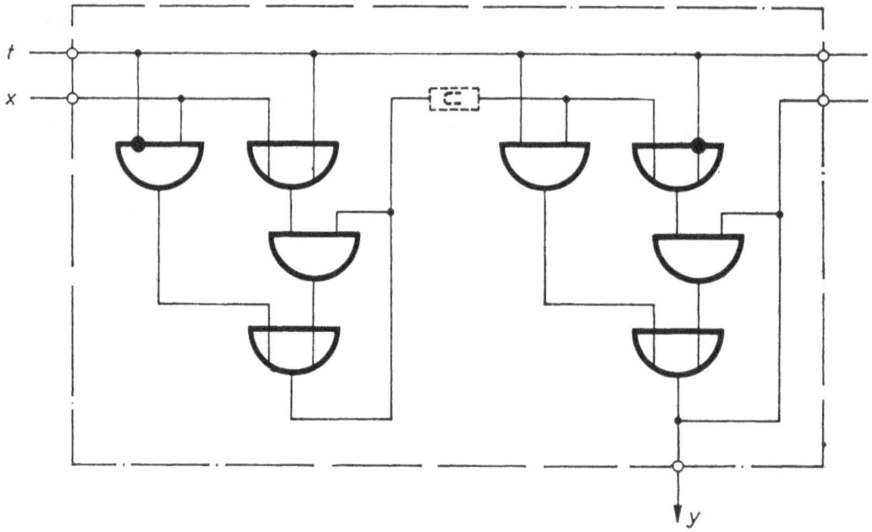

Bild 10.35: Schaltung einer Schieberegister-Stufe des Beispiels 10-12

mit der dann die Schaltung wie folgt berechnet wird:

$$y = \langle [k_0, k_1, k_2, k_3]^1 \,\Delta \begin{bmatrix} y & y & 0 & 0 \\ y & y & 1 & 1 \\ y & y & y_{22} & y_{22} \\ y & y & y_{22} & y_{22} \end{bmatrix} \rangle \,\Delta \begin{bmatrix} k_0 \\ k_1 \\ k_2 \\ k_3 \end{bmatrix}^2$$

$$= [y, y, k_1 \vee (k_2 \vee k_3)\, y_{22}, k_1 \vee (k_2 \vee k_3)\, y_{22}]^1 \,\Delta \begin{bmatrix} k_0 \\ k_1 \\ k_2 \\ k_3 \end{bmatrix}^2$$

$$= (k_0 \vee k_1)^2\, y \vee \langle k_1 \vee (k_2 \vee k_3)\, y_{22} \rangle^1 (k_2 \vee k_3)^2$$

$$= \langle \bar{t}x \vee t y_{22} \rangle^1\, t^2 \vee \overline{t^2} y \,.$$

Diese Lösung ist nicht vollständig hazardfrei. Die vollständige hazardfreie Lösung lautet

$$y_2 = \overline{t^1} x^1 \vee (x^1 \vee t^1)\, y_{22} \,,$$

$$y = t^2 y_2 \vee (y_2 \vee \overline{t^2})\, y \,.$$

Diese Schaltung ist in Bild 10.35 dargestellt. Sie funktioniert nur dann einigermaßen sicher, wenn die gestrichelt eingezeichnete Verzögerung (Δt) eingebaut wird. Ohne diese Verzögerung kann es zu Fehlschaltungen bei den Eingangssequenzen (1,2) und (0,3) der Nebendiagonale der T-Tabelle des Bildes 10.34a kommen.

11. Das Verfahren nach Huffman zur Analyse und Synthese sequentieller Schaltungen

Für die Synthese asynchroner sequentieller Schaltungen existieren gegenwärtig im wesentlichen zwei Verfahren: das im vorigen Abschnitt vorgeschlagene Transduktions-Verfahren und die Methode von Huffman [74, 75]. Während das Transduktions-Verfahren eine rein algebraische, unmittelbar auf die Synthese zielende Methode ist, ist die schon 1954 entwickelte Methode von Huffman ein tabellarisches Verfahren, das auf einem Analyse-Algorithmus aufbaut. In mancher Hinsicht bietet diese Methode gegenüber dem Transduktions-Verfahren große Vorteile. Der entscheidende Vorteil ist der, daß die Huffman-Methode für Schaltungen beliebiger Dimension in gleicher Weise zu handhaben ist. Da sie auf einer Modellvorstellung beruht, liefert die Analyse des Modells eine Einsicht in das Verhalten sequentieller Schaltungen, die mit dem Transduktions-Verfahren nur schwer zu erhalten ist. Im Laufe der Jahre sind unzählige Arbeiten erschienen, die sich mit einzelnen Aspekten des Huffman-Verfahrens [u. a. 3, 4, 35, 79, 102, 105, 106, 171] befassen. Trotzdem sind bei weitem nicht alle Probleme gelöst, wie es im Laufe dieses Abschnitts ersichtlich werden wird. Bei einem Vergleich des Transduktions-Verfahrens mit der Huffan-Methode darf allerdings die lange Reifezeit der letzteren nicht außer Acht gelassen werden. Wir werden aber bei der folgenden z. T. etwas unkonventionellen Interpretation sehen, daß sich die beiden Verfahren in wesentlichen Punkten ergänzen.

11.1 Modellvorstellung und Analyse

In Abschn. 9 wurde in Verallgemeinerung spezieller Schaltungen eine Modellvorstellung der allgemeinen (d. h. beliebig dimensionalen) sequentiellen Schaltung entwickelt (Bild 9.3). Dieses Modell ist in Bild 11.1a nochmals angegeben und wir stellen uns die Frage, wie die Funktionen $\boldsymbol{F}$ und $\boldsymbol{G}$ dieses Modells beschrieben werden können. Es fällt auf, daß alle Rückführungen (die Komponenten s_p des Vektors $\boldsymbol{s}$) außerhalb der Schaltung $\boldsymbol{F}$ verlaufen. Werden diese Rückführungen aufgetrennt gedacht (Bild 11.1b und 11.1c)[1]),

[1]) Bei der Untersuchung konventioneller Regelungssysteme ist es für bestimmte Zwecke üblich, die Rückführungen aufgetrennt zu denken. Die Funktionen $\boldsymbol{F}_0$ beschreiben dann das Verhalten des „offenen" Systems. Um dann das System schließen zu können, muß die „Schließbedingung" $\boldsymbol{x}' = \boldsymbol{x}$ erfüllt werden. Wir wollen diese Denkweise hier übernehmen.

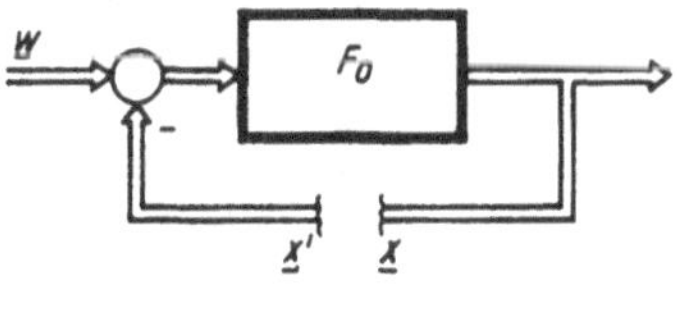

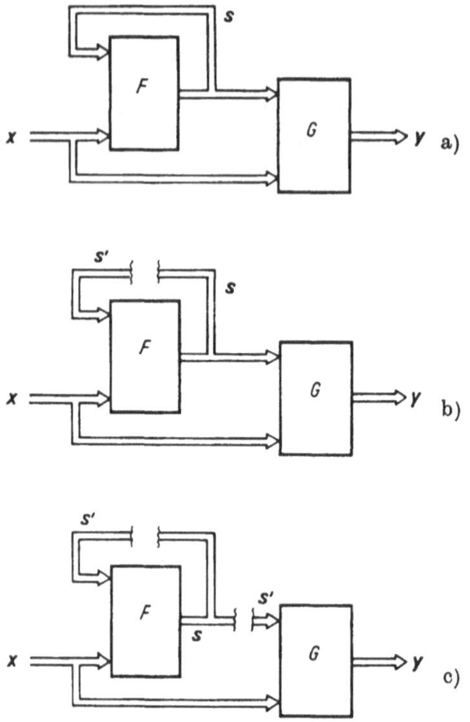

Bild 11.1: Modelle einer sequentiellen Schaltung
a) allgemeines Modell, b) einfach aufgetrenntes Modell, c) zweifach aufgetrenntes Modell.

$$\boldsymbol{x} = [x_1, x_2, \ldots, x_i, \ldots, x_n]$$
$$\boldsymbol{s} = [s_1, s_2, \ldots, s_p, \ldots, s_l]$$
$$\boldsymbol{y} = [y_1, y_2, \ldots, y_q, \ldots, y_m]$$

dann kann $\boldsymbol{F}$ als eine kombinatorische Schaltung mit den Eingängen $\boldsymbol{x}$ und $\boldsymbol{s}'$ und den Ausgängen $\boldsymbol{s}$ angesehen werden. Der Vektor

$$\boldsymbol{s}' = [s_1', s_2', \ldots, s_p', \ldots, s_l']$$

stellt einen Ersatz für den vor dem Auftrennen rückgeführten Vektor $\boldsymbol{s}$ dar. Läßt man nun die Komponenten von $\boldsymbol{x}$ und jene von $\boldsymbol{s}'$ alle möglichen Eingangsbelegungen annehmen, und liegt $\boldsymbol{F}$ etwa als Logikschaltplan vor, dann können eine Schalttabelle oder K-Diagramme für $\boldsymbol{F}$ aufgestellt werden.

Für die Schaltung $\boldsymbol{G}$ scheinen die Verhältnisse im ersten Augenblick besonders einfach zu liegen: $\boldsymbol{G}$ ist ja in dieser Modellvorstellung von vornherein eine kombinatorische Schaltung mit den Eingängen $\boldsymbol{x}$ und $\boldsymbol{s}$ und den Ausgängen $\boldsymbol{y}$ (Bild 11.1a und 11.1b). So einfach liegen die Dinge aber nicht. Bei der Analyse einer gegebenen kombinatorischen Schaltung wird nämlich stets angenommen, daß ihre Eingänge voneinander unabhängig sind. Gerade dies trifft aber für die Eingänge x_i und s_p nicht zu. Zur Analyse der Schaltung $\boldsymbol{G}$ ist es also notwendig, den von $\boldsymbol{F}$ nach $\boldsymbol{G}$ führenden Vektor $\boldsymbol{s}$ ebenfalls aufzutrennen und auch der Schaltung $\boldsymbol{G}$ den frei wählbaren Vektor $\boldsymbol{s}'$ zuzuführen. Diese Maßnahme führt zu dem zweifach aufgetrennten Modell des Bildes 11.1c, das sowohl zur Analyse der Schaltung $\boldsymbol{F}$ als auch zur Analyse der Schaltung $\boldsymbol{G}$ dient. Aus dem zweifach aufgetrennten Modell („offenes" Modell) geht hervor, daß die beiden Teile der sequentiellen Schaltung durch die algebraischen Ausdrücke der Funktionen

$$\boldsymbol{s} = \boldsymbol{F}(\boldsymbol{s}', \boldsymbol{x}) \,, \tag{11.1a}$$

$$\boldsymbol{y} = \boldsymbol{G}(\boldsymbol{s}', \boldsymbol{x}) \tag{11.1b}$$

dargestellt werden können.

Bei oberflächlicher Betrachtung drängt sich nun die Frage auf, ob denn nicht schon die Gln. (11.1) als Ergebnis der Analyse der kombinatorischen Teilschaltungen auch das Verhalten der eigentlichen sequentiellen Gesamtschaltung beschreiben. Dies ist, wie auch schon in Abschn. 9 angedeutet wurde, keineswegs der Fall. Denn dem von $\boldsymbol{x}$ unabhängigen Vektor $\boldsymbol{s}'$ haben wir einen weit größeren Freiheitsgrad eingeräumt als ihn der Vektor $\boldsymbol{s}$ hat, der nach Gl. (11.1a) von $\boldsymbol{x}$ abhängig ist. Um das Verhalten der sequentiellen Gesamtschaltung beschreiben zu können, müssen wir das offene System wieder schließen, d. h. wir müssen die Gleichheit des Vektors $\boldsymbol{s}'$ mit dem Vektor $\boldsymbol{s}$ verlangen:

$$\boldsymbol{s}' = \boldsymbol{s} \,. \tag{11.2}$$

Wir bezeichnen diese Gleichung als „Schließbedingung". Erst gemeinsam mit dieser Schließbedingung beschreiben die Gln. (11.1) das Verhalten der sequentiellen Schaltung.

Auf diesem Weg der Analyse des Verhaltens der sequentiellen Schaltung wollen wir vorerst nur einen Teilschritt gehen und Gl. (11.2) in Gl. (11.1b) einsetzen. Man erhält dadurch das Gleichungssystem

$$\boldsymbol{s} = \boldsymbol{F}(\boldsymbol{s}', \boldsymbol{x}) \,, \tag{11.3a}$$

$$\boldsymbol{y} = \boldsymbol{G}(\boldsymbol{s}, \boldsymbol{x}) \,, \tag{11.3b}$$

welches offensichtlich das einfach aufgetrennte Modell (Bild 11.1b) beschreibt. Dieses Modell wollen wir nun näher untersuchen. Durch Einsetzen von Gl. (11.3a) in Gl. (11.3b) erhält man

$$\boldsymbol{y} = \boldsymbol{G}(\boldsymbol{s}, \boldsymbol{x}) = \boldsymbol{G}\big(\boldsymbol{F}(\boldsymbol{s}', \boldsymbol{x}), \boldsymbol{x}\big) = \boldsymbol{H}(\boldsymbol{s}', \boldsymbol{x}) \,, \tag{11.4}$$

also eine kombinatorische Funktion, die in Bild 11.2a dargestellt ist. Es ist wichtig zu erkennen, welche Bedeutung dieser Funktion $\boldsymbol{H}$ zukommt. Der Ausgangszuordner (Ausgangskombinatorik) $\boldsymbol{G}$ wird zwar vollständig durch Gl. (11.1b) beschrieben; diese Funktion $\boldsymbol{G}(\boldsymbol{s}', \boldsymbol{x})$ gibt also an, aus welchen Gattern diese kombinatorische Schaltung aufgebaut werden kann. Jedoch das Verhalten des Ausgangszuordners $\boldsymbol{G}$ innerhalb der sequentiellen Gesamtschaltung wird erst durch Gl. (11.4) beschrieben, wie aus der Schreibweise $\boldsymbol{G}(\boldsymbol{s}, \boldsymbol{x}) = \boldsymbol{H}(\boldsymbol{s}', \boldsymbol{x})$ hervorgeht. Im allgemeinen ist natürlich $\boldsymbol{G}(\boldsymbol{s}', \boldsymbol{x}) \neq \boldsymbol{H}(\boldsymbol{s}', \boldsymbol{x})$, woraus man die im ersten Moment sonderbar wirkende Tatsache $\boldsymbol{G}(\boldsymbol{s}', \boldsymbol{x}) \neq \boldsymbol{G}(\boldsymbol{s}, \boldsymbol{x})$ ableitet, zumal die Schaltung $\boldsymbol{G}$ als gegeben gilt.

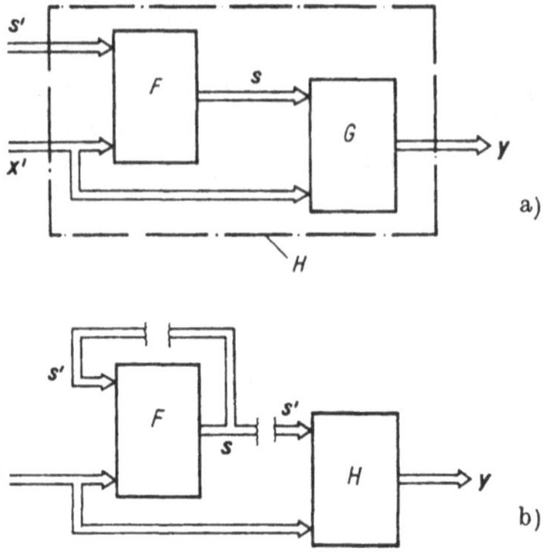

Bild 11.2: Einführen des „Ersatz-Ausgangszuordners" H
a) Darstellung der Gl. (11.4)
b) einfach aufgetrenntes Modell mit der Schaltung H als Ersatz-Ausgangszuordner

Diese Ungleichheit bringt aber nur zum Ausdruck, daß bestimmte Belegungen von $\boldsymbol{s}$ für bestimmte Belegungen von $\boldsymbol{x}$ eben nicht vorkommen.

Die Schaltung $\boldsymbol{H}$ nimmt somit eine sehr anschauliche Bedeutung an. Wir können uns eine Schaltung $\boldsymbol{H}$ vorstellen, die (anstelle der Schaltung $\boldsymbol{G}$) als Ausgangszuordner verwendet wird, wobei die Funktion $\boldsymbol{H}(\boldsymbol{s}', \boldsymbol{x})$ getrennt von der sequentiellen Schaltung genau dasselbe Verhalten zeigt, wie der an den Speicherkreis $\boldsymbol{F}$ angeschlossene Ausgangszuordner $\boldsymbol{G}$. Es ist oft zweckmäßig, das einfach aufgetrennte Modell (anders als dies in Bild 11.1b geschehen ist) gemäß Bild 11.2 als zweifach aufgetrenntes Modell darzustellen, welches dann durch das Gleichungssystem

$$\boldsymbol{s} = \boldsymbol{F}(\boldsymbol{s}', \boldsymbol{x}) , \tag{11.5a}$$

$$\boldsymbol{y} = \boldsymbol{H}(\boldsymbol{s}', \boldsymbol{x}) \tag{11.5b}$$

beschrieben wird. Sind die Schaltungen $\boldsymbol{F}$ und $\boldsymbol{G}$ bekannt (was bei der Analyse vorausgesetzt wird), so kann die Funktion $\boldsymbol{H}(\boldsymbol{s}', \boldsymbol{x})$ direkt, wenn auch meist etwas umständlich, aus dem einfach aufgeschnittenen Modell Bild 11.1b bzw. Bild 11.2a in Form einer Schalttabelle oder eines algebraischen Ausdrucks entwickelt werden. Liegen hingegen die Funktionen $\boldsymbol{F}(\boldsymbol{s}', \boldsymbol{x})$ und $\boldsymbol{G}(\boldsymbol{s}', \boldsymbol{x})$ durch die Analyse des zweifach aufgeschnittenen Modells Bild 11.1c vor, so kann $\boldsymbol{H}(\boldsymbol{s}', \boldsymbol{x})$ direkt aus Gl. (11.4) unter Beachtung der Schließbedingung berechnet werden.

Die eigentliche Aufgabe der Analyse besteht nun zum einen in der Beschreibung der Schaltung $\boldsymbol{F}$ und $\boldsymbol{G}$, etwa durch Aufstellen der kombinatorischen Funktionen $\boldsymbol{F}(\boldsymbol{s}', \boldsymbol{x})$ und $\boldsymbol{G}(\boldsymbol{s}', \boldsymbol{x})$, und zum anderen in der Beschreibung des Verhaltens der eigentlichen sequentiellen Gesamtschaltung, was wesentlich auch in der Bestimmung der Schaltung $\boldsymbol{H}(\boldsymbol{s}', \boldsymbol{x})$ besteht. Welche

Auswirkung das Anwenden der Schließbedingung auf die Funktion $\boldsymbol{F}(\boldsymbol{s}', \boldsymbol{x})$ hat, wird erst in Abschn. 11.2.2 behandelt. Es erscheint jedoch notwendig, schon an dieser Stelle im Zusammenhang mit der Schließbedingung eine prinzipielle Überlegung anzustellen.

Es gilt in der Literatur im allgemeinen als gegebene Tatsache, daß in den Rückführungen von Selbsthaltekreisen Verzögerungen notwendig sind. Auf die aufgetrennten Rückführungen in Bild 11.1b bezogen heißt dies, daß diese durch Einbau von Verzögerungen in die Schnittstellen geschlossen werden. Die Komponenten von $\boldsymbol{s}$ stellen dann die Eingänge in die Verzögerungen dar, während deren Ausgänge üblicherweise mit $\boldsymbol{s}_-$ bezeichnet werden. Und da das einfach aufgetrennte Modell durch die Verzögerungen geschlossen werden soll, gilt ebenfalls $\boldsymbol{s}' = \boldsymbol{s}_-$. Die Verzögerung muß als Zeitfunktion beschrieben werden, so daß schließlich gilt:

$$\boldsymbol{s}_-(t) = \boldsymbol{s}(t - \Delta t) . \tag{11.6}$$

Nun kann in Übereinstimmung mit den entsprechenden Überlegungen von Abschn. 7.3 bewiesen werden, daß zumindest im mathematischen Modell einer allgemeinen sequentiellen Schaltung keine Verzögerungen in den Rückführungen vorkommen. Dazu schreiben wir Gl. (11.1a) für eine bestimmte Komponente $s_p(t - \Delta t)$ explizit an:

$$s_p(t - \Delta t) = f_p\big(s_1(t), \dots, s_l(t); \boldsymbol{x}(t)\big) .$$

Nach der Entwicklungsgleichung von Shannon Gl. (4.14) kann wie folgt umgeformt werden:

$$s_p(t - \Delta t) = s_p(t)\, f_{p,1} \vee \overline{s_p(t)}\, f_{p,0} , \tag{11.7}$$

wobei für die Funktionen $f_{p,1}$ und $f_{p,0}$ gilt:

$$f_{p,1} = f_p\big(s_1(t), \dots, s_{p-1}(t), 1, s_{p+1}(t); \boldsymbol{x}(t)\big) ,$$

$$f_{p,0} = f_p\big(s_1(t), \dots, s_{p-1}(t), 0, s_{p+1}(t); \boldsymbol{x}(t)\big) .$$

Die Booleschen Funktionen $f_{p,1}$ und $f_{p,0}$ können die Werte Null oder Eins annehmen, so daß untersucht werden muß, ob Gl. (11.7) für alle diese Belegungen von $f_{p,1}$ und $f_{p,0}$ erfüllt ist:

$f_{p,1} = f_{p,0} = 0$ in Gl. (11.7) eingesetzt ergibt

$s_p(t - \Delta t) = 0$.

Da durch bloße Umformung nach Shannon $s_p(t - \Delta t)$ nicht identisch Null werden kann, ist die Belegung $f_{p,1} = f_{p,0} = 0$ offenbar nicht zulässig.

$f_{p,1} = 0$, $f_{p,0} = 1$ in Gl. (11.7) eingesetzt ergibt

$s_p(t - \Delta t) = \overline{s_p(t)}$.

Auch diese Belegung ist nicht sinnvoll, weil dadurch aus dem inneren Speicher ein Schwinger würde. Für den Fall $\Delta t = 0$ entstünde sogar ein mathematischer Widerspruch.

$f_{p,1} = 1$, $f_{p,0} = 1$ in Gl. (11.7) eingesetzt ergibt

$s_p(t - \Delta t) = s_p(t) \vee \overline{s_p(t)} = 1.$

Diese Belegung führt ebenfalls zu einem konstanten Wert für $s_p(t - \Delta t)$ und ist daher auch nicht zulässig.

$f_{p,1} = 1$, $f_{p,0} = 0$ in Gl. (11.7) eingesetzt ergibt

$s_p(t - \Delta t) = s_p(t)$.

Dies ist also die einzige Belegung, die zu keinem prinzipiellen Widerspruch führt. Da $s_p(t - \Delta t)$ und $s_p(t)$ Boolesche Variable sind, bedeutet ihre Gleichheit, daß sie zu jedem beliebigen Zeitpunkt gleich sein müssen, was nur dann der Fall sein kann, wenn $\Delta t = 0$ ist. Somit ist bewiesen, daß im mathematischen Modell der sequentiellen Schaltung keine Verzögerungen vorkommen dürfen.

Bei der Charakterisierung physikalisch gegebener Schaltungen erweist sich jedoch die Einführung einer Verzögerung $\Delta t > 0$ durchaus als zweckmäßig, um die durch Schaltzeiten der einzelnen Gatter entstehenden Verzögerungen zu berücksichtigen. Wo es also aus technischen Gründen zweckmäßig erscheint, werden wir entgegen den Forderungen des mathematischen Modells Verzögerungen $\Delta t > 0$ einführen.

11.2. Analyse von Schaltungen

Die analytische Beschreibung einer gegebenen sequentiellen Schaltung kann (im zweidimensionalen Fall) mittels der in Abschn. 10.1 behandelten T-Tabelle erfolgen, oder auch durch Methoden, die aus der obigen Modellvorstellung hervorgehen. Eben dies führt zur Beschreibung durch Tabellen oder durch Graphen. Die Analyse hat aber darüber hinaus die Aufgabe, die erfreulichen und weniger erfreulichen Eigenschaften einer Schaltung aufzuzeigen. Diesem Aspekt der Analyse muß besondere Aufmerksamkeit geschenkt werden.

11.2.1. Allgemeine Darstellung von Schaltungen

Bei der Beschreibung von Schaltungen gehen wir von den zweifach aufgetrennten Modellen der Bilder 11.1c und 11.2b aus. Die Funktionen $\boldsymbol{F}$, $\boldsymbol{G}$ und $\boldsymbol{H}$ dieser Modelle können als kombinatorische Schaltungen durch Schalttabellen bzw. Karnaugh-Diagramme dargestellt werden. Um dies bequem tun zu können, werden folgende Bezeichnungen eingeführt: Die Belegungen der Variablen x_i, s_p, y_q mit Null oder Eins werden mit

$$\sigma(x_i) \in \{0, 1\}\ , \quad \sigma(s_p) \in \{0, 1\}\ , \quad \sigma(y_q) \in \{0, 1\}$$

bezeichnet. Analog zu Gl. (4.2) sollen die Größen

$$j(x_i) := \sum_{i=1}^{n} \sigma(x_i) \cdot 2^{n-i}\ ;\ j(x_i) \in \{0, 1, \ldots, 2^n - 1\}\ , \tag{11.8}$$

$$j(s_p) := \sum_{p=1}^{l} \sigma(s_p) \cdot 2^{l-p}\ ;\ j(s_p) \in \{0, 1, \ldots, 2^l - 1\}\ , \tag{11.9}$$

$$j(y_q) := \sum_{q=1}^{m} \sigma(y_q) \cdot 2^{m-q}\ ;\ j(y_q) \in \{0, 1, \ldots, 2^m - 1\}\ , \tag{11.10}$$

jeweils „Eingangsbelegung“, „Speicherbelegung“ (Belegung der inneren Speicher) und „Ausgangsbelegung“ genannt werden.

11.2.1.1. Die Überführungs- und Ausgabetabellen

Den drei kombinatorischen Funktionen $\boldsymbol{F}(\boldsymbol{s}', \boldsymbol{x})$, $\boldsymbol{G}(\boldsymbol{s}', \boldsymbol{x})$ und $\boldsymbol{H}(\boldsymbol{s}', \boldsymbol{x})$ ordnet man Schalttabellen (bzw. K-Diagramme) derart zu, daß den Zeilen dieser Tabellen die Belegungen $j(s'_p)$ und den Spalten die Eingangsbelegungen $j(x_i)$ entsprechen; den Feldern dieser drei von den Argumenten her gleich aufgebauten Tabellen werden jeweils die Belegungen $j(s_p)$, $j(y_q)$ eingeschrieben (siehe Bild 11.3). Die Koordinaten $j(s'_p)$, $j(x_i)$ dieser Tabelle sollen „Schaltungszustand“ genannt werden. Die Tabelle für die Funktion $\boldsymbol{F}(\boldsymbol{s}', \boldsymbol{x})$ soll $\boldsymbol{F}$-Tabelle oder Überführungstabelle genannt werden, während die beiden anderen als $\boldsymbol{G}$- bzw. $\boldsymbol{H}$-Tabelle oder auch als Ausgabetabellen bezeichnet werden sollen. Für den praktischen Gebrauch dieser Tabellen ist es zweckmäßig, die Bezeichnungen ihrer Zeilen und Spalten so vorzunehmen, daß die Tabellen direkt als K-Diagramme benützt werden können. Für diesen Zweck empfiehlt es sich daher, die Belegungen als Binärzahlen (und nicht als deren Dezimaläquivalente) anzugeben.

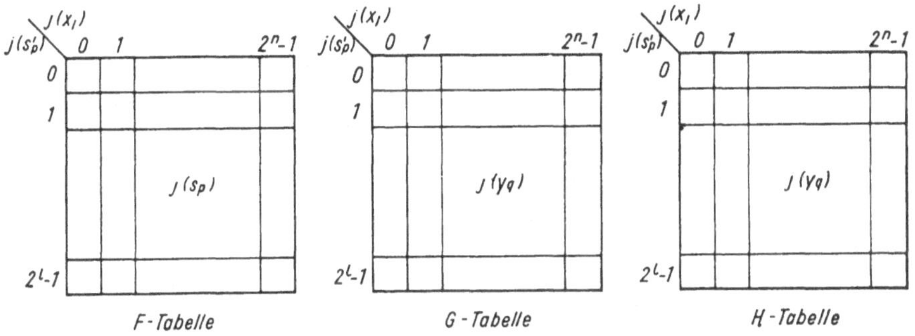

Bild 11.3: Aufbau der Überführungstabelle oder F-Tabelle und der beiden Ausgabetabellen G-Tabelle und H-Tabelle

Zur Veranschaulichung einer solchen tabellarischen Darstellung von Schaltungen und besonders um den Unterschied der $\boldsymbol{G}$- und $\boldsymbol{H}$-Tabellen deutlich werden zu lassen, soll die Schaltung des Bildes 10.30 (in Bild 11.4 wiedergegeben) analysiert werden. Die Analyse ist in den Tabellen des Bildes 11.5 durchgeführt. Zum Aufstellen der $\boldsymbol{F}$-Tabelle und der $\boldsymbol{H}$-Tabelle werden die Schnitte ① und ② (Bild 11.4) vorgenommen, während zum Aufstellen der $\boldsymbol{G}$-Tabelle der Schnitt ③ ausreicht. Aus den als K-Diagramme aufzufassenden $\boldsymbol{F}$- und $\boldsymbol{G}$-Tabellen (Bild 11.5a und 11.5b) lassen sich die kombinatorischen Funktionen für s_1, s_2 und y berechnen. Zu beachten ist nur, daß in der $\boldsymbol{F}$-Tabelle zwei K-Diagramme (für s_1 und s_2) zusammen-

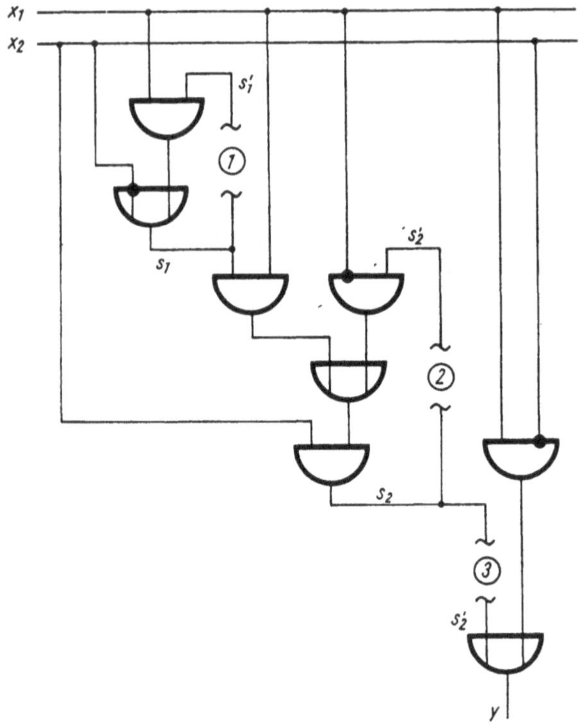

Bild 11.4: Beispiel der Schaltung Bild 10.30, die in den Tabellen Bild 11.5 analysiert wird.

$s_1's_2'$ \ x_1x_2	00	01	11	10
00	10	00	00	10
01	10	01	00	10
11	10	01	11	10
10	10	00	11	10

s_1, s_2

F-Tabelle

$s_1's_2'$ \ x_1x_2	00	01	11	10
00	0	0	0	1
01	1	1	1	1
11	1	1	1	1
10	0	0	0	1

y

G-Tabelle

$s_1's_2'$ \ x_1x_2	00	01	11	10
00	0	0	0	1
01	0	1	0	1
11	0	1	1	1
10	0	0	1	1

y

H-Tabelle

Bild 11.5: Analyse der Schaltung Bild 11.4

gezeichnet wurden. Die Auswertung ergibt:

$$\boldsymbol{F}(\boldsymbol{s}', \boldsymbol{x}) : \begin{cases} s_1 = \bar{x}_2 \vee x_1 s_1' , & \text{(11.11a)} \\ s_2 = x_1 x_2 s_1' \vee \bar{x}_1 x_2 s_2' = (x_1 s_1' \vee \bar{x}_1 s_2')\, x_2 , & \text{(11.11b)} \end{cases}$$

$$\boldsymbol{G}(\boldsymbol{s}', \boldsymbol{x}) : y = x_1 \overline{x_2} \vee s_2' . \qquad \text{(11.11c)}$$

Entsprechend der allgemeinen Vorschrift von Gl. (11.4) kann nun die Funktion $\boldsymbol{H}(\boldsymbol{s}', \boldsymbol{x})$ dadurch berechnet werden, daß $\boldsymbol{F}(\boldsymbol{s}', \boldsymbol{x})$ in $\boldsymbol{G}(\boldsymbol{s}', \boldsymbol{x})$ eingesetzt wird. Dazu wird die Schließbedingung $s_2' = s_2$ (für Schnitt ③) auf Gl. (11.11c) angewendet und dann Gl. (11.11b) in Gl. (11.11c) eingesetzt. Man erhält dadurch für $\boldsymbol{H}(\boldsymbol{s}', \boldsymbol{x})$:

$$y = x_1\bar{x}_2 \vee x_1x_2s_1' \vee \bar{x}_1x_2s_2' \,. \tag{11.12}$$

Es ist augenfällig, daß diese Gleichung für alle Werte von s_1', s_2', x_1, x_2 ebenfalls zur $\boldsymbol{H}$-Tabelle des Bildes 11.5c führt, ebenso wie Gl. (11.12) aus dieser Tabelle errechnet werden kann.

11.2.1.2 Gerichtete Graphen

Es soll nun noch eine weitere Möglichkeit zur Darstellung sequentieller Schaltungen beschrieben werden, wobei ausdrücklich betont werden muß, daß es dabei um die Beschreibung des geschlossenen Modells Bild 11.1a und nicht um die offene Schaltung (Bild 11.1b und c) geht. Wir werden der Einfachheit halber wieder von den $\boldsymbol{F}$-, $\boldsymbol{G}$- und $\boldsymbol{H}$-Tabellen ausgehen, die wir jetzt als gegeben voraussetzen wollen.

Die geschlossene sequentielle Schaltung wird durch das Gleichungssystem

$$\boldsymbol{s} = \boldsymbol{F}(\boldsymbol{s}', \boldsymbol{x}) \,, \tag{11.1a}$$

$$\boldsymbol{y} = \boldsymbol{G}(\boldsymbol{s}', \boldsymbol{x}) \,, \tag{11.1b}$$

$$\boldsymbol{s}' = \boldsymbol{s} \tag{11.2}$$

beschrieben. Durch Einsetzen von Gl. (11.2) in die Gln. (11.1a) und (11.1b) sowie unter Verwendung von Gl. (11.4) erhält man die Gleichungen

$$\boldsymbol{s} = \boldsymbol{F}(\boldsymbol{s}, \boldsymbol{x}) \,, \tag{11.13a}$$

$$\boldsymbol{y} = \boldsymbol{H}(\boldsymbol{s}', \boldsymbol{x}) \,, \tag{11.13b}$$

die wir im weiteren als Darstellung einer sequentiellen Schaltung verwenden wollen. Entsprechend der Gl. (11.13a) stellen wir uns vor, daß die Zeilen der $\boldsymbol{F}$-Tabelle mit den Speicherbelegungen $j(s_p)$ statt mit den Belegungen $j(s_p')$ bezeichnet sind. Die solcherart nur geringfügig geänderte $\boldsymbol{F}$-Tabelle beschreibt dann die geschlossenen Speicherkreise auf folgende Weise: Eine vorgegebene Eingangsbelegung $j_1(x_i)$ und eine Belegung $j_1(s_p)$ der inneren Speicher rufen eine neue Speicherbelegung $j_2(s_p)$ hervor, die dem Feld $j_1(s_p)$, $j_1(x_i)$ eingeschrieben ist. Aus der so interpretierten $\boldsymbol{F}$-Tabelle und aus der $\boldsymbol{H}$-Tabelle kann ein gerichteter Graph entwickelt werden, der die Schaltung ebenso vollständig beschreibt, wie die Tabellen, aus denen er hervorgegangen ist. Ein solcher Graph besteht aus „Knoten", die durch „gerichtete Kanten" miteinander verbunden sind. Die Knoten werden durch Kreise, die gerichteten Kanten durch Pfeile dargestellt. Der gerichtete Graph wird nun folgendermaßen aus der $\boldsymbol{F}$- und $\boldsymbol{H}$-Tabelle entwickelt:

1. Jedem Knoten wird genau eine Speicherbelegung $j(s_p)$ zugeordnet. Somit besitzt jeder Graph 2^l Knoten.
2. Von jedem Knoten gehen 2^n gerichtete Kanten aus, denen umkehrbar eindeutig die Eingangsbelegung $j(x_i)$ zugeordnet sind. Die Eingangsbelegung wird am Anfang des Pfeiles notiert. Zur Vereinfachung können

dabei mehrere von einem Knoten zu einem anderen verlaufende gerichtete Kanten als eine einzige Kante gezeichnet werden. Am Anfang dieses einen Pfeiles werden dann eben alle betreffenden Eingangsbelegungen notiert.

3. In der ***F***-Tabelle möge einem bestimmten Feld $j_1(s_p)$, $j_1(x_i)$ die Speicherbelegung $j_2(s_p)$ eingeschrieben sein; dann führt die vom Knoten $j_1(s_p)$ ausgehende gerichtete Kante $j_1(x_i)$ zum Knoten $j_2(s_p)$.
4. In der ***H***-Tabelle sei dem betrachteten Feld $j_1(s_p')$, $j_1(x_i)$ die Ausgangsbelegung $j_1(y_q)$ eingeschrieben; dann wird an das Ende des vom Knoten $j_1(s_p)$ ausgehenden Pfeiles $j_1(x_i)$ die Ausgangsbelegung $j_1(y_q)$ geschrieben.

Die einzelnen Belegungen können hier entweder als Binärzahlen oder als deren Dezimaläquivalente eingetragen werden; das letztere ist zweckmäßiger und soll auch beibehalten werden. Zur Erläuterung dieser Vorgangsweise werden die ***F***- und ***H***-Tabellen der Bilder 11.5a und 11.5c entsprechend den Gln. (11.8) bis (11.10) auf das Dezimaläquivalent der Belegungen umgeschrieben (Bild 11.6) und sodann nach den obigen Erklärungen im Bild 11.7 durch einen Graphen dargestellt. Anhand dieser Erklärungen und durch Vergleich der Bilder 11.6 und 11.7 kann sich der Leser leicht davon überzeugen, wie der Graph Bild 11.7 zustandekommt.

$j(s_p)$ \ $j(x_i)$	0	1	3	2
0	2	0	0	2
1	2	1	0	2
3	2	1	3	2
2	2	0	3	2

$j(s_p)$

$j(s_p')$ \ $j(x_i)$	0	1	3	2
0	0	0	0	1
1	0	1	0	1
3	0	1	1	1
2	0	0	1	1

$j(y_q)$

Bild 11.6: F-Tabelle und H-Tabelle als Ausgangspunkt für das Zeichnen des gerichteten Graphen Bild 11.7

11.2.1.3. Teilgraphen

Wir werden im weiteren nicht nur von der eben beschriebenen Graphendarstellung einer Schaltung, sondern noch von einer anderen, besonders anschaulichen Graphendarstellung Gebrauch machen. Dazu werden von den ***F***- und ***H***-Tabellen jeweils korrespondierende, derselben Eingangsbelegung entsprechende Spalten betrachtet, für die dann ein sog. Teilgraph gezeichnet wird. Für jeden dieser Teilgraphen ist dann die Eingangsbelegung $j(x_i)$ konstant. Um die optische Ähnlichkeit zu den ***F***- und ***H***-Tabellen zu wahren, werden die Belegungen $j(s_p)$ der inneren Speicher in der gleichen Reihenfolge untereinander angeordnet, wie es den Zeilen der Tabellen entspricht. Dies führt für Bild 11.6 zu den vier Teilgraphen des Bildes 11.8.

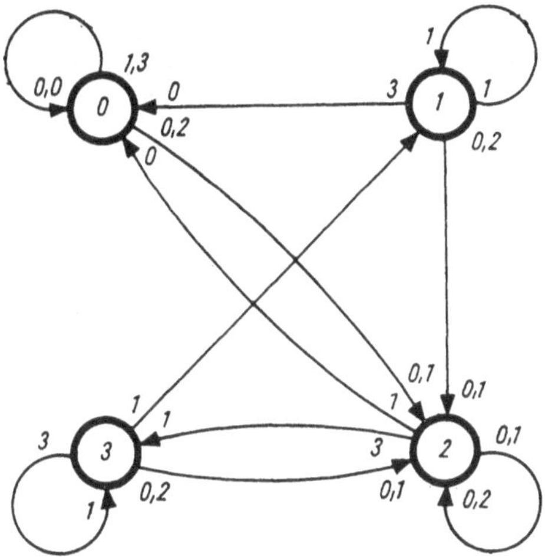

Bild 11.7: Gerichteter Graph zu Bild 11.6

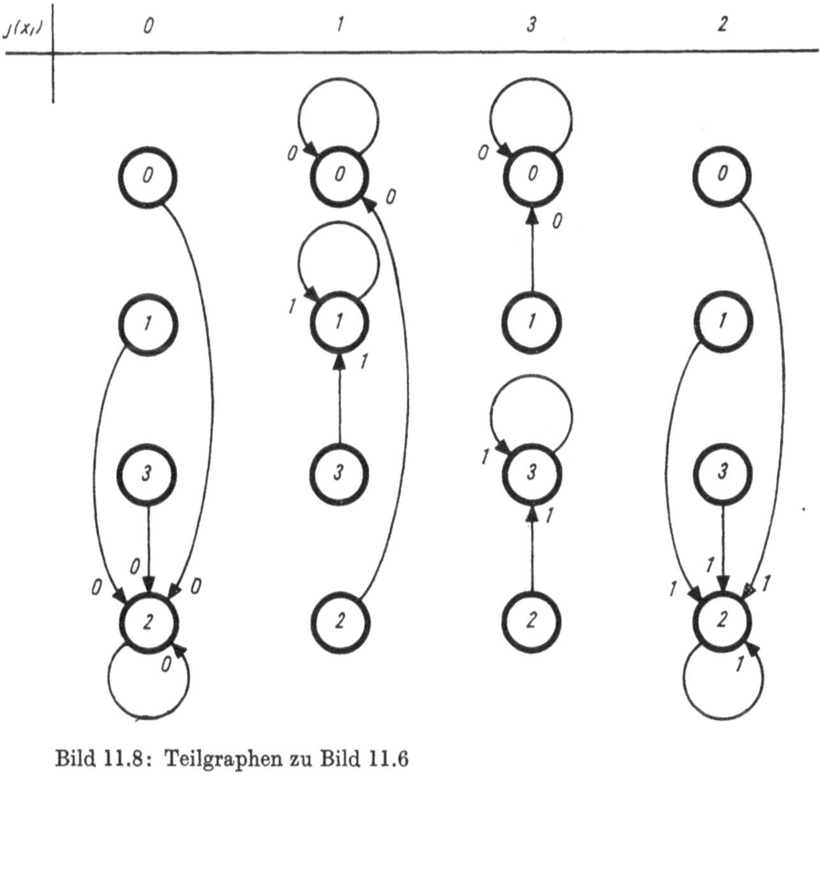

Bild 11.8: Teilgraphen zu Bild 11.6

Sowohl von der Tabellendarstellung als auch von den beiden Graphendarstellungen werden wir bei der weiteren Untersuchung von sequentiellen Schaltungen und besonders bei der später folgenden Synthese Gebrauch machen. Dabei werden die Graphen meist in vereinfachter Form verwendet werden.

11.2.2. Das autonome Verhalten einer Schaltung

Unter dem autonomen Verhalten versteht man das Verhalten der inneren Speicher und ihrer Ausgänge bei unveränderter Eingangsbelegung nach vorangegangenem (gedachten) Schließen des zunächst offenen Systems. Anschaulich bedeutet dies die spaltenweise Untersuchung der Überführungs- und Ausgabetabellen, bzw. die Untersuchung der Teilgraphen wie sie z. B. in Bild 11.8 angegeben sind. Für diese Untersuchungen soll nun angenommen werden, daß die Beschreibung der Schaltung durch $\boldsymbol{F}$- und $\boldsymbol{H}$-Tabelle bereits vorliegt.

11.2.2.1. Stabile und instabile Schaltungszustände

Beim Schließen einer aufgetrennten sequentiellen Schaltung müssen die frei gewählten Belegungen der Komponenten des Ersatzvektors $\mathbf{s}'$ jenen des Vektors $\mathbf{s}$ der inneren Speicher gleichgemacht, es muß also die Schließbedingung $\mathbf{s}' = \mathbf{s}$ erfüllt werden. Durch dieses Schließen kommt ein autonomes Verhalten der inneren Speicher zustande, das durch die Überführungstabelle geprägt wird. Anhand des Bildes 11.9a soll dies näher erläutert werden. Werden der offenen Schaltung die Belegungen $j_1(s_p')$ und $j_1(x_i)$ zugeführt, so mögen die Speicherausgänge zunächst die Belegung $j_2(s_p)$ ein-

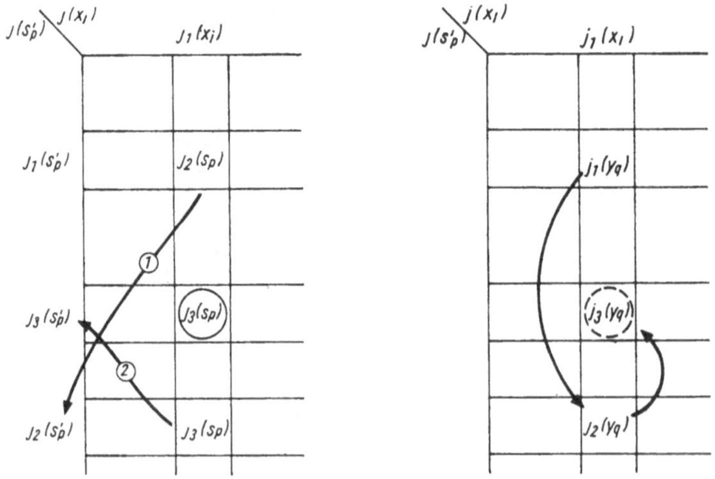

a) b)

Bild 11.9: Veranschaulichung autonomer Übergänge
a) Überführungstabelle
b) Ausgabetabelle

nehmen, wobei $j_2(s_p) \neq j_1(s_p')$ gelten möge. Schließen wir nun die Schnittstellen, so müssen die Komponenten des Ersatzvektors $\mathbf{s}'$ die Belegungen der Speicherausgänge annehmen: es muß also eine neue Belegung $j(s_p) = j_2(s_p)$ am Eingang der Schaltung entstehen. In der Überführungstabelle (Bild 11.9a) bedeutet dies, daß wir von der Zeile $j_1(s_p')$ in die Zeile $j_2(s_p')$ übergehen müssen (Pfeil ①). Es hat sich also ein neuer Schaltungszustand $j_2(s_p')$, $j_1(x_i)$ eingestellt. Wie sich die Schaltung in diesem neuen Schaltungszustand verhält, kann wieder aus der Überführungstabelle des nun vorerst abermals aufgetrennt gedachten Modells ersehen werden. Stellt sich nun beispielsweise die Speicherbelegung $j_3(s_p) \neq j_2(s_p')$ ein, so wird sich nach erneutem Schließen des Modells abermals ein neuer Schaltungszustand $j_3(s_p')$, $j_1(x_i)$ einstellen (Pfeil ②). Ruft schließlich dieser Schaltungszustand keine weitere Änderung der Speicherbelegung hervor, ist also dem Feld $j_3(s_p')$, $j_1(x_i)$ auch die Speicherbelegung $j_3(s_p) = j_3(s_p')$ eingeschrieben, so kommt es zu keiner weiteren Überführung in eine andere Zeile mehr. Man sagt, die Schaltung befindet sich nach Ablaufen des autonomen Vorgangs jetzt in einem stabilen Schaltungszustand, und man hebt diesen durch Einkreisen der Speicherbelegung des stabilen Feldes hervor.

Ein Schaltungszustand $j(s_p')$, $j(x_i)$ ist also genau dann stabil, wenn für die von ihm hervorgerufene Speicherbelegung $j(s_p)$ die Schließbedingung bereits erfüllt ist, wenn also gilt

$$j(s_p') = j(s_p)^* \,. \tag{11.14}$$

Ist hingegen

$$j(s_p') \neq j(s_p)^* \,, \tag{11.15}$$

dann ist der Schaltungszustand $j(s_p')$, $j(x_i)$, der die Speicherbelegung $j(s_p)^*$ hervorruft, instabil, und geht in den neuen Schaltungszustand $j(s_p')^*$, $j(x_i)$ über.

Beim Zeichnen der Teilgraphen werden vereinfachend alle instabilen Schaltungszustände durch Punkte und alle stabilen Schaltungszustände

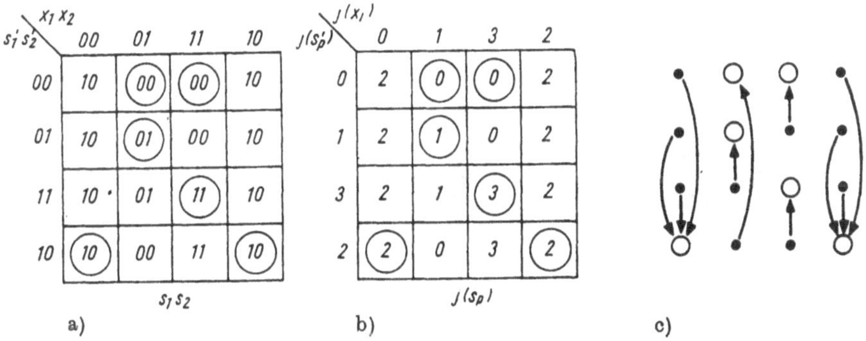

Bild 11.10: Hervorheben stabiler Schaltungszustände

a) und b) *F*-Tabellen

c) Teilgraphen

durch Kreise dargestellt. Wenn mit den Teilgraphen nur das Verhalten der inneren Speicher untersucht werden soll, dann wird auf die Beschriftung der Kanten verzichtet. Somit erhält man z. B. aus den Bildern 11.5a, 11.6a und 11.8 die Darstellungen des Bildes 11.10. Es ist für Schaltungen im allgemeinen aber nicht die Regel, daß (wie in Bild 11.10c) jeder instabile Schaltungszustand unmittelbar in einen stabilen Zustand übergeht.

Das autonome Verhalten einer Schaltung beim Schließen der Speicherkreise kann nun in zwei speziellen Fällen zu unangenehmen Fehlschaltungen führen, die in den nächsten beiden Abschnitten behandelt werden.

11.2.2.2. Schwingungszustände der inneren Speicher

Der einfachste Fall einer schwingungsfähigen Schaltung ist in Bild 11.11 dargestellt. Sie besitzt nur einen stabilen Schaltungszustand, und zwar bei der Eingangsbelegung $x = 0$ (Bild 11.11b). Im Fall $x = 1$ führt die instabile Eintragung $s = 1$ des Feldes $s' = 0$, $x = 1$ dazu, daß jener Schaltungszustand der Spalte $x = 1$ eingenommen wird, dessen Zeile mit $s' = 1$ beschriftet ist. Dieser neue Schaltungszustand ist jedoch abermals instabil und führt in den ursprünglichen instabilen Schaltungszustand zurück, womit die Schaltung bei der Eingangsbelegung $x = 1$ eine Dauerschwingung ausführt. Dies wird im Graph des Bildes 11.11c durch die Anordnung der gerichteten Kanten anschaulich dargestellt.

Algebraisch ist die Erscheinung des Oszillierens allerdings nicht ganz so einfach darzustellen. Berechnet man aus dem K-Diagramm des Bildes 11.11b den Speicherausgang s, so erhält man für $x = 1$ den Ausdruck $s = \overline{s'}$. Setzte man darin die Schließbedingung $s = s'$ ein, dann würde dies zu dem mathematischen Widerspruch $s = \bar{s}$ führen. Man befreit sich von diesem Widerspruch, indem man die Rückführung über eine Verzögerung mit der Laufzeit Δt schließt, also $s'(t) = s_{-}(t) = s(t - \Delta t)$ setzt. Dadurch erhält man die

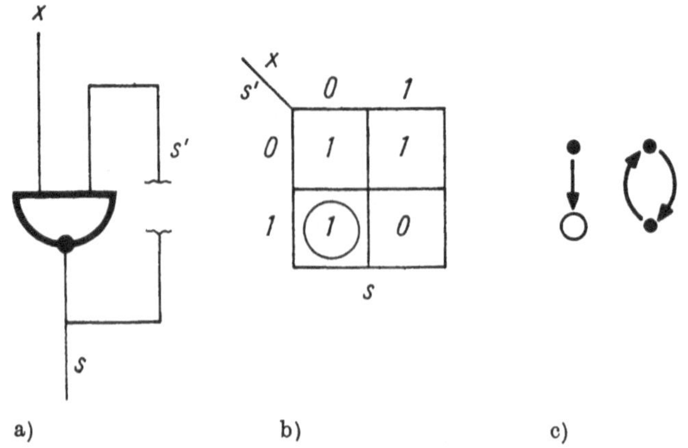

a) b) c)

Bild 11.11: Schwingungsfähige Schaltung

Schwingergleichung

$$s(t) = \overline{s(t - \Delta t)}\,.$$

Der Speicher schwingt mit einer Eigenfrequenz, die gleich dem Kehrwert der Laufzeit Δt ist.

Diese Schwingungserscheinungen können natürlich auch auftreten, wenn die Schaltung mehrere innere Speicher enthält. Man erkennt dies sofort daran, daß in einer bestimmten Spalte der Überführungstabelle in einer mit $j_1(s_p')$ bezeichneten Zeile der Wert $j_2(s_p)$ und in der mit $j_2(s_p')$ bezeichneten Zeile der Wert $j_1(s_p)$ eingetragen ist.

11.2.2.3 Wettlauferscheinungen

Wir wollen jetzt von der sonst üblichen Annahme ausgehen, daß beim Schließen der Selbsthaltekreise Verzögerungen eingebaut werden. Diese Verzögerungen repräsentieren dann summarisch die Schaltzeiten der einzelnen Schaltelemente eines aufgeschnittenen Selbsthaltekreises (s. Abschn. 6). Selbst typengleiche Schaltelemente haben (wenn auch nur geringfügig) unterschiedliche Schaltzeiten und es sind vor allem in den einzelnen Selbsthaltekreisen meist verschiedene Anzahlen von Schaltelementen vorhanden. Es sind deshalb die Verzögerungszeiten (Laufzeiten) der in jedem einzelnen Selbsthaltekreis eingebauten (bzw. eingebaut gedachten) Verzögerungen grundsätzlich als voneinander verschieden zu betrachten. Unter diesen Voraussetzungen soll nun gezeigt werden, wie es beim autonomen Übergang von einem zu einem anderen Schaltungszustand zu sogenannten Wettläufen kommen kann, und welche Auswirkungen diese Wettläufe haben können. Wir untersuchen dazu die Überführungs- und Ausgabetabelle des Bildes 11.12.

$s_1' s_2'$ \ $x_1 x_2$	00	01	11	10
00	00	10	01	00
01	10	10	01	00
11	11	10	01	10
10	11	10	01	10

$s_1 s_2$

a)

$s_1' s_2'$ \ $x_1 x_2$	00	01	11	10
00	0	0	1	0
01	1	1	1	0
11	1	1	1	1
10	0	1	1	1

y

b)

Bild 11.12: Beispiel zur Erläuterung zu Wettläufen
a) F-Tabelle
b) H-Tabelle

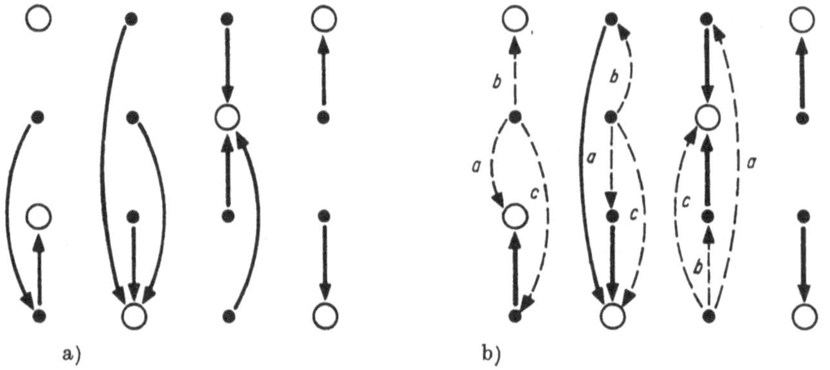

Bild 11.13: Vereinfachte Teilgraphen der F-Tabelle Bild 11.12a
a) Soll-Überführungen
b) Verhalten bei Wettläufen

Für die Überführungstabelle Bild 11.12a sind in den Teilgraphen Bild 11.13a jene Übergänge eingezeichnet, die bei Schließen der Schaltung entstehen sollen. Wegen der angenommenen Verzögerungen können aber auch noch ganz andere Überführungen zustande kommen. Betrachten wir in der F-Tabelle zunächst in der ersten Spalte ($x_1 = 0$, $x_2 = 0$) das Feld in der zweiten Zeile. Hier unterscheiden sich beide Speicherausgänge $s_1 = 1$, $s_2 = 0$ von den jetzt verzögert rückgeführt gedachten Speicherausgängen $s_1' = 0$, $s_2' = 1$. Damit die Schließbedingung erfüllt werden kann, müßten sowohl s_1' als auch s_2' ihre Werte gleichzeitig ändern. Wie in Bild 11.13 (erste Spalte) gezeigt, wird dieser Übergang durch den Pfeil c von der zweiten in die vierte Zeile dargestellt. Bei dem geforderten Übergang könnte es aber aus den obigen Gründen zutreffen, daß s_1' und s_2' ihre Werte verschieden schnell ändern. Würde s_1' seinen Wert schneller ändern als s_2', dann entstünde vorerst der Übergang nach $s_1' = 1$, $s_2' = 1$, dem der in Bild 11.13b (erste Spalte) gestrichelt gezeichnete Pfeil a entspricht. Würde sich hingegen s_2' schneller als s_1' ändern, so entstünde $s_1' = 0$, $s_2' = 0$. Dieser Übergang wird durch den mit b bezeichneten gestrichelten Pfeil des Bildes 11.13b (erste Spalte) beschrieben. Pfeil c der ersten Spalte dieses Bildes zeigt das gewünschte Verhalten, welches eben voraussetzt, daß sich s_1' und s_2' gleich schnell ändern. Gerade dafür kann aber in ausgeführten Schaltungen nicht garantiert werden und die gestrichelten Pfeile a, b, c deuten die Möglichkeit von sog. „Wettläufen" an. Das Unzulässige an dem eben besprochenen Wettlauf ist die Tatsache, daß nach Bild 11.13b zwei verschiedene stabile Schaltungszustände eingenommen werden können. Ein solcher „Wettlauf" zwischen s_1' und s_2', der je nach seinem Ergebnis zu verschiedenen stabilen Schaltungszuständen führt, wird „kritischer Wettlauf" genannt und muß bei der Synthese unbedingt vermieden werden.

Die Wettläufe, die in der zweiten und dritten Spalte des Bildes 11.13b durch die gestrichelten Pfeile angezeigt werden, führen schließlich zu ein-

und demselben stabilen Schaltungszustand. Solche Wettläufe werden daher als „unkritisch“ bezeichnet. Ob sie zugelassen werden können oder nicht, hängt jetzt von der **H**-Tabelle ab.

Das durch Schließen der Speicherkreise verursachte autonome Verhalten einer Schaltung kann nämlich oft zu kurzzeitig falschen Ausgangsbelegungen führen. Dies geht auch schon aus der Ausgabetabelle Bild 11.9b hervor, wenn mindestens eine der Bedingungen

$$j_1(y_q) \neq j_3(y_q)\,,$$
$$j_2(y_q) \neq j_3(y_q)$$

erfüllt ist. In dem Maß nämlich, wie die Speicherbelegungen $j_1(s_p)$, $j_2(s_p)$ und $j_3(s_p)$ durchlaufen werden (Bild 11.9a), werden auch die Ausgangsbelegungen $j_1(y_q)$, $j_2(y_q)$ durchlaufen.

Bei dem eben besprochenen Beispiel haben in der **H**-Tabelle Bild 11.12b z. B. alle Felder der dritten Spalte ($x_1 = x_2 = 1$) für den Ausgang y den Wert Eins eingeschrieben. Da die unkritischen Wettläufe dieser Spalte nicht durch kurzzeitige Änderungen (Hazards) des Ausgangswertes $y = 1$ festgestellt werden können, sind diese Wettläufe stets zulässig. Ein Vergleich der zweiten Spalte ($x_1 = 0$, $x_2 = 1$) des Bildes 11.12b mit dem entsprechenden Teilgraphen des Bildes 11.13b zeigt hingegen, daß ein Wettlauf entlang des Pfeiles b, der schließlich zur letzten Zeile dieser Spalte führt, ein kurzzeitiges Nullsignal (statisches Eins-Hazard) am Ausgang entstehen läßt. Ob dies zugelassen werden kann oder nicht, hängt vom jeweiligen Anwendungsfall der Schaltung ab, also ob etwa eine nachgeschaltete Schaltung auf dieses Hazard ansprechen kann. Es muß jedoch zugegeben werden, daß aus Gründen der einfacheren Synthese unkritische Wettläufe meist in Kauf genommen werden. Wie Wettläufe vermieden werden, soll später in Abschn. 11.3 bei der Besprechung der Synthese behandelt werden.

11.2.3. Das Verhalten der inneren Speicher bei Änderung der Eingangsbelegung

Im Gegensatz zum bisher besprochenen autonomen Verhalten soll nun das Verhalten der Schaltung bei einer Änderung der Eingangsbelegung untersucht werden. Eine solche Änderung findet innerhalb einer bestimmten Zeile der Überführungs- und Ausgabetabelle statt. Betrachten wir etwa wieder das Bild 11.12a des vorigen Abschnitts. Steht z. B. die Eingangsbelegung 01 an, so muß sich die Schaltung (nach Ablauf etwaiger autonomer Änderungen) im stabilen Schaltungszustand $s_1' = 1$, $s_2' = 0$ (letzte Zeile) befinden, weil dieses Feld den einzigen stabilen Schaltungszustand der betrachteten Spalte darstellt. Stünde hingegen die Eingangsbelegung 00 an, so könnte sich die Schaltung in einem der beiden stabilen Schaltungszustände dieser Spalte befinden; in welchem von beiden, muß immer dann angegeben werden, wenn nicht bekannt ist, welche Eingangsbelegung vorher vorhanden war. Beim Übergang von der Eingangsbelegung 01 (mit dem stabilen Schaltungszustand in der letzten Zeile der **H**-Tabelle) zur Eingangsbelegung 00 bleibt man zunächst in der Zeile des stabilen Schaltungszustandes. Bei Erreichen der neuen Spalte findet, falls der jetzt eingenommene Schaltungszustand instabil ist, ein autonomer Übergang statt.

Es soll vereinbart werden, daß der Schaltung stets die notwendige Zeit gelassen wird, um einen neuen stabilen Schaltungszustand einzunehmen. Die Zeit, nach der also eine abermalige Änderung der Eingangsbelegung vorgenommen werden darf, muß länger oder höchstens gleich der Zeit sein, die für die autonomen Änderungen benötigt wird. Eine solche Betriebsweise wird in der englischsprachigen Literatur als ,,normal mode" bezeichnet und sie sei im weiteren vorausgesetzt. Trotz dieser Einschränkung kann es unter bestimmten Voraussetzungen doch dazu kommen, daß unerwünschte (also falsche) stabile Schaltungszustände eingenommen werden, wie im folgenden gezeigt wird.

11.2.3.1. Wesentliche Hazards

In der Schaltalgebra wird stets postuliert, daß ein Signal x und seine Negation $\bar{x}$ disjunkt sind, d. h. daß $x\bar{x} = 0$ ist (s. Gl. (Ax. 3.4a)). Dies setzt voraus, daß bei Belegungsänderungen das Signal $\bar{x}$ seinen Wert genau zum selben Zeitpunkt ändert wie das Signal x. Wird aber das Signal $\bar{x}$ aus dem Signal x durch ein Negationsgatter (z. B. eine Transistor-Schaltung) erzeugt, so ändert $\bar{x}$ seinen Wert um die Schaltzeit Δt des Negators später als das Ein-

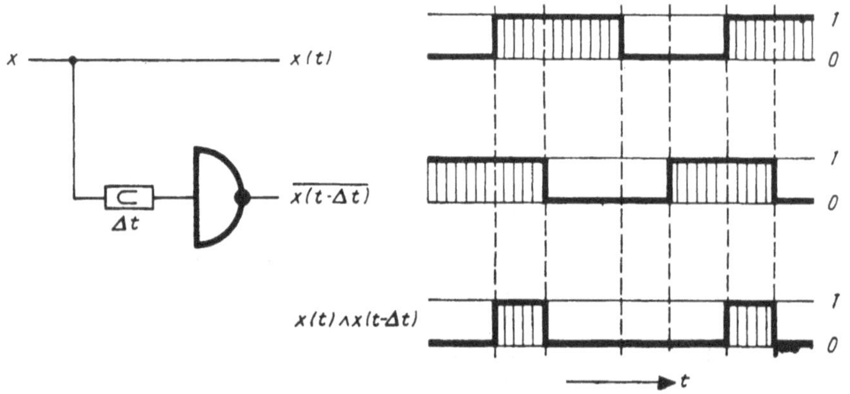

Bild 11.14: Berücksichtigung der Schaltverzögerung eines Negators

gangssignal x des Negators. Im Schaltfolgediagramm des Bildes 11.14 wird gezeigt, daß dann die Konjunktion $x(t) \wedge \overline{x(t - \Delta t)}$ jedesmal nach einem Wechsel des Signals $x(t)$ von Null auf Eins für die Zeitspanne Δt den Wert Eins annimmt. Das Entstehen derartiger Hazards wurde schon in Abschn. 5.4 erklärt. Wir wollen im folgenden annehmen, daß negierte Signale wie in Bild 11.14 stets über Negatoren erzeugt werden und wollen ausdrücklich

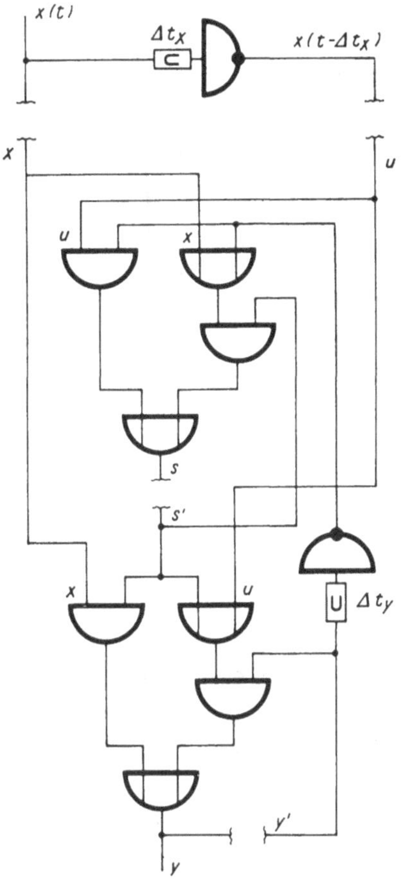

Bild 11.15: *T*-Flip-Flop als Beispiel einer Schaltung mit wesentlichen Hazards

die gerätetechnisch stets vorhandenen Schaltzeiten (Verzögerungen) berücksichtigen.

Unter dieser Voraussetzung soll nun die Schaltung des früher in Bild 10.19 gezeigten T-Flip-Flop untersucht und das Ergebnis anschließend verallgemeinert werden. Das T-Flip-Flop ist in Bild 11.15 nochmals dargestellt, wobei nun die Negationen wie in Bild 11.14 erzeugt gedacht werden. Zum Zweck der Analyse ist die Schaltung aufgetrennt gezeichnet. Als Eingänge der offenen Schaltung sollen x und u betrachtet werden; die Verzögerung Δt_y wird vorerst als Null angenommen. Das Verhalten der Schaltung wird dann vollständig durch die Überführungstabelle Bild 11.16a beschrieben; diese Tabelle führt zu den Teilgraphen des Bildes 11.16b. Die hervorgehobene zweite und vierte Spalte der Überführungstabelle beschreiben für sich allein das Verhalten des T-Flip-Flop für den idealisierten Fall, daß $u = \bar{x}$ ist, für den also $\Delta t_x = 0$ gilt. Nun soll aber untersucht werden, inwieweit

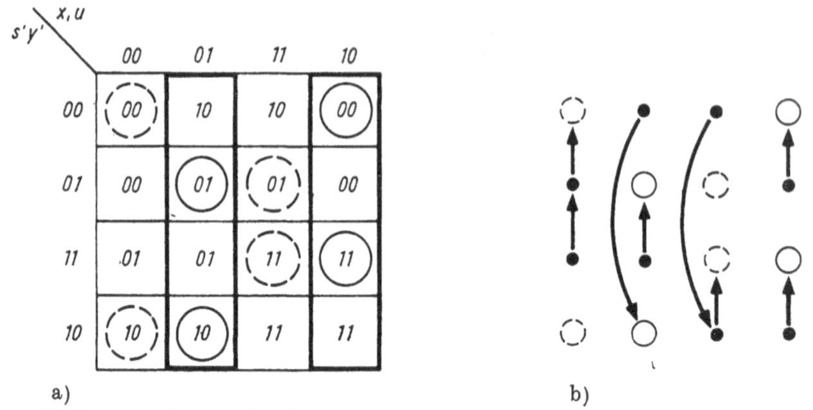

Bild 11.16: Analyse der Schaltung Bild 11.15
a) F-Tabelle
b) Teilgraphen

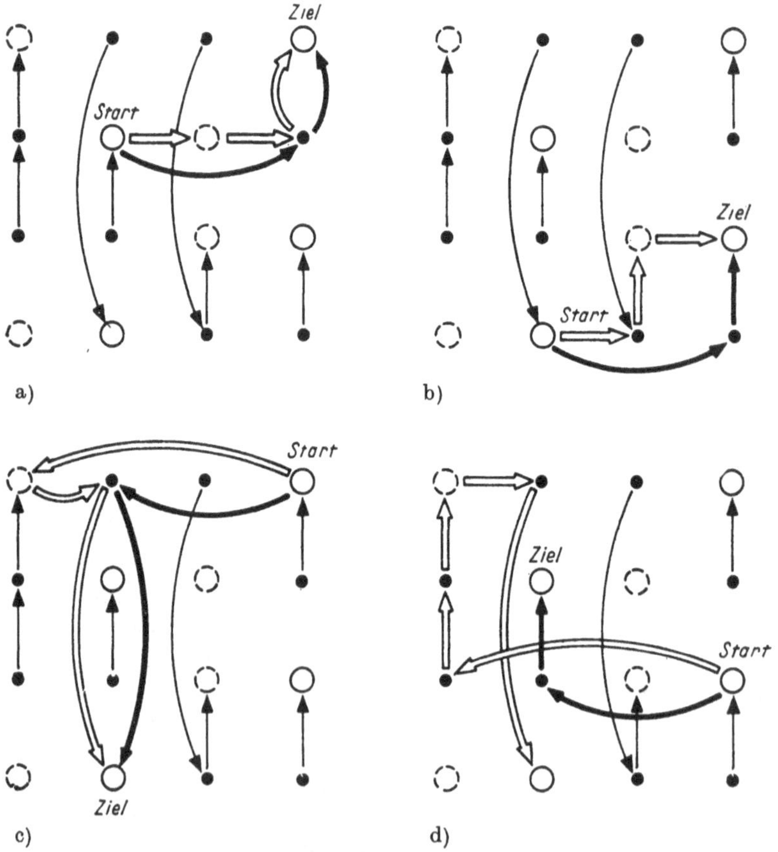

Bild 11.17: Verhalten des T-Flip-Flop für $\Delta t_x = 0$ (stark ausgezogene Pfeile und $\Delta t_x \neq 0$ (doppelt gezeichnete Pfeile)

sich das Schaltverhalten ändert, wenn $\Delta t_x > 0$ angenommen wird. Diese Untersuchung wird in den Teilgraphen vorgenommen, wobei wir uns die Schnittstellen des Bildes 11.15 wieder verbunden denken (wodurch auch $u = \overline{x(t - \Delta t_x)}$ wird).

Nehmen wir an, daß x schon länger als die Schaltzeit Δt_x den Wert Null hat, dann ist $u = 1$ und es steht an den Schnittstellen die Eingangsbelegung 01 an. In den Bildern 11.17a und 11.17b sind dann jene beiden stabilen Schaltungszustände, in denen sich die Schaltung befinden kann, durch das Wort „Start" markiert. Das Verhalten des idealisierten T-Flip-Flop bei Übergang auf die Eingangsbelegung 10 wird durch die stark gezeichneten Pfeile charakterisiert. Gilt hingegen $\Delta t_x > 0$, dann entsteht für die Eingangsbelegungen nach Bild 11.14 der Übergang (01, 11, 10). Dies führt in den Bildern 11.17a und 11.17b zu jenen Übergängen, die durch doppelt gezeichnete Pfeile beschrieben werden. In beiden Bildern wird also unabhängig von der Schaltzeit Δt_x derselbe mit „Ziel" bezeichnete Schaltungszustand erreicht. In diesen Fällen ruft demnach die Verzögerung Δt_x keine bleibende Änderung des Schaltungszustandes gegenüber dem idealisierten T-Flip-Flop hervor.

Für die mit „Start" bezeichneten Schaltungszustände der Bilder 11.17c und 11.17d wird nun angenommen, daß x länger als Δt_x den Wert Eins hat, so daß $u = 0$ ist und an den Schnittstellen die Eingangsbelegung 10 ansteht. Die stark gezeichneten Pfeile geben wieder das Verhalten des idealisierten T-Flip-Flop an, wenn x seinen Wert von Eins auf Null ändert. Ist hingegen $\Delta t_x > 0$, dann entsteht für die Eingangsbelegungen der Übergang (10, 00, 01). Dies führt zu den durch die doppelt gezeichneten Pfeile beschriebenen Wegen der Bilder 11.17c und 11.7d. In Bild 11.17c wird auch dann noch der richtige Zielzustand erreicht, wenn $\Delta t_x > 0$ ist. In dem in Bild 11.17d dargestellten Fall hingegen wird durch die Schaltzeit der Eingangsnegation das Verhalten des T-Flip-Flop verändert. Man spricht in diesem Fall von einem „wesentlichen Hazard", weil die Schaltung einen falschen (stabilen) Schaltungszustand einnimmt.

Bild 11.17d gibt aber gleichzeitig auch schon einen Hinweis, wie bei einer Synthese diese Fehlleistung der Schaltung vermieden werden kann. Der durch die Schaltzeit Δt_x bewirkte Übergang von der ersten zur zweiten Spalte muß nämlich schneller erfolgen als die Änderung der Belegungen der inneren Speicher, die durch die beiden nach oben weisenden Pfeile der ersten Spalte gekennzeichnet sind. Denn dann kann von einem der instabilen Schaltungszustände der ersten Spalte direkt oder indirekt auf den richtigen Zielzustand übergegangen werden, wie es schließlich Bild 11.18 zeigt. Es ist also notwendig, die Rückführungen abzugleichen, d. h. in die Rückführungen Verzögerungen derart einzubauen, daß

$$s' = s_- = s(t - \Delta t_s) \;,$$

$$y' = y_- = y(t - \Delta t_y)$$

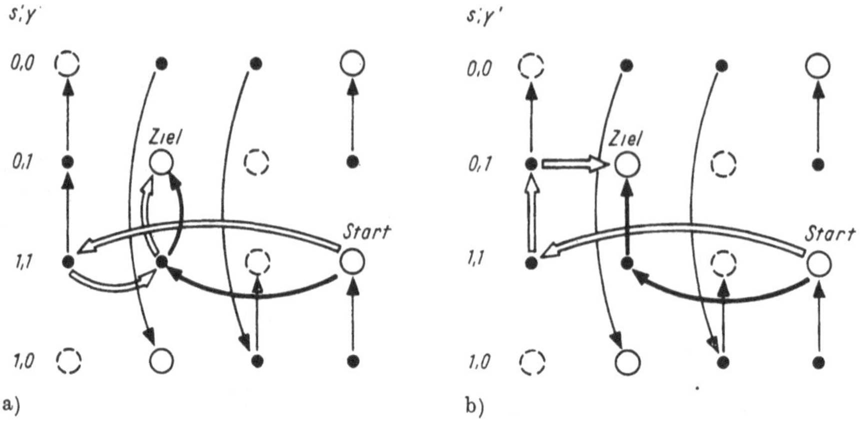

Bild 11.18: Beheben des wesentlichen Hazards nach Bild 11.17d durch Verzögerungen in den Rückführungen
a) $\Delta t_y > \Delta t_x$, $\Delta t_s < \Delta t_x$,
b) $\Delta t_s > \Delta t_x$

gilt, wobei die Bedingung $\Delta t_s + \Delta t_y > \Delta t_x$ erfullt sein muß. Ist z. B. nur $\Delta t_y > \Delta t_x$, wie in Bild 11.18a angenommen wird, so wird zwar der innere Speicher s seinen Wert schneller ändern als $x(t - \Delta t_x)$, wodurch es noch zum autonomen Übergang von der dritten in die zweite Zeile der ersten Spalte kommt; aber bevor nun y seinen Wert von Eins auf Null ändern kann, wird der Übergang von der ersten in die zweite Spalte vollzogen. Da der erreichte Zielpunkt stabil ist, kommt es auch nicht mehr zur Änderung von y. Ähnlich ist die Situation im Falle des Bildes 11.18b.

Es war S. H. Unger [176], der erstmals auf diese wesentlichen Hazards aufmerksam machte. Sie können nicht wie statische Hazards durch zusätz-

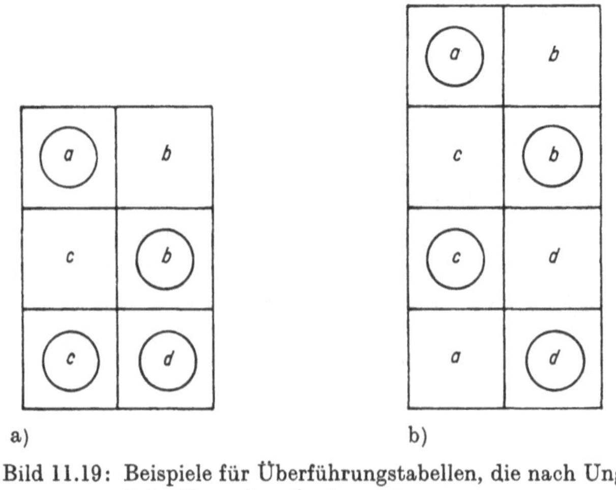

Bild 11.19: Beispiele für Überführungstabellen, die nach Unger [177] wesentliche Hazards aufweisen können

liche Netzwerke behoben werden, sondern nur durch einen Abgleich der Signalpfade, d. h. durch den Einbau von Verzögerungen in die Rückführungen der inneren Speicher. Unger hat auch gezeigt, daß nicht alle Schaltungen wesentliche Hazards aufweisen und daß es möglich ist, aus der Überführungstabelle solche Schaltungen zu erkennen, bei denen wesentliche Hazards vorkommen können. Nehmen wir an, daß durch eine (einmalige) Änderung nur einer Eingangsvariablen von einer stabilen Speicherbelegung $j_0(s_p)$ auf eine neue ebenfalls stabile Speicherbelegung $j_1(s_p)$ übergegangen wird. Ändert man nun dieselbe Eingangsvariable noch weitere zweimal, ohne daß zur Speicherbelegung $j_1(s_p)$ zurückgekehrt wird, so kann ein wesentliches Hazard entstehen. Bild 11.19 zeigt zwei typische Fälle von Überführungstabellen die solche wesentliche Hazards aufweisen können.

11.3. Synthese von Schaltungen

Das Ziel der Synthese ist es nun, für eine bestimmte, zunächst meist verbal gegebene Aufgabenstellung die ***F***- und ***G***-Tabellen bzw. die ***F***- und ***H***-Tabellen so aufzustellen, daß die besprochenen Fehlschaltungen vermieden werden. Aus diesen Tabellen kann dann, wie im Abschn. 11.2.1.1 gezeigt, die gesuchte Schaltung berechnet werden. Ein Weg zu dieser Synthese wurde von Huffman aufgezeigt und von zahlreichen anderen Autoren bearbeitet. Die einzelnen Schritte dieses Weges wollen wir im folgenden nachvollziehen. Dabei wird sich zeigen, daß durchaus noch nicht alle dabei auftretenden Probleme gelöst sind.

11.3.1. Die einfache Flußtabelle

Wir haben gesehen, daß eine sequentielle Schaltung im wesentlichen durch ihre stabilen Schaltungszustände (s. Abschn. 11.2.2.1) charakterisiert wird. Einer vorgegebenen Eingangsbelegung $j(x_i)$ entsprechen jeweils stationäre Ausgangsbelegungen $j(y_q)$. Die jeweiligen definierten Speicherbelegungen $j(s_p)$, die neben den Eingangsbelegungen diese stabilen Schaltungszustände festlegen, kennen wir vorläufig noch nicht. Ohne diese Kenntnis wollen wir aber stabile Schaltungszustände, die vorerst noch gar nicht näher definiert werden, dazu benutzen, die Ausgangsbelegungen $j(y_q)$ den betreffenden Eingangsbelegungen zuzuordnen. Dies geschieht mittels einer sogenannten „einfachen Flußtabelle" (Bild 11.20). Den ersten 2^n Spalten dieser Tabelle werden die Eingangsbelegungen $j(x_i)$ zugeordnet, wobei deren Reihenfolge gar nicht wesentlich ist. In die Felder der letzten Spalte werden die Ausgangsbelegungen $j(y_q)$ eingetragen. Die in Bild 11.20 stark gezeichneten Pfeile zeigen für ein bestimmtes Beispiel, wie die Tabelle in erster Linie zu verstehen ist. Ist eine Eingangsbelegung $j(x_i) = 1$ gegeben, so wird ihr etwa durch das willkürlich mit ③ bezeichnete Feld die Ausgangsbelegung $j_3(y_q)$ zugeordnet. Die Kreise in der Tabelle sollen stabile Schaltungszustände darstellen. Wie schon gesagt, sind die Speicherbelegungen, die zusätzlich zu

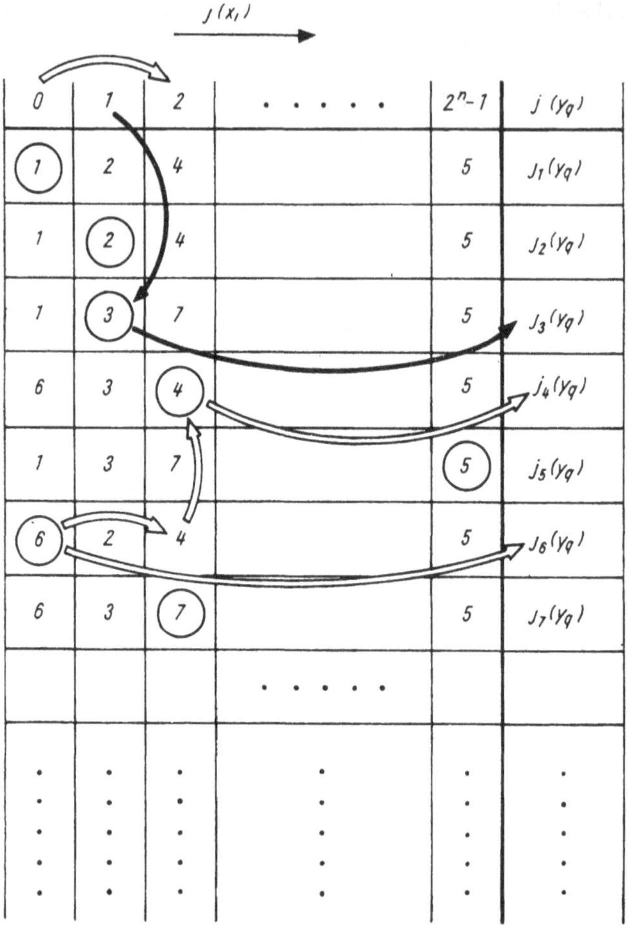

Bild 11.20: Aufbau einer einfachen Flußtabelle

den Eingangsbelegungen diese stabilen Schaltungszustände erst festlegen, noch nicht bekannt und müssen erst im Laufe des Syntheseverfahrens bestimmt werden. Die stabilen Schaltungszustände werden daher völlig willkürlich durchnumeriert (in Bild 11.20 von oben nach unten). Da einem bestimmten stabilen Schaltungszustand immer nur eine einzige Ausgangsbelegung zugeordnet sein kann, kann in jeder Zeile nur ein stabiler Schaltungszustand zugelassen werden, weil jeder Zeile auch nur eine einzige Ausgangsbelegung zugeordnet wird.

Durch die nicht eingekreisten (instabilen) Eintragungen in den einzelnen Feldern der einfachen Flußtabelle ist es nun möglich, jeder Folge von Eingangsbelegungen eine durch sie hervorgerufene Folge von Ausgangsbelegungen zuzuordnen. Dies wird z. B. für den Übergang von $j(x_i) = 0$ auf $j(x_i) = 2$ durch die doppelt gezeichneten Pfeile veranschaulicht und bedarf nach den

Ausführungen der Abschnitte 11.2.2.1 und 11.2.3 wohl keiner weiteren Erklärung mehr.

Das Aufstellen einer einfachen Flußtabelle und weiterhin die Synthese nach HUFFMAN soll jetzt anhand des früher mit dem Transduktions-Verfahren berechneten Beispiel 10-3 (Abschn. 10.1.6) demonstriert werden. Der Leser hat die Möglichkeit, u. a. an diesem Beispiel die beiden Methoden zu vergleichen. Die Aufgabenstellung lautete: „Es können sich nicht beide Eingänge gleichzeitig ändern. Jedesmal, wenn x_2 sich ändert, und nur dann, soll der Ausgang den Wert von x_1 annehmen und diesen Wert solange festhalten, bis sich x_2 abermals ändert“. Bei zwei Eingängen besitzt die zu entwickelnde einfache Flußtabelle vier Spalten für die vier Eingangsbelegungen und eine fünfte Spalte für die Belegungen des Ausgangs y (Bild 11.21). Die Aufgabe ist nun doch so gestellt, daß für jede Eingangsbelegung der Ausgang y sowohl den Wert Null als auch den Wert Eins annehmen kann. Dem wird (vorerst versuchsweise) dadurch Rechnung getragen, daß jeder Spalte zwei stabile Schaltungszustände (① bis ⑧) zugesprochen werden, die ihrerseits jeweils abwechselnd Ausgangswerte $y = 0$ und $y = 1$ hervorrufen. (Diese Vorgangsweise führt allerdings nur bei zweidimensionalen Schaltungen mit Sicherheit zum Ziel.) Die übrigen Eintragungen z. B. der ersten Zeile entstehen nun folgendermaßen. Wir gehen davon aus, daß sich die Schaltung in dem stabilen Schaltungszustand ① befindet. Ändern wir nun x_2 von Null auf Eins, gehen also in die zweite Spalte über, dann muß laut Aufgabenstellung „der Ausgang den Wert von x_1 annehmen“, also Null werden. Das bedeutet, daß bei dem Übergang von ① in der ersten Spalte in die zweite Spalte der stabile Schaltungszustand ③, der eben den Ausgang Null werden läßt, eingenommen werden muß. Nach Abschn. 11.2.2.1 muß also dem Feld der ersten Zeile der zweiten Spalte eine nicht eingekreiste 3 eingeschrieben werden. Dem Feld der ersten Zeile der dritten Spalte ($x_1 = x_2 = 1$) wird der Buchstabe r eingeschrieben, weil der Übergang von der Eingangsbelegung 00 des stabilen Schaltungszustandes ① auf die Eingangsbelegung 11 wegen des doppelten Signalwechsels laut Aufgabenstellung nicht zulässig ist; r deutet also wie schon früher (s. u. a. S. 177) ein freibelegbares Feld an. Beim Übergang von ① auf die vierte Spalte muß dem Feld der ersten Ziele dieser Spalte eine 7 eingeschrieben werden. Da sich nämlich bei diesem Übergang nur x_1 ändert, muß der von ① erzeugte Ausgang $y = 0$ „festgehalten“ werden, was nur durch einen Übergang in den stabilen Schaltungszustand ⑦ möglich ist. Geht man die übrigen sieben Zeilen ebenso durch wie die erste Ziele, so erhält man die vollständig ausgefüllte einfache Flußtabelle des Bildes 11.21. Diese Tabelle beschreibt die gestellte Aufgabe zwar bereits vollständig, sie gestattet aber in ihrer augenblicklichen Form noch nicht die Berechnung der gesuchten Schaltung, weil den stabilen Schaltungszuständen noch keine Speicherbelegungen zugeordnet sind.

Als nächster Schritt wird nun die einfache Flußtabelle, wie in Bild 11.22 gezeigt, in eine sog. vorläufige Überführungstabelle und in eine vorläufige Ausgabetabelle aufgespaltet. In dem für die Ausgabetabelle verwendeten

Raster werden nun die der einfachen Flußtabelle entnommenen Ausgangsbelegungen der stabilen Schaltungszustände durch gestrichelte Kreise gekennzeichnet. Um nun die Speicherbelegungen $j(s_p')$ ermitteln zu können, müssen wir uns im weiteren mit der vorläufigen Überführungstabelle des Bildes 11.22a noch ausführlich befassen. Auf die Ausgabetabelle kommen wir später zurück.

11.3.2. Reduzieren der Anzahl der inneren Speicher

Bei Betrachten der einfachen Flußtabelle Bild 11.22a fällt es auf, daß bestimmte Zeilen einander sehr ähnlich sind, so etwa die erste und die dritte Zeile. Für diese Zeilen wird die Ähnlichkeit besonders dann deutlich, wenn den beliebig ausfüllbaren Feldern in der ersten Zeile eine 5 und in der dritten Zeile eine 7 eingeschrieben werden. Diese beiden Zeilen haben nun spaltenweise gleiche Zahlen eingetragen. Alle instabilen Schaltungszustände einer bestimmten Spalte führen, wie wir wissen, in den gleich-numerierten stabilen Schaltungszustand der betrachteten Spalte autonom über. Die beiden jetzt mit den gleichen Zahlen ausgefüllten Zeilen sind also gleichwertig mit einer einzigen neuen Zeile, die spaltenweise dieselben Zahlen enthält und überall dort stabile Zustände aufweist, wo eine der beiden ursprünglichen Zeilen einen solchen enthält. So könnten die erste und dritte Zeile zu einer einzigen

$x_1 x_2$

00	01	11	10	$j(y_q)$
(1)	3	r	7	0
(2)	3	r	8	1
1	(3)	5	r	0
1	(4)	6	r	1
r	3	(5)	8	0
r	4	(6)	8	1
1	r	6	(7)	0
2	r	6	(8)	1

Bild 11.21: Einfache Flußtabelle zum Beispiel 10-3

$J(s'_p)$ \ $J(x_i)$	00	01	11	10
	①	3	r	7
	②	3	r	8
	1	③	5	r
	1	④	6	r
	r	3	⑤	8
	r	4	⑥	8
	1	r	6	⑦
	2	r	6	⑧

a)

$J(s'_p)$ \ $J(x_i)$	00	01	11	10
	(0)			
	(1)			
		(0)		
		(1)		
			(0)	
			(1)	
				(0)
				(1)

b)

Bild 11.22: Umformen der einfachen Flußtabelle Bild 11.21 in die vorläufige Überführungstabelle a) und vorläufige Ausgabetabelle b)

neuen Zeile „①③ 5 7“ zusammengefaßt werden. Dieses Zusammenfassen zweier Zeilen wird „verschmelzen“ genannt. Offensichtlich können auch drei Zeilen dann miteinander verschmolzen werden, wenn die Verschmelzung von zwei dieser Zeilen dann noch mit der dritten Zeile verschmolzen werden kann. Dies gilt ebenso für vier und mehr Zeilen.

Um bei diesem Zusammenfassen die Übersicht zu behalten, kann ein sog. Verschmelzungsdiagramm verwendet werden. Bild 11.23a zeigt das Verschmelzungsdiagramm zu der vorläufigen Überführungstabelle Bild 11.22a. Dieses Diagramm gibt alle insgesamt möglichen Verschmelzungen an. Die einzelnen Zeilen der vorläufigen Überführungstabelle werden im Verschmelzungsdiagramm etwa durch gleich bezeichnete Punkte gekennzeichnet und das Verbinden zweier Punkte drückt die Verschmelzbarkeit der betreffenden Zeilen aus. Um alle Verschmelzungsmöglichkeiten systematisch zu erfassen, wird von oben beginnend jede Zeile auf ihre Verschmelzbarkeit mit den darunter befindlichen Zeilen untersucht. Dabei können dann aus den Verschmelzungsmöglichkeiten eines Verschmelzungsdiagramms (nach Art des Bildes 11.23a) oft mehrere Verschmelzungsarten herausgelesen werden. In unserem Beispiel sind die Verschmelzungen der Bilder 11.23b und 11.23c die einzigen Möglichkeiten, die acht Zeilen der vorläufigen Überführungstabelle Bild 11.22a in vier Zeilen zusammen zufassen. Es gibt in diesem

Beispiel keine Verschmelzung, die weniger als vier Zeilen liefert. Das Ergebnis des Verschmelzens von Zeilen der vorläufigen Überführungstabelle ist die sog. „verschmolzene vorläufige Überführungstabelle" wie sie für die beiden Möglichkeiten des Bildes 11.23 in Bild 11.24 angegeben ist.

Den Zeilen der verschmolzenen (vorläufigen) Überführungstabelle werden die Belegungen $j(s_p')$ der inneren Speicher zugeordnet. Aus l inneren Speichern s_p können 2^l Speicherbelegungen gebildet werden. Das Zuordnen dieser Speicherbelegungen zu den einzelnen Zeilen nennt man das „Kodieren" der Zeilen. Damit werden sich die folgenden Seiten ausführlich befassen. Um die 8 Zeilen der vorläufigen Überführungstabelle Bild 11.22a kodieren zu können, benötigt man drei innere Speicher. Für das Kodieren der vier Zeilen der Tabellen Bild 11.24 findet man das Auslangen mit nur zwei inneren Speichern. Das Reduzieren der Zeilenanzahl einer vorläufigen Überführungstabelle durch Verschmelzen ermöglicht also u. U. eine Verringerung der Anzahl der

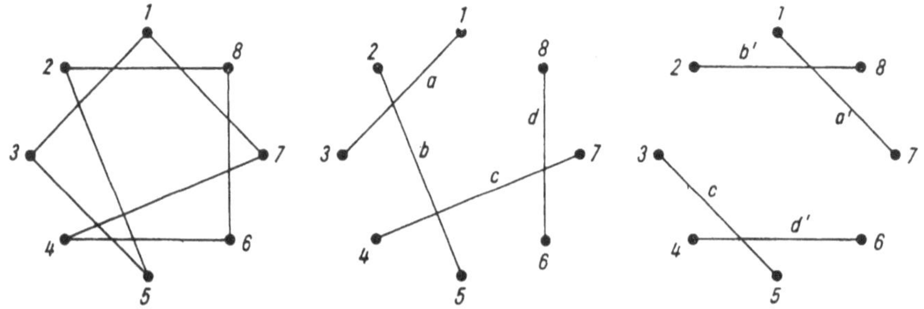

a) b) c)

Bild 11.23 Verschmelzungsdiagramm und mögliche Verschmelzungen:
a) Verschmelzungsdiagramm
b) Verschmelzung A
c) Verschmelzung B

a)

$x_1 x_2$	00	01	11	10
a	(1)	(3)	5	7
b	(2)	3	(5)	8
c	1	(4)	6	(7)
d	2	4	(6)	(8)

b)

$x_1 x_2$	00	01	11	10
a'	(1)	3	6	(7)
b'	(2)	3	6	(8)
c'	1	(3)	(5)	8
d'	1	(4)	(6)	8

Bild 11.24: Verschmolzene vorläufige Überführungstabellen
a) verschmolzene Überführungstabelle zu Bild 11.23b
b) verschmolzene Überführungstabelle zu Bild 11.23c

inneren Speicher. Hätte man z. B. von 8 nur auf 5 bis 7 Zeilen reduzieren können, dann hätte sich daraus keine Verringerung der Anzahl der inneren Speicher ergeben.

11.3.3. Kodieren der verschmolzenen vorläufigen Überführungstabellen

Wir werden das Kodieren anhand der Tabelle Bild 11.24a besprechen. Im Prinzip ist es naturlich möglich, die Zeilen *a* bis *d* dieses Bildes beliebig zu kodieren. Bild 11.25a zeigt eine solche willkürlich gewählte Kodierung. Entsprechend der Schließbedingung $\mathbf{s}' = \mathbf{s}$ muß nun jedem stabilen Schaltungszustand die Kodierung s_1', s_2' der jeweiligen Zeile eingetragen werden, was zu Bild 11.25b führt. Diese Tabelle wird am besten spaltenweise ausgefüllt. In der Spalte 00 wird also die stabile (1) in der Zeile 01 durch (01) ersetzt, wobei die nicht stabile 1 in der dritten Zeile ebenfalls durch 01 ersetzt wird. Die stabile (2) in der Zeile 11 wird durch (11) ersetzt und ebenso die instabile 2 in der vierten Zeile. Für die anderen Spalten wird ebenso verfahren, um schließlich die Tabelle 11.25b zu erhalten. Untersucht man nun diese Tabelle mittels der Teilgraphen Bild 11.25c auf Wettläufe, so muß

$s_1' s_2'$ \ $x_1 x_2$	00	01	11	10
01	(1)	(3)	5	7
11	(2)	3	(5)	8
10	1	(4)	6	(7)
00	2	4	(6)	(8)

a)

$s_1' s_2'$ \ $x_1 x_2$	00	01	11	10
01	(01)	(01)	11	10
11	(11)	01	(11)	00
10	01	(10)	00	(10)
00	11	10	(00)	(00)

b)

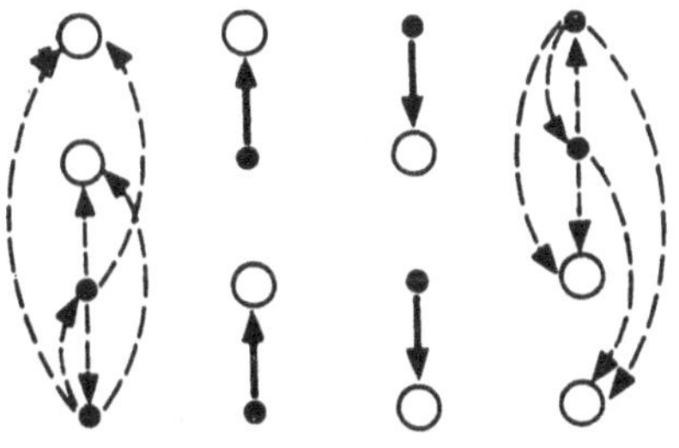

c)

Bild 11.25: Beliebige Kodierung der inneren Speicher der Überführungstabelle Bild 11.24a
a) Wahl einer Kodierung
b) Anwendung der Schließbedingung
c) Überprüfen der gewählten Kodierung

festgestellt werden, daß in den Spalten 00 und 10 bei sämtlichen Übergängen kritische Wettläufe auftreten. Eine willkürliche Kodierung kann also zu krassen Fehlschaltungen führen.

Fehlschaltungen können bei einer zweckmäßigen Wahl der Kodierung des Ersatzvektors $\boldsymbol{s}'$ stets vermieden werden. Dies wird im Idealfall durch Erfüllen der Forderung erreicht, daß bei jedem autonomen Übergang sich die Belegung nur eines einzigen inneren Speichers ändern darf. Dadurch käme es weder zu kritischen noch zu unkritischen Wettläufen. Letztere werden aber häufig zugelassen (s. Abschn. 11.2.2.3). In Überführungstabellen mit vier oder mehr Zeilen treten unkritische Wettläufe in jenen Spalten auf, die nur einen stabilen Schaltungszustand besitzen (s. z. B. Bild 11.3).

Wie erfolgt nun eine Kodierung, die kritische Wettläufe vermeidet? Als Hilfsmittel verwendet man einen sog. Übergangsgraphen und kann daraus ersehen, ob eine wettlauffreie Kodierung möglich ist. Für die vorläufigen $\boldsymbol{F}$-Tabellen der Bilder 11.24a und b sind die jeweiligen Übergangsgraphen in den Bildern 11.26a und b gezeichnet. Ähnlich wie schon früher wird jeder Zeile ein entsprechend bezeichneter Punkt zugeordnet. Jeweils zwei Punkte werden dann miteinander verbunden, wenn es zwischen diesen beiden Zeilen in irgendwelchen Spalten der Überführungstabelle zu autonomen Übergängen kommt. Es handelt sich in diesem Fall um einen sog. „ungerichteten Graphen“. Jedem Punkt des Graphen wird nun eine Wettläufe vermeidende Belegung der Komponenten s_p' so zugeordnet, daß die Kodierungen zweier miteinander verbundenen Punkte sich nur in der Be-

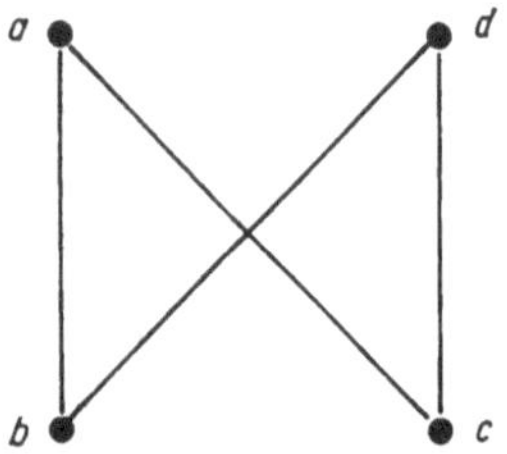

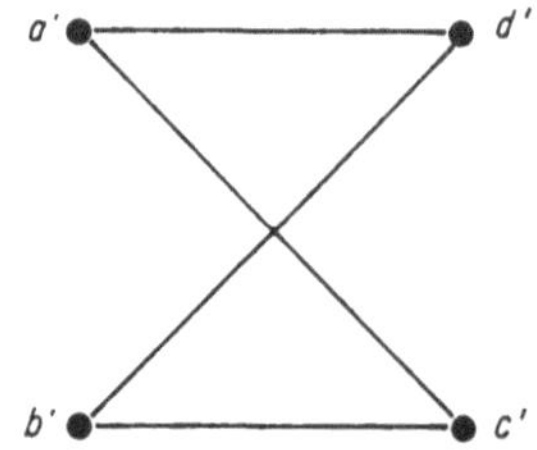

Bild 11.26: a) Übergangsgraph zu Bild 11.24a
b) Übergangsgraph zu Bild 11.24b

legung einer einzigen Variablen s_p' unterscheiden. Diese Kodierungsvorschrift legt allerdings die zu wählende Kodierung nicht eindeutig fest und in Bild 11.27 sind zur Veranschaulichung alle Kodierungsmöglichkeiten des Bildes 11.26a angegeben, die der obigen Vorschrift entsprechen. Jede gewählte Kodierung führt schließlich zu einer anderen Realisierung der Schaltung, was der Leser später leicht nachprüfen kann. Der Nachteil des Verfahrens ist es, daß es nun kein Kriterium zur Wahl jener Kodierung gibt, die mit Sicherheit zur „einfachsten“ Schaltung führt, was auch immer man unter dem Begriff der einfachsten Schaltung verstehen will.

a	00	00	01	01	11	11	10	10
b	01	10	00	11	10	01	11	00
c	10	01	11	00	01	10	00	11
d	11	11	10	01	00	00	01	01

$s_1' \, s_2'$

Bild 11.27: Die möglichen Kodierungen des Übergangsgraphen Bild 11.26a

$s_1's_2'$ \ x_1x_2	00	01	11	10
00	00	00	01	10
01	01	00	01	11
11	01	10	11	11
10	00	10	11	10

a)

$s_1's_2'$ \ x_1x_2	00	01	11	10
00	1	3		
01	2		5	
11			6	8
10		4		7

b)

$s_1's_2'$ \ x_1x_2	00	01	11	10
00	0	0		
01	1		0	
11			1	1
10		1		0

c)

Bild 11.28: a) Überführungstabelle sowie
b) und c) Ausgabetabellen zu Bild 11.21

Wir werden jetzt in Fortsetzung unseres Beispiels die vorläufige verschmolzene Überführungstabelle des Bildes 11.24a gemäß der ersten Spalte von Bild 11.27 kodieren und erhalten (unter Anwendung der Schließbedingung $\mathbf{s}' = \mathbf{s}$) die endgültige Überführungstabelle ($\boldsymbol{F}$-Tabelle) des Bildes 11.28a. Dieses Beispiel ist gerade deshalb so einfach, weil je zwei Punkte des Übergangsgraphen (a, d und b, c im Bild 11.26a), die jeweils mit zwei anderen verbunden sind, nicht auch untereinander verbunden sind. Dadurch kann wettlauffrei kodiert werden, ohne die Mindestzahl der zur Kodierung von vier Zeilen benötigten zwei Variablen s_1' und s_2' zu erhöhen.

Sind in einem Übergangsgraphen beliebige drei Punkte in Form eines Dreiecks miteinander verbunden (Bild 11.29b), was sehr häufig der Fall sein kann, dann kann immer noch wettlauffrei kodiert werden; allerdings muß dann die Anzahl der zu kodierenden Variablen s_p' erhöht werden. Wir betrachten dazu das in Bild 11.29 gegebene Beispiel einer vierzeiligen verschmolzenen vorläufigen Überführungstabelle mit dem daraus entwickelten Übergangsgraphen. Eine Möglichkeit der Kodierung eines solchen Übergangsgraphen wird durch das K-Diagramm des Bildes 11.30a gezeigt. Es fällt auf, daß die Punkte (Zeilen, Belegungen) a, b, c, d solchen Feldern des K-Diagramms zugeordnet sind, die sich jeweils durch die Belegungen zweier Variabler s_p' voneinander unterscheiden. Jeder autonome Übergang von einem der stabilen Schaltungszustände ⓐ, ⓑ, ⓒ, ⓓ auf einen anderen muß im K-Diagramm über eines der Felder e, f, g, h vorgenommen werden, um keine Wettläufe zu verursachen. Die Überführungstabelle Bild 11.29a wird also unter Zuhilfenahme des K-Diagramms Bild 11.30a wie folgt in die neue achtzeilige wettlauffreie Überführungstabelle Bild 11.30b umgezeichnet: In die ersten vier Zeilen dieser Überführungstabelle werden zunächst alle stabilen Schaltungszustände ⓐ bis ⓓ aus der ursprünglichen Tabelle übernommen. Nun werden aus der ursprünglichen Überführungstabelle (Bild 11.29a) die gewünschten Übergänge wie folgt in die neue Tabelle eingetragen:

$s_1 s_2$ \ $x_1 x_2$	00	01	11	10
a	ⓐ	b	c	ⓐ
b	ⓑ	ⓑ	d	a
c	b	ⓒ	ⓒ	d
d	a	c	ⓓ	ⓓ

a)

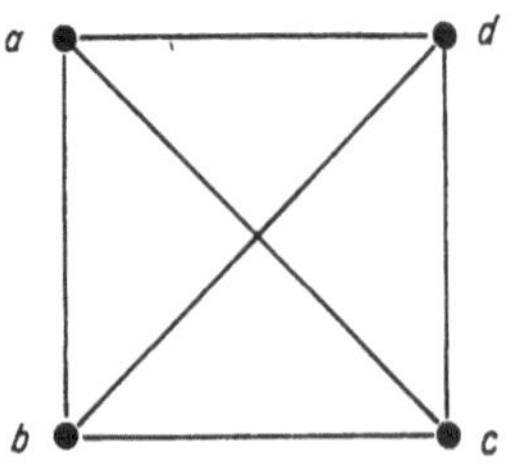

b)

Bild 11.29: a) Beispiel einer Überführungstabelle die durch zwei Variable nicht wettlauffrei kodiert werden kann
b) Übergangsgraph

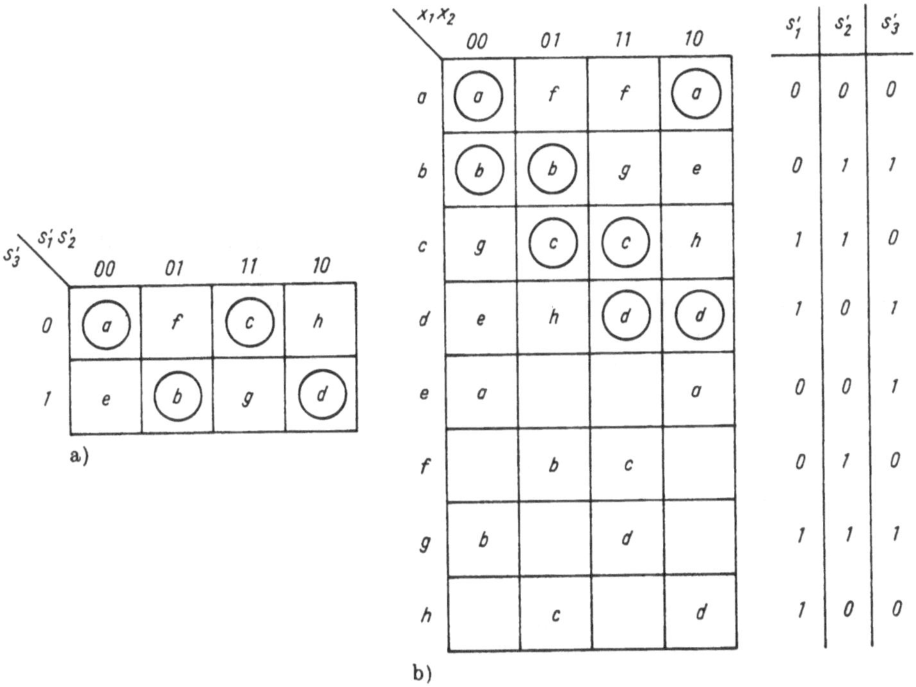

Bild 11.30: Wettlauffreie Kodierung der Überführungstabelle Bild 11.29a durch Erhöhen der Anzahl der Variablen s_p'
a) KARNAUGH-Diagramm zum Erkennen benachbarter Felder
b) Wettlauffrei kodierte Überführungstabelle

Das instabile *b* des Feldes *a*, 01 der ursprünglichen Tabelle bedeutet, daß das stabile ⓐ in das stabile ⓑ übergehen kann. Aus dem K-Diagramm ist ersichtlich, daß dieser Übergang ohne Wettläufe zu verursachen von ⓐ über *e* nach ⓑ oder von ⓐ über *f* nach ⓑ vorgenommen werden kann. Wir wählen willkürlich den letzteren Weg und tragen daher in der neuen Überführungstabelle im Feld *a*, 01 ein *f* ein. Dadurch wird wettlauffrei in das Feld *f*, 01 übergegangen, dem nun ein *b* eingetragen wird, was (wieder wettlauffrei) in das gewünschte stabile ⓑ des Feldes *b*, 01 überführt. Auf diese Weise wird schrittweise die neue Überführungstabelle des Bildes 11.30b erhalten. Die freigebliebenen Felder können schließlich beliebig belegt werden, was zur Vereinfachung der Schaltung benutzt wird.

Die im wesentlichen durch das K-Diagramm Bild 11.30a vorgeschriebene Kodierung hat den Vorteil, daß jeder autonome Übergang gleich viel Zeit beansprucht, weil stets nacheinander die Belegungen zweier innerer Speicher geändert werden. Diese Kodierung hat aber den Nachteil, daß die autonomen Übergänge nicht optimal schnell erfolgen. Um dies zu erreichen, müßte die Anzahl der inneren Speicher abermals vergrößert werden. In [171] werden mehrere Methoden dargestellt, um solche optimal schnelle Kodierungen systematisch entwickeln zu können, ohne die Anzahl der benötigten inneren Speicher unnötig anwachsen zu lassen. Solche optimal schnelle Kodierungen werden STT-Kodierungen („single transition time"-Kodierungen) genannt.

11.3.4. Aufstellen der Ausgabetabelle

Bei Behandlung unseres Beispiels hatten wir durch Aufspalten der einfachen Flußtabelle neben der jetzt ausführlich besprochenen vorläufigen Überführungstabelle auch die vorläufige Ausgabetabelle Bild 11.22b erhalten. Durch das Verschmelzen und Kodieren der vorläufigen Überführungstabelle wurde schließlich die Überführungstabelle des Bildes 11.28a erhalten. Eben dieses Verschmelzen und Kodieren führt, auf die vorläufige Ausgabetabelle übertragen, schließlich zur Ausgabetabelle des Bildes 11.28b bzw. 11.28c, wo die den stabilen Schaltungszuständen zugeordneten Ausgangswerte entsprechend der einfachen Flußtabelle eingetragen sind. Die freigebliebenen Felder der Tabelle Bild 11.28c können jetzt wohl beliebig mit Nullen oder Einsen ausgefüllt werden. Welche Auswirkung aber eine bestimmte Art dieses Ausfüllens hat, muß kurz besprochen werden.

Will man die Ausgabetabelle als ***H***-Tabelle aufbauen und damit die kombinatorische Schaltung ***H*** als Ausgangskombinatorik verwenden (s. Abschn. 11.1 und besonders Bild 11.2), dann muß die Ausgabetabelle (Bild 11.31b) gemäß der Überführungstabelle Bild 11.31a derart ausgefüllt werden, daß den Ziffern 1 bis 8 (eingekreist oder nicht) die zugehörigen Ausgangswerte der einfachen Flußtabelle Bild 11.21 zugeordnet werden. Eine solche Tabelle hat zwei unbestreitbare Vorteile. Bei autonomen Übergängen kann es einerseits niemals zu statischen Hazards des Ausgangs kommen und eine Änderung einer Eingangsbelegung läßt andererseits eine eventuelle Änderung des Ausgangs sofort zustandekommen. Der Nachteil ist, daß eine solche Schaltung, sofern sie nicht mit einer ***G***-Tabelle identisch ist, aufwendiger ist als letztere. Da die Ausgabetabelle des Bildes 11.28c sich aber nicht einfacher ausfüllen läßt als in Bild 11.31b gezeigt, sind in unserem Beispiel die ***H***-Schaltung und die einfachste ***G***-Schaltung identisch. Aus den K-Diagrammen der Bilder 11.28a und 11.31b lassen sich schließlich die folgenden Schaltfunktionen berechnen:

$$s_1 = x_1\bar{x}_2 \vee (x_1 \vee x_2)\, s_1' \,,$$

$$s_2 = x_1 x_2 \vee (x_1 \vee \bar{x}_2)\, s_2' \,,$$

$$y = s_1' x_2 \vee s_2' \bar{x}_2 \vee s_1' s_2' \,,$$

wobei (nach Abschn. 5.4) auf Hazardfreiheit gerechnet wurde. Unser Demonstrationsbeispiel ist damit zu Ende geführt.

Betrachten wir nun noch ein Beispiel, indem die einfachste ***G***-Tabelle einfacher ist als die ***H***-Tabelle. Die ***F***-Tabelle sei gegeben durch Bild 11.32a und der Ausgang sei festgelegt durch die (noch frei ausfüllbare) Tabelle des

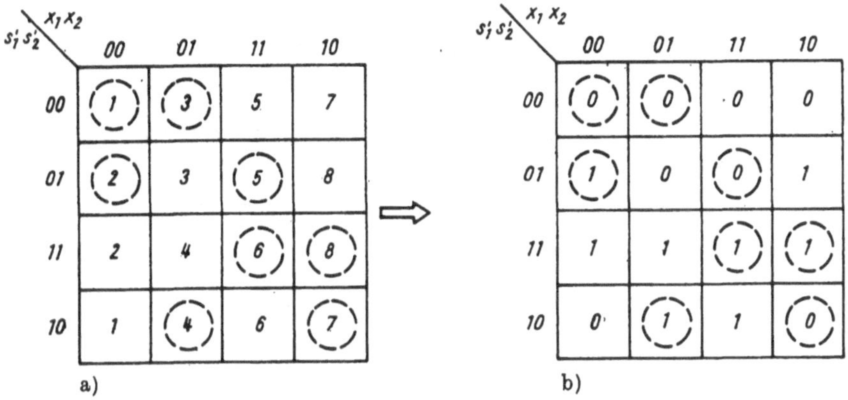

Bild 11.31: Aufstellen der *H*-Tabelle
a) Überführungstabelle vor Anwenden der Schließbedingung
b) *H*-Tabelle

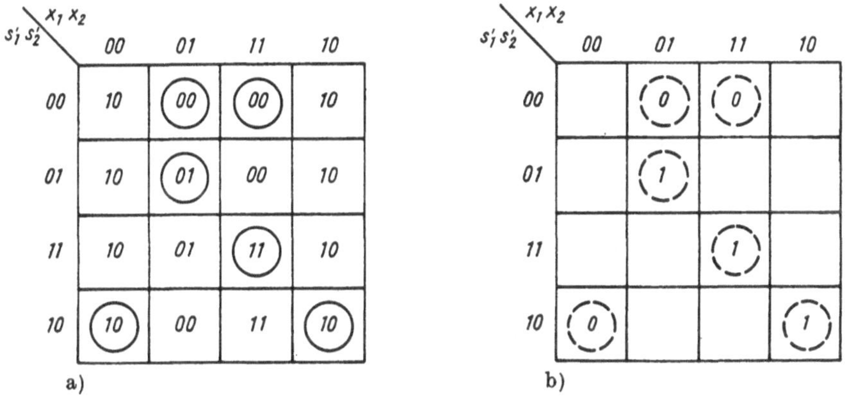

Bild 11.32: a) Beispiel einer *F*-Tabelle
b) Beispiel einer zugehörigen Ausgabetabelle

Bildes 11.32b. Entsprechend der ***F***-Tabelle ergibt sich aus der Ausgabetabelle Bild 11.32b eindeutig die ***H***-Tabelle des Bildes 11.33c, aus der sich die Ausgabefunktion

$$y = x_1\bar{x}_2 \vee s_1'x_1 \vee s_2'\bar{x}_1x_2$$

errechnet. Füllt man hingegen die Ausgabetabelle des Bildes 11.32b gemäß Bild 11.33a aus, so erhält man die einfachste mögliche Ausgabefunktion

$$y = s_2' \vee x_1\bar{x}_2 \,.$$

Diese einfachste Ausgabeschaltung reagiert aber auf bestimmte Änderungen der Eingangsbelegungen mit einem verzögerten Ansprechen des Ausgangssignals, sofern man vom mathematischen Modell abweichend die durch Schaltzeiten der Gatter bedingten Verzögerungen berücksichtigt. Bei der

$s_1' s_2'$ \ $x_1 x_2$	00	01	11	10
00	0	0	0	1
01	1	1	1	1
11	1	1	1	1
10	0	0	0	1

a)

$s_1' s_2'$ \ $x_1 x_2$	00	01	11	10
00	0	0	0	1
01	1	1	1	1
11	1	1	1	1
10	0	0	1	1

b)

$s_1' s_2'$ \ $x_1 x_2$	00	01	11	10
00	0	0	0	1
01	0	1	0	1
11	0	1	1	1
10	0	0	1	1

c)

Bild 11.33: G- und H-Tabellen zum Beispiel Bild 11.32
a) einfachste G-Tabelle
b) hazardfreie G-Tabelle
c) H-Tabelle

Änderung der Eingangsbelegung von 10 auf 11 tritt ein kurzzeitiges Eins-Hazard auf. Will man dieses Hazard vermeiden, so muß dem Feld $s_1' = 1$, $s_2' = 0$, $x_1 = x_2 = 1$ statt einer Null eine Eins eingeschrieben werden, wie in Bild 11.33b gezeigt. Dies führt zur einfachsten hazardfreien **G**-Funktion

$$y = s_2' \vee x_1\bar{x}_2 \vee s_1x_1 \, .$$

Die **G**-Schaltungen haben gegenüber den **H**-Schaltungen den Vorteil, einfacher zu sein. Unter Berücksichtigung von Schaltverzögerungen haben sie jedoch einerseits den Nachteil, nur langsamere Ausgangsänderungen zuzulassen (zumindest für bestimmte Änderungen der Eingangsbelegungen) und anderseits den Nachteil, hazardgefährdet zu sein. Bei der Synthese muß man sich in jedem Fall gesondert für eine bestimmte Konstruktion (**G**- oder **H**-Schaltung) entscheiden. Unter der idealisierenden Annahme der völligen Verzögerungsfreiheit verhalten sich aber sequentielle Schaltungen mit den verschiedensten **G**- oder **H**-Ausgangszuordnern völlig identisch.

11.3.5. Abschließende Bemerkungen

So verblüffend einfach der Grundgedanke des Syntheseverfahrens von HUFFMAN auch ist, so schwierig und umständlich ist jedoch seine Anwendung, wenn ganz bestimmte Schaltungseigenschaften erreicht oder verändert werden sollen. Das Minimieren einer Schaltung erstreckt sich bei diesem Verfahren gezielt nur auf die Verringerung der Anzahl der inneren Speicher. Jede Kodierung der inneren Speicher beeinflußt aber direkt auch die Ausgabefunktion. Oft führt eine bestimmte Kodierung, die zwar etwas umständlichere innere Speicherkonstruktionen liefert, wiederum zu so einfachen Ausgangszuordnern, daß insgesamt ein minimaler Aufwand von Gattern erreicht wird. Soll ein solches minimales Ergebnis erreicht werden, so bleibt letztlich nichts anderes übrig, als alle Kodierungsmöglichkeiten durchzuprobieren. Diese recht unbefriedigende Tatsache wird noch dadurch verstärkt, daß bei umfangreichen Aufgaben auch mehrere Verschmelzungsmöglichkeiten bestehen, wobei nicht immer vorausgesehen werden kann, welche Verschmelzung die besten Ergebnisse liefert.

In diesen beiden Punkten weist das im Abschnitt 10 vorgeschlagene Transduktions-Verfahren einen Vorteil auf. Es führt viel schneller zur gesuchten Schaltung. Vor allem die Tatsache, daß dort überhaupt nicht kodiert werden muß, stellt eine große Erleichterung in der praktischen Anwendung dar. Für drei- und mehrdimensionale Schaltungen kann allerdings dieser Vergleich derzeit noch nicht gemacht werden, weil das Transduktions-Verfahren erst für den zweidimensionalen Fall vorliegt und für den mehr als zweidimensionalen Fall noch nicht ausgereift ist. In den drei- und mehrdimensionalen Fällen, soweit also eine sequentielle Schaltung nicht als zweidimensional und mit einer Eingangskette belegt (s. Abschn. 10.1) dargestellt werden kann, muß dem HUFFMAN-Verfahren nach dem momentanen Stand der Entwicklung eindeutig noch der Vorzug gegeben werden, wenn auch in letzter Zeit verschiedene grundlegend andere Verfahren vorgeschlagen wurden. Die Entwicklung ist keineswegs abgeschlossen.

Literaturverzeichnis

[1] Aiserman, M. A., L. A. Gussew, L. I. Rosonoer, I. M. Smirnova, A. A. Tal: Logik-Automaten-Algorithmen. München: Oldenbourg, 1967.

[2] Akers, Jr., S. B.: A Truth Table Method for the Synthesis of Combinational Logic. IRE Trans. on Electr. Comp., **EC-10** (Dec. 1961)

[3] Armstrong, D. B., A. D. Friedman, P. R. Menon: Design of asynchronous circuits assuming unbounded gate delays. IEEE Trans. Comput. (USA), vol. **C-18**, no. 12, p. 1110–1120 (Dec. 1969).

[4] Armstrong, D. B., A. D. Friedman, P. R. Menon: Realization of asynchronous sequential circuits without inserted delay elements. IEEE Trans. Comput. (USA), vol. **7**, C–1 p., 129–134 (Feb. 1969).

[5] Asser, G.: Einführung in die mathematische Logik. Leipzig: B. G. Teubner, Verlagsges., 1972.

[6] Baer, D.: Einführung in die Schaltalgebra, 3. Aufl. Braunschweig: Vieweg, 1967 (Reihe Autom. techn. Bd. 25).

[7] Bain, D. C., P. J. Baker: Technical and Market Survey of Fluidics in the United Kingdom. Cranfield, Bedford: BHRA, 1969.

[8] Beister, J.: Beiträge zur Theorie der Hazards in Schaltnetzen. Dissertation, Univ. Karlsruhe, 1972.

[9] Berge, C.: The Theory of Graphs and its Applications. New York: John Wiley and Sons.

[10] Berghold, F.: Flipflop-Arbeitstabelle für beliebigen Betrieb. Automatik **15** (1970) S. 317–319.

[11] Bernstein, B.: A Set of Four Independent Postulates for Boolean Algebras. Trans. Amer. Math. Soc. **17** (1916) p. 50–52.

[12] Belsterling, Ch. A.: A systematic approach for designing fluidic systems. Control Eng. (USA) (1966) p. 63–68.

[13] BHRA: Proceedings Cranfiled Fluidic Konf. (erste bis sechste Konferenz). Cranfield, Bedford: BHRA.

[14] Bienert, H.: Einführung in den Entwurf und die Berechnung von Kippschaltungen. Heidelberg: Hüttig-Verlag, 1970.

[15] Birkhoff, G., T. C. Bartee: Modern Applied Algebra. New York: McGraw-Hill, 1970.

[16] Böhling, K. H.: Netzwerke-Schaltwerke-Automaten. Ein Überblick über die synchrone Theorie. 2. Colloquium über Schaltkreis- und Schaltwerktheorie. Basel, Stuttgart: Birkhäuser-Verlag, 1963.

[17] Böhling, K. H.: Zur Strukturtheorie sequentieller Automaten. Schriften d. Rhein. Westf. Inst. f. Instr. Math., Univ. Bonn, No. 4, 1963.

[18] Böhling, K. H., K. Indermark: Endliche Automaten I. Mannheim: Bibliographisches Institut, 1969.

[19] Boole, G.: The Mathematical Analysis of Logic. Cambridge, England 1847. Neu erschienen: B. Brackwell, Oxford 1948.

[20] Boole, G.: An Investigation of the Laws of Thought. London 1854. Neu erschienen: Dover Publications, New York 1954.

[21] Booth, T. M.: The Vertex-Frame Method for Obtaining Minimal Proposition-Letter Formulas. IRE Trans. on Electr. Comp., **EC-11** (Apr. 1962).

[22] BOOTH, T. M.: Sequential Machines and Automata Theory. New York, London: John Wiley and Sons, 1967.
[23] BROCK, T. E.: Fluidics Applications-Analysis of the Literature and Bibliography. Cranfield: BHRA, 1968.
[24] BOWLES, R. E. u. a.: Background Information on Pure Fluid Systems. Eigenverlag Bowles Engineering Corp. USA (348 Literaturhinweise).
[25] BÜHLER, H.: Einführung in die Schaltalgebra. Basel, Stuttgart: Birkhäuser-Verlag, 1967.
[26] CALDWELL, S. H.: Der logische Entwurf von Schaltkreisen. München, Wien: Oldenbourg, 1964.
[27] CHENG, R. M. H.: Application of Fluidic Shift-Register Modules for sequential Control of Pneumatic Sequential Circuits. Proc. 5. Cranfield Fluidics Conf. Paper F2, Cranfield: BHRA.
[28] CHU, H. T.: A Generalisation of a Theorem of Quine for Simplifying Truth Functions. IRE Trans. on Electr. Comp., **EC-10** (June 1961).
[29] DEIZER, B.: Towards a new theory of sequential switching networks. IEEE Trans. Comput. (USA), vol. **C-19**, no. 10, p. 939–956 (Oct. 1970).
[30] DEPPERT, W., K. STOLL: Pneumatische Steuerungen. Würzburg: Vogel-Verlag, 1972.
[31] DIETMEYER, D. L.: Logic Design of Digital Systems. Boston: Allyn and Bacon, 1971.
[32] DOKTER, F., J. STEINHAUER: Digitale Elektronik in der Meßtechnik und Datenverarbeitung, Bd. 1 und 2. Hamburg: Philips Fachbücher, 1970.
[33] DUMMER, G. W. A., J. M. ROBERTSON (Herausgeber): Fluidic Components and Equipment 1968–69. Oxford: Pergamon Press, 1968.
[34] EHRIG, H., M. PFENDER: Kategorien und Automaten. Berlin/New York: Walter de Gruyter, 1972.
[35] EICHELBERGER, E. B.: Sequential circuit synthesis using input delays. Proc. 4th. ann. symp. on switching theory and logic design, pp. 105–116, Sept. 1963.
[36] EICHELBERGER, E. B.: Hazard Detection in Combinational and Sequential Switching Circuits. IBM J. of Research and Development **9** (1965) no. 2, p. 90–99.
[37] ENDERTON, H. B.: A Mathematical introduction to Logic. London: Academic Press, Inc. (London) LTD., 1972.
[38] ETTINGER, M. A.: The synthesis of sequential circuits. Comp. Design (USA), vol. **7**, no. 12, p. 46–53 (Dec. 1968).
[39] FASOL, K. H., P. KOPACEK, P. VINGRON, H. WOHLFAHRT: Ein pneumatischer Generator zur Erzeugung von binären Pseudozufallssignalen. Messen-Steuern-Regeln **12** (1969) S. 192–194.
[40] FASOL, K. H., W. HÜBL, P. VINGRON: Kriterien für den algebraischen Vergleich von statischen pneumatischen Logikelementen. msr **14** (1971) S. 197–199.
[41] FASOL, K. H., W. HÜBL, P. VINGRON: Statische pneumatische Logiksysteme – Beschreibung und Vergleich, 2., neubearbeitete Aufl., 1972 Berlin Union GmbH. Stuttgart – W. Kohlhammer GmbH. Stuttgart: Berlin, Köln, Mainz.
[42] FÖLLINGER, O.: Die absolut einfachste Form Boolescher Funktionen im Karnaugh-Diagramm. El. Datenverarbeitung 1964, S. 4–10.
[43] FÖLLINGER, O., W. WEBER: Methoden der Schaltalgebra. München, Wien: Oldenbourg, 1967.
[44] FOSTER, K., G. A. PARKER: Fluidics. London: John Wiley and Sons, 1970.
[45] FRIEDMAN, A. D., P. R. MENON: Synthesis of asynchronous sequential circuits with multiple-input changes. IEEE Trans. Comput. (USA), vol. **C-17**, p. 559–566 (June 1968).
[46] FRIEDMAN, A. D., R. I. GRAHAM, J. D. ULLMAN: Universal single transition time asynchronous state assignments. IEEE Trans. Comput. (USA), vol. **C-18**, no. 6, p. 541–547 (June 1969).

[47] GAWRILOV, M. A.: Relaisschalttechnik. Deutsche Übersetzung von K. Keller. Berlin: VEB Verlag Technik, 1953.
[48] GINSBURG, S.: An Introduction to Mathematical Machine Theory. Addison-Wesley Publishing Company, Inc., London.
[49] GILL, A.: Introduction to the Theory of Finite-State Machines. New York: McGraw-Hill, 1962.
[50] GLÄTTLI, H. H.: Digital Fluid Logic Elements. In: Advances in Computers, Vol. 4. London-New York: Academic Press, 1963, p. 169–239.
[51] GLÄTTLI, H. H., A. E. MITCHEL, H. R. MÜLLER: Fluid logic and Circuits. Transactions of the Society of Instruments Technology **15** (1963) p. 122.
[52] GLÄTTLI, H. H.: Aufgabenteilung zwischen Elektronik/Halbleiertechnik und Fluidik sowie zwischen dynamischen und statischen Elementen. Felmersham, Bedford: IFS, Proc. 2. Industrielle Fluidik Tagung Bochum, 1972.
[53] GÖSSEL, M.: Angewandte Automatentheorie I und II. Berlin: Akademie-Verlag, 1972.
[54] GRATZ, J.: Systematische Untersuchung von Speicherfunktionen bei Schaltungen mit pneumatischen Logikelementen. Diplomarbeit, TH Wien, 1970.
[55] HÄNDLER, W.: Ein Minimisierungsverfahren zur Synthese von Schaltkreisen. Dissertation, TH Darmstadt, 1958.
[56] HÄNDLER, W.: Zur praktischen Durchführung von Reduktionsverfahren für Schaltwerke nach Paull, Unger und Ginsburg, 2. Colloquium über Schaltkreis- und Schaltwerktheorie. Basel, Stuttgart: Birkhäuser-Verlag, 1963.
[57] HAHN, R.: Elektronische Schaltkreissysteme. Berlin, München: Siemens AG., 1971.
[58] HALMOS, P. R.: Naive Mengenlehre. Göttingen: Vandenhoeck und Ruprecht, 1968.
[59] HARING, D.: Sequential-Circuit Synthesis. Cambridge Mass.: M.I.T. Press, 1966.
[60] HARRIS, B.: An algorithm for Determining Minimal Representations of a Logic Function. IRE Trans. on Electr. Comp., **EC-6** (June 1957).
[61] HEIM, K.: Schaltungsalgebra. München, Berlin: Siemens 1967.
[62] HELM, L., J. MARTON: Einführung in die Fluidik. München, Wien: Oldenbourg, 1971.
[63] HENNIE, F. C.: Finite-State Models of Logical Machines. New York: J. Wiley, 1968.
[64] HILBERT, D., W. ACKERMANN: Grundzüge der theoretischen Logik, 5. Aufl. Berlin: Springer, 1967.
[65] HLAVICKA, J.: Essential Hazard Correction Without the Use of Delay Elements IEEE Trans. Comput. (USA), vol. **C-19**, no. 3, p. 232–238 ((1970).
[66] HOERNES, G. E., M. F. HEILWEIL: Boolsche Algebra und Logikentwurf. München, Wien: Oldenbourg 1968.
[67] HOLBROOK, E. K.: Pneumatic Logic. Teil I–V: Control Engineering. Teil I. Nr. 7 (1961), S. 104–108. Teil II: Nr. 8 (1961), S. 92–96. Teil III: Nr. 11 (1961), S. 110–113. Teil IV: Nr. 2 (1962), S. 89–92. Teil V: Nr. 12 (1962), S. 85–87.
[68] HOTZ, G.: Zur Reduktionstheorie der Booleschen Algebra. Colloquium über Schaltkreis- und Schaltwerk-Theorie, Bonn, 1960, S. 16–33.
[69] HÜBL, W.: Aufstellung von algebraischen Vergeichskriterien für pneumatische Logikelemente mit bewegten Teilen. Diplomarbeit, TH Wien, 1969.
[70] HÜBL, W.: Reduzierte Karnaugh-Diagramme zur Bestimmung der Logikkapazität von Schaltelementen. Steuerungstechnik 8 (1970) S. 302–304.
[71] HÜGLER, K.: Pneumatische Programmgeber, Vorteile und Einsatzgebiete. Automatik **15** (1970) S. 14–17.
[72] HUNTINGTON, E. V.: Postulates for the Algebra of Logic. Trans. Amer. Math Soc. **5** (1904) p. 288–309.
[73] HUNTINGTON, E. V.: New Sets of Independent Postulates for the Algebra of Logic. Trans. Amer. Math. Soc. **35** (1933) p. 274–304.

[74] HUFFMAN, D. A.: The Synthesis of Sequential Switching Circuits. J. Franklin Institute, vol. **257** (1954) March and April, p. 161–190, 275–303.
[75] HUFFMAN, D. A.: A Study of the Memory Requirements of Sequential Switching Circuits. – Technical Report No. 293, Research Laboratory of Electronics, Massachusetts Institute of Technology, April 1955.
[76] HUFFMAN, D. A.: Notes for a Seminar on Switching Circuits. Lincoln Laboratory. Massachusetts Institute of Technology, 1955.
[77] HUFFMAN, D. A.: A Linear Circuit Viewpoint on Error-Correction Code. IRE Trans. on Information Theory, vol. **K-2**, no. 3 (Sept. 1956) p. 20–28.
[78] HUFFMAN, D. A.: The Design and Use of Hazard-Free Switching Networks. Journal of the Association of Computing Machinery, vol. **4** (Jan. 1957) p. 47–62.
[79] HULINA, P. T., J. G. BREDESON: On Tracey's internal state assignment method. IEEE Trans. Comput. (USA) vol. **C-19**, p. 458 (May 1970).
[80] HUMPHREY, E. F. u. a. (Herausgeber): Fluidics. Boston: Fluid Amplifier Associates, 1965.
[91] IFAC: Proceedings IFAC Symposia on Fluidics.
[82] IFS: Proc. 1. Industrielle Fluidik Tagung 1971, München, 2. Ind. Fluidik Tagung 1972, Bochum. Felmersham, Bedford, England. IFS Ltd.
[83] Institut für Nachrichtentechnik (TH Aachen): Strömungsmechanische Logikelemente und Schaltungen. Düsseldorf: VDI-Verlag, 1968.
[84] JEFFREY, R. C., I. S. REED: The Use of Boolean Algebra in Logical Design. MIT Report E-458-1, April 1952.
[85] KARNAUGH, M.: The Map Method for Synthesis of Combinational Logic Circuits. Trans. AIEE **72** (1953) p. 593–598.
[86] KATHE, H. u. a.: Lehrbuch der Automatisierungstechnik, 6. Aufl. Berlin: VEB Verlag Technik, 1972.
[87] KEISTER, W., A. E. RITCHIE, S. H. WASHBURN: The Design of Switching Circuits. Princeton, N.J.: Van Nostrand, 1. Aufl. 1951, 6. Aufl. 1957.
[88] KINNEY, L. L.: A characterization of some asynchronous sequential networks and state assignments. IEEE Trans. Comput. (USA), vol. **C-20**, no. **4**, p. 426–436 (April 1971).
[89] KLAUA, D.: Allgemeine Mengenlehre. Berlin: Akademie-Verlag, 1969.
[90] KLEENE, S. C.: Representations of Events in Nerve Nets and Finite Automata Studies. Ann. of Math., vol. **34** (1956).
[91] KÖNIG, D.: Theorie der endlichen und unendlichen Graphen. Leipzig, 1936.
[92] KORTHALTS, J. PH., G. W. SCHANZ: Logische Schaltungen mit Transistoren. Hamburg: Philips GmbH., 1970.
[93] KUDIELKA, V., K. WALK, K. BANDAT, P. LUCAS, H. ZEMANEK: Programs for Logical Data Processing. Final Report for European Research Office, DA 91-591-EUC 1062, Febr. 1960.
[94] KUDIELKA, V.: Ein Verfahren zur Ermittlung aller nicht redundanten zweistufigen Darstellungen einer logischen Funktion. Elektronische Rechenanlagen, Heft 1 (1963).
[95] KUDIELKA, V.: Programmierung von Minimisierungsverfahren für zweistufige Logik, 2. Colloquium über Schaltwerktheorie. Basel, Stuttgart: Birkhäuser-Verlag, 1963.
[96] KÜHN, E., H. SCHMIED: Integrierte Schaltkreise. Berlin: VEB Verlag Technik, 1972.
[97] LEE, C. Y.: Automata and Finite Automata. Bell System Technical Journal, **39** (1960).
[98] LEHLE, E., R. LEHLE, H. WIESNER: Aufbau und Wirkungsweise logischer Steuerungen mit pneumatischen Elementen. ölhydraulik und pneumatik **13** (1969) S. 367–372, 413–417, 456–460.
[99] LERNER, S. B.: Hazard Correction in Asynchronous Sequential Circuits. IRE Trans. on Electr. Compt., **EC-14** (1965) no. 2, p. 265–267.

[100] LEWIN, D. W.: A New Approach to the Design of Asynchronous Logic. The Radio and Electronic Engineer (1968) Dec., p. 324–334.
[101] LEWIN, D. W.: Logical Design of Switching Circuits. London: Nelson and Sons, 1970.
[102] LIU, C. N.: A state variable assignment method for asynchronous sequential switching circuits. J. ACM, vol. **10**, p. 209–216 (April 1963).
[103] MAGO, G.: Realization methods for asynchronous sequential circuits. IEEE Trans. Comput. (USA), vol. **C-20**, no. 3, p. 209–297 (March 1971).
[104] MAKI, G. K., J. H. TRACEY, R. J. SMITH: Generation of design equations in asynchronous sequential circuits. IEEE Trans. Comput. (USA), vol. **C-18**, p. 467–472 (May 1969).
[105] MAKI, G. J., J. H. TRACY: State assignment selection in asynchronous sequential circuits. IEEE Trans. Comput. (USA), vol. **C-19**, no. 7, p. 641–644 (July 1970).
[106] MAKI, G. K., J. H. TRACEY: A state assignment procedure for asynchronous sequential circuits. IEEE Trans. Comput. (USA) vol. **C-20**, no. 6, p. 666–668 (June 1971).
[107] MEALY, G. H.: Method for Synthesizing Sequential Circuits. Bell. System Technical Journal, **34** (1955), no. 5, Sept., p. 1045–1079.
[108] METZ, J., G. MERBETH: Schaltalgebra. Grundlagen digitaler Schaltungen. Frankfurt, Zürich: Deutsch-Verlag, 1970.
[109] MCCLUSKEY, E. J.: Minimization of Boolean functions, Bell. System Technical Journal **35** (1956) p. 1417–1445.
[110] MCCLUSKEY, E. J., S. H. UNGER: A Note on the Number of Internal Variable Assignments for Sequential Switching Circuits, IRE Trans. on Electr. Comp., **EC-8** (Dec. 1959).
[111] MCCLUSKEY, E. J.: Comparison of Sequential and Iterative Circuits, Trans. AIEE, Communications and Electronics **46** (Jan. 1960).
[112] MCCLUSKEY, E. J.: Transient Behaviour of Combinational Logic Networks. Symposium on Redundancy Techniqes Computing Systems, Washington, D.C., Febr. 1962.
[113] MCCLUSKEY, E. J.: Fundamental Mode and Pulse Mode Sequential Circuits. In: Information Processing 1962. Proc. IFIP Congress. Amsterdam: North Holland, 1963, p. 725–730.
[114] MCCLUSKEY, E. J.: Introduction to the Theory of Switching Circuits. New York: McGraw-Hill, 1965.
[115] MILLER, R. E.: Switching Theory. New York: John Wiley and Sons, 1965.
[116] MOORE, E. F.: Gedanken-Experiments on Sequential Machines. Automata Studies. Princeton: Princeton University Press, 1956.
[117] MOTT, T. H.: Determination of the Irredundant Normal Forms of a Truth Function by Iterated Consensus of the Prime Implicants. Proc. Int. Conf. on Information Processing, Unesco. Paris, 1959 (reprinted in IRE Trans. on Electr. Compt. **EC-9** (1960)).
[118] MÜLLER, D. E.: Application of Boolean Algebra to Switching Circuit Design and to Error Detection. IRE Trans. on Electr. Comp. (Sept. 1954).
[119] MÜLLER, D. E.: Asynchronous Switching Theory, Session on Advanced Theory of Logical Design of Digital Computers. Ann Arbor: University of Michigan, June 1958.
[120] MÜLLER, D. E., W. S. BARTKY: A Theory of Asynchronous Circuits, Proc. of an Intern. Symp. on the Theory of Switching, Harvard, 1957 (The Annals of the Comp. Lab. of Harvard Univ. XXIX, 1959).
[121] MUELLER, R. K., R. H. URBANO: A Topological Method for the Determination of the Minimal Forms of a Boolean Function. IRE Trans. on Electr. Compt., **EC-5** (Sept. 1956).
[122] MULTRUS, V.: Pneumatische Logikelemente und Steuerungssysteme. Mainz: Krausskopf, 1970 (207 Literaturhinweise).

[123] Multrus, V.: SAMSOMATIC-System 950. messen + prüfen **7** (1971) H. 9, 10, 11.

[124] von Neumann, J.: The General and Logical Theory of Automata from Celebral Mechanisms in Behaviour. New York: John Wiley and Sons, 1951.

[125] von Neumann, J.: Probabilistic Logic and the Synthesis of Reliable Organism from Unreliable Components. Automata Studies, Ann. of Math., vol. **34** (1956).

[126] Nowak, C.: Wirkungsweise und Schaltungen pneumatischer Logikelemente, Fluidics. Steuerungstechnik **2** (1969) S. 9–12.

[127] Pawlowitz, K. R.: Pneumatische logische Schaltungen. Berkheim, Esslingen: Eigenverlag FESTO-Pneumatic, 1965.

[128] Petrick, S. R.: A Direct Determination of the Irredundant Forms of a Boolean Function from the Set of Prime, Air Force Cambridge Research Center Bedord Mass., Technical Rept. AFCRC-56-110, April 1956.

[129] Phister, M. Jr.: Logic Design of digital Computers. New York: John Wiley and Sons, 1968.

[130] Pilz, S.: Über Berechnungsmethoden von Schaltsystemen. msr **4** (1961) S. 181 bis 191, 251–256, 481–491.

[131] Pilz, S.: Theorie der Schaltsysteme. In: E. Phillippow, Taschenbuch Elektrotechnik, Bd. 3. Berlin: VEB Verlag Technik, 1969.

[132] Pyne, I. B., E. J. McCluskey, Jr.: The Reduction of Redundancy in Solving Prime Implicant Tables, IRE Trans. on Electr. Comp., **EC-11** (Aug. 1962).

[133] Quine, W. V.: The Problem of Simplifying Truth Functions. American Mathematical Monthly, vol. **59** (Oct. 1952) p. 521–531.

[134] Quine, W. V.: Two Theorems about Truth Functions Boletin Soc. Mathem. Mex. **10** (1953) p. 64–70.

[135] Quine, W. V.: A Way to Simplify Truth Functions. American Mathematical Monthly, vol. **62** (Nov. 1955) p. 627–631.

[136] Quine, W. V.: On Cores and Prime Impicants of Truth Functions, American Mathematical Monthly, vol. **66** (Nov. 1959) p. 755–760.

[137] Reiss, K.: Integrierte Digitalbausteine. Berlin, München: Siemens AG., 1970.

[138] Retallick, D. A., D. G. Mitchell: Are Hybrid Logic Systems the Final Solution? Proc. 5. Cranfield Fluidics Conf. Paper F1. Cranfield: BHRA.

[139] Reusch, B.: Lineare Automaten. Mannheim, Wien, Zürich: Bibliographisches Institut, 1969, (BI-Taschenbuch) Nr. 708.

[140] Samson, E. W., B. E. Mills,: Circuit Minimization: Algebra and Algorithm for New Boolean Canonical Expansions. Air Force Cambridge Research Center TR-54-21 (1954) Cambridge, Mass.

[141] Seifert, W.: Digitaltechnik. Düsseldorf: VDI-Verlag, 1969.

[142] Shannon, C. E.: Symbolic Analysis of Relay and Switching Circuits. Trans. AIEE **57** (1938) p. 713–723.

[143] Shannon, C. E.: The Synthesis of Two-terminal Switching Circuits, Bell. System Technical Journal **28** (Jan. 1949).

[144] Shannon, J. E., E. F. Moore: Machine Aid for Switching Circuit Design. Proc. IRE (Oct. 1953) p. 1348–1351.

[145] Sheffer, H. M.: A Set of Five Independent Postulates for Boolean Algebras with Applications to Logical Constants. Trans. Amer. Math. Soc. **14** (1913) p. 481–488.

[146] Siemens AG.: Katalog Integrierte Halbleiterschaltungen 1970. München: Siemens AG., 1970.

[147] Sikrorki, T.: Boolean Algebras. Berlin, Göttingen, Heidelberg: Springer-Verlag, 1960.

[148] Smith, R. J., J. H. Tracey: A new method for sequential circuit specification. 1970 SWIEECO record of technical papers of the 22 southwestern IEEE conference and exhibition. Dallas, Tex. USA, 22–24, Apr. 1970 (New York, USA: IEEE 1970, p. 458–462).

[149] SMITH, R. J., J. H. TRACEY, W. L. SCHOEFFEL, G. K. MAKI: Automation in the design of asynchronous sequential circuits, 1968 Spring joint computer conf. AFIPS Proc. vol. 32, Washington D.C. Thompson, 1968, p. 53–60.

[150] SMITH, R. J.: Computer generated next-state equations in asynchronous sequential circuits 1968 Proc. 20th ann. southwestern IEEE conf.

[151] SCHMIDT, J.: Mengenlehre I. B. I. Hochschultaschenbücher Bd. 56/56a. Mannheim: Bibliographisches Institut, 1966.

[152] SCHMITT, E.: Elektronische Schalter und Kippstufen mit Transistoren. München: Oldenbourg, 1967.

[153] SCHULTE, D.: Kombinatorische und sequentielle Netzwerke. München: Oldenbourg, 1967.

[154] SCHWAB, H.: Elektrische Eigenschaften und Störverhalten der TTL-Serie SN 54/74/84. Sonderdruck aus TI-Report, Texas Instruments Deutschland GmbH., Freising, Mai 1969.

[155] SPEISER, A. P.: Impulsschaltungen, 2. Aufl. Berlin, Göttingen, Heidelberg: Springer-Verlag, 1967.

[156] STAHL, K.: Industrielle Steuerungstechnik in schaltalgebraischer Darstellung. München: Oldenburg, 1965.

[157] STEINBUCH, K.: Taschenbuch der Nachrichtenverarbeitung, 2. Aufl. Berlin, Heidelberg, New York: Springer-Verlag, 1967.

[158] STOLL, R. R.: Set Theory and Logic. London: W. H. Freeman and Co., 1965.

[159] STONE, H. E.: Minimization of Hazard-Free Switching Networks B.S.E. thesis. Dept. of Electrical Eng. Princeton: Princeton Univ., 1960.

[160] STONE, M. H.: The Theory of Representations for Boolean Algebras. Trans. Amer. Math. Soc. **40** (1936) p. 37–111.

[161] STONE, M. H.: Postulates for Boolean Algebras and Generalized Boolean Algebras. Am. j. Math. **57** (1935) p. 703–732.

[162] STÜRZ, H., CIMANDER, W.: Automaten. Theorie und Anwendung in der digitalen Schaltungstechnik. Berlin VEB Verlag Technik, 1971.

[163] STUCKENBERG, H. J.: Digitale Logik. Karlsruhe: Verlag G. Braun, 1970.

[164] TAFEL, H. H.: Strömungsmechanische Logikelemente für die Datenverarbeitung. NTZ 1967, S. 16–22.

[165] TAFEL, H. H.: Einführung in die digitale Datenverarbeitung. München: Hanser-Verlag, 1971.

[166] TÖPFER, H., D. SCHREPEL, A. SCHWARZ: Pneumatische Bausteinsysteme der Digitaltechnik. Braunschweig: Vieweg, 1967 (Reihe Autom. techn. Bd. 55).

[167] TÖPFER, H.: Entwicklungsstand und -tendenzen von pneumatischen Logikelementen und peripheren Geräten. msr **11** (1968), S. 315–320.

[168] Texas-Instruments: The Integrated Circuits Catalog. 2. Aufl., Texas Instruments, Deutschland GmbH.

[169] Texas-Instruments: „TTL-Kochbuch", Texas Instruments, Deutschland GmbH. Applikations-Labor Freising, 1. Aufl., 1972.

[170] TIETZE ,U., CH. SCHENK: Halbleiter-Schaltungstechnik, 2. Aufl. Berlin, Heidelberg, New York: Springer-Verlag, 1971.

[171] TRACEY, J. H.: Internal state assignments for asynchronous sequential machines. IEEE Trans. Electronic Compt. vol. **EC-15**, 551–560 (Aug. 1966).

[172] TRACEY, J. H., R. H. SMITH, G. K. MAKI: Recent advances in computeraided design of sequential circuits. Proceedings of the 3rd Hawaii International conference on system sciences. Honolulu Hawaii, USA, 14–16 Jan. 1970 (Hollywood, Calif. USA: Western Periodicals Co. 1970) p. 159–162.

[173] TURING, A.: On computable Numbers with Applications to the Entscheidungs-Problem. Proc. London Math. Soc. **42** (1936), ibid. **43** (1937).

[174] TURING, A.: Computing Machinery and Intelligence. Mind. **59** (1950).

[175] UNGER, S. H.: A Study of Asynchronous Sequential Circuits. Res. Lab. of Electr. MIT, Cambridge, Mass. Techn. Report Nr. 320, April 1957.

[176] UNGER, S. H.: Hazards and Delays in Asynchronous Sequential Switching Circuits. IRE Trans. on Circuit Theory **CT-6** (1959) no. 1, p. 12–25.

[177] UNGER, S. H.: A row assignment for delay-free realizations of flow tables without essential hazards. IEEE Trans. Comput. (USA), vol. **C-17**, p. 146–151 (Febr. 1968).

[178] UNGER, S. H.: Asynchronous Sequential Switching Circuits. Wiley-Interscience. New York: John Wiley and Sons, 1969.

[179] URBAHNO, R. H., R. K. MUELLER: A Topological Method for the Determination of the Minimal Forms of a Boolean Function. Trans. IRE, **EC-5**, no. 3 (Sept. 1956), p. 126–132.

[180] VDI: Neue pneumatische Logikelemente. Tagungsberichte. Düsseldorf: DVI-Verlag, 1968.

[181] VEITCH, E. W.: A Chart Method for Simplifying Truth Functions. Proc. Pittsburgh Assoc. Comp. Mach., May 1952.

[182] VINGRON, P.: Zur Theorie der binären Speicherschaltungen. Regelungstechnik und Prozeß-Datenverarbeitung **19** (1971) 12, S. 539–542.

[183] VINGRON, P..: An Assembly Technique for Sequential Switching Circuits. Proc. 5. Cranfield Fluidics Conf. Paper F6, Cranfield, Bedford: BHRA.

[184] VINGRON, P.: Ein Beitrag zur Theorie sequentieller Schaltungen; Das Transduktions-Verfahren zur Synthese ansynchroner Automaten. Dissertation, Techn. Hochschule Wien, 1972.

[185] WAREBERG, P. G., H. W. MERGLER: Designing Asynchronous sequential logic circuits. Control Eng. (USA) vol. **15**, no. 10 (Oct. 1968) p. 99–104.

[186] WARLITZ, G.: Über eine Schaltungsalgebra for Nor und Nand. Elektronische Datenverarbeitung **9** (1967) S. 65–73.

[187] WEBER, W.: Einführung in die Methoden der Digitaltechnik, 4. Aufl. Berlin: AEG-Telefunken, 1970.

[188] WEYH, U.: Elemente der Schaltungsalgebra. München, Wien: Oldenbourg, 1968.

[189] WHITESITT, J. E.: Boolesche Algebra und ihre Anwendungen. Braunschweig: Vieweg, 1968.

[190] WIECHERT, K.: Zum Entwurf von logischen Schaltungen mit NOR-Schaltkreisen. msr **12** (1969) S. 110–114.

[191] WIESNER, H. u. a.: Bauelemente der Pneumatik. O +·P Taschenbuch Nr. 4. Mainz: Krausskopf-Verlag, 1972.

[192] WIESNER, H.: Über die Entwicklung von Wandstrahl-Elementen. Mainz: Krausskopf-Verlag, 1969.

[193] WOLF. G.: Digitale Elektronik, 3. Aufl. München: Franzis-Verlag, 1971.

[194] ZALMANZON, L. A.: Components for pneumatic control instruments. London: Pergamon Press, 1965, p. 243–249.

[195] ZANDER, H. J.: Hazard-freie Strukturen von Folgeschaltungen. Elektron. Informationsverarbeitung und Kybernetik (EIK) **7** (1971) H. 3 S. 137–152.

[196] ZAKREVSKII, A. D.: A Visual Matrix Method for Minimizing Boolean Functions. Automation and Remote Control **21** (Nov. 1960).

[197] ZEMANEK, H.: Die Lösung von Gleichungen in der Schaltalgebra. AEÜ, Band **12** (1958).

[198] ZEMANEK, H.: Logische Algebra und Theorie der Schaltnetzwerke. In: Steinbuch, Taschenbuch der Nachrichtenverarbeitung. Berlin: Springer, 1962 (viele Literaturhinweise).

[199] ZOBERBIER, W.: Die praktische Anwendung von Minimisierungsverfahren in der Systemplanung von Schaltkreisen und Schaltwerken. Colloquium über Schaltkreis- und Schaltwerk-Theorie, Bonn 1960.

[200] ZÜHLSDORF, W.: Grundlagen der Steuerungstechnik. Berlin: VEB Verlag Technik, 1957.

Namen- und Sachverzeichnis

FSC
www.fsc.org
MIX
Papier | Fördert gute Waldnutzung
FSC® C083411

Kolibri 360 GmbH
Ferdinand-Jühlke-Straße 7
99095 Erfurt, Deutschland
produktsicherheit@kolibri360.de